高等数学辅导(上册)

王顺凤　　朱　建
　　　　　　　　　编
吴亚娟　　陈丽娟

东南大学出版社
SOUTHEAST UNIVERSITY PRESS
·南京·

内 容 提 要

本书根据编者多年的教学实践与教改经验,结合教育部高教司最新颁布的本科非数学专业理工类、经济管理类《高等数学课程教学基本要求》以及全国研究生入学考试数学大纲及近年变化趋势编写而成.

全书分上、下册出版,本书为上册部分.上册包括与函数、极限与连续、导数与微分、微分中值定理和导数的应用、不定积分、定积分与定积分的应用、向量代数与空间解析几何等内容相配套的内容提要与归纳、典型例题分析、基础练习、强化训练,各阶段还备了两份测试卷,分别为能力测试 A(基本要求)与能力测试 B(较高要求).对所有基础练习、强化训练以及各阶段能力测试 A 与能力测试 B,本书都给出了较为详细的参考答案.

本书突出基本概念、基本公式与理论知识的应用.对于典型例题,本书进行了详细分析,以帮助学生把握解题方向,掌握解题技巧;每章的内容提要与归纳可以帮助学生梳理、归纳基本内容与知识点;基础练习、能力测试 A 则便于学生对于基础知识与基本技能进行自我练习与检测;强化训练、能力测试 B 则侧重于自我要求较高的学生进一步训练提升自己的解题能力与技巧,满足优秀学生学习高等数学的较高要求.

全书例题丰富,层次分明,突出重点与难点,较系统地介绍了高等数学中常用的解题技巧与分析方法,方便了教师因材施教以及学生自主学习与考研复习.

本书逻辑清晰、通俗易懂,习题答案完整,便于学生自学.本书与目前大多数高校的高等数学教材与教学进度同步,适合作为与各高等院校理工、经管各类专业的高等数学教材配套的教辅使用,更可作为学生考研复习的参考用书.

图书在版编目(CIP)数据

高等数学辅导. 上册/王顺凤等编. —南京:东南大学出版社,2019.10(2022.8 重印)

ISBN 978-7-5641-8548-0

Ⅰ.①高… Ⅱ.①王… Ⅲ.①高等数学—高等学校—教学参考资料 Ⅳ.①O13

中国版本图书馆 CIP 数据核字(2019)第 206264 号

高等数学辅导(上册)
Gao Deng Shu Xue Fu Dao (Shang Ce)

编　　者	王顺凤　朱　建　吴亚娟　陈丽娟	
出版发行	东南大学出版社	
出 版 人	江建中	
社　　址	南京市四牌楼 2 号	
邮　　编	210096	
经　　销	全国各地新华书店	
印　　刷	兴化印刷有限责任公司	
开　　本	700 mm×1000 mm　1/16	
印　　张	21	
字　　数	412 千字	
版　　次	2019 年 10 月第 1 版	
印　　次	2022 年 8 月第 4 次印刷	
书　　号	ISBN 978-7-5641-8548-0	
定　　价	48.00 元	

(本社图书若有印装质量问题,请直接与营销部联系。电话:025-83791830)

前　　言

本教材是按照教育部提出的高等教育面向 21 世纪教学内容和课程体系改革计划的精神，参照教育部制定的全国硕士研究生入学考试理、工、经管类数学考试大纲和南京信息工程大学理工、经管类高等数学教学大纲，以及教育部高教司最新颁布的本科非数学专业理工类、经管类《高等数学课程教学基本要求》，并汲取近年来南京信息工程大学高等数学课程教学改革实践的经验，借鉴国内外同类院校数学教学改革的成功经验编写而成. 本书力求具有以下特点：

（1）与目前大多数高校的高等数学教材和教学进度同步并可配套使用.

（2）整合并提炼基本概念、基本公式与理论知识.

（3）归纳常见题型，强调分析能力与解题技巧.

（4）梳理、归纳基本内容与知识点.

（5）对于一般学生，强化基本知识的应用和基本技能的训练与测试.

（6）对于具有较高要求的学生，注重基础内容与综合应用之间的衔接及考研技能的训练，拓展其综合解题能力.

本书逻辑清晰、通俗易懂，习题答案完整，便于学生自学. 为兼顾理工、经管各类学生的学习需要，本书中标注（理）的内容与习题建议供理工类各专业使用，标注（文）的内容与习题建议供经管和文科类各专业使用，标注（＊）的内容与习题则作为拓展类内容，不作教学要求，没有标注的内容与习题则适合理工与经管类所有专业使用. 在使用本书时，请参照各专业对高等数学教学的要求进行取舍.

本书适合作为与各高等院校理工、经管各类专业的高等数学教材配套的教辅使用，也可作为学生考研复习与工程技术人员的参考书.

本书由南京信息工程大学数学与统计学院大学数学部组织编写. 第 1 讲至第 4 讲由王顺凤老师编写，第 5 讲至第 8 讲由朱建老师编写，第 9 讲至第 11 讲由吴亚娟老师编写，第 12 和第 13 讲由陈丽娟老师编写. 全书由王顺凤老师负责统稿，全书的所有编写人员集体、认真讨论了各章的书稿. 陆盈、李小玲、黄瑜、符美芬、刘小燕、赵蕾等许多老师都提出了宝贵的修改意见，在此表示衷心的感谢.

由于编者水平所限，书中必还有一些缺点和错误，敬请各位专家、同行和广大读者批评指正.

编者

2019 年 7 月

目　　录

第1讲 函数、极限与连续(一)

—— 函数与极限

1.1 内容提要与归纳

1.1.1 函数的概念与性质

1) 函数的定义

设有两个变量 x,y,D 是一个给定的数集,如果对于 $\forall x \in D$,按照一定的法则 f,总有唯一确定的数值 y 与之对应,则称变量 y 是 x 的函数,记作:$y = f(x)$. 数集 D 称为函数的定义域.

2) 反函数的定义

设函数 $y = f(x)$ 的定义域为 D,值域为 $f(D)$,如果对于任意的 $y \in f(D)$,在 D 上总可以确定 x 与 y 对应,且满足 $y = f(x)$,则称新函数 $x = f^{-1}(y)$ 为函数 $y = f(x)$ 的反函数,习惯记作 $y = f^{-1}(x)$.

3) 复合函数的定义

若 $y = f(u)$ 的定义域为 $D,u = g(x)$ 的值域为 U,当 $g(x)$ 的值域 U 包含在 $f(u)$ 的定义域 D 内时,则称 $y = f[g(x)]$ 是由 $y = f(u)$ 和 $u = g(x)$ 复合而成的复合函数.

4) 函数的几个特征性质

设 D 为函数 $f(x)$ 的定义域,数集 $I \subset D$,则函数有如下性质:

(1) 单调性:若对 I 内任意的 $x_1 < x_2$,总有 $f(x_1) < f(x_2)$(或 $f(x_1) > f(x_2)$),则称 $f(x)$ 在 I 上单调增加(或减少).

(2) 有界性:若存在 $M > 0$,使得对任一 $x \in I$,都有 $| f(x) | \leqslant M$,则称 $f(x)$ 在 I 上有界,否则称 $f(x)$ 在 I 上无界.

(3) 奇偶性:若 D 为原点中心对称区间,且若对 $\forall x \in D$,总有 $f(-x) = f(x)$,则称 $f(x)$ 为偶函数;若对 $\forall x \in D$,总有 $f(-x) = -f(x)$,则称 $f(x)$ 为奇函数,奇(偶) 函数的图像关于原点中心(y 轴) 对称.

(4) 周期性:若存在 $T \neq 0$,使得当 $\forall x \in D$,且 $x + T \in D$ 都有 $f(x+T) = f(x)$,则称 $f(x)$ 为以 T 为周期的周期函数. T 的整数倍 nT 都是 $f(x)$ 的周期.

5) 初等函数的定义

幂函数、指数函数、对数函数、三角函数、反三角函数统称为基本初等函数. 由常数和基本初等函数经过有限次四则运算和有限次函数复合所构成的并用一个解析式表达的函数称为初等函数.

6) 几个特殊函数

(1) 符号函数: $y = \mathrm{sgn}x = \begin{cases} 1, & x > 0 \\ 0, & x = 0. \\ -1, & x < 0 \end{cases}$

(2) 取整函数:设 x 为任一实数,则不超过 x 的最大整数称为 x 的取整函数,记作 $[x]$.

(3) 狄立克雷函数: $f(x) = \begin{cases} 1, & x \in \mathbf{Q} \\ 0, & x \notin \mathbf{Q} \end{cases}$,其中 $\mathbf{Q}$ 为有理数集.

7) 双曲函数的定义及性质

(1) 双曲函数的定义如下:

① 双曲正弦函数: $\mathrm{sh}x = \dfrac{1}{2}(\mathrm{e}^x - \mathrm{e}^{-x})$;

② 双曲余弦函数: $\mathrm{ch}x = \dfrac{1}{2}(\mathrm{e}^x + \mathrm{e}^{-x})$;

③ 双曲正切函数: $\mathrm{th}x = \dfrac{\mathrm{e}^x - \mathrm{e}^{-x}}{\mathrm{e}^x + \mathrm{e}^{-x}}$.

(2) 双曲函数的基本性质如下:

① $\mathrm{ch}^2 x - \mathrm{sh}^2 x = 1$;

② $\mathrm{sh}2x = 2\mathrm{sh}x\mathrm{ch}x$;

③ $\mathrm{ch}2x = \mathrm{ch}^2 x + \mathrm{sh}^2 x$;

④ $\mathrm{sh}(x \pm y) = \mathrm{sh}x\mathrm{ch}y \pm \mathrm{ch}x\mathrm{sh}y$;

⑤ $\mathrm{ch}(x \pm y) = \mathrm{ch}x\mathrm{ch}y \pm \mathrm{sh}x\mathrm{sh}y$;

⑥ $\mathrm{th}(x \pm y) = \dfrac{\mathrm{th}x \pm \mathrm{th}y}{1 \pm \mathrm{th}x\mathrm{th}y}$.

1.1.2 极限的概念、性质与计算

1) 数列极限的定义

若对于 $\forall \varepsilon > 0$,总存在正整数 N,使得当 $n > N$ 时,恒有 $|x_n - a| < \varepsilon$,则称 a 为数列 $\{x_n\}$ 当 $n \to \infty$ 时的极限,或称数列 $\{x_n\}$ 收敛于 a,记作 $\lim\limits_{n \to \infty} x_n = a$. 如果数列极限不存在,则称该数列发散.

2) 数列极限的基本性质

数列极限的基本性质如表 1-1 所示.

表 1-1

性质	条件	结论	备注
唯一性	$\lim\limits_{n\to\infty}x_n=a$ 存在	极限 a 是唯一的	
有界性	$\lim\limits_{n\to\infty}x_n=a$ 存在	$\exists M>0$,使得对于 $\forall n$,恒有 $\lvert x_n\rvert\leqslant M$	
保号性	$\lim\limits_{n\to\infty}x_n=a$ 存在,且 $\exists$ 正整数 N,使得当 $n>N$ 时,$x_n\geqslant 0(x_n\leqslant 0)$	$a\geqslant 0(a\leqslant 0)$	$x_n>0$ 或 $x_n<0$,都可能有 $a=0$
保号性	$\lim\limits_{n\to\infty}x_n=a$ 存在,且 $a>0$ $(a<0)$	$\exists$ 正整数 N,使得当 $n>N$ 时,$x_n>0$ $(x_n<0)$	

3) 函数极限的定义

(1) 若对于 $\forall\varepsilon>0$,总存在 $X>0$,使得当 $\lvert x\rvert>X$ 时,恒有 $\lvert f(x)-A\rvert<\varepsilon$,则称 A 为函数 $f(x)$ 当 $x\to\infty$ 时的极限,记作 $\lim\limits_{x\to\infty}f(x)=A$.

(2) 若对于 $\forall\varepsilon>0$,总存在 $\delta>0$,使得当 $0<\lvert x-x_0\rvert<\delta$ 时,恒有 $\lvert f(x)-A\rvert<\varepsilon$,则称 A 为函数 $f(x)$ 当 $x\to x_0$ 时的极限,记作 $\lim\limits_{x\to x_0}f(x)=A$.

(3) 若对于 $\forall\varepsilon>0$,总存在 $\delta>0$,使得当 $0<x_0-x<\delta(0<x-x_0<\delta)$ 时,恒有 $\lvert f(x)-A\rvert<\varepsilon$,则称 A 为函数 $f(x)$ 当 $x\to x_0$ 时的左极限(右极限),记作

$$f(x_0^-)=\lim\limits_{x\to x_0^-}f(x)=A(f(x_0^+)=\lim\limits_{x\to x_0^+}f(x)=A).$$

当以上函数的极限不存在时,则称函数在该极限过程时发散.

类似地,请读者自己给出单侧极限 $\lim\limits_{x\to+\infty}f(x)=A$ 和 $\lim\limits_{x\to-\infty}f(x)=A$ 的定义.

4) 函数极限的基本性质

以 $\lim\limits_{x\to x_0}f(x)=A$ 为例,将函数极限的基本性质列于表 1-2 中.

表 1-2

性质	条件	结论	备注
唯一性	$\lim\limits_{x\to x_0}f(x)=A$ 存在	极限 A 是唯一的	
有界性	$\lim\limits_{x\to x_0}f(x)=A$ 存在	$\exists M>0$,且 $\exists\delta>0$,使得当 $x\in\overset{\circ}{U}(x_0,\delta)$ 时,恒有 $\lvert f(x)\rvert\leqslant M$	
保号性	$\lim\limits_{x\to x_0}f(x)=A$ 存在,且 $\exists\delta>0$,使得当 $x\in\overset{\circ}{U}(x_0,\delta)$ 时,$f(x)\geqslant 0(f(x)\leqslant 0)$	$A\geqslant 0(A\leqslant 0)$	$f(x)>0$ 或 $f(x)<0$,都可能有 $A=0$

续表 1－2

性质	条件	结论	备注
保号性	$\lim\limits_{x \to x_0} f(x) = A$ 存在, 且 $A > 0 (A < 0)$	$\exists \delta > 0$, 使得当 $x \in \overset{\circ}{U}(x_0, \delta)$ 时, $f(x) > 0 (f(x) < 0)$	

其他极限过程的函数极限也有类似的基本性质, 上述性质的表述中, 只要将其中涉及 x 的范围作相应改变, 如极限过程为 $x \to \infty$ 时, x 的范围改为:"$\exists X > 0$, 使得当 $|x| > X$ 时"即可, 其他都相同.

5) 几个常用的已知极限

(1) $\lim\limits_{n \to \infty} \sqrt[n]{a} = 1 (a > 0)$.

(2) $\lim\limits_{n \to \infty} \sqrt[n]{n} = 1$.

(3) $\lim\limits_{n \to \infty} q^n = \begin{cases} 0, & |q| < 1 \\ 1, & q = 1 \\ 不存在, & q = -1 \\ \infty, & |q| > 1 \end{cases}$.

6) 无穷小与无穷大

(1) 无穷小与无穷大的定义分别为:

① 若 $\lim\limits_{\substack{x \to x_0 \\ (x \to \infty)}} f(x) = 0$, 则称 $f(x)$ 为 $x \to x_0 (x \to \infty)$ 时的无穷小;

② 若对于 $\forall M > 0$, 存在 $X > 0 (\delta > 0)$, 使得当 $|x| > X (0 < |x - x_0| < \delta)$ 时, 恒有 $|f(x)| > M$, 则称 $f(x)$ 当 $x \to \infty (x \to x_0)$ 时为无穷大, 记作 $\lim\limits_{\substack{x \to \infty \\ (x \to x_0)}} f(x) = \infty$.

(2) 无穷小的几个常用性质如下:

① 有限个无穷小的代数和仍是无穷小;

② 有限个无穷小的乘积仍是无穷小;

③ 无穷小与有界函数的乘积仍是无穷小.

(3) 无穷小与无穷大的关系:在自变量的某个变化过程中, 无穷大的倒数是无穷小, 非零无穷小的倒数是无穷大.

7) 函数极限存在的充要条件("lim"表示任何极限过程中的极限, 以下同)

(1) $\lim\limits_{x \to x_0} f(x) = A \Leftrightarrow \lim\limits_{x \to x_0^-} f(x) = \lim\limits_{x \to x_0^+} f(x) = A$.

(2) $\lim\limits_{x \to \infty} f(x) = A \Leftrightarrow \lim\limits_{x \to -\infty} f(x) = \lim\limits_{x \to +\infty} f(x) = A$.

(3) $\lim f(x) = A \Leftrightarrow f(x) = A + \alpha(x)$, 其中 $\lim \alpha(x) = 0$.

8) 极限存在的判别准则

(1) **单调有界准则**:单调有界数列必有极限.

注：① 单调递增有上界的数列必有极限，其极限为上确界(最小的上界)；

② 单调递减有下界的数列必有极限，其极限为下确界(最大的下界).

（2）**夹逼准则**，分为如下两种形式：

① **数列极限形式**：若 $\exists N$，使得当 $n > N$ 时，恒有 $x_n \leqslant y_n \leqslant z_n$，且 $\lim\limits_{n\to\infty} x_n = \lim\limits_{n\to\infty} z_n = a$，则

$$\lim_{n\to\infty} y_n = a$$

② **函数极限形式**：若在 x_0 的某一邻域内，恒有 $g(x) \leqslant f(x) \leqslant h(x)$，且 $\lim\limits_{x\to x_0} g(x) = A, \lim\limits_{x\to x_0} h(x) = A$，则

$$\lim_{x\to x_0} f(x) = A$$

注：夹逼准则对于自变量的其他变化过程也成立.

9) 极限的四则运算法则

设 $\lim f(x)$ 及 $\lim g(x)$ 都存在，则下列等式在自变量的同一变化过程中成立：

（1）$\lim[f(x) \pm g(x)] = \lim f(x) \pm \lim g(x)$.

（2）$\lim[f(x)g(x)] = \lim f(x) \cdot \lim g(x)$，

$\lim[Cf(x)] = C\lim f(x)$（C 为任意常数）.

（3）$\lim \dfrac{f(x)}{g(x)} = \dfrac{\lim f(x)}{\lim g(x)}$（$\lim g(x) \neq 0$）.

10) 两个重要极限（设 $\lim \alpha(x) = 0, \alpha(x) \neq 0$）

（1）重要极限一：$\lim\limits_{x\to 0} \dfrac{\sin x}{x} = 1$.

其应用形式：$\lim \dfrac{\sin[\alpha(x)]}{\alpha(x)} = 1$.

（2）重要极限二：$\lim\limits_{x\to\infty} \left(1 + \dfrac{1}{x}\right)^x = e, \lim\limits_{x\to 0} (1+x)^{\frac{1}{x}} = e, \lim\limits_{n\to\infty} \left(1 + \dfrac{1}{n}\right)^n = e$.

其应用形式：$\lim [1 + \alpha(x)]^{\frac{1}{\alpha(x)}} = e$.

11) 无穷小的比较

设 $\lim \alpha = 0, \lim \beta = 0$，在同一变化过程中：

（1）若 $\lim \dfrac{\beta}{\alpha} = 0$，则称 β 是比 α **高阶**的无穷小，记作 $\beta = o(\alpha)$；

（2）若 $\lim \dfrac{\beta}{\alpha} = \infty$，则称 β 是比 α **低阶**的无穷小；

（3）若 $\lim \dfrac{\beta}{\alpha} = C(C \neq 0)$，则称 β 与 α 是**同阶**无穷小；

（4）若 $\lim \dfrac{\beta}{\alpha} = 1$，则称 β 与 α 是**等价**无穷小，记作 $\beta \sim \alpha$；

(5) 若 $\lim \dfrac{\beta}{x^k} = C(C \neq 0, k > 0)$,则称 β 是 x 的 k 阶无穷小.

12) 等价无穷小替换定理

设 $\alpha \sim \alpha', \beta \sim \beta'$,若 $\lim \dfrac{\beta'}{\alpha'} f(x)$ 存在,则 $\lim \dfrac{\beta}{\alpha} f(x) = \lim \dfrac{\beta'}{\alpha'} f(x)$.

13) 无穷小的等价关系

① 在同一极限过程中,若 $f(x) = o[g(x)]$,则 $f(x) + g(x) \sim g(x)$.

② 当 $x \to 0$ 时,有下列几个常用的等价无穷小公式:

- $\sin x \sim x$;

- $\tan x \sim x$;

- $1 - \cos x \sim \dfrac{1}{2} x^2$;

- $\arctan x \sim x$;

- $\arcsin x \sim x$;

- $e^x - 1 \sim x$;

- $a^x - 1 \sim x \ln a$;

- $\ln(1+x) \sim x$;

- $(1+x)^\alpha - 1 \sim \alpha x (\alpha \neq 0) \left(\text{特别地}, (1+x)^{\frac{1}{n}} - 1 \sim \dfrac{1}{n} x \right)$.

14) 计算极限的一些常用方法(见表 1-3)

表 1-3

方法	极限的一些常用方法	适用的极限类型	注意点
1	利用极限的四则运算及复合运算法则	分项求极限	每项极限均存在
2	利用无穷小与有界量的乘积仍为无穷小	乘积函数中有一个为有界量,另一个为无穷小	有界量的极限可能不存在
3	利用函数极限存在的充要条件	分段函数的分段点处;$\lim\limits_{x \to \infty} e^x$;$\lim\limits_{x \to \infty} \arctan x$; $\lim\limits_{x \to \infty} \operatorname{arccot} x$	
4	利用无穷小与无穷大的性质	无穷小(非零)与无穷大互为倒数	
5	利用等价无穷小替换	在未定式的极限中,乘与除的无穷小可等价替换	不应用于加与减的无穷小中
6	利用夹逼准则	对函数或数列放缩后,其极限存在且相等	不能直接求出原极限

续表 1 - 3

方法	极限的一些常用方法	适用的极限类型	注意点
7	利用单调有界准则	由递推公式给出的数列极限	
8	利用重要极限一	$\dfrac{0}{0}$ 型中含三角函数的无穷小	注意其应用形式
9	利用重要极限二	1^{∞} 型	注意其应用形式
*10	利用连续函数的定义	$\lim\limits_{x \to x_0} f(x) = f(x_0)$	x_0 为 $f(x)$ 的连续点

15) 几个常用的极限公式与方法

(1) **e 抬起**:幂指函数的极限公式(e **抬起**) 为 $\lim \left[\alpha(x)\right]^{\beta(x)} = \mathrm{e}^{\lim \beta(x) \ln \alpha(x)}$ (其中 $\alpha(x) > 0$).

对于三种未定式极限:0^0、∞^0、1^{∞},常用上面的 e **抬起**公式将幂指函数的极限化为 e 的指数上的 $0 \cdot \infty$ 型极限.

(2) 未定式极限的类型有:$\dfrac{0}{0}$、$\dfrac{\infty}{\infty}$ 型;$0 \cdot \infty$、$\infty - \infty$ 型;0^0、∞^0、1^{∞} 型. 其中,$\dfrac{0}{0}$、$\dfrac{\infty}{\infty}$ 型为未定式极限的两种基本类型.

① $\dfrac{0}{0}$ 型:常先利用适当的等价无穷小替换,再约去公因式,最后求极限.

② $\dfrac{\infty}{\infty}$ 型:先对分子、分母同除以分子、分母的无穷大项的最高次幂,再求极限.

③ $0 \cdot \infty$、$\infty - \infty$ 型:常先对原极限的函数或数列进行变量代换、通分、提取公因式、分解因式、有理化等恒等变形,将原极限化为 $\dfrac{0}{0}$、$\dfrac{\infty}{\infty}$ 这两种基本类型后,再求极限.

④ 0^0、∞^0、1^{∞} 型:可先利用上面的 e **抬起**公式将幂指函数的极限化为 e 的指数上的 $0 \cdot \infty$ 型极限,再求极限;也可先用取对数的方法化为 $0 \cdot \infty$ 型极限,再求极限(**称该方法为取对数法**). 其中,1^{∞} 型极限也可用重要极限二来求.

(3) 特殊地,有如下两个有理分式函数的极限:

① $\lim\limits_{x \to x_0} \dfrac{P_n(x)}{Q_m(x)} = \begin{cases} \dfrac{P_n(x_0)}{Q_m(x_0)}, & Q_m(x_0) \neq 0 \\[2mm] \infty, & Q_m(x_0) = 0, P_n(x_0) \neq 0 \\[2mm] \lim\limits_{x \to x_0} \dfrac{P_{n_1}(x)}{Q_{m_1}(x)} (约去公因式后的余式), & Q_m(x_0) = 0, P_n(x_0) = 0 \end{cases}$

② $\lim\limits_{x \to \infty} \dfrac{a_0 x^m + a_1 x^{m-1} + a_2 x^{m-2} + \cdots + a_m}{b_0 x^n + b_1 x^{n-1} + b_2 x^{n-2} + \cdots + b_n} = \begin{cases} \dfrac{a_0}{b_0}, & n = m \\[2mm] 0, & n > m \\[2mm] \infty, & n < m \end{cases}$

1.2   典型例题分析

例1   设 $f(x)$ 的定义域为 $[0,1]$,求 $f(x+a)+f(x-a)(a>0)$ 的定义域.

分析   由复合函数的定义域的要求可知:$x\pm a$ 都要在 $f(x)$ 的定义域 $[0,1]$ 内.

解   由题意可知:要使 $f(x+a)+f(x-a)$ 有意义,只要

$$\begin{cases} 0\leqslant x+a\leqslant 1 \\ 0\leqslant x-a\leqslant 1 \end{cases}$$

即

$$\begin{cases} -a\leqslant x\leqslant 1-a \\ a\leqslant x\leqslant 1+a \end{cases}$$

又 $a=\max\{-a,a\}, 1-a=\min\{1-a,1+a\}$,故

当 $a<1-a$,即 $a<\dfrac{1}{2}$ 时,$f(x+a)+f(x-a)$ 的定义域为 $[a,1-a]$.

当 $a=1-a$,即 $a=\dfrac{1}{2}$ 时,其定义域为 $\left\{\dfrac{1}{2}\right\}$.

当 $a>1-a$,即 $a>\dfrac{1}{2}$ 时,其定义域为空集.

小贴士   求复合函数的定义域时,要求其内层函数的值域必须包含在外层函数的定义域内.

例2   设 $b>a$ 且 a,b 均为常数,求出一个 c 的值,使

$$(b+c)\sin(b+c)-(a+c)\sin(a+c)=0.$$

分析   由观察可知:$(b+c)\sin(b+c)$ 与 $(a+c)\sin(a+c)$ 有相同的函数结构,即 $f(x)=x\sin x$.因此可利用其偶函数的性质来求解.

解   令 $f(x)=x\sin x$,则 $f(x)$ 为偶函数,由题意可知:欲求 c,使 $f(b+c)=f(a+c)$ 成立 $(b\neq a)$,利用偶函数的性质,可取 $b+c=-(a+c)$,即

$$c=-\dfrac{1}{2}(a+b)$$

则有

$$(b+c)\sin(b+c)-(a+c)\sin(a+c)=0$$

小贴士   本题巧用了偶函数的性质,若用解方程的方法将会很困难.

例 3 设 $f(x)$ 在 $(-\infty, +\infty)$ 上有定义,且对任意的 $x, y \in (-\infty, +\infty)$,有 $| f(x) - f(y) | < | x - y |$,证明:$F(x) = f(x) + x$ 在 $(-\infty, +\infty)$ 上单调增加.

分析 要证 $F(x)$ 在 $(-\infty, +\infty)$ 上单调增加,即要证对 $\forall x_1 < x_2$ 恒有 $F(x_1) < F(x_2)$,即要证

$$f(x_1) + x_1 < f(x_2) + x_2 (\forall x_1 < x_2)$$

即要证

$$f(x_1) - f(x_2) < x_2 - x_1 (\forall x_1 < x_2)$$

证明 取任意的 $x_1, x_2 \in (-\infty, +\infty)$,且设 $x_1 < x_2$,由题意可知:

$$| f(x_2) - f(x_1) | < | x_2 - x_1 | = x_2 - x_1$$

而

$$f(x_1) - f(x_2) \leqslant | f(x_2) - f(x_1) | < x_2 - x_1$$

即有

$$f(x_1) + x_1 < f(x_2) + x_2$$

从而可得 $F(x) = f(x) + x$ 在 $(-\infty, +\infty)$ 上单调增加.

> **小贴士** 本题利用了函数单调性定义及不等式:
> $$f(x_1) - f(x_2) \leqslant | f(x_2) - f(x_1) |.$$

例 4 已知 $f(x) = x + 2\lim\limits_{x \to 1} f(x)$,求 $f(x)$.

分析 对于所求 $f(x)$,只需求出极限 $\lim\limits_{x \to 1} f(x)$,而极限是一个常数.

解 设 $\lim\limits_{x \to 1} f(x) = C$,则

$$f(x) = x + 2C$$

则

$$C = \lim\limits_{x \to 1} f(x) = \lim\limits_{x \to 1} (x + 2C) = 1 + 2C$$

解得 $C = -1$,则

$$f(x) = x - 2$$

> **小贴士** 本题考察的知识点为:极限是一个常数.

例 5 求 $\lim\limits_{x \to 0} \dfrac{e^{\tan x} - e^{\sin x}}{(x + x^2)\ln(1 + x)\arcsin x}$.

分析 本题为求 $\dfrac{0}{0}$ 型极限,其分子为同底的指数函数差形式的无穷小 $e^{\tan x} - e^{\sin x}$,常先提取其减号后面的定式项 $e^{\sin x}$,将其化为 $e^{\sin x}(e^{\tan x - \sin x} - 1)$,再提出定式的极限,然后进行适当的无穷小等价替换,最后约去公因式,即可求出极限.

解　原式 $= \lim\limits_{x \to 0} \dfrac{e^{\sin x}(e^{\tan x - \sin x} - 1)}{x^3(1+x)} = \lim\limits_{x \to 0} \dfrac{e^{\sin x}}{1+x} \cdot \lim\limits_{x \to 0} \dfrac{\tan x - \sin x}{x^3}$

$= \lim\limits_{x \to 0} \dfrac{\tan x(1 - \cos x)}{x^3} = \lim\limits_{x \to 0} \dfrac{x \cdot \dfrac{1}{2}x^2}{x^3} = \dfrac{1}{2}.$

小结　① 无穷小等价替换仅适用于乘除关系的**零因式**,不能用于加减关系的**零因式**.

② $\dfrac{0}{0}$ 型极限的求法:经化简并提出定式的极限后,再约去公因式,即可求出极限.

例6　求 $\lim\limits_{x \to \infty} x\left[\sin\ln\left(1 + \dfrac{3}{x}\right) - \sin\ln\left(1 + \dfrac{1}{x}\right)\right]$.

分析　可利用分项法求极限,也可利用三角函数的和差化积求极限.

解法一　原式 $= \lim\limits_{x \to \infty} x\sin\ln\left(1 + \dfrac{3}{x}\right) - \lim\limits_{x \to \infty} x\sin\ln\left(1 + \dfrac{1}{x}\right)$

$= \lim\limits_{x \to \infty} x\ln\left(1 + \dfrac{3}{x}\right) - \lim\limits_{x \to \infty} x\ln\left(1 + \dfrac{1}{x}\right)$

$= \lim\limits_{x \to \infty} x \cdot \dfrac{3}{x} - \lim\limits_{x \to \infty} x \cdot \dfrac{1}{x} = 3 - 1 = 2.$

小贴士　分项求极限的前提是每项极限都需存在,否则不能分项求.

解法二　原式 $= \lim\limits_{x \to \infty}\Bigg[x \cdot 2\cos \dfrac{\ln\left(1 + \dfrac{3}{x}\right) + \ln\left(1 + \dfrac{1}{x}\right)}{2} \cdot$

$\sin \dfrac{\ln\left(1 + \dfrac{3}{x}\right) - \ln\left(1 + \dfrac{1}{x}\right)}{2}\Bigg]$

$= 2\lim\limits_{x \to \infty}\cos \dfrac{\ln\left(1 + \dfrac{3}{x}\right) + \ln\left(1 + \dfrac{1}{x}\right)}{2} \cdot$

$\lim\limits_{x \to \infty}\left[x\sin \dfrac{\ln\left(1 + \dfrac{3}{x}\right) - \ln\left(1 + \dfrac{1}{x}\right)}{2}\right]$

$= 2\lim\limits_{x \to \infty}\left[x\dfrac{\ln\left(1 + \dfrac{3}{x}\right) - \ln\left(1 + \dfrac{1}{x}\right)}{2}\right]$

$= \dfrac{2}{2}\left[\lim\limits_{x \to \infty} x\ln\left(\dfrac{x+3}{x+1}\right)\right]$

$= \lim\limits_{x \to \infty} \dfrac{2x}{x+1} = 2.$

> 小贴士　对于三角函数的和差型无穷小,可利用三角函数的和差化积公式将其化为乘积型无穷小,再用无穷小等价替换.

例 7　求 $\lim\limits_{x \to -\infty} \dfrac{\sqrt{4x^2+x-1}+x+1}{\sqrt{x^2+\sin x}}$.

分析　对于 $x \to -\infty$,可用变换 $x=-t$,化为 $t \to +\infty$ 的极限;对于 $\dfrac{\infty}{\infty}$ 型极限,可将分子、分母同时除以 ∞ 项的最高次幂项,再求出极限.

解法一　令 $x=-t$,则

$$原式 = \lim_{t \to +\infty} \frac{\sqrt{4t^2-t-1}-t+1}{\sqrt{t^2-\sin t}} = \lim_{t \to +\infty} \frac{\sqrt{4-\dfrac{1}{t}-\dfrac{1}{t^2}}-1+\dfrac{1}{t}}{\sqrt{1-\dfrac{\sin t}{t^2}}}$$

$$= \frac{2-1}{1} = 1.$$

解法二　令 $x=-t$,则

$$原式 = \lim_{t \to +\infty} \frac{\sqrt{4t^2-t-1}-t+1}{\sqrt{t^2-\sin t}} = \lim_{t \to +\infty} \frac{4t^2-t-1-(t-1)^2}{\sqrt{t^2-\sin t}\,(\sqrt{4t^2-t-1}+t-1)}$$

$$= \lim_{t \to +\infty} \frac{3t^2+t-2}{\sqrt{t^2-\sin t}\,(\sqrt{4t^2-t-1}+t-1)}$$

$$= \lim_{t \to +\infty} \frac{3+\dfrac{1}{t}-\dfrac{2}{t^2}}{\sqrt{1-\dfrac{1}{t^2}\cdot\sin t}\,\left(\sqrt{4-\dfrac{1}{t}-\dfrac{1}{t^2}}+1-\dfrac{1}{t}\right)} = \frac{3}{2+1} = 1.$$

> 小贴士　变量代换与有理化等恒等变形是求极限的有效手段之一.

例 8　求 $\lim\limits_{x \to 0}\left[\dfrac{2}{x}\ln x - \dfrac{1}{x}\ln(x^4+2x^3+x^2)\right]$.

分析　对于 $\infty-\infty$ 型极限,常用解题方法为:先进行恒等变形如通分等化为分式,再求极限.

解　原式 $= \lim\limits_{x \to 0}\left\{\dfrac{2}{x}\ln x - \dfrac{2}{x}\ln[x(x+1)]\right\} = -\lim\limits_{x \to 0}\left[\dfrac{2}{x}\ln(1+x)\right] = -2.$

> 小结　对于 $\infty-\infty$、$0\cdot\infty$ 型极限,常用解题方法为:先进行恒等变形(如通分、有理化、倒代换等)与无穷小等价替换,化简极限,再求出极限.

例 9   求 $\lim\limits_{n\to\infty}n^2\left(\arctan\dfrac{a}{n}-\arctan\dfrac{a}{n+1}\right),a\neq 0.$

分析   由于 $x\to 0$ 时，$\tan x\sim x$，则 $n\to\infty$ 时，可先用 $\tan\left(\arctan\dfrac{a}{n}-\arctan\dfrac{a}{n+1}\right)$

等价替换 $\arctan\dfrac{a}{n}-\arctan\dfrac{a}{n+1}$，再利用 $\tan(\alpha-\beta)=\dfrac{\tan\alpha-\tan\beta}{1+\tan\alpha\cdot\tan\beta}$ 化简极限.

解   原式 $=\lim\limits_{n\to\infty}n^2\tan\left(\arctan\dfrac{a}{n}-\arctan\dfrac{a}{n+1}\right)=\lim\limits_{n\to\infty}n^2\dfrac{\dfrac{a}{n}-\dfrac{a}{n+1}}{1+\dfrac{a}{n}\cdot\dfrac{a}{n+1}}$

$$=\lim_{n\to\infty}\dfrac{n^2 a}{n(n+1)+a^2}=a.$$

> 小贴士 $x\to 0$ 时，本题用 $\tan x$ 等价替换 x，因而用适当的无穷小等价替换可化简极限.

例 10   求 $\lim\limits_{x\to 0}\left(\dfrac{e^x+e^{2x}+\cdots+e^{nx}}{n}\right)^{\frac{e}{x}}$，$n$ 为给定正整数.

分析   对于 $1^{+\infty}$ 型极限，常用解法有：e 抬起法、重要极限二法、取对数法.

解法一   e 抬起法

原式 $=\lim\limits_{x\to 0}e^{\frac{e}{x}\ln\frac{e^x+e^{2x}+\cdots+e^{nx}}{n}}=e^{\lim\limits_{x\to 0}\frac{e}{x}\ln\frac{e^x+e^{2x}+\cdots+e^{nx}}{n}}$

$=e^{\lim\limits_{x\to 0}\frac{e}{x}\ln\left(1+\frac{e^x+e^{2x}+\cdots+e^{nx}}{n}-1\right)}=e^{\lim\limits_{x\to 0}\frac{e}{x}\cdot\frac{e^x+e^{2x}+\cdots+e^{nx}-n}{n}}=e^{\lim\limits_{x\to 0}\frac{e}{n}\cdot\frac{e^x-1+e^{2x}-1+\cdots+e^{nx}-1}{x}}$

$=e^{\frac{e}{n}\left(\lim\limits_{x\to 0}\frac{e^x-1}{x}+\lim\limits_{x\to 0}\frac{e^{2x}-1}{x}+\cdots+\lim\limits_{x\to 0}\frac{e^{nx}-1}{x}\right)}=e^{\frac{e}{n}\left(\lim\limits_{x\to 0}\frac{x}{x}+\lim\limits_{x\to 0}\frac{2x}{x}+\cdots+\lim\limits_{x\to 0}\frac{nx}{x}\right)}$

$=e^{\frac{e(1+2+\cdots+n)}{n}}=e^{\frac{n+1}{2}e}.$

解法二   重要极限二法

原式 $=\lim\limits_{x\to 0}\left(1+\dfrac{e^x+e^{2x}+\cdots+e^{nx}-n}{n}\right)^{\frac{n}{e^x+e^{2x}+\cdots+e^{nx}-n}\cdot\frac{e^x+e^{2x}+\cdots+e^{nx}-n}{n}\cdot\frac{e}{x}}$

$=e^{\lim\limits_{x\to 0}\frac{e^x+e^{2x}+\cdots+e^{nx}-n}{xn}e}=e^{\frac{e}{n}\left(\lim\limits_{x\to 0}\frac{e^x-1}{x}+\lim\limits_{x\to 0}\frac{e^{2x}-1}{x}+\cdots+\lim\limits_{x\to 0}\frac{e^{nx}-1}{x}\right)}$

$=e^{\frac{e}{n}(1+2+\cdots+n)}=e^{\frac{n+1}{2}e}.$

解法三   取对数法

令 $y=\left(\dfrac{e^x+e^{2x}+\cdots+e^{nx}}{n}\right)^{\frac{e}{x}}$，则

$$\ln y=\dfrac{e}{x}\ln\dfrac{e^x+e^{2x}+\cdots+e^{nx}}{n}$$

由上面的解法可知：

$$\lim_{x \to 0} \ln y = \lim_{x \to 0} \frac{e}{x} \ln \frac{e^x + e^{2x} + \cdots + e^{nx}}{n}$$

$$= \frac{e(1 + 2 + \cdots + n)}{n} = \frac{n+1}{2} e$$

故原式 $= \lim_{x \to 0} y = e^{\lim_{x \to 0} \ln y} = e^{\frac{n+1}{2} e}$.

> **小贴士**　e 抬起法与取对数法也适用于求 0^0 与 ∞^0 型极限.

例 11　设 $x_n = \sum_{k=0}^{n-1} \dfrac{e^{\frac{1+k}{n}}}{n + \dfrac{k^2}{n^2}}$,求 $\lim_{n \to \infty} x_n$.

分析　先将数列进行放缩,利用等比数列的求和公式可将放缩后的数列和式化为简单数列,再利用夹逼准则求出极限.

解　对于每一个 k,恒有 $0 \leqslant k \leqslant n-1$,故

$$n \leqslant n + \frac{k^2}{n^2} \leqslant n+1$$

则

$$\frac{1}{n+1} \sum_{k=0}^{n-1} e^{\frac{1+k}{n}} = \sum_{k=0}^{n-1} \frac{e^{\frac{1+k}{n}}}{n+1} \leqslant x_n = \sum_{k=0}^{n-1} \frac{e^{\frac{1+k}{n}}}{n + \frac{k^2}{n^2}} \leqslant \sum_{k=0}^{n-1} \frac{e^{\frac{1+k}{n}}}{n} = \frac{1}{n} \sum_{k=0}^{n-1} e^{\frac{1+k}{n}}$$

其中

$$\sum_{k=0}^{n-1} e^{\frac{1+k}{n}} = e^{\frac{1}{n}} \sum_{k=0}^{n-1} e^{\frac{k}{n}} = e^{\frac{1}{n}} \sum_{k=0}^{n-1} (e^{\frac{1}{n}})^k = e^{\frac{1}{n}} \frac{1(1 - e^{\frac{n}{n}})}{1 - e^{\frac{1}{n}}} = \frac{(e-1) e^{\frac{1}{n}}}{e^{\frac{1}{n}} - 1}$$

而 $\lim_{n \to \infty} e^{\frac{1}{n}} = 1$,故

$$\lim_{n \to \infty} \frac{1}{n} \sum_{k=0}^{n-1} e^{\frac{1+k}{n}} = \lim_{n \to \infty} \frac{1}{n} \frac{(e-1) e^{\frac{1}{n}}}{e^{\frac{1}{n}} - 1} = \lim_{n \to \infty} (e-1) e^{\frac{1}{n}} = e-1$$

又

$$\lim_{n \to \infty} \frac{1}{n+1} \sum_{k=0}^{n-1} e^{\frac{1+k}{n}} = \lim_{n \to \infty} \frac{n}{n+1} \frac{1}{n} \sum_{k=0}^{n-1} e^{\frac{1+k}{n}} = \lim_{n \to \infty} \frac{n}{n+1} \lim_{n \to \infty} \frac{1}{n} \sum_{k=0}^{n-1} e^{\frac{1+k}{n}}$$

$$= 1 \cdot (e-1) = e-1$$

故由夹逼准则得

$$\lim_{n \to \infty} x_n = e-1$$

> **小贴士**　当和式的数列不能化为简单数列时,对其极限可考虑用夹逼准则求解.
>
> 　　利用夹逼准则的关键在于放缩后的数列有相同极限,才能求出极限.

例 12 设 $x_0 > 0, x_n = \dfrac{2(1+x_{n-1})}{2+x_{n-1}}(n=1,2,3,\cdots)$. 证明：$\lim\limits_{n\to\infty}x_n$ 存在，并求之.

分析 对于递推式给出的数列极限，常利用单调有界准则求解.

证明 $1 < x_n = \dfrac{2(1+x_{n-1})}{2+x_{n-1}} < 2$，故 $\{x_n\}$ 有界. 又

$$x_n - x_{n-1} = \frac{2(1+x_{n-1})}{2+x_{n-1}} - \frac{2(1+x_{n-2})}{2+x_{n-2}} = \frac{2(x_{n-1}-x_{n-2})}{(2+x_{n-1})(2+x_{n-2})}$$

则 $x_n - x_{n-1}$ 与 $x_{n-1} - x_{n-2}$ 同号，依此类推可知 $x_n - x_{n-1}$ 与 $x_1 - x_0$ 同号，而

$$x_1 - x_0 = \frac{2(1+x_0)}{2+x_0} - x_0 = \frac{(2-x_0^2)}{2+x_0}$$

当 $0 < x_0 < \sqrt{2}$ 时，$x_1 - x_0 > 0$，则 $x_n - x_{n-1} > 0$，这时 $\{x_n\}$ 单调增.

当 $x_0 \geqslant \sqrt{2}$ 时，$x_1 - x_0 \leqslant 0$，则 $x_n - x_{n-1} \leqslant 0$，这时 $\{x_n\}$ 单调减.

所以 $\{x_n\}$ 单调有界，故必有极限. 设 $\lim\limits_{n\to\infty}x_n = A$，则 $A > 0$，那么

$$A = \frac{2(1+A)}{2+A} \Rightarrow A = \sqrt{2}$$

即

$$\lim_{n\to\infty}x_n = \sqrt{2}$$

> **小贴士** 对于单调增加的数列，只要再证明其有上界，则必有极限，其极限为其上确界.
>
> 对于单调减少的数列，只要再证明其有下界，则必有极限，其极限为其下确界.

例 13 求 $\lim\limits_{x\to0}\left(\dfrac{2+\mathrm{e}^{\frac{1}{x}}}{1+\mathrm{e}^{\frac{4}{x}}} + \dfrac{\sin x}{|x|}\right)$.

分析 $x=0$ 为分段函数的分段点，须考察其左、右极限的存在及相等性.

解 $\lim\limits_{x\to0^+}\left(\dfrac{2+\mathrm{e}^{\frac{1}{x}}}{1+\mathrm{e}^{\frac{4}{x}}} + \dfrac{\sin x}{|x|}\right) = \lim\limits_{x\to0^+}\left(\dfrac{2\mathrm{e}^{-\frac{4}{x}}+\mathrm{e}^{-\frac{3}{x}}}{\mathrm{e}^{-\frac{4}{x}}+1} + \dfrac{\sin x}{x}\right) = 0+1 = 1$

$\lim\limits_{x\to0^-}\left(\dfrac{2+\mathrm{e}^{\frac{1}{x}}}{1+\mathrm{e}^{\frac{4}{x}}} + \dfrac{\sin x}{|x|}\right) = \lim\limits_{x\to0^-}\left(\dfrac{2+\mathrm{e}^{\frac{1}{x}}}{1+\mathrm{e}^{\frac{4}{x}}} - \dfrac{\sin x}{x}\right) = 2-1 = 1$

故原式 $= 1$.

> **小贴士** ① $\lim\limits_{x\to0^+}\mathrm{e}^{\frac{1}{x}} = +\infty$，$\lim\limits_{x\to0^-}\mathrm{e}^{\frac{1}{x}} = 0$.
>
> ② 特别注意：$\mathrm{e}^{\frac{4}{x}} = (\mathrm{e}^{\frac{1}{x}})^4$，故 $x\to0^+$ 时，$\mathrm{e}^{\frac{4}{x}}$ 是比 $\mathrm{e}^{\frac{1}{x}}$ 高阶的无穷大.

例 14 求常数 a,b 的值,使 $\lim\limits_{x\to\infty}(\sqrt[3]{1-x^6}-ax^2-b)=0$ 成立.

分析 要确定极限中的待定参数,常利用已知极限的存在性分析法.

解法一 因为

$$\sqrt[3]{1-x^6}-ax^2-b=x^2(\sqrt[3]{x^{-6}-1}-a-bx^{-2})$$

而

$$\lim_{x\to\infty}x^2=+\infty$$

由于原极限存在,则必有

$$\lim_{x\to\infty}(\sqrt[3]{x^{-6}-1}-a-bx^{-2})=0$$

则 $a=-1$,代回原式有

$$\lim_{x\to\infty}(\sqrt[3]{1-x^6}+x^2-b)=0$$

故

$$b=\lim_{x\to\infty}(\sqrt[3]{1-x^6}+x^2)=\lim_{x\to\infty}(-x^2)\left(\sqrt[3]{\frac{1-x^6}{-x^6}}-1\right)$$

$$=\lim_{x\to\infty}(-x^2)\left(\sqrt[3]{1-\frac{1}{x^6}}-1\right)$$

$$=\lim_{x\to\infty}(-x^2)\frac{1}{3}\cdot\left(-\frac{1}{x^6}\right)$$

$$=\lim_{x\to\infty}\frac{1}{3x^4}=0$$

因此有: $a=-1,b=0$.

解法二 令 $\dfrac{1}{x^2}=t$,则 $x\to\infty\Rightarrow t\to0^+$,则由题设可知,由

$$0=\lim_{x\to\infty}(\sqrt[3]{1-x^6}-ax^2-b)=\lim_{t\to0^+}\left(\sqrt[3]{1-\frac{1}{t^3}}-\frac{a}{t}-b\right)$$

$$=\lim_{t\to0^+}\frac{\sqrt[3]{t^3-1}-a-bt}{t}$$

故

$$\lim_{t\to0^+}(\sqrt[3]{t^3-1}-a-bt)=0$$

则

$$a=\lim_{t\to0^+}(\sqrt[3]{t^3-1}-bt)=-1$$

再由

$$0=\lim_{t\to0^+}\frac{\sqrt[3]{t^3-1}+1-bt}{t}=\lim_{t\to0^+}\frac{-(\sqrt[3]{1-t^3}-1)-bt}{t}$$

$$=-\lim_{t\to 0^+}\frac{\sqrt[3]{1-t^3}-1}{t}-\lim_{t\to 0^+}\frac{bt}{t}$$

$$=-\lim_{t\to 0^+}\frac{-\frac{1}{3}t^3}{t}-b=-b$$

则

$$b=0$$

因此有:$a=-1,b=0.$

小贴士　所谓的极限存在性分析法,是指对未定式极限存在性的分析法,具体如表 1-4 所示.

表 1-4

条件	结论	极限类型
$\lim\dfrac{f(x)}{g(x)}=a(a\neq 0)$,且 $\lim f(x)=0(\infty)$	$\lim g(x)=0(\infty)$	$\dfrac{0}{0}$ 或 $\dfrac{\infty}{\infty}$
$\lim\dfrac{f(x)}{g(x)}=a$,且 $\lim g(x)=0(\infty)$	$\lim f(x)=0(\infty)$	
$\lim f(x)g(x)=a(a\neq 0)$,且 $\lim g(x)=0$	$\lim f(x)=\infty$	$0\cdot\infty$
$\lim f(x)g(x)=a$,且 $\lim g(x)=\infty$	$\lim f(x)=0$	

例 15　设当 $x\to 0$ 时,$(1-\cos x)\ln(1+x^2)$ 是比 $x\sin x^n$ 高阶的无穷小,而 $x\sin x^n$ 是比 $e^{x^2}-1$ 高阶的无穷小,则正整数 n 等于　　　　　　(　　)

A. 1　　　　　　B. 2　　　　　　C. 3　　　　　　D. 4

分析　可利用无穷小量的等价关系具有传递性,也可利用无穷小量的阶的定义.

解法一　$x\to 0$ 时,有

$$(1-\cos x)\ln(1+x^2)\sim\frac{1}{2}x^2x^2=\frac{1}{2}x^4$$

$$x\sin x^n\sim xx^n=x^{n+1}$$

$$e^{x^2}-1\sim x^2$$

由题意可知:$4>n+1>2$,即 $3>n>1$,故 $n=2$,选 B.

解法二　由题意可知:

$$0=\lim_{x\to 0}\frac{(1-\cos x)\ln(1+x^2)}{x\sin x^n}=\lim_{x\to 0}\frac{\frac{1}{2}x^2x^2}{x^{n+1}}=\frac{1}{2}\lim_{x\to 0}x^{3-n}$$

则 $3-n>0$,即 $n<3$,又

$$0=\lim_{x\to 0}\frac{x\sin x^n}{e^{x^2}-1}=\lim_{x\to 0}\frac{x^{n+1}}{x^2}=\lim_{x\to 0}x^{n-1}$$

则 $n-1>0$,即 $n>1$,故 $1<n<3$,则 $n=2$,选 B.

小贴士 本题用解法一更直观、简单.

基础练习 1

1. $\lim\limits_{x\to 0}x\sin\dfrac{1}{x}=$ _____ , $\lim\limits_{x\to\infty}x\sin\dfrac{1}{x}=$ _____ .

2. 若 $\lim\limits_{n\to\infty}a_n=A$, $\lim\limits_{n\to\infty}b_n=B$,则下列各式中必定成立的是 ( )

    A. $\lim\limits_{n\to\infty}na_n=nA$ B. $\lim\limits_{n\to\infty}a_n^n=A^n$

    C. $\lim\limits_{n\to\infty}\dfrac{a_n}{b_n}=\dfrac{A}{B}$ D. $\lim\limits_{n\to\infty}(ma_n+kb_n)=mA+kB$

3. 下列极限中不正确的是 ( )

    A. $\lim\limits_{x\to 0^-}e^{\frac{1}{x}}=0$ B. $\lim\limits_{x\to 0^+}e^{\frac{1}{x}}=+\infty$

    C. $\lim\limits_{x\to\infty}e^{\frac{1}{x}}=1$ D. $\lim\limits_{x\to 0}e^{\frac{1}{x}}=\infty$

4. 设 $\lim\limits_{x\to\infty}\dfrac{(1+a)x^4+bx^3+2}{x^3+x^2-1}=-2$,则 a,b 的值为 ( )

    A. $a=-3,b=0$ B. $a=0,b=-2$

    C. $a=-1,b=0$ D. $a=-1,b=-2$

5. 已知 $\lim\limits_{x\to 1^+}f(x)=2$,以下结论中正确的是 ( )

    A. 函数在 $x=1$ 处有定义且 $f(1)=2$

    B. 函数在 $x=1$ 的某去心邻域内有定义

    C. 函数在 $x=1$ 的右侧某邻域内有定义

    D. 函数在 $x=1$ 的左侧某邻域内有定义

6. 设 $f(x)=\ln\dfrac{2+x}{2-x}$,求 $f(x)+f\left(\dfrac{2}{x}\right)$ 的定义域.

7. 计算下列极限：

(1) $\lim\limits_{x \to 0} \dfrac{3\sin x + x^2 \cos \dfrac{1}{x}}{(1 + \cos x)\ln(1 + x)}$.

(2) $\lim\limits_{x \to 0} \dfrac{e^{x^2} - \cos x}{\ln(1 + x^2)}$.

(3) $\lim\limits_{x \to 1} (2 - x)^{\tan \frac{\pi}{2} x}$.

(4) $\lim\limits_{x \to \infty} (\sqrt[5]{x^5 - 2x^4 + 1} - x)$.

8. 求 $\lim\limits_{x \to +\infty} \left(\sin \dfrac{1}{x} + \cos \dfrac{1}{x} \right)^x$.

9. 若 $\lim\limits_{x \to 0} \dfrac{\sin x}{e^x - a}(\cos x - b) = 5$,求 a, b 的值.

10. 求 $\lim\limits_{n \to \infty} \left[\sum\limits_{k=1}^{n} \dfrac{1}{2(1+2+\cdots+k)} \right]^{n}$.

11. 求 $\lim\limits_{n \to \infty} \sqrt[n]{\sum\limits_{i=1}^{k} a_i^n}$, 其中 $a_i > 0, i = 1, 2, \cdots, k, k$ 为正整数.

12. 设 $x_1 = 1, x_{n+1} = \sqrt{1 + x_n} (n = 1, 2, \cdots)$, 证明: $\lim\limits_{n \to \infty} x_n$ 存在, 并求 $\lim\limits_{n \to \infty} x_n$.

强化训练 1

1. 已知 $f(x) = e^{x^2}$，$f[\varphi(x)] = 1 - x$，$\varphi(x) \geqslant 0$，求 $\varphi(x) =$ _____.

2. 当 $x \neq 0$ 时，$\lim\limits_{n \to \infty} \cos \dfrac{x}{2} \cos \dfrac{x}{4} \cdots \cos \dfrac{x}{2^n} =$ _____.

3. 若 $x \to 0$ 时，有 $\ln \dfrac{1 - x^2}{1 + x^2} \sim a \sin^2 \dfrac{x}{\sqrt{2}}$，则 $a =$ _____.

4. 设 $\lim\limits_{n \to \infty} a_n = a$，且 $a \neq 0$，则当 n 充分大时有 （　　）

   A. $|a_n| > \dfrac{|a|}{2}$ B. $|a_n| < \dfrac{|a|}{2}$

   C. $a_n > a - \dfrac{1}{n}$ D. $a_n < a + \dfrac{1}{n}$

5. 设 $\{x_n\}$ 是数列，下列命题中不正确的是 （　　）

   A. 若 $\lim\limits_{n \to \infty} x_n = a$，则 $\lim\limits_{n \to \infty} x_{2n} = \lim\limits_{n \to \infty} x_{2n+1} = a$

   B. 若 $\lim\limits_{n \to \infty} x_{2n} = \lim\limits_{n \to \infty} x_{2n+1} = a$，则 $\lim\limits_{n \to \infty} x_n = a$

   C. 若 $\lim\limits_{n \to \infty} x_n = a$，则 $\lim\limits_{n \to \infty} x_{3n} = \lim\limits_{n \to \infty} x_{2n+1} = a$

   D. 若 $\lim\limits_{n \to \infty} x_{3n} = \lim\limits_{n \to \infty} x_{3n-1} = a$，则 $\lim\limits_{n \to \infty} x_n = a$

6. 设 $f(x)$ 是定义在 $\mathbf{R}$ 上的函数，且有一条对称轴 $x = a (a \neq 0)$. 试证：

   (1) $f(x) = f(2a - x)$.

   (2) 若 $f(x)$ 是 $\mathbf{R}$ 上的奇函数，则 $f(x)$ 是周期函数.

   (3) 若 $f(x)$ 又对称于 $x = b (a < b)$，则 $f(x)$ 是以 $2(b - a)$ 为周期的周期
      函数.

7. 计算下列极限：

(1) $\lim\limits_{x \to 1} \dfrac{\ln(1 + \sqrt[3]{x-1})}{\arcsin 2 \sqrt[3]{x^2-1}}$.

(2) 设 $a > 0, b > 0$ 为常数，求 $\lim\limits_{x \to +\infty} x(a^{\frac{1}{x}} - b^{\frac{1}{x}})$.

8. 计算下列极限：

(1) $\lim\limits_{x \to \infty} \dfrac{(x+1)(x^2+1) \cdots (x^n+1)}{[(nx)^n + 1]^{\frac{n+1}{2}}}$.

(2) $\lim\limits_{n\to\infty}\dfrac{1-\mathrm{e}^{-nx}}{1+\mathrm{e}^{-nx}}$.

9. 求 $\lim\limits_{x\to 0}x\left[\dfrac{1}{x}\right]$, 其中$[\cdot]$是取整函数.

10. 已知 $\lim\limits_{x\to 0}\dfrac{\ln\left[1+\dfrac{f(x)}{\sin 2x}\right]}{3^x-1}=5$, 求$\lim\limits_{x\to 0}\dfrac{f(x)}{x^2}$.

11. 求 $\lim\limits_{n\to\infty}(1+\sin\pi\sqrt{1+4n^2})^n$.

12. 设 $x_0=0, x_n=\sin\dfrac{1}{2}(x_{n-1}+2)(n=1,2,\cdots)$,证明: $\lim\limits_{n\to\infty}x_n$ 存在.

第2讲 函数、极限与连续(二)

—— 函数的连续性

2.1 内容提要与归纳

2.1.1 函数的连续性

1) 函数连续性的定义

(1) 函数 $f(x)$ 在点 x_0 连续的定义有下列三种等价的表达:

① 若 $\lim\limits_{\Delta x \to 0} \Delta y = 0$,其中 $\Delta y = f(x_0 + \Delta x) - f(x_0)$,则称函数 $f(x)$ 在点 x_0 处连续;

② 若 $\lim\limits_{\Delta x \to 0} f(x_0 + \Delta x) = f(x_0)$,则称函数 $f(x)$ 在点 x_0 处连续;

③ 若 $\lim\limits_{x \to x_0} f(x) = f(x_0)$,则称函数 $f(x)$ 在点 x_0 处连续.

(2) 若 $\lim\limits_{x \to x_0^+} f(x) = f(x_0)$,则称函数 $f(x)$ 在点 x_0 处右连续.

若 $\lim\limits_{x \to x_0^-} f(x) = f(x_0)$,则称函数 $f(x)$ 在点 x_0 处左连续.

(3) 若函数 $f(x)$ 在 (a,b) 内处处连续,则称 $f(x)$ 在开区间 (a,b) 内连续.

(4) 若函数 $f(x)$ 在开区间 (a,b) 内连续,且在 $x = a$ 处右连续,在 $x = b$ 处左连续,则称函数 $f(x)$ 在闭区间 $[a,b]$ 上连续.

注:当 x_0 为 $f(x)$ 的连续点时,利用连续函数的定义可求函数极限:

$$\lim_{x \to x_0} f(x) = f(x_0).$$

2) 函数 $f(x)$ 在点 x_0 处连续的充要条件

函数 $f(x)$ 在点 x_0 处连续的充要条件为函数 $f(x)$ 在点 x_0 处既左连续又右连续. 即:

$$\lim_{x \to x_0} f(x) = f(x_0) \Leftrightarrow \lim_{x \to x_0^+} f(x) = f(x_0) \text{ 且 } \lim_{x \to x_0^-} f(x) = f(x_0).$$

3) 连续函数的运算法则

(1) 设函数 $f(x)$ 和 $g(x)$ 在点 x_0 处连续,则 $f(x) \pm g(x)$、$f(x) \cdot g(x)$ 及 $\dfrac{f(x)}{g(x)} (g(x_0) \neq 0)$ 都在点 x_0 处连续.

(2) 设函数 $u = \varphi(x)$ 在点 $x = x_0$ 处连续,且 $\varphi(x_0) = u_0$,而函数 $y = f(u)$ 在点 $u = u_0$ 处连续,则复合函数 $y = f[\varphi(x)]$ 在点 $x = x_0$ 处也连续.

4) 复合函数连续性具有的性质

如果 $\lim\limits_{x \to x_0} \varphi(x) = a, u = \varphi(x)$,且 $y = f(u)$ 在点 $u = a$ 处连续,则极限 $\lim\limits_{x \to x_0} f[\varphi(x)]$ 存在,且有

$$\lim_{x \to x_0} f[\varphi(x)] = f\left[\lim_{x \to x_0} \varphi(x)\right] = f(a).$$

5) 初等函数的连续性

初等函数在其定义区间上处处连续.

6) 几个常用的结论

(1) 设 $y = f(x)$ 是连续函数,则 $y = |f(x)|$ 也是连续函数.

(2) 若 $f(x)$ 与 $g(x)$ 都是连续函数,则

$$\varphi(x) = \min\{f(x), g(x)\}, \psi(x) = \max\{f(x), g(x)\}$$

也都是连续函数.

2.1.2　函数的间断点

1) 函数间断点的定义

(1) 若函数 $f(x)$ 在点 x_0 处不连续,则称 x_0 为函数 $f(x)$ 的**不连续点**或**间断点**.

(2) 由函数间断点的定义可知:若 $f(x)$ 在 x_0 的某去心邻域内有定义,则具有下列条件之一者,x_0 即为函数 $f(x)$ 的间断点:

① $f(x)$ 在 x_0 处无定义;

② $\lim\limits_{x \to x_0} f(x)$ 不存在;

③ $\lim\limits_{x \to x_0} f(x) \neq f(x_0)$.

因此,函数的间断点仅可能出现在下列两种情形中:

① 若 $f(x)$ 在 $\mathring{U}(x_0, \delta)$ 内有定义但在 x_0 处无定义,则 x_0 必为函数 $f(x)$ 的间断点;

② 分段函数 $f(x)$ 的分段点处可能是其间断点,也可能不是其间断点,需具体判断.

2) 间断点的类型(见表2-1)

表 2-1

间断点类型	共用条件	增加条件	间断点类型全称
第一类	$\lim\limits_{x \to x_0^-} f(x)$ 与 $\lim\limits_{x \to x_0^+} f(x)$ 均存在	$\lim\limits_{x \to x_0^-} f(x) = \lim\limits_{x \to x_0^+} f(x)$	第一类可去型间断点
		$\lim\limits_{x \to x_0^-} f(x) \neq \lim\limits_{x \to x_0^+} f(x)$	第一类跳跃型间断点
第二类	$\lim\limits_{x \to x_0^-} f(x)$ 或 $\lim\limits_{x \to x_0^+} f(x)$ 不存在	$\lim\limits_{x \to x_0^-} f(x) = \infty$ 或 $\lim\limits_{x \to x_0^+} f(x) = \infty$	第二类无穷型间断点
		$\lim\limits_{x \to x_0^-} f(x)$ 或 $\lim\limits_{x \to x_0^+} f(x)$ **不存在**(且不为 ∞)	第二类振荡型间断点

2.1.3 闭区间上连续函数的四个重要性质

1) 最大(小)值存在性定理

设函数 $f(x)$ 在 $[a,b]$ 上连续,则 $f(x)$ 在 $[a,b]$ 上必取得最大值与最小值.

2) 有界性定理

设函数 $f(x)$ 在 $[a,b]$ 上连续,则 $f(x)$ 在 $[a,b]$ 上必有界.

3) 零点定理

设函数 $f(x)$ 在 $[a,b]$ 上连续,且 $f(a)f(b) < 0$,则至少存在一点 $\xi \in (a,b)$,使得 $f(\xi) = 0$.

4) 介值定理

设函数 $f(x)$ 在 $[a,b]$ 上连续,对于介于 $f(a)$、$f(b)$ 之间的任何实数 C,则至少存在一点 $\xi \in [a,b]$,使得 $f(\xi) = C$.

推论:设函数 $f(x)$ 在 $[a,b]$ 上连续,并设 m 和 M 分别为 $f(x)$ 在 $[a,b]$ 上的最小值和最大值,对于满足 $m \leqslant C \leqslant M$ 的任何实数 C,则至少存在一点 $\xi \in [a,b]$,使得 $f(\xi) = C$.

2.2 典型例题分析

例 1 函数 $f(x) = \lim\limits_{t \to 0} \left(1 + \dfrac{\sin t}{x}\right)^{\frac{x^2}{t}}$ 在 $(-\infty, +\infty)$ 内　　　　(　　)

A. 连续 　　　　　　　　　　　　B. 有可去型间断点

C. 有跳跃型间断点 　　　　　　　D. 有无穷型间断点

分析　先求极限,即求出 $f(x)$,再求间断点,并讨论其类型.

解　由题意可知:$x \neq 0$,又

$$f(x) = \lim_{t \to 0} \left[\left(1 + \frac{\sin t}{x}\right)^{\frac{x}{\sin t}}\right]^{\frac{\sin t}{x} \cdot \frac{x^2}{t}} = \mathrm{e}^{\lim\limits_{t \to 0} \frac{\sin t}{x} \cdot \frac{x^2}{t}} = \mathrm{e}^{x \lim\limits_{t \to 0} \frac{\sin t}{t}} = \mathrm{e}^x \, (x \neq 0)$$

显然 $f(x)$ 在 $x = 0$ 处没有定义. 故 $f(x)$ 在 $x = 0$ 处间断,又

$$\lim_{x \to 0} f(x) = \lim_{x \to 0} \mathrm{e}^x = 1$$

故 $x = 0$ 为 $f(x)$ 的可去型间断点. 因此选 B.

> **小贴士**　没有定义的点即为间断点.

例 2　要使函数 $f(x) = \begin{cases} (\cos x)^{-\frac{1}{x^2}}, & x \neq 0 \\ a, & x = 0 \end{cases}$ 在 $x = 0$ 处连续,则 $a = $ ＿＿＿＿＿.

分析　分段点处的连续性需利用函数连续性的定义来讨论.

解　由于 $f(x)$ 在 $x = 0$ 处连续,则

$$f(0) = a = \lim_{x \to 0} f(x) = \lim_{x \to 0} \left[1 + (\cos x - 1)\right]^{\frac{1}{\cos x - 1} \cdot \frac{\cos x - 1}{x^2}}$$

$$= \mathrm{e}^{\lim\limits_{x \to 0} \frac{\cos x - 1}{x^2}} = \mathrm{e}^{-\frac{1}{2}}$$

则 $a = \mathrm{e}^{-\frac{1}{2}}$.

例 3　讨论函数 $f(x) = \lim\limits_{n \to \infty} \dfrac{x^{n+2} - x^{-n}}{x^n + x^{-n}}$ 的连续性,若有间断点,判断其类型.

分析　本题中的函数用含参变量的极限表示,故先求该极限,求出分段函数 $f(x)$,再用分段函数的间断点判别法求间断点并讨论其类型.

解
$$\lim_{n \to \infty} (x^2)^n = \begin{cases} 0, & |x| < 1 \\ 1, & |x| = 1 \\ +\infty, & |x| > 1 \end{cases}$$

若 $x \neq 0$,则

$$f(x) = \lim_{n \to \infty} \frac{x^{n+2} - x^{-n}}{x^n + x^{-n}} = \lim_{n \to \infty} \frac{x^2 \cdot (x^2)^n - 1}{(x^2)^n + 1}$$

$$= \begin{cases} -1, & 0 < |x| < 1 \\ 0, & |x| = 1 \\ x^2, & |x| > 1 \end{cases}$$

显然 $f(x)$ 在 $(-\infty, -1), (-1, 0), (0, 1), (1, +\infty)$ 内是初等函数,所以连续.

由于

$$\lim_{x \to -1^-} f(x) = 1, \lim_{x \to -1^+} f(x) = -1$$

$$\lim_{x \to 0} f(x) = -1, \lim_{x \to 1^-} f(x) = -1, \lim_{x \to 1^+} f(x) = 1$$

所以 $f(x)$ 在 $x = \pm 1, 0$ 处间断,且 $x = \pm 1$ 均为 $f(x)$ 的第一类跳跃型间断点, $x = 0$ 是 $f(x)$ 的第一类可去型间断点.

小结 对分段函数,在其分段内无定义的点必为间断点,其分段点处可能为间断点,其类型必须用极限或左、右极限及连续性定义来确定.

例4 求 $f(x) = \dfrac{1}{1 - e^{\frac{x}{1-x}}}$ 的间断点,并指出其类型.

分析 $f(x)$ 无定义的点 $x_1 = 0, x_2 = 1$.

解 在 $x_1 = 0$ 处,有

$$\lim_{x \to 0} f(x) = \lim_{x \to 0} \frac{1}{1 - e^{\frac{x}{1-x}}} = \infty$$

故 $x_1 = 0$ 是第二类无穷型间断点.

在 $x_2 = 1$ 处,有

$$\lim_{x \to 1^+} f(x) = \lim_{x \to 1^+} \frac{1}{1 - e^{\frac{x}{1-x}}} = \frac{1}{1 - 0} = 1$$

$$\lim_{x \to 1^-} \frac{1}{f(x)} = \lim_{x \to 1^-} (1 - e^{\frac{x}{1-x}}) = \infty$$

因此 $\lim\limits_{x \to 1^-} f(x) = 0$,故 $x_2 = 1$ 为第一类跳跃型间断点.

小贴士 $\lim\limits_{x \to 1^+} e^{\frac{x}{1-x}} = 0 (e^{-\infty} \to 0), \lim\limits_{x \to 1^-} e^{\frac{x}{1-x}} = \infty (e^{+\infty} \to \infty).$

例5 求 $f(x) = (1 + x)^{\frac{x}{\tan(x - \frac{\pi}{4})}}$ 在区间 $(0, 2\pi)$ 内的间断点,并判断其类型.

分析 求出在区间 $(0, 2\pi)$ 内 $f(x)$ 无定义的点即为间断点,再判断其类型.

解 由 $\tan\left(x - \dfrac{\pi}{4}\right) = 0$ 得

$$x - \frac{\pi}{4} = k\pi (k = 0, k = 1)$$

解得

$$x_1 = \frac{\pi}{4}, x_2 = \frac{5\pi}{4}$$

由 $\tan\left(x - \frac{\pi}{4}\right)$ 不存在，即 $\cos\left(x - \frac{\pi}{4}\right) = 0$，得

$$x - \frac{\pi}{4} = k\pi + \frac{\pi}{2}(k = 0, k = 1)$$

解得

$$x_3 = \frac{3\pi}{4}, x_4 = \frac{7\pi}{4}$$

故间断点为：$x = \frac{\pi}{4}, \frac{3\pi}{4}, \frac{5\pi}{4}, \frac{7\pi}{4}$.

在 $x = \frac{\pi}{4}, \frac{5\pi}{4}$ 处，由于

$$\lim_{x \to x_1(x_2)} f(x) = \lim_{x \to x_1(x_2)} (1+x)^{\frac{x}{\tan(x - \frac{\pi}{4})}} = \infty$$

故 $x = \frac{\pi}{4}, \frac{5\pi}{4}$ 是 $f(x)$ 的第二类无穷型间断点.

在 $x = \frac{3\pi}{4}, \frac{7\pi}{4}$ 处，由于

$$\lim_{x \to x_3(x_4)} f(x) = \lim_{x \to x_3(x_4)} (1+x)^{\frac{x}{\tan(x - \frac{\pi}{4})}} = 1$$

故 $x = \frac{3\pi}{4}, \frac{7\pi}{4}$ 是 $f(x)$ 的第一类可去型间断点.

> **小贴士**　间断点较多时，常可根据间断点的来源按类判断.

例 6　求 $f(x) = \dfrac{\ln|x|}{x^2 - 3x + 2}$ 的间断点，并指出其类型.

分析　$f(x)$ 无定义的点 $x_1 = 0, x_2 = 1, x_3 = 2$ 必为间断点，其中 $x_1 = 0$ 也为分段点，故 $x_1 = 0, x_2 = 1, x_3 = 2$ 的间断点类型必须分别用极限以及左、右极限与连续性定义来确定.

解　$f(x)$ 在点 $x_1 = 0, x_2 = 1, x_3 = 2$ 处无定义，在 $(-\infty, +\infty)$ 上其他点处有定义则连续，故 $x_1 = 0, x_2 = 1, x_3 = 2$ 为 $f(x)$ 的间断点. 由于

$$\lim_{x \to 0} \ln|x| = -\infty, \lim_{x \to 0} (x^2 - 3x + 2) = 2$$

所以

$$\lim_{x \to 0} f(x) = -\infty$$

又

$$\lim_{x \to 1} f(x) = \lim_{x \to 1} \frac{\ln x}{x^2 - 3x + 2} = \lim_{x \to 1} \frac{x - 1}{(x-1)(x-2)}$$
$$= \lim_{x \to 1} \frac{1}{(x-2)} = -1$$

又

$$\lim_{x \to 2} f(x) = \infty$$

故 $x = 0, 2$ 是 $f(x)$ 的第二类无穷型间断点, $x = 1$ 是 $f(x)$ 的第一类可去型间断点.

> **小贴士** 间断点主要出现在无定义的点与分段点处.

例 7 设 $f(x)$ 在 $[a, b]$ 上连续, 且 $\left| f(x) - \dfrac{a+b}{2} \right| \leqslant \dfrac{b-a}{2}$, 求证: 方程 $f[f(x)] = x$ 在 $[a, b]$ 上至少有一个根.

分析 要证方程 $f[f(x)] = x$ 有根, 可化为证函数 $F(x) = f[f(x)] - x$ 有零点.

证明 由于 $\left| f(x) - \dfrac{a+b}{2} \right| \leqslant \dfrac{b-a}{2}$, 即

$$a \leqslant f(x) \leqslant b$$

令 $F(x) = f[f(x)] - x$, 有

$$F(a) = f[f(a)] - a \geqslant 0, F(b) = f[f(b)] - b \leqslant 0$$

由零点存在定理可知, $F(x)$ 在 $[a, b]$ 上至少有一个零点, 即方程 $f[f(x)] = x$ 在 $[a, b]$ 上至少有一个根.

> **小结** 利用零点存在定理常可证函数存在零点及讨论方程的根.

例 8 设 $f(x)$ 在 $[a, b]$ 上连续, $a < c < d < b$, 试证: 对任意的正数 p, q, 至少存在一点 $\xi \in [c, d]$, 使 $pf(c) + qf(d) = (p+q)f(\xi)$.

分析 将结论化为 $\exists \xi \in [c, d]$, 使 $\dfrac{pf(c) + qf(d)}{p+q} = f(\xi)$, 可用介值定理来证.

证明 不妨设 $f(c) \leqslant f(d)$, 则对任意的正数 p、q, 有

$$f(c) = \frac{(p+q)f(c)}{p+q} \leqslant \frac{pf(c) + qf(d)}{p+q} \leqslant \frac{(p+q)f(d)}{p+q} = f(d)$$

则由介值定理可知, 至少存在一点 $\xi \in [c, d]$, 使

$$\frac{pf(c) + qf(d)}{p+q} = f(\xi)$$

即

$$pf(c) + qf(d) = (p+q)f(\xi)$$

> **小贴士** 利用介值定理时须注意 ξ 的范围.

基础练习 2

1. 设 $f(x)$ 在 $x = 2$ 处连续，且 $f(2) = 3$，则 $\lim\limits_{x \to 0} \dfrac{\sin 3x}{x} f\left(\dfrac{\sin 2x}{x}\right) = $ _____.

2. 若 $x = 1$ 是函数 $f(x) = \dfrac{x^2 + 3x + b}{x^2 - 3x + a}$ 的可去型间断点，则 $a = $ _____，$b = $ _____.

3. $f(x) = \dfrac{2^{\frac{1}{x}} - 1}{2^{\frac{1}{x}} + 1}$ 的间断点是_____，其类型为_____.

4. 设 $f(x) = \lim\limits_{n \to \infty} \dfrac{2x^n - 3x^{-n}}{x^n + x^{-n}} \sin \dfrac{1}{x}$，则 $f(x)$ 有　　　　　　　　　（　　）

   A. 两个第一类间断点

   B. 三个第一类间断点

   C. 两个第一类间断点和一个第二类间断点

   D. 一个第一类间断点和一个第二类间断点

5. 设 $f(x) = \begin{cases} \dfrac{2 - \sqrt{x}}{3 - \sqrt{2x + 1}}, & x \neq 4 \\ a + 1, & x = 4 \end{cases}$，问 a 为何值时 $f(x)$ 处处连续？

6. 求常数 a,b 之值，使 $f(x) = \begin{cases} \dfrac{\tan ax}{\sqrt{1-\cos x}}, & x < 0 \\ b, & x = 0 \\ \dfrac{1}{x^2}[\ln x - \ln(x^3 + x)], & x > 0 \end{cases}$ 在 $x = 0$ 处连续.

7. 设函数 $f(x)$ 在闭区间 $[a,b]$ 上连续，$f(a) > a$，$f(b) < b$，试证明：在 (a,b) 内至少存在一点 $\xi \in (a,b)$，使得 $f(\xi) = \xi$.

8. 设函数 $f(x)$ 在区间 (a,b) 内连续，且 $f(x) > 0$，$x_1, x_2, \cdots, x_n \in (a,b)$，试证明：存在点 $\xi \in (a,b)$，使得 $f(\xi) = [f(x_1)f(x_2)\cdots f(x_n)]^{\frac{1}{n}}$.

强化训练 2

1. $f(x) = \begin{cases} \dfrac{\sin x}{|x|}, & x \neq 0 \\ 1, & x = 0 \end{cases}$ 的间断点为 _____ ,其类型为 _____ .

2. $f(x) = \dfrac{\cos \frac{\pi}{2} x}{x^2 (x-1)}$ 的第一类间断点为 _____ ,第二类间断点为 _____ .

3. 设 $f(x) = \dfrac{x^3 - x}{\sin \pi x}$,则 $f(x)$ 有　　　　　　　　　　　(　)

   A. 无穷多个第一类间断点　　　　　　B. 一个第一类可去型间断点

   C. 两个第一类跳跃型间断点　　　　　D. 三个第一类可去型间断点

4. 求 $f(x) = \dfrac{1}{e^{\frac{1+x}{1-x}} - 1}$ 的间断点,并指出间断点的类型.

5. 讨论函数 $f(x) = \dfrac{(x+1)\sin x}{|x|(x^2-1)}$ 的连续区间与间断点,并指出间断点的类型.

6. 设函数 $f(x) = \lim\limits_{n \to \infty} \dfrac{x^{2n+1} + ax^2 + bx}{x^{2n} + 1}$ 在 $(-\infty, +\infty)$ 上连续,求 a, b 的值.

7. 设函数 $f(x)$ 在 $[0,1]$ 上连续,且 $f(0) = f(1)$,证明:存在 $\xi \in [0,1)$,使得 $f(\xi) = f\left(\xi + \dfrac{1}{2}\right)$.

8. 设函数 $f(x)$ 在区间 (a,b) 内连续,且 $x_1, x_2, \cdots, x_n \in (a,b)$,证明:存在点 $\xi \in (a,b)$,使得 $f(\xi) = \dfrac{1}{n}\left[f(x_1) + f(x_2) + \cdots + f(x_n)\right]$.

第 1—2 讲阶段能力测试

阶段能力测试 A

一、填空题(每小题 3 分,共 15 分)

1. 设 $f(x) = \begin{cases} x^2, & x \leqslant 0 \\ \ln x, & x > 0 \end{cases}$, $g(x) = |x|$,则复合函数 $f[g(x)] = $ _____.

2. 设 $f(x)$ 的定义域是 $(1,3]$,则 $f\left(\dfrac{1}{x+1}\right)$ 的定义域是 _____.

3. 设函数 $f(x) = \begin{cases} \dfrac{1-\mathrm{e}^{\tan x}}{\arcsin\dfrac{x}{2}}, & x > 0 \\ a\mathrm{e}^{2x}, & x \leqslant 0 \end{cases}$ 在 $x = 0$ 处连续,则 $a = $ _____.

4. 当 $x \to 0$ 时,$2ax + 3x^2 - x^3$ 与 $\sin 4x$ 为等价无穷小,则 $a = $ _____.

5. 设函数 $f(x) = \dfrac{1}{3^{\frac{x}{2-x}} + a}$,$x = 1$ 是 $f(x)$ 的第二类间断点,则 $a = $ _____.

二、选择题(每小题 3 分,共 15 分)

1. 下列命题中正确的是 ( )

   A. 有界数列必定收敛   B. 无界数列必定发散

   C. 发散数列必定无界   D. 单调数列必有极限

2. 设 $\lim\limits_{x \to \infty} \dfrac{(x+1)^{95}(ax+1)^5}{(x^2+1)^{50}} = 8$,则 a 的值为 ( )

   A. 1   B. 2   C. $\sqrt[5]{8}$ D. 均不对

3. 当 $x \to 0$ 时,$f(x) = \sqrt{1+\sin x} - \sqrt{1-\sin x}$ 与 $g(x)$ 是等价无穷小,则 $g(x)$ 为 ( )

   A. $\tan x - \sin x$ B. $1 - \cos x$

   C. $\sqrt{x}$ D. x

4. 设 $f(x) = \tan x \sin\dfrac{1}{x}$,则点 $x = 0$ 是 $f(x)$ 的 ( )

   A. 连续点   B. 可去型间断点

   C. 无穷型间断点   D. 振荡型间断点

5. 若 $f(x)$ 在点 x_0 处连续,则 　　　　　　　　　　　　　　(　)

    A. $\tan[f(x)]$ 在点 x_0 处连续 　　　　B. $\sqrt{f(x)}$ 在点 x_0 处连续

    C. $|f(x)|$ 在点 x_0 处连续 　　　　　　D. $f[f(x)]$ 在点 x_0 处连续

三、(本题满分 6 分) 设函数 $f(x)$ 满足 $2f(x)+f\left(\dfrac{1}{x}\right)=\dfrac{a}{x}$, a 为常数,证明: $f(x)$ 是奇函数.

四、计算题(每小题 6 分,共 18 分)

  1. $\lim\limits_{n\to\infty}\left[(1+x)(1+x^2)\cdots(1+x^{2^n})\right] (|x|<1)$.

  2. $\lim\limits_{x\to 0}\dfrac{\cos x-\cos 3x}{x^2}$.

3. 若 $\lim\limits_{x \to 0} \left(\dfrac{1 - \tan x}{1 + \tan x} \right)^{\frac{1}{\sin kx}} = e$,求 k 的值.

五、(本题满分 8 分) 已知 $\lim\limits_{x \to \infty} \left(\dfrac{x + 2a}{x - a} \right)^{x} = \lim\limits_{x \to 0} \dfrac{\sin 8x}{x}$,求 a.

六、(本题满分 8 分) 设数列 $\{x_n\}$ 为:$x_1 = 4, x_{n+1} = \sqrt{6 - x_n}\ (n = 1, 2, \cdots)$,求证数列 $\{x_n\}$ 收敛,并求其极限.

七、(本题满分 10 分) 证明：$a_n = \underbrace{\sin\sin\cdots\sin 1}_{n-1\text{个}}$ 收敛且极限为零.

八、(本题满分 10 分) 设 $f(x) = \dfrac{x(x+1)(x+2)}{|x|(x^2-4)}$，求 $f(x)$ 的间断点并指出其类型.

九、(本题满分 10 分) 已知函数 $f(x)$ 在 $[0,1]$ 上连续，且 $f(0) = 0$，$f(1) = 1$，证明：存在 $\xi \in (0,1)$，使得 $f(\xi) = 1 - \xi$.

阶段能力测试 B

一、填空题(每小题 3 分,共 15 分)

1. 设 $\lim\limits_{x\to 0}\dfrac{x}{f(2x)}=\lim\limits_{x\to\infty}x\ln\dfrac{x+1}{x-1}$,则 $\lim\limits_{x\to 0}\dfrac{f(x)}{x}=$ _____.

2. $\lim\limits_{x\to-\infty}\dfrac{\sqrt{9x^2+2x+1}+x+2}{\sqrt{x^2+\cos x}}=$ _____.

3. $\lim\limits_{x\to 0}\dfrac{\ln\cos x}{x^2}=$ _____.

4. 设 $f(x)$ 连续,$\lim\limits_{x\to 0}\dfrac{1-\cos\big[xf(x)\big]}{(\mathrm{e}^{x^2}-1)f(x)}=1$,则 $f(0)=$ _____.

5. 设 $f(x)=\lim\limits_{n\to\infty}\dfrac{(n-1)x}{nx^2+1}$,则 $f(x)$ 的间断点为 $x=$ _____,其类型为 _____.

二、选择题(每小题 3 分,共 15 分)

1. 设数列 $\{x_n\}$ 收敛,则 ( )

   A. 当 $\lim\limits_{n\to\infty}\sin x_n=0$ 时,$\lim\limits_{n\to\infty}x_n=0$

   B. 当 $\lim\limits_{n\to\infty}x_n(x_n+\sqrt{|x_n|})=0$ 时,则 $\lim\limits_{n\to\infty}x_n=0$

   C. 当 $\lim\limits_{n\to\infty}(x_n+x_n^2)=0$,$\lim\limits_{n\to\infty}x_n=0$

   D. 当 $\lim\limits_{n\to\infty}(x_n+\sin x_n)=0$ 时,$\lim\limits_{n\to\infty}x_n=0$

2. 设 $\{a_n\}$,$\{b_n\}$,$\{c_n\}$ 均为非负数列,且 $\lim\limits_{n\to\infty}a_n=0$,$\lim\limits_{n\to\infty}b_n=1$,$\lim\limits_{n\to\infty}c_n=\infty$,则必有 ( )

   A. $a_n<b_n$ 对任意的 n 成立 　　　　B. $b_n<c_n$ 对任意的 n 成立

   C. 极限 $\lim\limits_{n\to\infty}a_nc_n$ 不存在 　　　　D. 极限 $\lim\limits_{n\to\infty}b_nc_n$ 不存在

3. 当 $x\to 0$ 时,用 $o(x)$ 表示比 x 高阶的无穷小,则下列式子中错误的是( )

   A. $x\cdot o(x^2)=o(x^3)$ 　　　　B. $o(x)\cdot o(x^2)=o(x^3)$

   C. $o(x^2)+o(x^2)=o(x^2)$ 　　　　D. $o(x)+o(x^2)=o(x^2)$

4. 设 $f(x)=\begin{cases}(x+1)\arctan\dfrac{1}{x^2-1}, & |x|\neq 1\\ -1, & |x|=1\end{cases}$,则 $x=-1$ 为 $f(x)$ 的( )

   A. 跳跃型间断点 　　　　B. 第二类间断点

   C. 可去型间断点 　　　　D. 连续点

5. 若函数 $f(x) = \begin{cases} \dfrac{1-\cos\sqrt{x}}{ax}, & x > 0 \\ b, & x \leqslant 0 \end{cases}$ 在 $x = 0$ 处连续,则 （   ）

    A. $ab = \dfrac{1}{2}$ B. $ab = -\dfrac{1}{2}$ C. $ab = 0$ D. $ab = 2$

三、计算下列极限(每小题 6 分,共 18 分)

  1. $\lim\limits_{x\to\frac{\pi}{2}} \dfrac{(1-\sqrt{\sin x})(1-\sqrt[3]{\sin x})\cdots(1-\sqrt[n]{\sin x})}{(1-\sin x)^{n-1}}$.

  2. $\lim\limits_{n\to\infty} \sqrt[n]{1+\dfrac{1}{2}+\dfrac{1}{3}+\cdots+\dfrac{1}{n}}$.

  3. $\lim\limits_{x\to 0} \dfrac{1}{x^3}\left[\left(\dfrac{2+\cos x}{3}\right)^x - 1\right]$.

四、(本题满分 10 分) 数列 $\{x_n\}$ 满足 $0 < x_1 < \pi, x_{n+1} = \sin x_n \, (n = 1, 2, \cdots)$,

(1) 证明 $\lim\limits_{n \to \infty} x_{n+1}$ 存在,并求极限.

(2) 计算 $\lim\limits_{n \to \infty} \left(\dfrac{x_{n+1}}{\tan x_n} \right)^{\frac{1}{x_n^2}}$.

五、(本题满分 8 分) 设当 $x \to 0$ 时, $1 - \cos x \cos 2x \cos 3x$ 与 ax^n 是等价无穷小,求常数 a, n 的值.

六、(本题满分 8 分) 设函数 $f(x) = \dfrac{(e^{\frac{1}{x}} + e) \tan x}{x(e^{\frac{1}{x}} - e)}$,求 $f(x)$ 的间断点并指出其类型.

七、（本题满分 10 分）设 $f(x) = \lim\limits_{t \to x} \left(\dfrac{\sin t}{\sin x} \right)^{\frac{x}{\sin t - \sin x}}$，求 $f(x)$ 的间断点并指出其类型.

八、（本题满分 8 分）证明：方程 $x^3 - 9x - 1 = 0$ 恰有三个实根.

九、（本题满分 8 分）设函数 $f(x)$ 在区间 $[a,b]$ 上连续，且 $x_1, x_2, \cdots, x_n \in (a,b)$，$t_k > 0 (k = 1, 2, \cdots, n)$，且 $\sum\limits_{k=1}^{n} t_k = 1$，证明：至少存在一点 $\xi \in (a,b)$，使 $f(\xi) = \sum\limits_{k=1}^{n} t_k f(x_k)$.

第 3 讲　导数与微分(一)

—— 导数概念与导数计算

3.1　内容提要与归纳

3.1.1　函数的导数概念

1) 导数定义

(1) 函数 $f(x)$ 在点 x_0 处的导数:设函数 $y = f(x)$ 在点 x_0 的某一邻域内有定义,则

$$f'(x_0) = \lim_{\Delta x \to 0} \frac{\Delta y}{\Delta x} = \lim_{\Delta x \to 0} \frac{f(x_0 + \Delta x) - f(x_0)}{\Delta x} = \lim_{x \to x_0} \frac{f(x) - f(x_0)}{x - x_0}$$

$$= \lim_{h \to 0} \frac{f(x_0 + h) - f(x_0)}{h}$$

也可记作 $y'(x_0), y'\Big|_{x=x_0}, \dfrac{\mathrm{d}y}{\mathrm{d}x}\Big|_{x=x_0}$ 或 $\dfrac{\mathrm{d}f}{\mathrm{d}x}\Big|_{x=x_0}$.

若极限不存在,则称 $y = f(x)$ 在点 x_0 处不可导.

(2) 函数 $f(x)$ 在点 x_0 处的左导数:

$$f'_-(x_0) = \lim_{\Delta x \to 0^-} \frac{f(x_0 + \Delta x) - f(x_0)}{\Delta x} = \lim_{x \to x_0^-} \frac{f(x) - f(x_0)}{x - x_0}$$

$$= \lim_{h \to 0^-} \frac{f(x_0 + h) - f(x_0)}{h}$$

函数 $f(x)$ 在点 x_0 处的右导数:

$$f'_+(x_0) = \lim_{\Delta x \to 0^+} \frac{f(x_0 + \Delta x) - f(x_0)}{\Delta x} = \lim_{x \to x_0^+} \frac{f(x) - f(x_0)}{x - x_0}$$

$$= \lim_{h \to 0^+} \frac{f(x_0 + h) - f(x_0)}{h}$$

(3) 导函数:

$$f'(x) = \lim_{\Delta x \to 0} \frac{\Delta y}{\Delta x} = \lim_{\Delta x \to 0} \frac{f(x + \Delta x) - f(x)}{\Delta x}$$

$$= \lim_{h \to 0} \frac{f(x + h) - f(x)}{h}$$

(4) $f(x)$ 在 x 处可导的充要条件是 $f'_-(x_0)$ 与 $f'_+(x_0)$ 存在且相等(用于分段函数的分界点).

(5) 若 $f(x)$ 在 (a,b) 内每一点均可导,则称该函数在 (a,b) 内可导.

(6) 若 $f(x)$ 在 (a,b) 内可导,且在 $x=a$ 和 $x=b$ 处分别右可导和左可导,则 $f(x)$ 在 $[a,b]$ 上可导.

2)导数的意义

(1) 几何意义:函数 $y=f(x)$ 在 x_0 处的导数 $f'(x_0)$ 表示曲线 $y=f(x)$ 在 $M_0(x_0,y_0)$ 处的切线 M_0T 的斜率,即 $\tan\alpha = f'(x_0)$,其中 α 为切线 M_0T 的倾斜角(如图 3-1 所示).

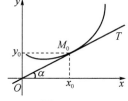

图 3-1

(2) 物理意义:距离函数 $s=s(t)$ 在时刻 t_0 处的导数 $s'(t_0)$ 表示该距离函数在时刻 t_0 处的速度 $v(t_0)=s'(t_0)$;电量函数 $Q=Q(t)$ 在时刻 t_0 处的导数 $Q'(t_0)$ 表示该电量函数在时刻 t_0 时的电流 $I(t_0)=Q'(t_0)$.

(3) 经济意义:$f'(x_0)$ 表示经济函数 $y=f(x)$ 在 x_0 处的边际成本,$\dfrac{x_0 f'(x_0)}{f(x_0)}$ 表示经济函数 $y=f(x)$ 在 x_0 处的弹性.

(4) 其他意义:$f'(x_0)$ 表示函数 $y=f(x)$ 在 x_0 处的变化率.

3)函数的可导性与连续性的关系

函数 $y=f(x)$ 在 x_0 处可导则必在 x_0 处连续,反之则不然.

3.1.2 函数的求导方法

1)求导的基本公式(见表 3-1)

表 3-1

序号	公式	序号	公式
1	$(c)'=0$(c 为常数)	2	$(x^\mu)'=\mu x^{\mu-1}$(μ 为实数)
3	$(a^x)'=a^x \ln a$	4	$(e^x)'=e^x$
5	$(\log_a x)'=\dfrac{1}{x\ln a}$	6	$(\ln|x|)'=\dfrac{1}{x}$
7	$(\sin x)'=\cos x$	8	$(\cos x)'=-\sin x$
9	$(\tan x)'=\sec^2 x$	10	$(\cot x)'=-\csc^2 x$
11	$(\sec x)'=\sec x\tan x$	12	$(\csc x)'=-\csc x\cot x$
13	$(\arcsin x)'=\dfrac{1}{\sqrt{1-x^2}}$	14	$(\arccos x)'=-\dfrac{1}{\sqrt{1-x^2}}$
15	$(\arctan x)'=\dfrac{1}{1+x^2}$	16	$(\text{arccot}\,x)'=-\dfrac{1}{1+x^2}$

2) 导数的四则运算法则(见表 3 - 2)

表 3 - 2

若函数 $u(x),v(x)$ 在点 x 处可导,则	
$[u(x) \pm v(x)]' = u'(x) \pm v'(x)$	$[u(x)v(x)]' = u'(x)v(x) + u(x)v'(x)$
$[c \cdot u(x)]' = c \cdot u'(x)(c \text{ 为常数})$	$\left[\dfrac{u(x)}{v(x)}\right]' = \dfrac{u'(x)v(x) - u(x)v'(x)}{v^2(x)}$ $(v(x) \neq 0)$

3) 复合函数的求导方法 —— 链式法则

设 $y = f(u), u = \varphi(x)$,如果 $\varphi(x)$ 在 x 处可导,$f(u)$ 在对应点 u 处可导,则复合函数 $y = f[\varphi(x)]$ 在 x 处可导,且有

$$\frac{\mathrm{d}y}{\mathrm{d}x} = \frac{\mathrm{d}y}{\mathrm{d}u} \cdot \frac{\mathrm{d}u}{\mathrm{d}x} \text{ 或 } y'_x = f'_u(u)\varphi'_x(x)$$

4) 反函数的求导方法

设 $y = f(x)$ 在点 x 的某邻域内单调有定义,且在点 x 处可导,$f'(x) \neq 0$,则其反函数 $x = \varphi(y)$ 在点 x 所对应的 y 处可导,且有

$$\varphi'(y) = \frac{1}{f'(x)}$$

5) 隐函数的求导方法

(1) 方程两边对自变量 x 求导.

设 $y = f(x)$ 是由方程 $F(x,y) = 0$ 确定的可导函数,方程两边对 x 求导:$\dfrac{\mathrm{d}}{\mathrm{d}x}F(x, f(x)) = 0$,得到一个含有 $\dfrac{\mathrm{d}y}{\mathrm{d}x}$ 的等式,然后解出 $\dfrac{\mathrm{d}y}{\mathrm{d}x}$.

(2) 取对数求导法.

若函数是由若干初等函数的乘、除、幂、开方等运算得到的较复杂的函数或是幂指函数 $y = f(x)^{g(x)}$,可以先取对数,再用隐函数的求导方法求导.

6) 参数式函数的求导方法

设 $\varphi(t), \psi(t)$ 均可导,且 $\varphi'(t) \neq 0$,由参数方程 $\begin{cases} x = \varphi(t) \\ y = \psi(t) \end{cases}$ 所确定的函数 $y = y(x)$ 称为参数式函数,参数式函数的一阶、二阶导数公式如下:

$$\frac{\mathrm{d}y}{\mathrm{d}x} = \frac{y'_t}{x'_t}; \quad \frac{\mathrm{d}^2 y}{\mathrm{d}x^2} = \frac{\left(\dfrac{y'_t}{x'_t}\right)'_t}{x'_t} = \frac{y''_t x'_t - y'_t x''_t}{(x'_t)^3}$$

7) 几类特殊函数的导数

(1) 奇偶函数的导数:可导的奇函数的导数是偶函数,可导的偶函数的导数是

奇函数.

(2) 周期函数的导数:可导的周期函数的导数仍是周期函数,且周期相同.

3.2 典型例题分析

例 1 设 $f(x)$ 在点 x_0 处可导,当且仅当 $n \to \infty$,x_n 与 y_n 为等价无穷小,求 $\lim\limits_{n \to \infty} \dfrac{f(x_0 + x_n) - f(x_0 - y_n)}{x_n}$.

分析 当所求极限中含函数差时,可考虑将此极限式凑成导数的定义形式,再用导数定义求极限,但须注意 $f(x)$ 的可导点是 x_0.

解 原式 $= \lim\limits_{n \to \infty} \dfrac{\left[f(x_0 + x_n) - f(x_0)\right] - \left[f(x_0 - y_n) - f(x_0)\right]}{x_n}$

$\qquad = \lim\limits_{n \to \infty} \dfrac{\left[f(x_0 + x_n) - f(x_0)\right]}{x_n} + \lim\limits_{n \to \infty} \dfrac{f(x_0 - y_n) - f(x_0)}{-x_n}$

$\qquad = f'(x_0) + \lim\limits_{n \to \infty} \dfrac{f(x_0 - y_n) - f(x_0)}{-y_n} \cdot \dfrac{y_n}{x_n}$

$\qquad = f'(x_0) + \lim\limits_{n \to \infty} \dfrac{f(x_0 - y_n) - f(x_0)}{-y_n} \cdot \lim\limits_{n \to \infty} \dfrac{y_n}{x_n}$

$\qquad = f'(x_0) + f'(x_0) \cdot 1 = 2f'(x_0)$.

> **小贴士** ① 注意题设中 $f(x)$ 只是在点 x_0 处可导,没说在点 x_0 的邻域内可导,故导数定义式中 $f'(x_0)$ 与 $f(x_0)$ 中的 x_0 须是同一个点.
> ② 本题导数定义中分别取 $\Delta x = x_n$ 与 $\Delta x = -y_n$.

例 2 设 $f(x)$ 在 $x = a$ 处可导,$f(a) > 0$,求 $\lim\limits_{n \to \infty} \left[\dfrac{f\left(a + \dfrac{1}{n}\right)}{f(a)}\right]^n$.

分析 可导必连续,故此极限为 1^∞ 型,本题可用重要极限二及导数定义求出极限.

解 原式 $= \lim\limits_{n \to \infty} \left[1 + \dfrac{f\left(a + \dfrac{1}{n}\right) - f(a)}{f(a)}\right]^{\frac{f(a)}{f\left(a + \frac{1}{n}\right) - f(a)} \cdot \frac{f\left(a + \frac{1}{n}\right) - f(a)}{f(a)} n}$

$\qquad = e^{\lim\limits_{n \to \infty} \frac{f\left(a + \frac{1}{n}\right) - f(a)}{f(a)} n}$

$\qquad = e^{\frac{1}{f(a)} \lim\limits_{n \to \infty} \frac{f\left(a + \frac{1}{n}\right) - f(a)}{\frac{1}{n}}} = e^{\frac{f'(a)}{f(a)}}$.

例3　设函数 $f(x)$ 在 $(-\infty, +\infty)$ 上有定义,对任意的 $x, y \in (-\infty, +\infty)$,有 $f(x+y) = f(x)f(y)$,且 $f'(0) = 1$,证明:当 $x \in (-\infty, +\infty)$ 时, $f'(x) = f(x)$.

分析　常利用导数定义求抽象函数的导数.

证明　因为对任意的 $x, y \in (-\infty, +\infty)$,有 $f(x+y) = f(x)f(y)$,取 $y = 0$,则有 $f(x) = f(x)f(0)$,即 $f(x)[1 - f(0)] = 0$. 由 x 的任意性,得 $f(0) = 1$,又 $f'(0) = 1$,故对任意的 $x \in (-\infty, +\infty)$,有

$$f'(x) = \lim_{\Delta x \to 0} \frac{f(x + \Delta x) - f(x)}{\Delta x} = \lim_{\Delta x \to 0} \frac{f(x)f(\Delta x) - f(x)}{\Delta x}$$

$$= \lim_{\Delta x \to 0} \frac{f(x)[f(\Delta x) - 1]}{\Delta x} = \lim_{\Delta x \to 0} \frac{f(x)[f(\Delta x) - f(0)]}{\Delta x}$$

$$= f(x)f'(0) = f(x)$$

例4　设函数 $f(x)$ 在 $x = 0$ 处连续,且 $\lim\limits_{x \to 0} \dfrac{f(2x)}{3x} = 1$,求曲线 $y = f(x)$ 在点 $(0, f(0))$ 处的切线方程.

分析　利用 $f(x)$ 在 $x = 0$ 处的连续性及极限的存在性分析,可求得 $f(0)$ 的值,再利用导数定义求出切线的斜率为 $k = f'(0)$,即可得切线方程.

解　因为 $\lim\limits_{x \to 0} \dfrac{f(2x)}{3x} = 1$,故 $\lim\limits_{x \to 0} f(2x) = 0$,又 $f(x)$ 在 $x = 0$ 处连续,故 $f(0) = \lim\limits_{x \to 0} f(x) = 0$,则 $f(0) = 0$,即切点为 $(0, 0)$,再由

$$1 = \lim_{x \to 0} \frac{f(2x)}{3x} = \lim_{x \to 0} \frac{f(2x) - f(0)}{2x} \cdot \frac{2x}{3x}$$

$$= \lim_{x \to 0} \frac{f(2x)}{2x} \cdot \lim_{x \to 0} \frac{2x}{3x} = \frac{2}{3} f'(0)$$

$$\Rightarrow f'(0) = \frac{3}{2}$$

$$\Rightarrow k_{切} = f'(0) = \frac{3}{2}$$

则曲线 $y = f(x)$ 在点 $(0, f(0))$ 处的切线方程为 $y = \dfrac{3}{2} x$.

问题:若本题没给出连续条件能求出 $f(0) = 0$ 吗?请读者思考.

> **小结**　① 求抽象函数的导数时常利用导数定义.
>
> ② 求分段函数及绝对值函数的分界点的导数时常利用导数定义.

例 5　设 $f(x) = \begin{cases} x^3, & x \leqslant x_0 \\ a(x-x_0)^2 + b(x-x_0) + c, & x > x_0 \end{cases}$, 求 a, b, c 的值, 使 $f(x)$ 在 $x = x_0$ 处二阶可导.

分析　利用可导必先连续这个条件, 先讨论函数在分段点 x_0 处的连续性条件, 再求出 $f'(x)$ 存在及其连续的条件后, 最后讨论 $f''(x)$ 存在的条件, 即可求出 a, b, c.

解　首先, 若要使 $f(x)$ 在 $x = x_0$ 处二阶可导, 须 $f(x)$ 在 $x = x_0$ 处连续, 故

$$f(x_0) = \lim_{x \to x_0^+} f(x) = \lim_{x \to x_0^+} \left[a(x-x_0)^2 + b(x-x_0) + c \right] = c$$

又

$$f(x_0) = x_0^3$$

所以

$$c = x_0^3$$

其次, 若要使 $f(x)$ 在 $x = x_0$ 处二阶可导, 须 $f(x)$ 在 $x = x_0$ 处可导, 故

$$f'_+(x_0) = \lim_{x \to x_0^+} \frac{f(x) - f(x_0)}{x - x_0} = \lim_{x \to x_0^+} \frac{\left[a(x-x_0)^2 + b(x-x_0) + x_0^3 \right] - x_0^3}{x - x_0} = b$$

$$f'_-(x_0) = \lim_{x \to x_0^-} \frac{f(x) - f(x_0)}{x - x_0} = \lim_{x \to x_0^-} \frac{x^3 - x_0^3}{x - x_0}$$
$$= \lim_{x \to x_0^-} (x^2 + xx_0 + x_0^2) = 3x_0^2$$

由

$$f'_-(x_0) = f'_+(x_0) = f'(x_0)$$

故有

$$b = 3x_0^2$$

则

$$f'(x) = \begin{cases} 3x^2, & x \leqslant x_0 \\ 2a(x-x_0) + 3x_0^2, & x > x_0 \end{cases}$$

最后, 若要使 $f(x)$ 在 $x = x_0$ 处二阶可导, 须 $f''_+(x_0) = f''_-(x_0)$, 故

$$f''_+(x_0) = \lim_{x \to x_0^+} \frac{f'(x) - f'(x_0)}{x - x_0} = \lim_{x \to x_0^+} \frac{2a(x-x_0) + 3x_0^2 - 3x_0^2}{x - x_0} = 2a$$

$$f''_-(x_0) = \lim_{x \to x_0^-} \frac{f'(x) - f'(x_0)}{x - x_0} = \lim_{x \to x_0^-} \frac{3x^2 - 3x_0^2}{x - x_0} = \lim_{x \to x_0^-} 3(x + x_0) = 6x_0$$

即 $a = 3x_0$.

> **小贴士**　讨论 $f''(x)$ 的存在性时,要按照先 $f(x)$ 再 $f'(x)$ 的连续性与可导性的次序求解,这个次序不能搞反.

例 6　设 $f(x) = |x-a| \varphi(x)$,其中 $\varphi(x)$ 为连续函数,且 $\varphi(a) \neq 0$,证明:函数 $f(x)$ 在点 a 处不可导.

分析　若函数 $f(x)$ 在点 a 处不可导,则其左或右导数不存在或它们都存在但不相等,三者必有其一. 本题从考察 $f(x)$ 在点 a 处的左或右导数的存在性入手即可.

解　$f'_+ (a) = \lim\limits_{x \to a^+} \dfrac{f(x) - f(a)}{x - a} = \lim\limits_{x \to a^+} \dfrac{|x-a| \varphi(x)}{x - a} = \lim\limits_{x \to a^+} \varphi(x) = \varphi(a)$

$f'_- (a) = \lim\limits_{x \to a^-} \dfrac{f(x) - f(a)}{x - a} = \lim\limits_{x \to a^-} \dfrac{|x-a| \varphi(x)}{x - a} = \lim\limits_{x \to a^-} [-\varphi(x)] = -\varphi(a)$

由于 $\varphi(a) \neq 0$,故 $f'_+ (a) \neq f'_- (a)$,即函数 $f(x)$ 在点 a 处不可导.

> **小贴士**　由讨论可知,本题条件改为 $\varphi(a) = 0$ 时,$f'_+ (a) = f'_- (a)$,$f(x)$ 在点 a 处就可导了.

例 7　设 $f(x) = x(x-1)(x-2)\cdots(x-2\ 019)$,求 $f'(0)$.

分析　本题用导数定义来求解较为简单;或把除 x 之外的函数看作整体,令其为 $\varphi(x)$,因此就把 2 020 项的乘积化为 2 项的乘积,即 $f(x) = x\varphi(x)$,再求导也就简单了.

解法一　$f'(0) = \lim\limits_{x \to 0} \dfrac{f(x) - f(0)}{x} = \lim\limits_{x \to 0}(x-1)(x-2)\cdots(x-2\ 019)$

$$= (-1)^{2\ 019} 2\ 019! = -2\ 019!$$

解法二　令 $\varphi(x) = (x-1)(x-2)\cdots(x-2\ 019)$,则 $f(x) = x\varphi(x)$,则

$$f'(x) = \varphi(x) + x\varphi'(x)$$

故

$$f'(0) = \varphi(0) = (-1)^{2\ 019} 2\ 019! = -2\ 019!$$

> **小贴士**　本题直接用乘法求导公式会比较繁琐.

例 8　已知 $y = f\left(\dfrac{3x-2}{3x+2}\right)$,$f'(x) = \arctan x^2$,求 $\dfrac{\mathrm{d}y}{\mathrm{d}x}\Big|_{x=0}$.

分析　先利用复合函数的求导链式法则求导,再将 $x = 0$ 代入导数即可.

解　当 $x = 0$ 时,$\dfrac{3x-2}{3x+2} = -1$,由复合函数的求导链式法则得

$$\frac{dy}{dx} = f'\left(\frac{3x-2}{3x+2}\right)\left(\frac{3x-2}{3x+2}\right)'$$

则

$$\frac{dy}{dx}\bigg|_{x=0} = f'(-1) \cdot \left(\frac{3x-2}{3x+2}\right)'\bigg|_{x=0} = f'(-1) \cdot \frac{12}{(3x+2)^2}\bigg|_{x=0}$$

$$= 3\arctan 1 = \frac{3\pi}{4}.$$

小贴士　注意理清函数的复合结构.

例 9　设函数 $y = f(x)$ 由方程 $\cos(xy) + \ln y - x = 1$ 确定,则 $\lim\limits_{n\to\infty} n\left[f\left(\dfrac{2}{n}\right) - 1\right] =$

（　　）

A. 2　　　　　　　B. 1　　　　　　　C. -1　　　　　　D. -2

分析　先利用隐函数求 $f(0), f'(0)$,再用导数定义求出极限.

解　将 $x = 0$ 代入原方程,得 $y = 1$,故 $f(0) = 1$,又

$$\lim_{n\to\infty} n\left[f\left(\frac{2}{n}\right) - 1\right] = \lim_{n\to\infty} 2\left[\frac{f\left(\dfrac{2}{n}\right) - f(0)}{\dfrac{2}{n}}\right] = 2f'(0)$$

对原方程两边求 x 的导数,得

$$-(y + xy')\sin(xy) + \frac{y'}{y} - 1 = 0$$

代入 $x = 0, y = 1$,可知 $y'(0) = f'(0) = 1$,故

$$\lim_{n\to\infty} n\left[f\left(\frac{2}{n}\right) - 1\right] = 2f'(0) = 2$$

小贴士　隐函数的导数也可用隐函数的求导公式来求 $f'(x)$,请读者自己求解.

例 10　求下列函数的导数 $\dfrac{dy}{dx}$:

(1) $y = x^{\tan x}$.　　　　　　　　　　(2) $y = \sqrt[3]{\dfrac{x(x+1)(x+3)}{(x^2+2)(e^x+2x)}}$.

(1) 分析　求幂指函数的导数常用 e 抬起法,还可用取对数法.

解法一　$y = x^{\tan x} = e^{\tan x \ln x}$,则

$$\frac{dy}{dx} = e^{\tan x \ln x}\left(\sec^2 x \ln x + \frac{\tan x}{x}\right) = x^{\tan x}\left(\sec^2 x \ln x + \frac{\tan x}{x}\right)$$

解法二　对等式两边取对数,得 $\ln y = \tan x \ln x$,再对该方程两边求 x 的导数,得

$$\frac{y'}{y} = \sec^2 x \ln x + \frac{\tan x}{x}$$

故

$$\frac{\mathrm{d}y}{\mathrm{d}x} = x^{\tan x}\left(\sec^2 x \ln x + \frac{\tan x}{x}\right)$$

（2）**分析**　对仅含有乘、除、幂、开方运算的函数用取对数法求导较简单.

解　对等式两边取对数,得

$$\ln|y| = \frac{1}{3}\big[\ln|x| + \ln|x+1| + \ln|x+3| - \ln|x^2+2| - \ln|e^x + 2x|\big]$$

对等式两边求 x 的导数,得

$$\frac{y'}{y} = \frac{1}{3}\left(\frac{1}{x} + \frac{1}{x+1} + \frac{1}{x+3} - \frac{2x}{x^2+2} - \frac{e^x+2}{e^x+2x}\right)$$

故

$$\frac{\mathrm{d}y}{\mathrm{d}x} = \frac{1}{3}\sqrt[3]{\frac{x(x+1)(x+3)}{(x^2+2)(e^x+2x)}}\left(\frac{1}{x} + \frac{1}{x+1} + \frac{1}{x+3} - \frac{2x}{x^2+2} - \frac{e^x+2}{e^x+2x}\right)$$

> **小贴士**　本题直接用导数运算公式求导很繁琐,此法不可取.

例 11　已知函数 $y = y(x)$ 由参数方程 $\begin{cases} x + t(1-t) = 0 \\ te^y + y + 1 = 0 \end{cases}$ 确定,求 $\dfrac{\mathrm{d}y}{\mathrm{d}x}, \dfrac{\mathrm{d}y}{\mathrm{d}x}\Big|_{t=0}$.

分析　由方程 $te^y + y + 1 = 0$ 确定了隐函数 $y = y(t)$,则 $y = y(x)$ 由参数方程 $\begin{cases} x = -t(1-t) \\ y = y(t) \end{cases}$ 所确定,故本题应用参数方程的求导方法,而其中 $y'(t)$ 须用隐函数的求导方法.

解法一　由 $t = 0 \Rightarrow y = -1$,再由 $x = t^2 - t$,得

$$\frac{\mathrm{d}x}{\mathrm{d}t} = 2t - 1$$

对第二个方程 $te^y + y + 1 = 0$ 两边求 t 的导数,得

$$e^y + te^y y'_t + y'_t = 0 \Rightarrow y'_t = -\frac{e^y}{te^y + 1}$$

故

$$\frac{\mathrm{d}y}{\mathrm{d}x} = -\frac{e^y}{(te^y + 1)(2t - 1)}$$

将 $t = 0, x = 0, y = -1$ 代入上式,得

$$\frac{\mathrm{d}y}{\mathrm{d}x}\bigg|_{t=0} = e^{-1}$$

解法二　由 $t=0 \Rightarrow y=-1$，再由 $x=t^2-t$，得

$$x_t'=2t-1, x_t'\Big|_{t=0}=-1$$

对第二个方程 $te^y+y+1=0$ 两边求 t 的导数，得

$$e^y+te^yy_t'+y_t'=0 \Rightarrow y_t'=-\frac{e^y}{te^y+1}$$

$$y_t'\Big|_{t=0}=-\frac{e^{-1}}{1}=-e^{-1}$$

故

$$\frac{dy}{dx}\Big|_{t=0}=\frac{y_t'\Big|_{t=0}}{x_t'\Big|_{t=0}}=\frac{-e^{-1}}{-1}=e^{-1}$$

例 12　设 $f(x)$ 在 $[a,b]$ 上连续，且 $f(a)=f(b)$，$f'(a) \cdot f'(b)>0$，证明：在 (a,b) 内至少有一点 ξ，使得 $f(\xi)=f(a)$.

证明　因为 $f'(a) \cdot f'(b)>0$，不妨设 $f'(a)>0$，$f'(b)>0$. 由于

$$f'(a)=\lim_{x\to a^+}\frac{f(x)-f(a)}{x-a}>0$$

由极限的保号性可知，存在点 $c \in \left(a,\dfrac{a+b}{2}\right)$，使得

$$\frac{f(c)-f(a)}{c-a}>0$$

即

$$f(c)>f(a)$$

又由于 $f'(b)=\lim\limits_{x\to b^-}\dfrac{f(x)-f(b)}{x-b}>0$，由极限的保号性可知，存在点 $d \in \left(\dfrac{a+b}{2},b\right)$，使得

$$\frac{f(d)-f(b)}{d-b}>0$$

即 $f(d)<f(b)$，即

$$f(d)<f(b)=f(a)<f(c)$$

再由 $f(x)$ 在 $[a,b]$ 上连续可知，$f(x)$ 也在 $[c,d]$ 上连续，则由介值定理可知，至少有一点 $\xi \in [c,d] \subset (a,b)$，使得

$$f(\xi)=f(a)$$

同理可证，$f'(a)<0$，$f'(b)<0$ 时结论也成立.

小贴士　本题也可用反证法证明，请读者自证.

基础练习 3

1. 设 $f(x)$ 在 $x = a$ 可导,则 $\lim\limits_{h \to 0} \dfrac{f(a) - f(a-h)}{h} = $ _____ .

2. 设 $f(0) = 0$, $\lim\limits_{x \to 0} \dfrac{f(x)}{x}$ 存在,则 $\lim\limits_{x \to 0} \dfrac{f(x)}{x} = $ _____ .

3. 设 $f(x) = \begin{cases} 2x^3, & x \leqslant 1 \\ ax + b, & x > 1 \end{cases}$ 在 $x = 1$ 处可导,则 $b = $ _____ .

4. 设函数 $f(x)$ 为偶函数,且 $f'(0)$ 存在,则 $f'(0) = $ _____ .

5. 设函数 $y = f(x)$,则 $f(x)$ 在点 x_0 处连续是 $f(x)$ 在点 x_0 处可导的 _____ 条件. 　　　　　　　　　　(　)

   A. 充分不必要　　　　　　　　B. 必要不充分

   C. 充要　　　　　　　　　　　D. 既非充分又非必要

6. 若 $f'(x_0) = -3$,则 $\lim\limits_{h \to 0} \dfrac{f(x_0 + h) - f(x_0 - 3h)}{h} = $ 　　　(　)

   A. -3 　　　　B. -6 　　　　C. -9 　　　　D. -12

7. 设 $f(x)$ 在 $x = 1$ 处可导,且 $f'(1) = 2$,求极限 $\lim\limits_{t \to 0} \dfrac{f(1 + 2t) - f(1)}{\sin 3t}$.

8. 设 $f(x) = \begin{cases} b(1+\sin x)+a+2, & x \geqslant 0 \\ \mathrm{e}^{ax}-1, & x < 0 \end{cases}$，问 a,b 取何值时，$f(x)$ 在 $x=0$ 处连续且可导？

9. 计算下列函数的导数 $\dfrac{\mathrm{d}y}{\mathrm{d}x}$：

(1) $y = \arctan \mathrm{e}^x - \ln\sqrt{\dfrac{\mathrm{e}^{2x}}{\mathrm{e}^{2x}+1}}$.

(2) $y = \left(\dfrac{a}{b}\right)^x \left(\dfrac{b}{x}\right)^a \left(\dfrac{x}{a}\right)^b$.

（3）函数 $y = y(x)$ 由方程 $xy^2 + e^y = \cos(x + y^2)$ 确定.

10. 设 $f(x)$ 对任意 x 有 $f(x+1) = 2f(x)$，且 $f(0) = 1, f'(0) = \dfrac{1}{2}$，求 $f'(1)$.

11. 设周期函数 $f(x)$ 在 $(-\infty, +\infty)$ 内可导，周期为 4，又 $\lim\limits_{x \to 0} \dfrac{f(1) - f(1-x)}{2x} = -1$，求曲线 $y = f(x)$ 在点 $(5, f(5))$ 处的切线斜率.

12. 研究函数 $f(x)=\begin{cases}\dfrac{1-\cos x}{\sqrt{x}}, & x>0 \\ x^2 g(x), & x\leqslant 0\end{cases}$ （其中 $g(x)$ 为有界函数）在 $x=0$ 处的连续性及可导性.

强化训练 3

1. 设曲线 $y=f(x)$ 和 $y=x^2-x$ 在点 $(1,0)$ 处有公共切线，则 $\lim\limits_{n\to\infty}nf\left(\dfrac{n}{n+2}\right)=$ _____.

2. 曲线上 $\begin{cases}x=\arctan t \\ y=\ln\sqrt{1+t^2}\end{cases}$ 对于 $t=1$ 处的法线方程为 _____.

3. 设方程 $e^{xy}+y^2=\cos x$ 确定 y 为 x 的函数，则 $\dfrac{\mathrm{d}y}{\mathrm{d}x}=$ _____.

4. 若 $f(x)$ 在点 x_0 处可导，则 $|f(x)|$ 在点 x_0 处　　　　　（　　　）

   A. 必可导　　　　　　　　　　　B. 连续但不一定可导

   C. 一定不可导　　　　　　　　　D. 不连续

5. $f'(a)$ 存在时，$\lim\limits_{x\to a}\dfrac{xf(a)-af(x)}{x-a}=$　　　　　　（　　　）

   A. $f(a)-af'(a)$　　　　　　　　B. $f'(a)$

   C. $-af'(a)$　　　　　　　　　　D. $af'(a)$

6. 设函数 $y=f(x)$ 是 $x=\varphi(y)$ 的反函数且 $f(2)=4$，$f'(2)=3$，$f'(4)=1$，则 $\varphi'(4)=$　　　　　（　　　）

   A. 1　　　　　B. $\dfrac{1}{4}$　　　　　C. $\dfrac{1}{3}$　　　　　D. $\dfrac{1}{2}$

7. 设 $f'(0) = 1, f(0) = 0$,求 $\lim\limits_{x \to 0} \dfrac{f(1 - \cos x)}{\tan^2 x}$.

8. 设 $f(x)$ 在 $x = 0$ 的某邻域内有定义,x, y 为该邻域内任意两点,且 $f(x)$ 满足 $f(x + y) = f(x) + f(y) + 1$,且 $f'(0) = 1$,证明:在该邻域内 $f'(x) = 1$.

9. 设 $f(x) = \begin{cases} ax^2 + bx + c, & x < 0 \\ \ln(1 + x), & x \geqslant 0 \end{cases}$,问 a, b, c 等于什么值时 $f''(0)$ 存在?

10. 计算下列函数的导数:

(1) 设函数 f, φ 可导, $y = f[\arctan x + \varphi(\tan x)]$, 求 y'.

(2) $y = x^{\tan x} + x^{x^x}$, 求 y'.

(3) 设 $f(t) = \lim_{x \to \infty} t \left(1 + \frac{1}{x}\right)^{2tx}$, 求 $f'(t)$.

11. 设函数 $y = f(x)$ 由参数方程 $\begin{cases} x = 3t^2 + 2t, \\ e^y \sin t - y + 1 = 0 \end{cases}$ 给出，求 $\dfrac{\mathrm{d}y}{\mathrm{d}x}$.

12. 已知 $f(x)$ 是周期为 5 的连续函数，它在 $x = 0$ 的某个邻域内满足关系式 $f(1 + \sin x) - 3f(1 - \sin x) = 8x + \alpha(x)$，其中 $\alpha(x)$ 是当 $x \to 0$ 时比 x 高阶的无穷小，且 $f(x)$ 在 $x = 1$ 处可导，求曲线 $y = f(x)$ 在点 $(6, f(6))$ 处的切线方程.

第4讲　导数与微分(二)

—— 高阶导数与微分

4.1　内容提要与归纳

4.1.1　函数的高阶导数概念与求法

1) 高阶导数的定义

若函数 $y = f(x)$ 的导数 $y' = f'(x)$ 仍可导,则称导函数 $f'(x)$ 的导数 $(f'(x))'$ 为函数 $y = f(x)$ 的二阶导数,记为 $f''(x)$ 或 y'' 或 $\dfrac{\mathrm{d}^2 y}{\mathrm{d}x^2}$,即

$$f''(x) = \lim_{\Delta x \to 0} \frac{f'(x + \Delta x) - f'(x)}{\Delta x}$$

一般地,函数 $y = f(x)$ 的 $n-1$ 阶导数的导数称为函数 $y = f(x)$ 的 n 阶导数,记作 $f^{(n)}(x)$,$y^{(n)}$ 或 $\dfrac{\mathrm{d}^n y}{\mathrm{d}x^n}$,即

$$f^{(n)}(x) = \lim_{\Delta x \to 0} \frac{f^{n-1}(x + \Delta x) - f^{n-1}(x)}{\Delta x}$$

二阶及以上的导数统称为高阶导数.

2) 常见的高阶导数公式(见表 4-1)

表 4-1

一般情形	特殊情形
$(a^{bx+c})^{(n)} = (a^{bx+c}) b^n \ln^n a \, (a > 0, a \neq 1)$	$(a^x)^{(n)} = a^x \ln^n a \, (a > 0, a \neq 1)$
$(\mathrm{e}^{ax+b})^{(n)} = a^n \mathrm{e}^{ax+b}$	$(\mathrm{e}^{x+b})^{(n)} = \mathrm{e}^{x+b}$
$\sin^{(n)}(ax + b) = a^n \sin\left(ax + b + \dfrac{\pi n}{2}\right)$	$\sin^{(n)}(x + b) = \sin\left(x + b + \dfrac{\pi n}{2}\right)$
$\cos^{(n)}(ax + b) = a^n \cos\left(ax + b + \dfrac{\pi n}{2}\right)$	$\cos^{(n)}(x + b) = \cos\left(x + b + \dfrac{\pi n}{2}\right)$
$(x^m)^{(n)} = m(m-1)\cdots(m-n+1)x^{m-n}$ ($m > n$ 或 m 不是整数时)	$(x^n)^{(n)} = n! \, (n$ 是整数时$)$; $(x^n)^{(k)} = 0 \, (k > n)$

续表 4 - 1

一般情形	特殊情形
$\left(\dfrac{1}{ax+b}\right)^{(n)} = (-1)^n\dfrac{a^n n!}{(ax+b)^{n+1}}$	$\left(\dfrac{1}{x+b}\right)^{(n)} = \dfrac{(-1)^n n!}{(x+b)^{n+1}};\left(\dfrac{1}{b-x}\right)^{(n)} = \dfrac{n!}{(b-x)^{n+1}}$
$\ln^{(n)}(ax+b) = \dfrac{(-1)^{n-1}a^n(n-1)!}{(ax+b)^n}$	$(\ln x)^{(n)} = (-1)^{n-1}\dfrac{(n-1)!}{x^n}$

3) 高阶导数的运算法则

(1) 高阶导数的加法与减法运算法则：

若 $u(x), v(x)$ 均 n 阶可导,则

$$(u \pm v)^{(n)} = u^{(n)} \pm v^{(n)}$$

(2) 高阶导数的乘法运算法则(莱布尼兹求导公式)：

若 $u(x), v(x)$ 均 n 阶可导,则

$$(uv)^{(n)} = \sum_{i=0}^{n} C_n^i u^{(i)} v^{(n-i)} \text{(其中 } u^{(0)} = u, v^{(0)} = v)$$

(3) 参数式函数的高阶导数公式：

设 $\varphi(t), \psi(t)$ 均可导,且 $\varphi(t) \neq 0$,由参数方程 $\begin{cases} x = \varphi(t) \\ y = \psi(t) \end{cases}$ 所确定的函数 $y = y(x)$ 称为参数式函数,参数式函数的一阶、二阶、$\cdots$、n 阶导数公式为

$$\frac{\mathrm{d}y}{\mathrm{d}x} = \frac{y'_t}{x'_t};\frac{\mathrm{d}^2 y}{\mathrm{d}x^2} = \frac{\left(\dfrac{y'_t}{x'_t}\right)'_t}{x'_t} = \frac{y''_t x'_t - y'_t x''_t}{(x'_t)^3};$$

$$\frac{\mathrm{d}^3 y}{\mathrm{d}x^3} = \frac{\left(\dfrac{\mathrm{d}^2 y}{\mathrm{d}x^2}\right)'_t}{x'_t};\cdots;\frac{\mathrm{d}^n y}{\mathrm{d}x^n} = \frac{\left(\dfrac{\mathrm{d}^{n-1} y}{\mathrm{d}x^{n-1}}\right)'_t}{x'_t}$$

4) 高阶导数的求法

(1) 直接法：求出所给函数的前几阶导数,分析归纳所得结果的规律,从而求出 n 阶导数.

(2) 间接法：通过四则运算、恒等变形或分析运算,将函数化为常数与常见的高阶导数求导公式中的函数之间的加法、减法、乘法运算,再利用已知的高阶导数公式与法则,求出给定函数的 n 阶导数.

4.1.2　函数的微分概念及其应用

1) 微分的定义

若函数 $y = f(x)$ 在点 x 处的改变量 $\Delta y = f(x + \Delta x) - f(x)$ 可以表示成

$$\Delta y = A\Delta x + o(\Delta x)$$

其中 $o(\Delta x)$ 是比 Δx 高阶的无穷小,则称函数 $y = f(x)$ 在点 x 处可微,称线性主部 $A\Delta x$ 为函数 $y = f(x)$ 在点 x 处的微分,记作 dy 或 $df(x)$,即 $dy = A dx$.

2) 微分的几何意义

函数 $y = f(x)$ 在 x_0 处的微分 dy 等于曲线 $y = f(x)$ 在 x_0 处的切线上当横坐标增加 Δx 时纵坐标的增量.

3) 可微、可导与连续的关系

(1) 若 $f(x)$ 在点 $x = x_0$ 处可导,则必在该点处连续,反之则不然,即在点 x_0 处连续的函数未必在该点可导.

(2) 函数 $y = f(x)$ 在点 x 处可微 $\Leftrightarrow$ 函数 $y = f(x)$ 在点 x 处可导,且有

$$dy = f'(x)dx \Leftrightarrow \frac{dy}{dx} = f'(x)$$

4) 微分形式的不变性

对于可微函数 $f(u)$,不论 u 是自变量还是中间变量,总有 $df(u) = f'(u)du$ 成立.

5) 微分的运算(见表 $4-2$)

表 4-2

若函数 $u(x), v(x)$ 在点 x 处可微,则	
$d(u \pm v) = du \pm dv$	$d(u \cdot v) = v \cdot du + u \cdot dv$
$d(cu) = cdu(c$ 为常数$)$	$d\left(\dfrac{u}{v}\right) = \dfrac{v \cdot du - u \cdot dv}{v^2}$

6) 微分在近似计算中的应用

(1) 计算增量 Δy 的近似公式:

$$\Delta y \approx dy = f'(x_0)\Delta x = f'(x_0)(x - x_0)$$

(2) 计算函数值 $f(x)$ 的近似公式:

$$f(x) \approx f(x_0) + f'(x_0)(x - x_0)$$

其中 $x = x_0 + \Delta x$.

4.2　典型例题分析

例 1　设函数 $f(x) = x^2 2^x$,求 $f^{(n)}(0)$.

分析　$f(x)$ 中 x^2 的三阶及以上的导数均为 0,而 $(2^x)^{(n)}$ 由高阶导数公式给出,故本题可利用乘积的高阶导数公式求出 $f^{(n)}(x)$,再代入 $x = 0$ 即可.

解 $$f^{(n)}(x) = x^2 \cdot 2^x \cdot (\ln 2)^n + n \cdot 2x \cdot 2^x \cdot (\ln 2)^{n-1}$$
$$+ \frac{n(n-1)}{2} \cdot 2 \cdot 2^x \cdot (\ln 2)^{n-2}$$

则
$$f^{(n)}(0) = \frac{n(n-1)}{2} \cdot 2 \cdot (\ln 2)^{n-2} = n(n-1)(\ln 2)^{n-2}$$

小贴士 当两个乘积项中有一个是低次幂多项式时,可利用乘积的高阶导数公式求高阶导数.

例 2 设 $y = \sin^2 x$,求 $y^{(100)}(0)$.

分析 本题利用倍角公式或求导可将 $\sin^2 x$ 化为一次余弦式或正弦式,再用相应的高阶导数公式与运算法则,即可求出 $y^{(n)}(x)$.

解法一 $y = \sin^2 x = \dfrac{1 - \cos 2x}{2}$,则

$$y^{(n)}(x) = \left(\frac{1}{2}\right)^{(n)} - \left(\frac{\cos 2x}{2}\right)^{(n)} = 0 - \frac{1}{2} \cdot 2^n \cos\left(2x + n\frac{\pi}{2}\right)$$
$$= -2^{n-1}\cos\left(2x + \frac{n\pi}{2}\right)$$

故
$$y^{(100)}(0) = -2^{99}$$

解法二 $y' = 2\sin x \cos x = \sin 2x$,故

$$y^{(n)}(x) = (\sin 2x)^{(n-1)} = 2^{n-1}\sin\left[2x + \frac{(n-1)\pi}{2}\right](n \geqslant 2)$$

则
$$y^{(100)}(0) = -2^{99}$$

小贴士 求三角函数的高阶导数时,关键是要将它们化为一次余弦式或正弦式,才能利用已知的高阶导数的公式、法则求解.

例 3 设 $y = \dfrac{x^3}{x^2 - 3x + 2}$,求 $y^{(n)}(x)$.

分析 本题可先将函数 y 化为多项式和简单分式之和,再用高阶导数运算法则与简单分式的高阶导数公式求出 $y^{(n)}(x)$.

解 先将函数分解成如下多项式和简单分式之和:

$$y = (x+3) + \frac{7x-6}{(x-2)(x-1)} = x + 3 + \frac{8}{x-2} - \frac{1}{x-1}$$

则

$$y' = 1 - \frac{8}{(x-2)^2} + \frac{1}{(x-1)^2}$$

$$y^{(n)} = (x+3)^{(n)} + [8(x-2)^{-1}]^{(n)} - [(x-1)^{-1}]^{(n)}$$

$$= \frac{8(-1)^n n!}{(x-2)^{n+1}} - \frac{(-1)^n n!}{(x-1)^{n+1}} (n \geqslant 2)$$

> **小贴士**　利用间接法求高阶导数的关键是要将它们化为已知的高阶导数公式中的函数,才能利用这些公式与法则求解,因此记住常用的高阶导数公式是很有必要的.

例 4　设 $y = \arctan x$,求 $y^{(n)}(0)$.

分析　对等式两边求导后得到含导数的整式方程,再对该方程求 n 阶导数后,可求得 $y^{(n)}(0)$ 的递推关系,从而解得 $y^{(n)}(0)$.

解　原式两边对 x 求导,得 $y' = \dfrac{1}{1+x^2}$,即

$$y'(1+x^2) = 1$$

故 $y'(0) = 1$,$y(0) = 0$,易求得 $y''(0) = 0$,再对上式两边求 $n-1$ 阶导数,得

$$y^{(n)}(1+x^2) + 2x(n-1)y^{(n-1)} + 2\frac{(n-1)(n-2)}{2}y^{(n-2)} = 0$$

将 $x = 0$ 代入上式,即有

$$y^{(n)}(0) = -(n-1)(n-2)y^{(n-2)}(0)$$

故由上面的递推公式可得

$$y^{(n)}(0) = \begin{cases} (-1)^{k-1}(2k-1)(2k-2)\cdots 2 y''(0), & n = 2k \\ (-1)^k (2k)(2k-1)\cdots 1 y'(0), & n = 2k+1 \end{cases}$$

$$y^{(n)}(0) = \begin{cases} 0, & n = 2k \\ (-1)^k (2k)!, & n = 2k+1 \end{cases} (k = 1,2,\cdots)$$

> **小贴士**　若利用求导及恒等变形可得到一个仅含已知函数及其导数与低次多项式的加法、减法、乘法运算的方程,就可利用高阶导数的公式与法则求得 $y^{(n)}(x_0)$ 的递推关系,再求出 $y^{(n)}(x_0)$.

例 5　设由 $e^{-y} + x(y-x) = 1+x$ 确定 $y = y(x)$,求 $y''(0)$.

分析　两次利用隐函数的求导方法,即方程两边对自变量求导,可得到包含所要求的导数的方程,从而解出所求的导数.

解　原方程两边对 x 求导,得

$$-e^{-y}y'(x) + y(x) - x + x(y'(x) - 1) = 1$$

令 $x = 0$, 得

$$y = 0, y'(0) = -1$$

上式两边再对 x 求导, 得

$$e^{-y}(y')^2 - e^{-y}y'' + 2(y' - 1) + xy'' = 0$$

将 $x = 0, y(0) = 0, y'(0) = -1$ 代入上式, 得

$$y''(0) = -3$$

小贴士　在求隐函数在某点的高阶导数时, 不必求出各低阶导函数的表达式, 只需直接用该点的值代入相应导数方程中, 即可求解在该点的各阶导数值.

例 6　设 $y = y(x)$ 由参数方程 $\begin{cases} x = t^2 - t \\ y^3 + 3ty + 1 = 0 \end{cases}$ 确定, 求 $\dfrac{\mathrm{d}^2 y}{\mathrm{d}x^2}\Big|_{t=0}$.

分析　本题利用参数方程的二阶导数公式求解较方便.

解　由 $t = 0$ 可求得 $y = -1$, 由第一个方程可求得

$$x'_t = 2t - 1, x''_t = 2$$

对第二个方程两边求 t 的导数, 得

$$3y^2 y'_t + 3y + 3ty'_t = 0, y'_t = \frac{-y}{y^2 + t}$$

再对上面的整式方程两边求 t 的导数, 得

$$2y(y'_t)^2 + y^2 y''_t + 2y'_t + ty''_t = 0$$

将 $t = 0$ 与 $y = -1$ 代入上面各式, 求得

$$x'_t\Big|_{t=0} = -1, x''_t\Big|_{t=0} = 2$$

$$y'_t\Big|_{t=0} = 1, y''_t\Big|_{t=0} = 0$$

所以, 由参数方程的二阶导数公式可求得

$$\frac{\mathrm{d}^2 y}{\mathrm{d}x^2}\Big|_{t=0} = \frac{0 \cdot (-1) - 1 \cdot 2}{(-1)^3} = 2$$

小贴士　参数方程的二阶导数公式为

$$\frac{\mathrm{d}^2 y}{\mathrm{d}x^2} = \frac{(y'_x)'_t}{x'_t} = \frac{y''_t x'_t - y'_t x''_t}{(x'_t)^3}$$

例 7　$y = (\sin x)^x$, 求 $\mathrm{d}y$.

分析　可利用求微分的公式, 也可利用微分形式的不变性逐步求微分.

解法一　等式两边取对数,得

$$\ln y = x\ln\sin x$$

求导得

$$\frac{y'}{y} = \ln\sin x + \frac{x}{\sin x}\cos x$$

即

$$\frac{\mathrm{d}y}{\mathrm{d}x} = (\sin x)^x\left(\ln\sin x + \frac{x\cos x}{\sin x}\right)$$

故

$$\mathrm{d}y = (\sin x)^x\left(\ln\sin x + \frac{x\cos x}{\sin x}\right)\mathrm{d}x$$

解法二　由 $y = (\sin x)^x = \mathrm{e}^{x\ln\sin x}$,利用微分形式的不变性,有

$$\mathrm{d}y = \mathrm{d}\mathrm{e}^{x\ln\sin x} = \mathrm{e}^{x\ln\sin x}\mathrm{d}(x\ln\sin x)$$

$$= \mathrm{e}^{x\ln\sin x}\left(\ln\sin x + \frac{x}{\sin x}\cos x\right)\mathrm{d}x$$

> **小结**　求微分的方法:① 用微分的定义求;② 函数可导时用微分的公式求;③ 利用微分形式的不变性求.

例8　求(1) $\dfrac{\mathrm{d}\left(\dfrac{\tan x}{x}\right)}{\mathrm{d}(x^3)}$;(2) $\dfrac{\mathrm{d}(x^9 - 7x^6 + x^3)}{\mathrm{d}(x^3)}$.

分析　这类题可以根据微分是一项独立运算,对分子、分母分别求微分再相除,这种解法较简单;也可将分母函数作换元后将本题化为求导运算.

(1) **解**　$\dfrac{\mathrm{d}\left(\dfrac{\tan x}{x}\right)}{\mathrm{d}(x^3)} = \dfrac{\dfrac{x\sec^2 x - \tan x}{x^2}\mathrm{d}x}{3x^2\mathrm{d}x} = \dfrac{x\sec^2 x - \tan x}{3x^4}$

(2) **解法一**　$\dfrac{\mathrm{d}(x^9 - 7x^6 + x^3)}{\mathrm{d}(x^3)} = \dfrac{(9x^8 - 42x^5 + 3x^2)\mathrm{d}x}{3x^2\mathrm{d}x} = 3x^6 - 14x^3 + 1$

解法二　令 $x^3 = t$,得

$$\frac{\mathrm{d}(x^9 - 7x^6 + x^3)}{\mathrm{d}(x^3)} = \frac{\mathrm{d}(t^3 - 7t^2 + t)}{\mathrm{d}t} = 3t^2 - 14t + 1 \xlongequal{\text{回代}} 3x^6 - 14x^3 + 1$$

> **小结**　题(1):本题采用对分子、分母分别求微分再相除的方法较简单.
>
> 　题(2):由于 x^3 是分子、分母的公因子,故可作换元后再求导,运算更简单.

基础练习 4

1. 设 $y = \dfrac{1}{x^2 - 1}$，则 $y^{(100)} = $ _____．

2. $(e^{2x+3})^{(n)} = $ _____．

3. 设 $y = f(x^2) + f^2(x)$，其中 $f(x)$ 可微，则 $dy = $ _____．

4. 函数 $f(x)$ 在 $x = x_0$ 处连续是 $f(x)$ 在 $x = x_0$ 处可微的　　　　　（　　）

    A. 必要但非充分条件　　　　　　　　B. 充分但非必要条件

    C. 充分必要条件　　　　　　　　　　D. 既非充分又非必要条件

5. 设函数 $y = y(x)$ 由参数方程 $\begin{cases} x = t + e^t \\ y = \sin t \end{cases}$ 确定，求 $\left. \dfrac{d^2 y}{dx^2} \right|_{t=0}$

6. 设由方程 $e^x - e^y - xy = 0$ 确定 $y = y(x)$，求 $\left. \dfrac{d^2 y}{dx^2} \right|_{x=0}$．

7. 设 $y = \dfrac{x}{x^2 - 3x + 2}$，求 $y^{(n)}(x)$.

8. 设 $y = \cos^2 2x$，求 $y^{(100)}(0)$.

9. 设 $y = e^{\tan\frac{1}{x}} \sin \dfrac{1}{x}$，求 dy.

强化训练 4

1. 若 $y = \dfrac{x}{2-x}$，则 $y^{(100)}(0) =$ _____.

2. $\varphi(x)$ 在 $x = 0$ 处连续，则 $f(x) = x\varphi(x)$ 在 $x = 0$ 处的微分为 _____.

3. 当函数 $y = x^2$ 在 $x = x_0$ 处有增量 $\Delta x = 0.2$ 时，对应的函数增量的线性主部为 -0.8，则 x_0 的值为 　　　　　　　　　　　　　　（　　）

    A. -2.1 　　　　　　B. -2 　　　　　　C. 0.04 　　　　　　D. 2

4. 若函数 $y = f(x)$ 有 $f'(x_0) = \dfrac{1}{2}$，则当 $\Delta x \to 0$ 时，该函数在 $x = x_0$ 处的微分 $\mathrm{d}y$ 是 　　　　　　　　　　　　　　（　　）

    A. 与 Δx 等价的无穷小 　　　　　　B. 比 Δx 低阶的无穷小

    C. 与 Δx 同阶的无穷小 　　　　　　D. 比 Δx 高阶的无穷小

5. 计算由参数方程 $\begin{cases} x = a(t - \sin t) \\ y = a(1 - \cos t) \end{cases}$ 所确定的函数 $y = y(x)$ 的一阶、二阶导数.

6. 已知 $y = f(xe^{-x})$，且 $f''(x)$ 存在，求 $\dfrac{d^2 y}{dx^2}$.

7. 设 $y = \dfrac{1}{\sqrt{1-x^2}}\arcsin x$，求 $y^{(n)}(0)$.

8. 已知 $\dfrac{dy}{dx} = (x+a)(x+\sin x)^2$，$u = x + \sin x$，求 $\dfrac{dy}{du}$.

第 3—4 讲阶段能力测试

阶段能力测试 A

一、填空题(每小题 3 分,共 15 分)

1. 已知 $f(x) = \begin{cases} \dfrac{x}{2} + x^2 \sin \dfrac{1}{x}, & x \neq 0 \\ 0, & x = 0 \end{cases}$,则 $f'(0) = $ _____.

2. 设 $\lim\limits_{\Delta x \to 0} \dfrac{\Delta x}{f(x_0 + k\Delta x) - f(x_0)} = \dfrac{3}{f'(x_0)}$,则 $k = $ _____.

3. 设 $f\left(\dfrac{1}{x}\right) = \dfrac{x}{x+1}$,则 $f'(x) = $ _____.

4. 若 $f(t) = \lim\limits_{x \to \infty} \left(\dfrac{x+t}{x-t}\right)^x$,则 $f'(t) = $ _____.

5. 设 $y = f(x)\mathrm{e}^{f(x)}$,其中 $f(x)$ 可微,则 $\mathrm{d}y = $ _____.

二、选择题(每小题 3 分,共 15 分)

1. 设 $\begin{cases} x = t^2 + 2t \\ y = \ln(1+t) \end{cases}$,则曲线 $y = y(x)$ 在 $x = 3$ 处的法线与 x 轴交点的横坐标是 （　　）

   A. $\dfrac{1}{8}\ln2 + 3$ 　　　　　　　　　　B. $-\dfrac{1}{8}\ln2 + 3$

   C. $-8\ln2 + 3$ 　　　　　　　　　　　D. $8\ln2 + 3$

2. 设 $F(x) = \begin{cases} \dfrac{f(x)}{x}, & x \neq 0 \\ f(x), & x = 0 \end{cases}$,其中 $f(x)$ 在 $x = 0$ 处可导,且 $f'(0) \neq 0$,

   $f(0) = 0$,则 $x = 0$ 是 $F(x)$ 的 （　　）

   A. 连续点 　　　　　　　　　　　B. 可去型间断点

   C. 跳跃型间断点 　　　　　　　　D. 第二类间断点

3. 函数 $f(x) = (x^2 - 2x - 3)\,|x^2 - 3x|\,\sin|x|$ 不可导点的个数是 （　　）

   A. 0 　　　　　　B. 1 　　　　　　C. 2 　　　　　　D. 3

4. $f(x)$ 在点 x_0 处可导是 $f(x)$ 在点 x_0 处连续的 （   ）

    A. 充分条件   B. 必要条件

    C. 充要条件   D. 既非充分又非必要条件

5. 若 $f(x)$ 为可微函数, 当 $\Delta x \to 0$ 时, 则在点 x 处的 $\Delta y - \mathrm{d}y$ 是关于 Δx 的

（   ）

    A. 高阶无穷小   B. 等价无穷小

    C. 低阶无穷小   D. 不可能比较

三、求下列函数的导数与微分(每小题 6 分, 共 18 分)

1. 设 $y = \ln \dfrac{x+2}{\sqrt{x+1}} + \cos 2x + \sqrt{x \sqrt[3]{x^2}}$, 求 $\dfrac{\mathrm{d}y}{\mathrm{d}x}$.

2. 设 $y = \mathrm{e}^{\arctan \sqrt{x}}$, 求 $\dfrac{\mathrm{d}y}{\mathrm{d}x}$, $\mathrm{d}y$.

3. 设 $\sin(xy) - \ln \dfrac{x+1}{y} = 1$, 求 $\dfrac{\mathrm{d}y}{\mathrm{d}x}\Big|_{x=0}$.

四、(本题满分 8 分) 设 $\begin{cases} x = t^2 + 2t \\ te^y = y \end{cases}$,求 $\dfrac{\mathrm{d}y}{\mathrm{d}x}$.

五、(本题满分 8 分) 设 $\begin{cases} x = \ln t \\ y = \arctan t \end{cases}$,求 $\dfrac{\mathrm{d}^2 y}{\mathrm{d}x^2}$.

六、(本题满分 8 分) 求经过原点且与曲线 $y = \dfrac{x+9}{x+5}$ 相切的切线方程.

七、(本题满分 8 分) 设 $f(x) = x\ln(1+x)$，求 $f^{(n)}(x)$.

八、(本题满分 10 分) 讨论 a,b 为何值时，$f(x) = \begin{cases} x^2 + 2x + b, & x \leqslant 0 \\ \arctan(ax), & x > 0 \end{cases}$ 在 $x = 0$ 处是连续且可导的.

九、(本题满分 10 分) 设 $f(x) = \begin{cases} g(x)\arctan\dfrac{1}{x^2}, & x \neq 0 \\ 0, & x = 0 \end{cases}$，其中函数 $g(x)$ 在 $x = 0$ 的某邻域内有定义，且 $g(0) = 0, g'(0) = 0$，讨论 $f(x)$ 在 $x = 0$ 处的连续性与可导性.

阶段能力测试 B

一、填空题(每小题 3 分,共 15 分)

1. 设函数 $f(x) = \begin{cases} \dfrac{x}{1 + \mathrm{e}^{\frac{1}{x}}}, & x < 0 \\ 0, & x = 0 \\ \dfrac{2x}{1 + \mathrm{e}^x}, & x > 0 \end{cases}$,则函数在点 $x = 0$ 处的导数为_____.

2. 已知曲线的极坐标方程是 $r = 1 - \cos\theta$,则该曲线上对应于 $\theta = \dfrac{\pi}{6}$ 处的法线的直角坐标方程为_____.

3. 设 $f'(0) = a, g'(0) = b$ 且 $f(0) = g(0)$,则 $\lim\limits_{x \to 0} \dfrac{f(x) - g(-x)}{x} = $ _____.

4. 设函数 $y = f(x)$ 在点 x_0 处可导,且 $f'(x_0) \neq 0$,则 $\lim\limits_{\Delta x \to 0} \dfrac{\Delta y - \mathrm{d}y}{\Delta x} = $ _____.

5. 设函数 $g(x)$ 可微,$h(x) = \mathrm{e}^{1 + g(x)}$,$h'(1) = 1, g'(1) = 2$,则 $g(1) = $ _____.

二、选择题(每小题 3 分,共 15 分)

1. 设函数 $f(x)$ 在 $x = 0$ 处连续,下列命题中错误的是   （   ）

   A. 若 $\lim\limits_{x \to 0} \dfrac{f(x)}{x}$ 存在,则 $f(0) = 0$

   B. 若 $\lim\limits_{x \to 0} \dfrac{f(x) + f(-x)}{x}$ 存在,则 $f(0) = 0$

   C. 若 $\lim\limits_{x \to 0} \dfrac{f(x)}{x}$ 存在,则 $f'(0)$ 存在

   D. 若 $\lim\limits_{x \to 0} \dfrac{f(x) - f(-x)}{x}$ 存在,则 $f'(0)$ 存在

2. 设 $f(x)$ 在 $x = 0$ 的某邻域内连续,且 $\lim\limits_{x \to 0} \dfrac{f(x)}{\ln(2 - \cos x)} = 0$,则在 $x = 0$ 处 $f(x)$ （   ）

   A. 不可导   B. 可导,且 $f'(0) = 0$
   C. 可导,且 $f'(0) = 1$ D. 可导,且 $f'(0) = 2$

3. 已知函数 $f(x)$ 具有任意阶导数,且 $f'(x) = [f(x)]^2$,则当 n 为大于 2 的正整数时,$f(x)$ 的 n 阶导数 $f^{(n)}(x)$ 是   （   ）

   A. $n! [f(x)]^{n+1}$ B. $n [f(x)]^{n+1}$
   C. $[f(x)]^{2n}$ D. $n! [f(x)]^{2n}$

4. 设函数 $f(x)$ 在点 $x=a$ 处可导,则函数 $|f(x)|$ 点 $x=a$ 处不可导的充分条件为 （ ）

   A. $f(a)=0$ 且 $f'(a)=0$ B. $f(a)=0$ 且 $f'(a)\neq 0$

   C. $f(a)>0$ 且 $f'(a)>0$ D. $f(a)<0$ 且 $f'(a)<0$

5. 设 $f(x)=\begin{cases} x\arctan\dfrac{1}{x^2}, & x^2\neq 0 \\ 0, & x=0 \end{cases}$,则 $f(x)$ 在 $x=0$ 处 （ ）

   A. 不连续   B. 连续但不可导

   C. 可导但 $f'(x)$ 在 $x=0$ 处不连续   D. 可导且 $f'(x)$ 在 $x=0$ 处连续

三、求下列函数的导数与微分(每小题 6 分,共 12 分)

1. $y=f(x^3)+[f(\sin x)]^3$(其中 $f(x)$ 可导),求 $\mathrm{d}y$.

2. 设 $y=|x|^{\pi}+\pi^{|x|}+|x|^{|x|}$(其中 $x\neq 0$),求 y'.

四、求下列函数的二阶导数(每小题 6 分,共 12 分)

1. 设 $\begin{cases} x=f'(t) \\ y=tf'(t)-f(t) \end{cases}$,求 $\dfrac{\mathrm{d}^2 y}{\mathrm{d}x^2}$.

2. 求 $y = f(x)$ 的反函数的二阶导数 $\dfrac{\mathrm{d}^2 x}{\mathrm{d} y^2}$.

五、(本题满分 8 分) 设函数 $f(x) = \lim\limits_{n \to \infty} \sqrt[n]{1 + |x|^{3n}}$, 求 $f(x)$ 在 $(-\infty, +\infty)$ 内的不可导点.

六、(本题满分 8 分) 设 $f(x) = (x-a)\varphi(x)$, $\varphi(x)$ 在点 $x = a$ 处有连续的一阶导数, 求 $f''(a)$.

七、(本题满分 10 分) 已知函数 $f(u)$ 具有二阶导数,且 $f'(0) = 1$,函数 $y = y(x)$ 由方程 $y - xe^{y-1} = 1$ 所确定. 设 $z = f(\ln y - \sin x)$,求 $\left.\dfrac{\mathrm{d}z}{\mathrm{d}x}\right|_{x=0}$,$\left.\dfrac{\mathrm{d}^2 z}{\mathrm{d}x^2}\right|_{x=0}$.

八、(本题满分 10 分) 设 $f(x) = \begin{cases} x^n \sin \dfrac{1}{x} & (n \in \mathbf{N}), \quad x \neq 0 \\ 0, & x = 0 \end{cases}$,讨论在什么条件下:

(1) $f(x)$ 在 $x = 0$ 处连续.

(2) $f(x)$ 在 $x = 0$ 处可导,并求 $f'(0)$.

(3) $f'(x)$ 在 $x = 0$ 处连续.

九、(本题满分 10 分) 证明:$\dfrac{\mathrm{d}^n}{\mathrm{d}x^n}\left(x^{n-1}\mathrm{e}^{\frac{1}{x}}\right) = \mathrm{e}^{\frac{1}{x}} \dfrac{(-1)^n}{x^{n+1}}$.

第 5 讲　微分中值定理与导数的应用(一)

—— 微分中值定理及洛必达法则

5.1　内容提要与归纳

5.1.1　微分中值定理

1) 费马引理

设 $f(x)$ 满足条件:① $f(x)$ 在 x_0 的某邻域内有定义,且在此邻域内恒有 $f(x) \leqslant f(x_0)$ 或 $f(x) \geqslant f(x_0)$;② $f(x)$ 在 x_0 处可导,则有 $f'(x_0) = 0$.

注:费马引理可利用导数的定义及极限的保号性来证明.

2) 罗尔定理

设 $f(x)$ 在 $[a,b]$ 上满足条件:① $f(x)$ 在 $[a,b]$ 上连续;② $f(x)$ 在 (a,b) 内可导;③ $f(a) = f(b)$,则至少存在一点 $\xi \in (a,b)$,使得 $f'(\xi) = 0$(如图 5-1 所示).

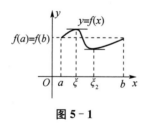

图 5-1

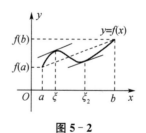

图 5-2

注:罗尔定理的相关证明常采用构造辅助函数法.

3) 拉格朗日中值定理

设 $f(x)$ 在 $[a,b]$ 上满足条件:① $f(x)$ 在 $[a,b]$ 上连续;② $f(x)$ 在 (a,b) 内可导,则至少存在一点 $\xi \in (a,b)$,使得 $f'(\xi) = \dfrac{f(b) - f(a)}{b-a}$(如图 5-2 所示).

注:① 特别地,补充条件 $f(a) = f(b)$,即可得罗尔定理.

② 拉格朗日中值公式:

$$f(b) - f(a) = f'(\xi)(b-a), \xi \in (a,b)$$

或

$$f(b) - f(a) = f'[a + \theta(b-a)](b-a), \theta \in (0,1)$$

③ 有限增量公式:

$$f(x_0 + \Delta x) - f(x_0) = f'(\xi)\Delta x, \xi 介于 x_0 与 x_0 + \Delta x 之间$$

或

$$f(x + \Delta x) = f(x) + f'(x + \theta\Delta x)\Delta x, \theta \in (0,1)$$

④ 相关不等式:设

$$f(b) - f(a) = f'(\xi)(b-a), \xi \in (a,b)$$

Ⅰ. 若 $\forall x \in (a,b)$,有 $m \leqslant f'(x) \leqslant M$,则

$$m(b-a) \leqslant f(b) - f(a) \leqslant M(b-a)$$

Ⅱ. 若 $\forall x \in (a,b)$,有 $|f'(x)| \leqslant M$,则

$$|f(b) - f(a)| \leqslant M(b-a)$$

推论 1:设 $f(x)$ 在 (a,b) 内可导,且 $f'(x) \equiv 0$,则 $f(x) \equiv C$,其中 C 为任意常数.

推论 2:设 $f(x), g(x)$ 在 (a,b) 内可导,且 $f'(x) \equiv g'(x)$,则 $f(x) \equiv g(x) + C$,其中 C 为任意常数.

4) 柯西中值定理

设 $f(x), g(x)$ 在 $[a,b]$ 上满足:① 在 $[a,b]$ 上连续; ② 在 (a,b) 内可导;③ 对任一 $x \in (a,b), g'(x) \neq 0$,则至少存在一点 $\xi \in (a,b)$,使得 $\dfrac{f'(\xi)}{g'(\xi)} = \dfrac{f(b) - f(a)}{g(b) - g(a)}$(如图 5-3 所示).

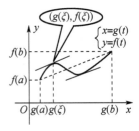

图 5-3

注:特别地,取 $g(x) = x$,即可得拉格朗日中值定理.

5) 泰勒中值定理

若 $f(x)$ 在 (a,b) 内具有直到 $n+1$ 阶的导数,$x_0 \in (a,b)$,则 $f(x)$ 可表示为

$$f(x) = f(x_0) + f'(x_0)(x - x_0) + \frac{f''(x_0)}{2!}(x - x_0)^2 + \cdots + \frac{f^{(n)}(x_0)}{n!}(x - x_0)^n + R_n(x)$$

其中 $R_n(x) = \dfrac{f^{(n+1)}(\xi)}{(n+1)!}(x - x_0)^{n+1}, \xi$ 介于 x_0 与 x 之间. 上面的等式称为 $f(x)$ 按 $x - x_0$ 的幂展开的 n 阶泰勒公式,$R_n(x)$ 称为拉格朗日型余项.

当 $f^{(n+1)}(x)$ 为有界函数时,称 $R_n(x) = o[(x - x_0)^n](x \to x_0)$ 为皮亚诺型余项.

当 $x_0 = 0$ 时,称泰勒公式

$$f(x) = f(0) + f'(0)x + \frac{f''(0)}{2!}x^2 + \cdots + \frac{f^{(n)}(0)}{n!}x^n + R_n(x)$$

为麦克劳林公式(见表 5 - 1).

表 5 - 1

泰勒公式	$f(x) = f(x_0) + f'(x_0)(x - x_0) + \cdots + \dfrac{f^{(n)}(x_0)}{n!}(x - x_0)^n + R_n(x)$	
麦克劳林公式	$f(x) = f(0) + f'(0)x + \dfrac{f''(0)}{2!}x^2 + \cdots + \dfrac{f^{(n)}(0)}{n!}x^n + R_n(x)$	
拉格朗日型余项	$R_n(x) = \dfrac{f^{(n+1)}(\xi)}{(n+1)!}(x - x_0)^{n+1}$	$R_n(x) = \dfrac{f^{(n+1)}(\xi)}{(n+1)!}x^{n+1}$
皮亚诺型余项	$R_n(x) = o[(x - x_0)^n]$	$R_n(x) = o(x^n)$

注:① 特别地,取 $n = 0$,即可得拉格朗日中值定理.

② 几个常用麦克劳林公式见表 5 - 2.

表 5 - 2

$e^x = 1 + x + \dfrac{x^2}{2!} + \cdots + \dfrac{x^n}{n!} + o(x^n)$	$x \in (-\infty, +\infty)$
$\sin x = x - \dfrac{x^3}{3!} + \dfrac{x^5}{5!} - \dfrac{x^7}{7!} + \cdots + (-1)^n \dfrac{x^{2n+1}}{(2n+1)!} + o(x^{2n+2})$	$x \in (-\infty, +\infty)$
$\cos x = 1 - \dfrac{x^2}{2!} + \dfrac{x^4}{4!} - \dfrac{x^6}{6!} + \cdots + (-1)^n \dfrac{x^{2n}}{(2n)!} + o(x^{2n+1})$	$x \in (-\infty, +\infty)$
$\ln(1 + x) = x - \dfrac{x^2}{2} + \dfrac{x^3}{3} - \cdots + (-1)^{n-1} \dfrac{x^n}{n} + o(x^n)$	$x \in (-1, 1]$
$\dfrac{1}{1 - x} = 1 + x + x^2 + \cdots + x^n + o(x^n)$	$x \in (-1, 1)$
$(1 + x)^m = 1 + mx + \dfrac{m(m-1)}{2!}x^2 + \cdots + \dfrac{m(m-1)\cdots(m-n+1)}{n!}x^n + o(x^n)$	$x \in (-1, 1)$

5.1.2　洛必达法则

1) $\dfrac{0}{0}$ 型未定式

设函数 $f(x), g(x)$ 在 x_0 的去心邻域 $\overset{\circ}{U}(x_0, \delta)$ 内有定义,且满足条件:

① $\lim\limits_{x \to x_0} f(x) = 0, \lim\limits_{x \to x_0} g(x) = 0$;

② $f(x), g(x)$ 在 $\overset{\circ}{U}(x_0, \delta)$ 内可导,且 $g'(x) \neq 0$;

③ $\lim\limits_{x \to x_0} \dfrac{f'(x)}{g'(x)} = A$(或 ∞),则

$$\lim_{x \to x_0} \frac{f(x)}{g(x)} = \lim_{x \to x_0} \frac{f'(x)}{g'(x)} = A(\text{或} \infty)$$

2) $\dfrac{\infty}{\infty}$ 型未定式

设函数 $f(x), g(x)$ 在 x_0 的去心邻域 $\overset{\circ}{U}(x_0, \delta)$ 内有定义,且满足条件:

① $\lim\limits_{x \to x_0} f(x) = \infty$, $\lim\limits_{x \to x_0} g(x) = \infty$;

② $f(x)$, $g(x)$ 在 $\overset{\circ}{U}(x_0, \delta)$ 内可导, 且 $g'(x) \neq 0$;

③ $\lim\limits_{x \to x_0} \dfrac{f'(x)}{g'(x)} = A$(或 ∞), 则

$$\lim\limits_{x \to x_0} \frac{f(x)}{g(x)} = \lim\limits_{x \to x_0} \frac{f'(x)}{g'(x)} = A(\text{或} \infty)$$

注:上述结论对于 $x \to \infty$ 时的 $\dfrac{0}{0}$ 或 $\dfrac{\infty}{\infty}$ 型未定式同样成立.

3) 其他未定式

对于 $0 \cdot \infty$, $\infty - \infty$, ∞^0, 0^0, 1^∞ 型等未定式, 可利用恒等变形将其转化为 $\dfrac{0}{0}$ 或 $\dfrac{\infty}{\infty}$ 型. 常用技巧有通分、有理化、提取、取对数、e 抬起等, 再结合等价无穷小替换简化计算.

> **小贴士**　数列极限不能直接使用洛必达法则, 应作为函数极限的子极限, 转化为函数极限后方可使用洛必达法则计算.

5.2　典型例题分析

例 1　证明方程 $2^x = x^2 + 1$ 有且仅有三个实根.

分析　利用罗尔定理估计方程 $f(x) = 0$ 的实根个数是一种常用方法.

证明　令 $f(x) = 2^x - x^2 - 1$, 即证 $f(x) = 0$ 有且仅有三个实根. $f(x)$ 在 $(-\infty, +\infty)$ 上连续且可导, 显然 $f(0) = f(1) = 0$, $f(4) = -1$, $f(5) = 6$. 由零点定理可知, 在 $(4,5)$ 内至少有一根 ξ, 即 $f(x) = 0$ 至少有三个实根: $0, 1, \xi$.

反设 $f(x) = 0$ 的实根多于三个, 则由罗尔定理可知, $f'(x) = 0$ 至少有三个实根, 故 $f''(x) = 0$ 至少有两个实根, $f'''(x) = 0$ 至少有一个实根. 而 $f'''(x) = 2^x \ln^3 2 \neq 0$, 方程 $f'''(x) = 0$ 无实根, 与假设矛盾. 故 $f(x) = 0$ 有且仅有三个实根, 命题得证.

> **小贴士**　一般, 若 $f^{(n)}(x) \neq 0$, 则 $f(x) = 0$ 最多只有 n 个实根.

例 2　设 $f(x)$, $g(x)$ 在 $[0,1]$ 上连续, 在 $(0,1)$ 内可导, $f(0) = f(1) = 0$, $g(x) > 0$, 证明: $\exists \xi \in (0,1)$, 使得

(1) $f'(\xi)g(\xi) + f(\xi)g'(\xi) = 0$.

(2) $f'(\xi)g(\xi) - f(\xi)g'(\xi) = 0$.

分析　利用罗尔定理证明中值等式,常构造辅助函数 $F(x)$,证明 $F'(x) = 0$ 存在实根.

(1) 即证 $f'(x)g(x) + f(x)g'(x) = [f(x)g(x)]' = 0$ 存在实根,可令 $F(x) = f(x)g(x)$.

(2) 即证 $f'(x)g(x) - f(x)g'(x) = 0$ 存在实根,由商的求导法则,可令 $G(x) = \dfrac{f(x)}{g(x)}$,将问题转化为证明方程 $\dfrac{f'(x)g(x) - f(x)g'(x)}{g^2(x)} = 0$ 存在实根.

证明　(1) 令 $F(x) = f(x)g(x)$,$x \in [0,1]$,则 $F(0) = F(1) = 0$,$F(x)$ 在 $[0,1]$ 上连续,在 $(0,1)$ 内可导,由罗尔定理可知,$\exists \xi \in (0,1)$,使得

$$F'(\xi) = f'(\xi)g(\xi) + f(\xi)g'(\xi) = 0$$

(2) 由 $g(x) > 0$,得 $g(x) \neq 0$,令 $G(x) = \dfrac{f(x)}{g(x)}$,$x \in [0,1]$,则 $G(0) = G(1) = 0$,$G(x)$ 在 $[0,1]$ 上连续,在 $(0,1)$ 内可导,由罗尔定理可知,$\exists \xi \in (0,1)$,使得

$$G'(\xi) = \frac{f'(\xi)g(\xi) - f(\xi)g'(\xi)}{g^2(\xi)} = 0$$

命题得证.

小贴士　记住 $f(x)g(x)$,$\dfrac{f(x)}{g(x)}$ 等函数的导数公式,可得以下常用辅助函数:

① 若结论为 $f'(\xi)g(\xi) + f(\xi)g'(\xi) = 0$,可令 $F(x) = f(x)g(x)$.

② 若结论为 $f'(\xi)g(\xi) - f(\xi)g'(\xi) = 0$,可令 $F(x) = \dfrac{f(x)}{g(x)}$.

例 3　设函数 $f(x)$ 在闭区间 $\left[0, \dfrac{\pi}{4}\right]$ 上连续,在开区间 $\left(0, \dfrac{\pi}{4}\right)$ 内可导,且 $f\left(\dfrac{\pi}{4}\right) = 0$,证明:至少存在一点 $\xi \in \left(0, \dfrac{\pi}{4}\right)$,使得 $2f(\xi) + \sin 2\xi \cdot f'(\xi) = 0$.

分析　即证 $2f(x) + 2\sin x \cos x \cdot f'(x) = 0$ 存在实根,将等式两边同除以 $2\cos^2 x$,得 $\sec^2 x \cdot f(x) + \tan x \cdot f'(x) = [f(x)\tan x]' = 0$,可令 $F(x) = f(x)\tan x$.

证明　令 $F(x) = f(x)\tan x$,$x \in \left[0, \dfrac{\pi}{4}\right]$,则 $F(0) = F\left(\dfrac{\pi}{4}\right) = f\left(\dfrac{\pi}{4}\right) = 0$;$F(x)$ 在 $\left[0, \dfrac{\pi}{4}\right]$ 上连续,在 $\left(0, \dfrac{\pi}{4}\right)$ 内可导,由罗尔定理可知,至少存在一点 $\xi \in \left(0, \dfrac{\pi}{4}\right)$,使得 $F'(\xi) = 0$,则有

$$\sec^2\xi \cdot f(\xi) + \tan\xi \cdot f'(\xi) = 0$$

整理得

$$2f(\xi) + \sin2\xi \cdot f'(\xi) = 0$$

命题得证.

例 4 设 $f(x)$ 可导,λ 为实数,证明:$f(x)$ 的任意两个零点之间有 $\lambda f(x) + f'(x) = 0$ 的零点.

分析 即证 $\mathrm{e}^{\lambda x}[\lambda f(x) + f'(x)] = [\mathrm{e}^{\lambda x} f(x)]' = 0$,可令 $F(x) = \mathrm{e}^{\lambda x} f(x)$.

证明 不妨设 $f(x)$ 的两个零点为 x_1, x_2,且 $x_1 < x_2$.令 $F(x) = \mathrm{e}^{\lambda x} f(x)$,由题设可知,$F(x)$ 在区间 $[x_1, x_2]$ 上满足罗尔定理的条件,则至少存在一点 $\xi \in (x_1, x_2)$,使得 $F'(\xi) = 0$,即

$$\mathrm{e}^{\lambda\xi}[f'(\xi) + \lambda f(\xi)] = 0$$

由于 $\mathrm{e}^{\lambda\xi} \neq 0$,从而有 $f'(\xi) + \lambda f(\xi) = 0$,命题得证.

小贴士 记住 $\mathrm{e}^{kx}f(x)$,$\mathrm{e}^{\pm g(x)}f(x)$,$x^k f(x)$ 等函数的导数公式,可得以下常用辅助函数:

① 若结论为 $f'(\xi) + kf(\xi) = 0$,可令 $F(x) = \mathrm{e}^{kx}f(x)$.

② 若结论为 $f'(\xi) \pm f(\xi)g'(\xi) = 0$,可令 $F(x) = \mathrm{e}^{\pm g(x)}f(x)$.

③ 若结论为 $\xi f'(\xi) + kf(\xi) = 0$,可令 $F(x) = x^k f(x)$.

例 5 设函数 $f(x)$ 在 $[a,b]$ 上连续,在 (a,b) 内可导,证明:在 (a,b) 内存在点 ξ,使得 $f(b) - f(a) = 2\sqrt{\xi}f'(\xi)(\sqrt{b} - \sqrt{a})$,其中 $0 < a < b$.

分析 即证 $\dfrac{f(b) - f(a)}{\sqrt{b} - \sqrt{a}} = \dfrac{f'(\xi)}{\dfrac{1}{2\sqrt{\xi}}}$,可令 $g(x) = \sqrt{x}$,利用柯西中值定理来证明.

证明 令 $g(x) = \sqrt{x}$,当 $x \in (a,b)$ 时,$g'(x) = \dfrac{1}{2\sqrt{x}} \neq 0$,由柯西中值定理可知,至少存在一点 $\xi \in (a,b)$,使得

$$\frac{f(b) - f(a)}{\sqrt{b} - \sqrt{a}} = \frac{f(b) - f(a)}{g(b) - g(a)} = \frac{f'(\xi)}{g'(\xi)} = \frac{f'(\xi)}{\dfrac{1}{2\sqrt{\xi}}} = 2\sqrt{\xi}f'(\xi)$$

命题得证.

例 6 设 $ab > 0$,$a < b$,证明:至少存在一点 $\xi \in (a,b)$,使得 $a\mathrm{e}^b - b\mathrm{e}^a = (a - b)(1 - \xi)\mathrm{e}^\xi$.

分析　即证 $\dfrac{\frac{e^b}{b}-\frac{e^a}{a}}{\frac{1}{b}-\frac{1}{a}}=(1-\xi)e^{\xi}$,可令 $f(x)=\dfrac{e^x}{x}$,$g(x)=\dfrac{1}{x}$,利用柯西中值

定理来证明.

证明　令 $f(x)=\dfrac{e^x}{x}$,$g(x)=\dfrac{1}{x}$,当 $x\in(a,b)$ 时,$f'(x)=\dfrac{e^x(x-1)}{x^2}$,

$g'(x)=-\dfrac{1}{x^2}\neq 0$,由柯西中值定理可知,至少存在一点 $\xi\in(a,b)$,使得

$$\frac{\frac{e^b}{b}-\frac{e^a}{a}}{\frac{1}{b}-\frac{1}{a}}=\frac{f(b)-f(a)}{g(b)-g(a)}=\frac{f'(\xi)}{g'(\xi)}=(1-\xi)e^{\xi}$$

即

$$\frac{ae^b-be^a}{a-b}=(1-\xi)e^{\xi}$$

命题得证.

例 7　设 $f(x)$ 在 $[0,3]$ 上连续,在 $(0,3)$ 内可导,且 $f(0)+f(1)+f(2)=3$,$f(3)=1$.试证:必存在一点 $\xi\in(0,3)$,使得 $f'(\xi)=0$.

分析　由闭区间上连续函数的最值性、介值性,可利用罗尔定理来证明.

证明　函数 $f(x)$ 在 $[0,2]$ 上连续,则 $f(x)$ 在 $[0,2]$ 上存在最小值 m 和最大值 M,于是 $3m\leqslant f(0)+f(1)+f(2)=3\leqslant 3M$,即 $m\leqslant 1\leqslant M$;由介值定理可知,存在点 $c\in[0,2]$,使得 $f(c)=1$,则 $f(c)=f(3)=1$;由罗尔定理可知,存在 $\xi\in(c,3)\subset(0,3)$,使得 $f'(\xi)=0$.

例 8　证明:当 $0<\alpha<\beta<\dfrac{\pi}{2}$ 时,$\dfrac{\beta-\alpha}{\cos^2\alpha}<\tan\beta-\tan\alpha<\dfrac{\beta-\alpha}{\cos^2\beta}$.

分析　不等式中同时出现 $\tan\beta-\tan\alpha$ 与 $\beta-\alpha$,可利用拉格朗日中值定理来证明.

证明　设 $f(x)=\tan x$,$x\in[\alpha,\beta]$,由拉格朗日中值定理,得 $\dfrac{\tan\beta-\tan\alpha}{\beta-\alpha}=\sec^2\xi$,其中 $0<\alpha<\xi<\beta<\dfrac{\pi}{2}$,则

$$\frac{1}{\cos^2\alpha}<\frac{\tan\beta-\tan\alpha}{\beta-\alpha}=\sec^2\xi=\frac{1}{\cos^2\xi}<\frac{1}{\cos^2\beta}.$$

命题得证.

例 9　计算下列极限:

(1) $\lim\limits_{x\to 0}\dfrac{e^x-\sin x-1}{1-\sqrt{1-x^2}}$.　　(2) $\lim\limits_{x\to 0}\left(\dfrac{1}{x^2}-\dfrac{1}{x\tan x}\right)$.

(3) $\lim\limits_{x \to \frac{\pi}{4}} (\tan x)^{\frac{1}{\cos x - \sin x}}$. 　　　　(4) $\lim\limits_{x \to 0} \dfrac{e^{-\frac{1}{2}x^2} - \cos x}{x^4}$.

(5) $\lim\limits_{x \to \infty} \left[\dfrac{a_1^{\frac{1}{x}} + a_2^{\frac{1}{x}} + \cdots + a_n^{\frac{1}{x}}}{n} \right]^{nx}$, 其中 $a_1, a_2, \cdots, a_n > 0$.

分析　　极限计算的关键在于判断极限类型,针对不同类型采用相应的方法,注意化简.

(1) 此为 $\dfrac{0}{0}$ 型极限,可利用等价无穷小替换,结合洛必达法则求解.

(2) 此为 $\infty - \infty$ 型极限,可通过通分化为 $\dfrac{0}{0}$ 型,利用等价无穷小替换,结合洛必达法则求解.

(3) 此为 1^∞ 型极限,可由 e 抬起化为 $\dfrac{0}{0}$ 型,再利用洛必达法则或第二个重要极限求解.

(4) 此为 $\dfrac{0}{0}$ 型极限,当分子、分母为高阶无穷小且求导运算较复杂时,常利用麦克劳林公式求解.

(5) 此为 1^∞ 型极限,除(3)中所提及的方法之外,亦可考虑利用取对数的方法,先计算 $\ln y$ 的极限,进而求解.

解　(1) 原式 $= \lim\limits_{x \to 0} \dfrac{e^x - \sin x - 1}{-\dfrac{1}{2} \cdot (-x^2)} = \lim\limits_{x \to 0} \dfrac{e^x - \cos x}{x}$

$\qquad = \lim\limits_{x \to 0} \dfrac{e^x + \sin x}{1} = 1.$

(2) 原式 $= \lim\limits_{x \to 0} \dfrac{\tan x - x}{x^2 \tan x} = \lim\limits_{x \to 0} \dfrac{\tan x - x}{x^3} = \lim\limits_{x \to 0} \dfrac{\sec^2 x - 1}{3x^2}$

$\qquad = \lim\limits_{x \to 0} \dfrac{\tan^2 x}{3x^2} = \dfrac{1}{3}.$

(3) **解法一**　原式 $= e^{\lim\limits_{x \to \frac{\pi}{4}} \frac{\ln \tan x}{\cos x - \sin x}} = e^{\lim\limits_{x \to \frac{\pi}{4}} \frac{\frac{1}{\tan x} \cdot \sec^2 x}{-\sin x - \cos x}} = e^{-\sqrt{2}}.$

解法二　原式 $= \lim\limits_{x \to \frac{\pi}{4}} \left[1 + (\tan x - 1)\right]^{\frac{1}{\tan x - 1} \cdot \frac{\tan x - 1}{\cos x - \sin x}}$

$\qquad = \lim\limits_{x \to \frac{\pi}{4}} \left[1 + (\tan x - 1)\right]^{\frac{1}{\tan x - 1} \cdot \frac{\tan x - 1}{\cos x (1 - \tan x)}}$

$\qquad = e^{-\sqrt{2}}.$

(4) 由麦克劳林公式,得

$$e^x = 1 + x + \frac{1}{2!}x^2 + o(x^2)$$

$$\mathrm{e}^{-\frac{1}{2}x^2} = 1 - \frac{1}{2}x^2 + \frac{1}{8}x^4 + o(x^4)$$

$$\cos x = 1 - \frac{1}{2}x^2 + \frac{1}{4!}x^4 + o(x^4)$$

则原式 $= \lim\limits_{x \to 0} \dfrac{(\frac{1}{8} - \frac{1}{4!})x^4 + o(x^4)}{x^4} = \dfrac{1}{12}$.

(5) 记 $y = \left[\dfrac{a_1^{\frac{1}{x}} + a_2^{\frac{1}{x}} + \cdots + a_n^{\frac{1}{x}}}{n} \right]^{nx}$，则

$$\ln y = nx \left[\ln(a_1^{\frac{1}{x}} + a_2^{\frac{1}{x}} + \cdots + a_n^{\frac{1}{x}}) - \ln n \right]$$

$$\lim\limits_{x \to \infty} \ln y = \lim\limits_{x \to \infty} nx \left[\ln\left(a_1^{\frac{1}{x}} + a_2^{\frac{1}{x}} + \cdots + a_n^{\frac{1}{x}}\right) - \ln n \right] \left(\diamondsuit \ t = \frac{1}{x} \right)$$

$$= n \lim\limits_{t \to 0} \frac{\ln(a_1^t + a_2^t + \cdots + a_n^t) - \ln n}{t}$$

$$= n \lim\limits_{t \to 0} \frac{a_1^t \ln a_1 + a_2^t \ln a_2 + \cdots + a_n^t \ln a_n}{a_1^t + a_2^t + \cdots + a_n^t}$$

$$= \ln(a_1 a_2 \cdots a_n)$$

则原式 $= \lim\limits_{x \to \infty} y = \lim\limits_{x \to \infty} \mathrm{e}^{\ln y} = \mathrm{e}^{\ln(a_1 a_2 \cdots a_n)} = a_1 a_2 \cdots a_n$.

例 10　求 $f(x) = x\mathrm{e}^x$ 在 $x = 0$ 处的 n 阶带皮亚诺余项的麦克劳林公式.

分析　求函数的麦克劳林展开式可利用泰勒中值定理直接展开,亦可利用间接法展开.

解法一　(直接法)$f'(x) = \mathrm{e}^x(x+1), f''(x) = \mathrm{e}^x(x+2), \cdots, f^{(n)}(x) = \mathrm{e}^x(x+n)$，则 $f(0) = 0, f'(0) = 1, f''(0) = 2, \cdots, f^{(n)}(0) = n.$ 故 $f(x) = x\mathrm{e}^x$ 在 $x = 0$ 处的 n 阶带皮亚诺余项的麦克劳林公式为

$$f(x) = x + x^2 + \frac{1}{2!}x^3 + \cdots + \frac{1}{(n-1)!}x^n + o(x^n)$$

解法二　(间接法)已知 $\mathrm{e}^x = 1 + x + \dfrac{x^2}{2!} + \cdots + \dfrac{x^n}{n!} + o(x^n)$，则

$$x\mathrm{e}^x = x + x^2 + \frac{x^3}{2!} + \cdots + \frac{x^n}{(n-1)!} + \frac{x^{n+1}}{n!} + o(x^n) \cdot x$$

因为

$$\lim\limits_{x \to 0} \frac{\dfrac{x^{n+1}}{n!} + o(x^n) \cdot x}{x^n} = 0$$

所以

$$x\mathrm{e}^x = x + x^2 + \frac{x^3}{2!} + \cdots + \frac{x^n}{(n-1)!} + o(x^n)$$

例 11 设函数 $f(x)$ 在闭区间 $[-1,1]$ 上具有三阶连续导数,且 $f(-1)=0$, $f(1)=1,f'(0)=0$,证明:至少存在一点 $\xi\in(-1,1)$,使得 $f'''(\xi)=3$.

分析 中值等式中含有高阶导数,常利用泰勒中值定理来证明.

证明 将 $f(x)$ 在 $x=0$ 处展开成二阶麦克劳林公式,由 $f'(0)=0$,得

$$f(x)=f(0)+\frac{f''(0)}{2!}x^2+\frac{f'''(\eta)}{3!}x^3$$

其中 η 介于 0 与 x 之间,$x\in[-1,1]$.分别取 $x=1,x=-1$,由题设可得

$$f(1)=f(0)+\frac{f''(0)}{2}+\frac{f'''(\xi_1)}{6}=1,0<\xi_1<1$$

$$f(-1)=f(0)+\frac{f''(0)}{2}-\frac{f'''(\xi_2)}{6}=0,-1<\xi_2<0$$

两式相减,得 $f'''(\xi_1)+f'''(\xi_2)=6$.由 $f'''(x)$ 的连续性可知,$f'''(x)$ 在区间 $[\xi_2,\xi_1]$ 上存在最大值和最小值,分别设为 M 和 m,则有

$$m\leqslant\frac{f'''(\xi_1)+f'''(\xi_2)}{2}=3\leqslant M$$

由闭区间上连续函数的介值定理可知,$\exists\xi\in[\xi_2,\xi_1]\subset(-1,1)$,使得 $f'''(\xi)=3$.

例 12 设 $f(x)$ 在 $[a,b]$ 上二阶可导,$f'(a)=f'(b)=0$,证明:至少存在一点 $\xi\in(a,b)$,使得 $|f''(\xi)|\geqslant 4\left|\dfrac{f(b)-f(a)}{(b-a)^2}\right|$.

分析 中值不等式中含有高阶导数,亦常利用泰勒中值定理来证明.

证明 将 $f(x)$ 在 $x=a,x=b$ 处分别展开成泰勒公式,并将 $x=\dfrac{a+b}{2}$ 代入得

$$f(x)=f(a)+f'(a)(x-a)+\frac{f''(\xi_1)}{2!}(x-a)^2,a<\xi_1<x$$

$$f(x)=f(b)+f'(b)(x-b)+\frac{f''(\xi_2)}{2!}(x-b)^2,x<\xi_2<b$$

$$f\left(\frac{a+b}{2}\right)=f(a)+\frac{f''(\xi_1)}{2!}\left(\frac{b-a}{2}\right)^2,a<\xi_1<\frac{a+b}{2}$$

$$f\left(\frac{a+b}{2}\right)=f(b)+\frac{f''(\xi_2)}{2!}\left(\frac{b-a}{2}\right)^2,\frac{a+b}{2}<\xi_2<b$$

两式相减,得

$$0=f(b)-f(a)+\frac{(b-a)^2}{8}[f''(\xi_2)-f''(\xi_1)]$$

则

$$|f(b)-f(a)|=\frac{(b-a)^2}{8}|f''(\xi_2)-f''(\xi_1)|$$

$$\leqslant\frac{(b-a)^2}{8}(|f''(\xi_2)|+|f''(\xi_1)|);$$

设 $|f''(\xi)| = \max\{|f''(\xi_1)|, |f''(\xi_2)|\}$,有

$$|f(b) - f(a)| \leqslant \frac{(b-a)^2}{8} \cdot 2|f''(\xi)|$$

即 $|f''(\xi)| \geqslant 4\left|\dfrac{f(b)-f(a)}{(b-a)^2}\right|$,命题得证.

基础练习 5

1. 设 $f(x) = \begin{cases} \dfrac{1}{2}(3-x^2), & 0 \leqslant x \leqslant 1 \\[2mm] \dfrac{1}{x}, & x > 1 \end{cases}$,验证 $f(x)$ 在 $[0,2]$ 上满足拉格朗日

中值定理的条件,并求 $(0,2)$ 内使得 $f(2) - f(0) = 2f'(\xi)$ 成立的 ξ.

2. 设 a, b, c 为实数,求证:方程 $4ax^3 + 3bx^2 + 2cx = a + b + c$ 在 $(0,1)$ 内至少有一个根.

3. 设 $a_1, a_2, \cdots, a_n$ 为任意实常数, 证明: $f(x) = a_1\cos x + a_2\cos 2x + \cdots + a_n\cos nx$ 在 $(0, \pi)$ 内必有一个零点.

4. 设函数 $f(x)$ 在区间 $[0, 1]$ 上连续, 在 $(0, 1)$ 内可导, $f(0) = f(1) = 0$. 证明: 方程 $(x^2 + 1)f'(x) - 2xf(x) = 0$ 在 $(0, 1)$ 内至少存在一个根.

5. 设 $0 < a < b$, 函数 $f(x)$ 在 $[a, b]$ 上连续, 在 (a, b) 内可导. 证明:

   (1) 存在 $\xi \in (a, b)$, 使得 $f(b) - f(a) = \xi f'(\xi)\ln\dfrac{b}{a}$.

   (2) 存在 $\xi \in (a, b)$, 使得 $f(b) - f(a) = \dfrac{f'(\xi)}{2\xi}(b^2 - a^2)$.

6. 证明：当 $x > 0$ 时，$\dfrac{x}{1+x} < \ln(1+x) < x$.

7. 计算下列极限：

（1）$\lim\limits_{x \to 0} \dfrac{\tan x(1 - \cos x)}{2x[\ln(1+x) - x]}$.

（2）$\lim\limits_{x \to 1^-} \ln x \ln(1 - x)$.

（3）$\lim\limits_{x \to \infty} \sqrt[3]{x^2}(\sqrt[3]{x+8} - \sqrt[3]{x+1})$.

（4）$\lim\limits_{x \to 0} (\cos x)^{\frac{1}{\ln(1+x^2)}}$.

8. 设 $\delta > 0$, $f(x)$ 在 $[-\delta, \delta]$ 上有定义, $f(0) = 1$, 且满足 $\lim\limits_{x \to 0} \dfrac{\ln(1-2x) + 2xf(x)}{x^2} = 0$.

证明: $f(x)$ 在 $x = 0$ 处可导, 并求 $f'(0)$.

9. 设 $\lim\limits_{x \to 0} \dfrac{f(x)}{x} = 1$ 且 $f''(x) > 0$, 证明: $f(x) \geqslant x$.

10. 设 $f(x)$ 在 $[0,2]$ 上连续, 在 $(0,2)$ 内可导, 且 $3f(0) = f(1) + 2f(2)$. 证明: 存在点 $\xi \in (0,2)$, 使得 $f'(\xi) = 0$.

强化训练 5

1. 已知 $f(1) = 1$,

   (1) 若对任意 x,均有 $xf'(x) + f(x) \equiv 0$,求 $f(2)$.

   (2) 若对任意 x,均有 $xf'(x) - f(x) \equiv 0$,求 $f(2)$.

2. 设函数 $f(x)$,$g(x)$ 在 $[a,b]$ 上连续,在 (a,b) 内二阶可导且存在相等的最大值,又 $f(a) = g(a)$,$f(b) = g(b)$.证明:存在 $\xi \in (a,b)$,使得 $f''(\xi) = g''(\xi)$.

3. 设函数 $f(x)$ 在区间 $[0,1]$ 上连续,在 $(0,1)$ 内可导,且 $f(0) = f(1) = 0$,$f\left(\dfrac{1}{2}\right) = 1$.试证:

   (1) 存在 $\eta \in \left(\dfrac{1}{2},1\right)$,使得 $f(\eta) = \eta$.

   (2) 对任意实数 λ,必存在 $\xi \in (0,\eta)$,使得 $f'(\xi) - \lambda[f(\xi) - \xi] = 1$.

4. 设函数 $f(x)$ 在 $[a,b]$ 上连续,在 (a,b) 内可导,且当 $a<x<b$ 时, $f'(x)\neq 0$. 证明:存在 $\xi,\eta\in(a,b)$,使得 $\dfrac{f'(\xi)}{f'(\eta)}=\dfrac{e^b-e^a}{b-a}e^{-\eta}$.

5. 设 $f(x)$ 在 $[a,b]$ 上连续,在 (a,b) 内可导. 证明:至少存在一点 $\xi\in(a,b)$,使得 $\dfrac{af(b)-bf(a)}{a-b}=f(\xi)-\xi f'(\xi)$.

6. 设 $b>a>0$,证明不等式: $\dfrac{2a}{a^2+b^2}<\dfrac{\ln b-\ln a}{b-a}$.

7. 计算下列极限：

（1）$\lim\limits_{x\to 0}\dfrac{(1+x)^{\frac{1}{x}}-e}{x}$.

（2）$\lim\limits_{x\to 0}\dfrac{e^{x^2}-e^{2-2\cos x}}{x^4}$.

（3）$\lim\limits_{x\to+\infty}\dfrac{x^m}{a^x}$，其中 $a>1,m$ 为正整数.

（4）$\lim\limits_{x\to+\infty}(x^{\frac{1}{x}}-1)^{\frac{1}{\ln x}}$.

8. 设 $f(x)$ 在 $[a,b]$ 上 n 阶可导，$f(a)=0,f^{(k)}(b)=0,k=0,1,2,\cdots,n-1$. 证明：至少存在一点 $\xi\in(a,b)$，使得 $f^{(n)}(\xi)=0$.

9. 设 $f(x)$ 在 $[0,1]$ 上具有三阶导数,且 $f(0)=1$,$f(1)=2$,$f'\left(\dfrac{1}{2}\right)=0$. 证明:至少存在一点 $\xi\in(0,1)$,使得 $|f'''(\xi)|\geqslant 24$.

10. 设 $f(x)$ 在 $[0,1]$ 上具有二阶导数,且满足条件 $|f(x)|\leqslant a$,$|f''(x)|\leqslant b$,其中 a,b 都是非负常数,c 是 $(0,1)$ 内任一点. 证明:$|f'(c)|\leqslant 2a+\dfrac{b}{2}$.

第6讲　微分中值定理与导数的应用(二)

—— 导数的应用

6.1　内容提要与归纳

6.1.1　利用导数研究函数的特性

1）单调性(与一阶导函数的符号有关)

设函数 $f(x)$ 在闭区间$[a,b]$上连续,在开区间(a,b)内可导,则有

(1) 若在(a,b)内 $f'(x) \geqslant 0$,则函数 $f(x)$ 在$[a,b]$上单调增加.

(2) 若在(a,b)内 $f'(x) \leqslant 0$,则函数 $f(x)$ 在$[a,b]$上单调减少. (见表6-1)

表6-1

(a,b) 内 $f'(x)$ 的符号	函数 $f(x)$ 在$[a,b]$上的单调性
$f'(x) \geqslant 0$	单调递增($\nearrow$)
$f'(x) \leqslant 0$	单调递减($\searrow$)
$f'(x) > 0$	严格单调递增($\nearrow$)
$f'(x) < 0$	严格单调递减($\searrow$)

注:① 满足 $f'(x) = 0$ 的点 x 称为函数 $f(x)$ 的驻点.

② 求单调区间的方法:利用驻点及一阶不可导的点,将定义域划分为若干个部分区间,判断各部分区间上导函数的符号,确定单调区间.

2）极值(极值点可能出现在驻点和一阶导数不存在的点处)

(1) 必要条件:设 $f(x)$ 在点 x_0 处可导,且在点 x_0 处取得极值,则 $f'(x_0) = 0$,即 x_0 为驻点.

(2) 极值第一充分条件:设 $f(x)$ 在$(x_0 - \delta, x_0 + \delta)$内连续,$x_0$ 是驻点或不可导的点,则

① 若在$(x_0 - \delta, x_0)$内 $f'(x) < 0$,在$(x_0, x_0 + \delta)$内 $f'(x) > 0$,则 $f(x)$ 在点 x_0 处取得极小值;

② 若在$(x_0 - \delta, x_0)$内 $f'(x) > 0$,在$(x_0, x_0 + \delta)$内 $f'(x) < 0$,则 $f(x)$ 在点

x_0 处取得极大值；

③ 若在$(x_0-\delta,x_0)$ 和$(x_0,x_0+\delta)$ 内 $f'(x)$ 不变号，则 $f(x)$ 在点 x_0 处不取极值.（见表 6-2）

表 6-2

$(x_0-\delta,x_0)$ 内 $f'(x)$ 的符号	$f(x_0)$	$(x_0,x_0+\delta)$ 内 $f'(x)$ 的符号
$f'(x)<0(f(x)$ 单调递减 $\searrow)$	$f(x_0)$ 为极小值	$f'(x)>0(f(x)$ 单调递增 $\nearrow)$
$f'(x)>0(f(x)$ 单调递增 $\nearrow)$	$f(x_0)$ 为极大值	$f'(x)<0(f(x)$ 单调递减 $\searrow)$
$f'(x)<0(f(x)$ 单调递减 $\searrow)$	$f(x_0)$ 不是极值	$f'(x)<0(f(x)$ 单调递减 $\searrow)$
$f'(x)>0(f(x)$ 单调递增 $\nearrow)$	$f(x_0)$ 不是极值	$f'(x)>0(f(x)$ 单调递增 $\nearrow)$

（3）极值第二充分条件：设 $f(x)$ 在点 x_0 的某邻域内二阶可导，$f'(x_0)=0$，$f''(x_0)\neq 0$，则

① 若 $f''(x_0)>0$，$f(x)$ 在点 x_0 处取得极小值.

② 若 $f''(x_0)<0$，$f(x)$ 在点 x_0 处取得极大值.（见表 6-3）

表 6-3

$f''(x_0)$ 的符号	$f(x_0)$
$f''(x_0)>0$	$f(x_0)$ 为极小值
$f''(x_0)<0$	$f(x_0)$ 为极大值

注：若 $f(x)$ 在点 x_0 的邻域内有 $f'(x_0)=f''(x_0)=0$，$f'''(x_0)\neq 0$，则 x_0 不是极值点.

事实上，由泰勒公式可得

$$f(x) = f(x_0) + \frac{f'''(\xi)}{3!}(x-x_0)^3$$

$\frac{f'''(\xi)}{3!}(x-x_0)^3$ 在 x_0 的两侧异号，则在 x_0 附近的两侧，总有一侧 $f(x)>f(x_0)$，另一侧 $f(x)<f(x_0)$，x_0 不是极值点.

3）最值

设 $f(x)$ 在$[a,b]$ 上连续，$x_1,x_2,\cdots,x_n$ 是 $f(x)$ 的驻点或不可导的点，则 $f(a)$，$f(x_1),f(x_2),\cdots,f(x_n),f(b)$ 中的最大（小）值为 $f(x)$ 在$[a,b]$ 上的最大（小）值.

注：① 最值点可能出现在极值点和端点处，从而可能出现在驻点、不可导的点和端点处.

② 唯一驻点问题：若 $f(x)$ 在区间(a,b) 内仅有唯一驻点，且在该驻点处取得极大（小）值，而无极小（大）值，则该极大（小）值即 $f(x)$ 在(a,b) 内的最大（小）值.

4) 曲线的凹凸性及拐点

(1) 定义:设 $f(x)$ 在区间 I 上连续,若对 $\forall x_1, x_2 \in I$,恒有 $f\left(\dfrac{x_1 + x_2}{2}\right) <$ $\dfrac{f(x_1) + f(x_2)}{2}$,则称曲线 $f(x)$ 在 I 上是向上凹的, 简称凹的;若恒有 $f\left(\dfrac{x_1 + x_2}{2}\right) > \dfrac{f(x_1) + f(x_2)}{2}$,则称曲线 $f(x)$ 在 I 上是向上凸的,简称凸的. 在曲线上,使得其左右两边的凹凸性发生改变的点 $(x_0, f(x_0))$ 称为曲线 $y = f(x)$ 的拐点.

注:拐点是曲线上的点 $(x_0, f(x_0))$.

(2) 凹凸性的判别(与二阶导函数的符号有关):设 $f(x)$ 在 $[a, b]$ 上连续,在 (a, b) 内二阶可导,则有

① 若在 (a, b) 内 $f''(x) > 0$,则曲线 $y = f(x)$ 在 $[a, b]$ 上是凹的;

② 若在 (a, b) 内 $f''(x) < 0$,则曲线 $y = f(x)$ 在 $[a, b]$ 上是凸的. (见表 6-4)

表 6-4

(a, b) 内 $f''(x)$ 的符号	函数 $f(x)$ 在 $[a, b]$ 上的凹凸性
$f''(x) > 0$	凹($\smile$)
$f''(x) < 0$	凸($\frown$)

(3) 拐点的判别(拐点是曲线上的点,可能出现在二阶导数值为 0、二阶不可导的点处):设 $y = f(x)$ 在 x_0 的某邻域内二阶可导,且 $f''(x_0) = 0$(或不存在),若在该邻域内

① $f''(x)$ 在 x_0 点的左右两侧异号,则 $(x_0, f(x_0))$ 是曲线 $y = f(x)$ 的拐点;

② $f''(x)$ 在 x_0 点的左右两侧同号,则 $(x_0, f(x_0))$ 不是曲线 $y = f(x)$ 的拐点. (见表 6-5)

表 6-5

$(x_0 - \delta, x_0)$ 内 $f''(x)$ 的符号	$(x_0, f(x_0))$	$(x_0, x_0 + \delta)$ 内 $f''(x)$ 的符号
$f''(x) > 0$(凹$\smile$)	$(x_0, f(x_0))$ 是拐点	$f''(x) < 0$(凸$\frown$)
$f''(x) < 0$(凸$\frown$)	$(x_0, f(x_0))$ 是拐点	$f''(x) > 0$(凹$\smile$)
$f''(x) < 0$(凸$\frown$)	$(x_0, f(x_0))$ 不是拐点	$f''(x) < 0$(凸$\frown$)
$f''(x) > 0$(凹$\smile$)	$(x_0, f(x_0))$ 不是拐点	$f''(x) > 0$(凹$\smile$)

注:若 $f(x)$ 在 x_0 的邻域内有 $f''(x_0) = 0$, $f'''(x_0) \neq 0$,则 $(x_0, f(x_0))$ 为拐点.

事实上,将 $f''(x)$ 展开成一阶泰勒公式,得 $f''(x) = f'''(\xi)(x-x_0)$. 在 x_0 附近的两侧,$f'''(\xi)(x-x_0)$ 异号,因此 $f''(x)$ 异号,$(x_0, f(x_0))$ 为拐点.

5) 渐近线

(1) 若 $\lim\limits_{x \to \infty} f(x) = y_0$,则 $y = y_0$ 是函数 $y = f(x)$ 的水平渐近线.

(2) 若 $\lim\limits_{x \to x_0} f(x) = \infty$,则 $x = x_0$ 是函数 $y = f(x)$ 的铅直(垂直)渐近线.

(3) 若 $\lim\limits_{x \to \infty} \dfrac{f(x)}{x} = k \neq 0, \lim\limits_{x \to \infty}[f(x) - kx] = b$,则 $y = kx + b$ 是函数 $y = f(x)$ 的斜渐近线.

6) 作函数图形

(1) 确定函数 $f(x)$ 的定义域,考察奇偶性.

(2) 计算 $f'(x), f''(x)$,用 ① $f(x)$ 的无定义的点,② $f'(x) = 0$ 的点(驻点),③ $f'(x)$ 不存在的点,④ $f''(x) = 0$ 的点,⑤ $f''(x)$ 不存在的点,将定义域划分为若干个部分区间,列表讨论,确定各部分区间上 $f'(x)$ 与 $f''(x)$ 的符号,得 $f(x)$ 的单调性、凹凸性、极值与拐点.

(3) 求 $f(x)$ 的渐近线.

(4) 补充适当点,作图.

7) 弧微分和曲率(理)

(1) 若曲线 $y = f(x)$ 可微,则弧微分

$$ds = \sqrt{(dx)^2 + (dy)^2}$$

注:由曲线方程的不同表现形式,可得相应弧微分计算公式(见表 6 - 6).

表 6 - 6

曲线方程	弧微分公式
$y = f(x)$	$ds = \sqrt{1 + y'^2}\, dx$
$x = g(y)$	$ds = \sqrt{1 + x'^2}\, dy$
$\begin{cases} x = \varphi(t) \\ y = \psi(t) \end{cases}$	$ds = \sqrt{\varphi'^2(t) + \psi'^2(t)}\, dt$
$r = r(\theta)$	$ds = \sqrt{r^2(\theta) + r'^2(\theta)}\, d\theta$

(2) 曲率:设 M 和 N 是曲线上不同的两点,弧 MN 的长为 Δs,当点 M 沿曲线到达点 N 时,点 M 处的切线所转过的角为 $\Delta\alpha$,称极限 $K = \lim\limits_{\Delta s \to 0} \left| \dfrac{\Delta\alpha}{\Delta s} \right|$ 为该曲线在点 M 处的曲率.

注:曲率是描述曲线弯曲程度的一种度量,曲率越大,弯曲程度越大.直线的曲

率为零.

① 若曲线 $y = f(x)$ 二阶可导,则曲率 $K = \dfrac{|y''|}{(1 + y'^2)^{\frac{3}{2}}}$.

② 若曲线方程为 $\begin{cases} x = \varphi(t) \\ y = \psi(t) \end{cases}$,则曲率 $K = \dfrac{|\varphi'(t)\psi''(t) - \varphi''(t)\psi'(t)|}{[\varphi'^2(t) + \psi'^2(t)]^{\frac{3}{2}}}$.

(3) 曲率圆:过曲线上点 M 作一圆,使它与曲线相切,且其曲率与凹向和曲线在点 M 处的曲率与凹向相同,称该圆为曲线在点 M 处的曲率圆,它的中心称为曲线在点 M 处的曲率中心,它的半径称为曲线在点 M 处的曲率半径.

① 曲率半径 $\rho = \dfrac{1}{K}$.

② 曲率中心 (α, β),其中 $\begin{cases} \alpha = x - \dfrac{y'(1 + y'^2)}{y''} \\ \beta = y + \dfrac{1 + y'^2}{y''} \end{cases}$.

6.1.2　导数的经济应用(文)

1) 常见经济函数

(1) 成本函数:成本 = 固定成本 + 可变成本,即 $C(x) = C_0 + C_1(x)$,其中 x 表示产量.

平均成本: $\overline{C(x)} = \dfrac{C(x)}{x} = \dfrac{C_0 + C_1(x)}{x}$.

(2) 收益函数:收益 = 销售单价 × 销量,即 $R(x) = px$,其中 p 表示销售单价,x 表示销量.

(3) 利润函数:利润 = 收益 − 成本,即 $L(x) = R(x) - C(x)$,其中 x 表示销量.

(4) 需求函数:需求量 $Q = Q(p)$,其中 p 表示价格.需求函数常为单调递减函数.

注:需求函数的反函数 $p = p(Q)$ 称为价格函数,有时也称为需求函数.

(5) 供给函数:供给量 $q = q(p)$,其中 p 表示价格.供给函数常为单调递增函数.

2) 边际函数

设 $y = f(x)$ 可导,经济学中称 $f'(x) = \lim\limits_{\Delta x \to 0} \dfrac{\Delta y}{\Delta x}$ 为边际函数,$f'(x_0)$ 为 $f(x)$ 在 $x = x_0$ 处的边际值.

注:① 常见边际函数有边际成本函数 $C'(x)$、边际收益函数 $R'(x)$、边际利润函数 $L'(x)$.

② $\Delta y \approx \mathrm{d}y \Rightarrow f(x_0 + \Delta x) - f(x_0) \approx f'(x_0)\Delta x$,取 $\Delta x = 1$,得

$$f(x_0 + 1) - f(x_0) \approx f'(x_0)$$

则边际函数的经济意义为:当 x 改变一个单位时,函数的近似改变量为 $f'(x_0)$.

如:边际成本函数 $C'(x)$ 表示在产量为 x 的基础上,增加一个单位产品,则成本增加 $C'(x)$ 个单位.

3) 弹性函数

设 $y = f(x)$ 可导,称

$$\eta = \lim_{\Delta x \to 0} \frac{\dfrac{\Delta y}{y}}{\dfrac{\Delta x}{x}} = \lim_{\Delta x \to 0} \frac{\Delta y}{\Delta x} \cdot \frac{x}{y} = f'(x) \cdot \frac{x}{y} = f'(x) \cdot \frac{x}{f(x)}$$

为 $f(x)$ 的弹性函数,记作 $\dfrac{Ey}{Ex}$,即

$$\eta = \frac{Ey}{Ex} = f'(x) \cdot \frac{x}{f(x)} \text{(相对变化率)}$$

(1) 需求 $Q = Q(p)$ 的价格弹性为

$$\eta = \frac{EQ}{Ep} = \frac{p}{Q} \frac{\mathrm{d}Q}{\mathrm{d}p}$$

注:一般有 $\dfrac{\mathrm{d}Q}{\mathrm{d}p} < 0$,从而有 $\eta < 0$;若题目要求 $\eta > 0$,则应取 $\eta = -\dfrac{p}{Q} \dfrac{\mathrm{d}Q}{\mathrm{d}p}$.

(2) 供给 $q = q(p)$ 的价格弹性为

$$\eta = \frac{Eq}{Ep} = \frac{p}{q} \frac{\mathrm{d}q}{\mathrm{d}p}$$

注:一般有 $\dfrac{\mathrm{d}q}{\mathrm{d}p} > 0$,从而有 $\eta > 0$.

4) 复利与连续复利

$$A_m = A (1+r)^m$$

其中 A 表示一开始的本金,r 表示每一期的利率,m 表示复利的总期数,A_m 表示 m 期后的余额.

(1) 年利率为 r,一年支付 1 次利息,初始本金为 A 时,t 年后余额为:

$$A_t = A (1+r)^t$$

(2) 年利率为 r,一年支付 n 次利息,初始本金为 A 时,t 年后余额为:

$$A_t = A \left(1 + \frac{r}{n}\right)^{nt}$$

(3) 当 $n \to \infty$ 时,称 $\lim\limits_{n \to \infty} A_t = \lim\limits_{n \to \infty} A \left(1 + \frac{r}{n}\right)^{nt} = A e^{rt}$ 为连续复利.

6.2　典型例题分析

例 1　**试证**：函数 $f(x) = \left(1 + \dfrac{1}{x}\right)^x$ 在区间 $(0, +\infty)$ 内单调增加.

分析　函数的单调性与一阶导函数的符号有关，当 $f'(x) > 0$ 时，函数单调增加.

证明　$f(x) = e^{x\ln\left(1+\frac{1}{x}\right)}$，求导得

$$f'(x) = e^{x\ln\left(1+\frac{1}{x}\right)} \cdot \left[\ln\left(1+\frac{1}{x}\right) + x \cdot \frac{1}{1+\frac{1}{x}} \cdot \left(-\frac{1}{x^2}\right)\right]$$

$$= \left(1+\frac{1}{x}\right)^x \cdot \left[\ln\left(1+\frac{1}{x}\right) - \frac{1}{x+1}\right]$$

$$= \left(1+\frac{1}{x}\right)^x \frac{(x+1)\ln\left(1+\frac{1}{x}\right) - 1}{x+1}$$

当 $x > 0$ 时，$\ln(1+x) > x$，所以当 $x > 0$ 时，

$$(x+1)\ln\left(1+\frac{1}{x}\right) - 1 > \frac{x+1}{x} - 1 = \frac{1}{x} > 0$$

则当 $x > 0$ 时，$f'(x) > 0$，即函数 $f(x) = \left(1+\dfrac{1}{x}\right)^x$ 在 $(0, +\infty)$ 内单调增加.

例 2　求函数 $y = x + 3(1-x)^{\frac{1}{3}}$ 的极值.

分析　函数的极值点可能出现在驻点及一阶导数不存在的点处，可先求出可能点，再判别.

解　令 $y' = 1 - (1-x)^{-\frac{2}{3}} = 1 - \dfrac{1}{(1-x)^{\frac{2}{3}}} = 0$，得驻点 $x = 0$，$x = 2$，而 $x = 1$ 处不可导. 列表讨论如下：

x	$(-\infty, 0)$	0	$(0,1)$	1	$(1,2)$	2	$(2, +\infty)$
y'	$+$	0	$-$	不可导	$-$	0	$+$
y	↗	极大值	↘	无极值	↘	极小值	↗

由上表可知，$x = 0$ 为 $f(x)$ 的极大值点，极大值为 $f(0) = 3$；$x = 2$ 为 $f(x)$ 的极小值点，极小值为 $f(2) = -1$.

例 3　求曲线 $y = x + x^{\frac{5}{3}}$ 的凹凸区间与拐点.

分析　函数的凹凸性与二阶导函数的符号有关，拐点可能出现在二阶导数值为 0 及二阶导数不存在的点处，可先求出可能的拐点，再利用定义判别.

解　定义域为 $(-\infty, +\infty)$；$f'(x) = 1 + \dfrac{5}{3}x^{\frac{2}{3}}$，$f''(x) = \dfrac{10}{9\sqrt[3]{x}} \neq 0$.

$x = 0$ 时，$f''(x)$ 不存在；当 $x \in (-\infty, 0)$ 时，$f''(x) < 0$，凸的；当 $x \in (0, \infty)$ 时，$f''(x) > 0$，凹的. 则曲线的凹区间为 $(0, +\infty)$，凸区间为 $(-\infty, 0)$，拐点为 $(0, 0)$.

例4　设函数 $y = y(x)$ 由方程 $y\ln y - x + y = 0$ 确定，试判断曲线 $y = y(x)$ 在点 $(1, 1)$ 附近的凹凸性.

分析　利用隐函数的求导法则与极限的保号性，考察点 $(1, 1)$ 附近二阶导函数的符号.

解　方程 $y\ln y - x + y = 0$ 的两边对 x 求导，得

$$\frac{\mathrm{d}y}{\mathrm{d}x}\ln y + \frac{\mathrm{d}y}{\mathrm{d}x} - 1 + \frac{\mathrm{d}y}{\mathrm{d}x} = 0, \quad \frac{\mathrm{d}y}{\mathrm{d}x} = \frac{1}{2 + \ln y}$$

再求导，得

$$y'' = -\frac{1}{y(2 + \ln y)^2} \cdot \frac{\mathrm{d}y}{\mathrm{d}x} = -\frac{1}{y(2 + \ln y)^3}$$

$x = 1$ 时，$y = 1$，则

$$y''(1) = -\frac{1}{8} < 0$$

又 $y''(x)$ 在 $x = 1$ 的邻域内连续，由极限的保号性可知，在 $x = 1$ 的邻域内，$y'' < 0$，$y = y(x)$ 在点 $(1, 1)$ 附近向上凸.

例5　求曲线 $y = \mathrm{e}^{\frac{1}{x^2}}\arctan\dfrac{x^2 + x + 1}{(x+1)(x-2)}$ 的渐近线.

分析　依次考察函数的水平渐近线、铅直渐近线、斜渐近线.

解　$\lim\limits_{x\to\infty} y = \lim\limits_{x\to\infty}\mathrm{e}^{\frac{1}{x^2}}\arctan\dfrac{1 + \dfrac{1}{x} + \dfrac{1}{x^2}}{\left(1 + \dfrac{1}{x}\right)\left(1 - \dfrac{2}{x}\right)} = \dfrac{\pi}{4}$，$y = \dfrac{\pi}{4}$ 为水平渐近线；

$\lim\limits_{x\to-1^-} y = \dfrac{\pi e}{2}$，$\lim\limits_{x\to-1^+} y = -\dfrac{\pi e}{2}$，$x = -1$ 不是铅直渐近线；

$\lim\limits_{x\to 2^-} y = -\dfrac{\pi}{2}\mathrm{e}^{\frac{1}{4}}$，$\lim\limits_{x\to 2^+} y = \dfrac{\pi}{2}\mathrm{e}^{\frac{1}{4}}$，$x = 2$ 不是铅直渐近线；

$\lim\limits_{x\to 0} y = -\infty$，$x = 0$ 为铅直渐近线；

$\lim\limits_{x\to\infty}\dfrac{y}{x} = 0$，无斜渐近线.

则曲线有 2 条渐近线：$y = \dfrac{\pi}{4}$ 及 $x = 0$.

例6　证明：当 $-1 < x < 1$ 时，$x\ln\dfrac{1+x}{1-x} + \cos x \geqslant 1 + \dfrac{x^2}{2}$.

分析　即证 $f(x) = x\ln\dfrac{1+x}{1-x} + \cos x - 1 - \dfrac{x^2}{2} \geqslant f(0) = 0$，化为函数 $f(x)$ 的最小值问题.

解　令

$$f(x) = x\ln\frac{1+x}{1-x} + \cos x - 1 - \frac{x^2}{2}$$

$$f'(x) = \ln\frac{1+x}{1-x} + \frac{2x}{1-x^2} - \sin x - x$$

$$f''(x) = \frac{4}{(1-x^2)^2} - \cos x - 1$$

当 $-1 < x < 1$ 时，因为

$$\frac{4}{(1-x^2)^2} \geqslant 4, \cos x + 1 \leqslant 2$$

所以 $f''(x) > 0$，于是 $f'(x)$ 在 $-1 < x < 1$ 时单调增加，而 $f'(0) = 0$. 列表讨论如下：

x	$(-1,0)$	0	$(0,1)$
$f''(x)$	$+$	$+$	$+$
$f'(x)$	$-$	0	$+$
$f(x)$	↘	唯一极小值 $f(0) = 0$	↗

由上表可知，$f(x)$ 在 $(-1,1)$ 内仅有唯一极小值，无极大值，则极小值即最小值 $f(0) = 0$.

所以 $f(x) \geqslant f(0) = 0$，即当 $-1 < x < 1$ 时，$x\ln\dfrac{1+x}{1-x} + \cos x \geqslant 1 + \dfrac{x^2}{2}$.

例 7　证明：当 $0 < a < b < \pi$ 时，$b\sin b + 2\cos b + \pi b > a\sin a + 2\cos a + \pi a$.

分析　变 b 为 x，令 $f(x) = x\sin x + 2\cos x + \pi x - a\sin a - 2\cos a - \pi a$，即证 $b > a$ 时，$f(b) > f(a) = 0$，化为函数 $f(x)$ 的单调性问题.

证明　令

$$f(x) = x\sin x + 2\cos x + \pi x - a\sin a - 2\cos a - \pi a, x \in (0, \pi)$$

则

$$f(a) = 0$$

$x \in (0, \pi)$ 时，

$$f'(x) = x\cos x - \sin x + \pi$$

$$f''(x) = \cos x - x\sin x - \cos x = -x\sin x < 0$$

则 $f'(x)$ 单调减少，$f'(x) > f'(\pi) = 0$，$f(x)$ 在 $(0, \pi)$ 内单调增加. 由 $0 < a < b < \pi$，

得 $f(b) > f(a) = 0$，即

$$b\sin b + 2\cos b + \pi b > a\sin a + 2\cos a + \pi a$$

例 8 证明：方程 $\ln x = \dfrac{x}{e} - 2\sqrt{2}$ 在区间 $(0, +\infty)$ 内有且仅有两个不同的实根.

分析 先求 $F(x) = \dfrac{x}{e} - \ln x - 2\sqrt{2}$ 的最小值，考察区间端点处函数的变化趋势，利用最小值与 x 轴的相对位置，得方程 $F(x) = 0$ 的实根个数.

证明 设 $F(x) = \dfrac{x}{e} - \ln x - 2\sqrt{2}$，$x \in (0, +\infty)$，求导，得

$$F'(x) = \frac{1}{e} - \frac{1}{x} = \frac{x - e}{xe}$$

令 $F'(x) = 0$，得 $x = e$，$F(x)$ 在 $(0, +\infty)$ 内没有导数不存在的点. 列表讨论如下：

x	0	$(0, e)$	e	$(e, +\infty)$	$+\infty$
$F'(x)$	无定义	$-$	0	$+$	$+$
$F(x)$	$\lim\limits_{x \to 0^+} F(x) = +\infty$	↘	$-2\sqrt{2} < 0$	↗	$\lim\limits_{x \to +\infty} F(x) = +\infty$

由上表可知，$F(x) = 0$ 在单调区间 $(0, e)$ 和 $(e, +\infty)$ 内均仅有一根，故原方程在 $(0, +\infty)$ 内仅有两个不同的实根.

例 9 描绘函数 $y = \dfrac{(x-3)^2}{4(x-1)}$ 的图形.

分析 利用导数研究函数的性态，描点作图.

解 ① 定义域为 $(-\infty, 1) \cup (1, +\infty)$，无奇偶性.

② 令 $y' = \dfrac{(x-3)(x+1)}{4(x-1)^2} = 0$，得驻点 $x = -1$ 及 $x = 3$；当 $x = 1$ 时，y' 不存在.

③ $y'' = \dfrac{2}{(x-1)^3} \neq 0$，当 $x = 1$ 时，y'' 不存在.

④ 列表讨论如下：

x	$(-\infty, -1)$	-1	$(-1, 1)$	1	$(1, 3)$	3	$(3, +\infty)$
$f'(x)$	$+$	0	$-$	不存在	$-$	0	$+$
$f''(x)$	$-$	$-$	$-$	不存在	$+$	$+$	$+$
$f(x)$	↗凸	极大值	↘凸	无定义	↘凹	极小值	↗凹

⑤ $\lim\limits_{x \to 1} \dfrac{(x-3)^2}{4(x-1)} = \infty$，$x = 1$ 为曲线的铅直渐近线.

又

$$\lim_{x \to \infty} \frac{f(x)}{x} = \lim_{x \to \infty} \frac{(x-3)^2}{4x(x-1)} = \frac{1}{4} = k$$

$$\lim_{x \to \infty}[f(x)-kx] = \lim_{x \to \infty}\left[\frac{(x-3)^2}{4(x-1)} - \frac{x}{4}\right]$$

$$= \lim_{x \to \infty} \frac{-5x+9}{4(x-1)}$$

$$= -\frac{5}{4} = b$$

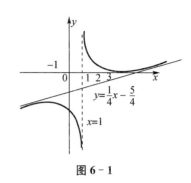

图 6-1

故 $y = \frac{1}{4}x - \frac{5}{4}$ 为斜渐近线.

⑥ 曲线经过 $(3,0)$,$\left(0,-\frac{9}{4}\right)$,描点作图,如图 6-1 所示.

例 10　若 $f''(x)$ 不变号,曲线 $y=f(x)$ 在点 $(1,1)$ 处的曲率圆为 $x^2 + y^2 = 2$.证明:函数 $f(x)$ 在区间 $(1,2)$ 内无极值点,有零点.(理)

分析　利用曲率圆与曲线在一点处具有相同的切线与曲率来证明.

解　(1) 曲率圆方程 $x^2+y^2=2$ 的两边对 x 求导,得 $2x+2yy'=0$,解得 $y'(1)=-1$.方程 $x+yy'=0$ 的两边再对 x 求导,得 $1+y'^2+yy''=0$,解得 $y''(1)=-2$.由于曲率圆与曲线在点 $(1,1)$ 处有相同的切线与曲率,则

$$f'(1)=-1,f''(1)=-2<0$$

又在区间 $[1,2]$ 上,$f''(x)$ 不变号,则 $f''(x)<0$,$f'(x)$ 单调减少.当 $1 \leqslant x \leqslant 2$ 时,

$$f'(x) \leqslant f'(1) = -1 < 0$$

则 $f(x)$ 在 $(1,2)$ 内无驻点和不可导的点,即 $f(x)$ 在 $(1,2)$ 内没有极值点.

(2) 由拉格朗日中值定理,有

$$f(2)-f(1)=f'(\xi)(2-1)=f'(\xi)<-1,其中 \xi \in (1,2)$$

则

$$f(2)=f(1)+f'(\xi)<1-1=0$$

又 $f(1)=1>0$,由零点定理可知,函数 $f(x)$ 在区间 $(1,2)$ 内有零点,命题得证.

例 11　一商家销售某种商品的价格满足关系 $p=7-0.2x$(万元/吨),x 为销售量(单位:吨),商品的成本函数是 $C=3x+1$(万元).

(1) 若每销售一吨商品政府要征税 t(万元),求该商家利润最大时的销售量.

(2) t 为何值时,政府征税总额最大.(文)

分析　即求利润函数及税收函数的最大值,此为唯一极值问题.

解　(1) 设总收入为 $R=px$,政府征税总额为 $T=tx$,则利润函数为 $L=R-C-T$,即

$$L=px-(3x+1)-tx=(4-t)x-0.2x^2-1$$

令 $\dfrac{dL}{dx} = (4 - t) - 0.4x = 0$,得

$$x_0 = \frac{5}{2}(4 - t)$$

由

$$\frac{d^2 L}{dx^2} = -0.4 < 0$$

得函数有唯一极大值,则当销售量 $x = \dfrac{5}{2}(4 - t)$ 时,该商家利润最大.

(2) $$T = tx = \frac{5}{2}(4t - t^2)$$

令

$$\frac{dT}{dt} = \frac{5}{2}(4 - 2t) = 0$$

得唯一驻点 $t_0 = 2$. 由

$$\frac{d^2 T}{dt^2} = -5 < 0$$

得当 $t = 2$ 时,政府征税总额最大.

例 12 某产品的成本函数为 $C = aq^2 + bq + c$,需求函数为 $q = \dfrac{1}{e}(d - p)$,其中 C 为成本,q 为需求量(即产量),p 为单价,a, b, c, d, e 都是正常数,且 $d > b$,求:

(1) 利润最大时的产量及最大利润.

(2) 需求对价格的弹性.

(3) 需求对价格弹性的绝对值为 1 时的产量.(文)

分析 即求利润函数的最大值及需求对价格的弹性 η,注意 $\eta < 0$.

解 (1) 由需求函数 $q = \dfrac{1}{e}(d - p)$,得 $p = d - eq$,则利润函数为

$$L = pq - C = (d - eq)q - (aq^2 + bq + c) = (d - b)q - (e + a)q^2 - c$$

令

$$\frac{dL}{dq} = (d - b) - 2(e + a)q = 0$$

得

$$q = \frac{d - b}{2(e + a)}$$

又

$$\frac{d^2 L}{dq^2} = -2(e + a) < 0$$

得 $q = \dfrac{d-b}{2(e+a)}$ 为唯一极大值点,即最大值点. 当产量 $q = \dfrac{d-b}{2(e+a)}$ 时,最大利润为

$$L_{\max} = \frac{(d-b)^2}{4(e+a)} - c$$

(2) 需求对价格的弹性为

$$\eta = \frac{p}{q}\,\frac{\mathrm{d}q}{\mathrm{d}p} = \frac{eq-d}{eq}$$

(3) 由 $|\eta| = -\dfrac{eq-d}{eq} = 1$,得

$$q = \frac{d}{2e}$$

基础练习 6

1. 求函数 $f(x) = (x-1)\sqrt[3]{x^2}$ 的单调区间与极值.

2. 求函数 $f(x) = x^2(x-1)^3$ 的极值.

3. 给定曲线 $y = \dfrac{1}{x^2}$，求：

(1) 曲线在横坐标为 x_0 的点处的切线方程.

(2) 曲线的切线被两坐标轴所截线段的最短长度.

4. 判断曲线 $f(x) = 2x^3 + 3x^2 + 6x + 5$ 的凹凸性.

5. 证明：当 $x > 0$ 时，$x^2 > (1+x)\ln^2(1+x)$.

6. 求曲线 $y = \dfrac{x^2+1}{x-2}\mathrm{e}^{\frac{1}{x}}$ 的渐近线.

7. 设方程 $x^3 - 27x + C = 0$，就 C 的取值，讨论方程根的个数.

8. 设 $f(x)$ 在 $[a, +\infty)$ 上连续，$f''(x)$ 在 $(a, +\infty)$ 内存在且大于零，$F(x) = \dfrac{f(x) - f(a)}{x - a}$，$x > a$. 证明：$F(x)$ 在 $(a, +\infty)$ 内单调增加.

9. 设 $f(x)$ 有二阶连续导数，且 $f'(0)=0$，$\lim\limits_{x\to 0}\dfrac{f''(x)}{|x|}=1$. 证明：$f(0)$ 是 $f(x)$ 的极小值.

10. 求曲线 $L:\begin{cases} x=a(t-\sin t)\\ y=a(1-\cos t)\end{cases}(a>0)$ 在 $t=\dfrac{\pi}{2}$ 对应点处的曲率.（理）

11. 设某商品的需求函数为 $Q=160-2q$，其中 Q,p 分别表示需求量和价格，如果该商品需求弹性的绝对值等于 1，求商品的价格.（文）

12. 设某厂家打算生产一批商品投放市场,已知该商品的需求函数为 $P = P(x) = 10e^{-\frac{x}{2}}$,且最大需求量为 $6,x$ 表示需求量,P 表示价格.

  (1) 求该商品的收益函数和边际收益函数.

  (2) 求使收益最大时的产量、最大收益和相应的价格.

  (3) 画出收益函数的图形.(文)

强化训练 6

1. 设 $f(x)$ 在 $[0,+\infty)$ 上可导,$f(0)=0$,且 $f'(x)$ 单调增加,求证: $\dfrac{f(x)}{x}$ 在 $(0,+\infty)$ 内单调增加.

2. 设 $y = f(x)$ 由方程 $x^3 + y^3 - 3x + 3y - 2 = 0$ 确定,求 $f(x)$ 的极值.

3. 设 $f(x)$ 的二阶导数连续,且 $(x-1)f''(x) - 2(x-1)f'(x) = 1 - e^{1-x}$.试问:

   (1) 若 $x = a \neq 1$ 是极值点,则它是极小值点还是极大值点?

   (2) 若 $x = 1$ 是极值点,则它是极小值点还是极大值点?

4. 设由参数式 $\begin{cases} x = t^2 + 2t \\ y = t - \ln(1+t) \end{cases}$ 确定了 y 关于 x 的函数 $y = y(x)$,求曲线 $y = y(x)$ 的凹凸区间及拐点坐标(要求:区间用 x 表示,点用 (x,y) 表示).

5. 证明:当 $b > a > 0$ 时,$\ln \dfrac{b}{a} > \dfrac{2(b-a)}{b+a}$.

6. 求曲线 $y = \dfrac{1}{x} + \ln(1 + e^x)$ 的渐近线.

7. 求方程 $k \arctan x - x = 0$ 的不同实根的个数,其中 k 为参数.

8. 设 $f(x)$ 是二次可微的函数,满足 $f(0)=1,f'(0)=0$,且对任意的 $x\geqslant0$,均有 $f''(x)-5f'(x)+6f(x)\geqslant0$. 证明:对每个 $x\geqslant0$,都有 $f(x)\geqslant3\mathrm{e}^{2x}-2\mathrm{e}^{3x}$.

9. 规划在一条公路上建一个加油总站 M,以便为 A,B,C,D 4 个加油站供油,它们依次相距 10 km,总站配有一台供油车,4 个加油站每天所需的油量依次为 $2,3,5,4$ 车,问总站建在何处可使供油车每天行驶的路程最少?

10. 设函数 $f(x)$ 在 $x=0$ 的邻域内二阶连续可导,$\lim\limits_{x\to0}\dfrac{f(x)}{1-\cos x}=2$,求曲线 $y=f(x)$ 在点 $(0,f(0))$ 处的曲率. (理)

11. 设某商品的需求函数 $Q = 100 - 5P$,其中价格 $P \in (0,20)$,Q 为需求量.

(1) 求需求量对价格的弹性函数 $E_d(E_d > 0)$.

(2) 推导 $\dfrac{\mathrm{d}R}{\mathrm{d}P} = Q(1 - E_d)$(其中 R 为收益),并用弹性 E_d 说明价格在何范围内变化时,价格降低反而使收益增加.（文）

12. 设某酒厂有一批新酿的好酒,如果出售$(t = 0)$,总收入为 R_0(元);若用酒窖藏起来待来日销售,t 年末总收入为 $R = R_0 \mathrm{e}^{\frac{2}{5}\sqrt{t}}$. 假定银行的年利率为 r 并以连续复利计算,试求窖藏多少年出售可使总收入的现值最大,并求 $r = 0.06$ 时 t 的值.（文）

第 5—6 讲阶段能力测试

阶段能力测试 A

一、填空题(每小题 3 分,共 15 分)

1. 设函数 $f(x) = (x-1)(x-2)(x-3)$,则方程 $f'(x) = 0$ 的实根个数为_____.

2. 函数 $y = x2^x$ 的极小值点为 $x =$ _____.

3. 曲线 $y = \mathrm{e}^{-x^2}$ 在区间_____上是向上凹的.

4. 曲线 $y = x^2 + 2\ln x$ 在其拐点处的切线方程是_____.

5. 曲线 $y = x^2 + x(x < 0)$ 上曲率为 $\dfrac{\sqrt{2}}{2}$ 的点的坐标是_____.(理)

二、选择题(每小题 3 分,共 15 分)

1. 设 $f(x) = x^3 + ax^2 + bx$ 在 $x = 1$ 处有极小值 -2,则 （   ）
   A. $a = 1, b = 2$ B. $a = -1, b = -2$
   C. $a = 0, b = -3$ D. $a = 0, b = 3$

2. 若 $f(x)$ 在 (a,b) 内可导且 $a < x_1 < x_2 < b$,则至少存在一点 ξ,使得 （   ）

   A. $f(b) - f(a) = f'(\xi)(b-a), a < \xi < b$
   B. $f(b) - f(x_1) = f'(\xi)(b-x_1), x_1 < \xi < b$
   C. $f(x_2) - f(x_1) = f'(\xi)(x_2 - x_1), x_1 < \xi < x_2$
   D. $f(x_2) - f(a) = f'(\xi)(x_2 - a), a < \xi < x_2$

3. 设 $f(x)$ 在 $(-\infty, +\infty)$ 内连续,其二阶导数 $f''(x)$ 的图形如右图所示,则 $y = f(x)$ 的拐点的个数为 （   ）
   A. 0   B. 1
   C. 2   D. 3

4. 下列曲线中有渐近线的是 （   ）
   A. $y = x + \sin x$ B. $y = x^2 + \sin x$
   C. $y = x + \sin \dfrac{1}{x}$ D. $y = x^2 + \sin \dfrac{1}{x}$

5. 设某产品的成本函数 $C(Q)$ 可导,其中 Q 为产量,若产量为 Q_0 时平均成本最小,则 ( )(文)

    A. $C'(Q_0) = 0$ B. $C'(Q_0) = C(Q_0)$

    C. $C'(Q_0) = Q_0 C(Q_0)$ D. $Q_0 C'(Q_0) = C(Q_0)$

三、计算题(每小题 6 分,共 12 分)

1. $\lim\limits_{x \to 0} \dfrac{\tan x - x}{x(1 - \cos x)}$.

2. $\lim\limits_{x \to 1^-} \left(\dfrac{1}{x-1} - \dfrac{1}{\ln x} \right)$.

四、(本题满分 10 分)已知 $\lim\limits_{x \to 0} \dfrac{\ln(1+2x) + x f(x)}{1 - \cos x} = 2$,求 $\lim\limits_{x \to 0} \dfrac{f(x) + 2}{x}$.

五、(本题满分 12 分)证明:当 $x \geqslant 1$ 时,$\arctan x - \dfrac{1}{2} \arccos \dfrac{2x}{1+x^2} = \dfrac{\pi}{4}$.

六、(本题满分 12 分) 证明:方程 $4\arctan x - x + \dfrac{4\pi}{3} - \sqrt{3} = 0$ 恰有两个实根.

七、(本题满分 12 分) 设函数 $y = f(x)$ 对一切 x 满足 $xf''(x) + 3x\left[f'(x)\right]^2 = 1 - \mathrm{e}^{-x}$,若 $f'(x_0) = 0, x_0 \neq 0$. 证明:$f(x_0)$ 是 $f(x)$ 的极小值.

八、(本题满分 12 分) 设函数 $f(x)$ 在区间 $\left[0, \dfrac{\pi}{2}\right]$ 上的一阶导数连续,在 $\left(0, \dfrac{\pi}{2}\right)$ 内可导,且 $f(0) = 0, f(1) = 3, f\left(\dfrac{\pi}{2}\right) = 1$. 证明:$\exists \xi \in \left(0, \dfrac{\pi}{2}\right)$,使得 $f'(\xi) + f''(\xi)\tan\xi = 0$.

阶段能力测试 B

一、填空题(每小题 3 分,共 15 分)

1. 函数 $y = \dfrac{3}{5}x^{\frac{5}{3}} - \dfrac{3}{2}x^{\frac{2}{3}} + 1$ 的单调递减区间为 _____.

2. 设 $f(x) = xe^x$,则 $f^{(n)}(x)$ 在点 $x =$ _____ 处取极小值 _____.

3. 设 $\sigma, h > 0$,曲线 $y = \dfrac{h}{\sqrt{\pi}}e^{-h^2x^2}$ 以点 $\left(\pm\sigma, \dfrac{h}{\sqrt{\pi}}e^{-h^2\sigma^2}\right)$ 为拐点,则参数 $h =$ _____.

4. 曲线 $y = 2(x-1)^2$ 的最小曲率半径为 $R =$ _____.(理)

5. 设某产品的需求函数为 $Q = Q(P)$,其对价格 P 的弹性 $\varepsilon_P = 0.2$,则当需求量为 10 000 件时,价格增加 1 元会使产品收益增加 _____ 元.(文)

二、选择题(每小题 3 分,共 15 分)

1. 设 ξ 为 $f(x) = \arctan x$ 在 $[0,a]$ 上使用微分中值定理的中值,则 $\lim\limits_{a\to 0}\dfrac{\xi^2}{a^2}$ 为 ( )

    A. 1   B. $\dfrac{1}{2}$

    C. $\dfrac{1}{3}$ D. $\dfrac{1}{4}$

2. 设 $f(x)$ 连续,且 $\lim\limits_{x\to 0}\dfrac{f(x)-1}{x^2} = -2$,则 ( )

    A. $f(x)$ 在 $x = 0$ 处不可导

    B. $f(x)$ 在 $x = 0$ 处可导且 $f'(0) \neq 0$

    C. $f(x)$ 在 $x = 0$ 处取极小值

    D. $f(x)$ 在 $x = 0$ 处取极大值

3. 设函数 $f(x)$ 在定义域内可导,$y = f(x)$ 的图形如右图所示,则其导函数 $y = f'(x)$ 的图形为 ( )

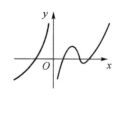

  A. 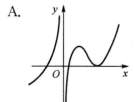   B.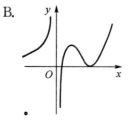

C. 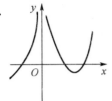　　　　D.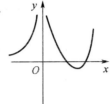

4. 当 a 取下列何值时, $f(x) = 2x^3 - 9x^2 + 12x - a$ 恰好有两个不同的零点 　　(　)

　　A. 2　　　　　　B. 4　　　　　　C. 6　　　　　　D. 8

5. 曲线 $y = \dfrac{1}{x} + \ln(1 + e^x)$ 的渐近线的条数为 　　　　　　　　(　)

　　A. 0　　　　　　B. 1　　　　　　C. 2　　　　　　D. 3

三、计算题(每小题 6 分,共 12 分)

1. $\displaystyle\lim_{x \to 0} \frac{e^x - e^{\sin x}}{(x + x^2)\ln(1 + x)\arcsin x}.$　　　　2. $\displaystyle\lim_{x \to 0^+} (\cot x)^{\frac{1}{\ln x}}.$

四、(本题满分 10 分) 设函数 $f(x)$ 四阶可导, $f(0) = 0$, $f'(0) = -1$, $f''(0) = 2$, $f'''(0) = -3$, $f^{(4)}(0) = 6$, 求 $\displaystyle\lim_{x \to 0} \frac{f(x) + x[1 - \ln(1 + x)]}{x^4}.$

五、(本题满分 12 分) 求函数 $y = (x-1)\mathrm{e}^{\frac{\pi}{2}+\arctan x}$ 的单调区间、极值及该曲线的渐近线.

六、(本题满分 12 分) 证明:当 $0 < x < 1$ 时,$\sqrt{\dfrac{1-x}{1+x}} < \dfrac{\ln(1+x)}{\arcsin x}$.

七、(本题满分 12 分) 设 $x > 0$ 时,方程 $kx + \dfrac{1}{x^2} = 1$ 有且仅有一个根,求 k 的取值范围.

八、(本题满分 12 分) 设奇函数 $f(x)$ 在闭区间 $[-1,1]$ 上具有二阶导数,$f(1) = 1$. 证明:

(1) 存在 $\xi \in (0,1)$,使得 $f'(\xi) = 1$.

(2) 存在 $\eta \in (-1,1)$,使得 $f''(\eta) + f'(\eta) = 1$.

第7讲　不定积分(一)

—— 换元积分法与分部积分法

7.1　内容提要与归纳

7.1.1　原函数与不定积分的概念与性质

1) 原函数的定义

若对于 $\forall x \in I$,都有 $F'(x) = f(x)$ 或 $\mathrm{d}F(x) = f(x)\mathrm{d}x$,则称 $F(x)$ 为 $f(x)$ 在区间 I 上的一个原函数.

注:① 原函数不唯一,$f(x)$ 的任意两个原函数之间最多相差一个常数 C.

② 原函数在区间 I 上必定可导,从而连续(常用于分段函数的原函数).

③ 连续函数存在原函数,但存在原函数的函数未必连续. 如

$$f(x) = \begin{cases} 2x\sin\dfrac{1}{x} - \cos\dfrac{1}{x}, & x \neq 0 \\ 0, & x = 0 \end{cases}$$

在 $x = 0$ 处间断,为第二类振荡型间断点,而 $F(x) = \begin{cases} x^2\sin\dfrac{1}{x}, & x \neq 0 \\ 0, & x = 0 \end{cases}$ 是 $f(x)$ 的一个原函数.

④ 具有第一类间断点、无穷间断点的函数在包含该间断点的区间内一定不存在原函数.

2) 不定积分的定义

若 $F(x)$ 为 $f(x)$ 在区间 I 上的一个原函数,称 $f(x)$ 在区间 I 上的全体原函数 $F(x) + C$ 为 $f(x)$ 在区间 I 上的不定积分,记作 $\displaystyle\int f(x)\mathrm{d}x$,即

$$\int f(x)\mathrm{d}x = F(x) + C$$

也称 $f(x)$ 在区间 I 上可积.

注:连续函数一定可积,但其原函数未必能用初等函数表示,如 $\displaystyle\int \mathrm{e}^{x^2}\mathrm{d}x$,

$$\int \frac{\sin x}{x} \mathrm{d}x, \int \sin x^2 \mathrm{d}x, \int \frac{\mathrm{d}x}{\ln x}, \int \frac{\mathrm{d}x}{\sqrt{1+x^4}} \text{ 等.}$$

3) 微分与积分运算的互逆性

设 $F'(x) = f(x)$，则

(1) $\left(\int f(x)\mathrm{d}x\right)' = \dfrac{\mathrm{d}}{\mathrm{d}x}\left(\int f(x)\mathrm{d}x\right) = f(x)$ 或 $\mathrm{d}\left(\int f(x)\mathrm{d}x\right) = f(x)\mathrm{d}x.$

(2) $\int F'(x)\mathrm{d}x = F(x) + C$ 或 $\int \mathrm{d}F(x) = F(x) + C.$

4) 不定积分的运算性质

设 $\int f(x)\mathrm{d}x$ 与 $\int g(x)\mathrm{d}x$ 均存在，则

(1) $\int [f(x) + g(x)]\mathrm{d}x = \int f(x)\mathrm{d}x + \int g(x)\mathrm{d}x.$

(2) $\int kf(x)\mathrm{d}x = k\int f(x)\mathrm{d}x(k \text{ 为常数}, k \neq 0).$

7.1.2　积分公式

1) 基本积分公式

由基本求导公式可得基本积分公式，如表 7-1 所示，其中 $C_1 = \dfrac{\pi}{2} + C$.

表 7-1

基本求导公式	基本积分公式
$(kx)' = k$	$\int k\mathrm{d}x = kx + C(k \text{ 为常数})$
$\left(\dfrac{x^{\mu+1}}{\mu+1}\right)' = x^\mu(\mu \neq -1)$	$\int x^\mu \mathrm{d}x = \dfrac{x^{\mu+1}}{\mu+1} + C(\mu \neq -1)$
$(\ln|x|)' = \dfrac{1}{x}$	$\int \dfrac{1}{x}\mathrm{d}x = \ln|x| + C$
$(\mathrm{e}^x)' = \mathrm{e}^x$	$\int \mathrm{e}^x \mathrm{d}x = \mathrm{e}^x + C$
$\left(\dfrac{a^x}{\ln a}\right)' = a^x$	$\int a^x \mathrm{d}x = \dfrac{a^x}{\ln a} + C$
$(-\cos x)' = \sin x$	$\int \sin x \mathrm{d}x = -\cos x + C$
$(\sin x)' = \cos x$	$\int \cos x \mathrm{d}x = \sin x + C$

续表 7 - 1

基本求导公式	基本积分公式
$(\tan x)' = \sec^2 x$	$\displaystyle\int \sec^2 x \, dx = \int \frac{1}{\cos^2 x} dx = \tan x + C$
$(-\cot x)' = \csc^2 x$	$\displaystyle\int \csc^2 x \, dx = \int \frac{1}{\sin^2 x} dx = -\cot x + C$
$(\sec x)' = \sec x \tan x$	$\displaystyle\int \sec x \tan x \, dx = \sec x + C$
$(-\csc x)' = \csc x \cot x$	$\displaystyle\int \csc x \cot x \, dx = -\csc x + C$
$(\arcsin x)' = (-\arccos x)' = \dfrac{1}{\sqrt{1-x^2}}$	$\displaystyle\int \frac{1}{\sqrt{1-x^2}} dx = \arcsin x + C = -\arccos x + C_1$
$(\arctan x)' = (-\operatorname{arccot} x)' = \dfrac{1}{1+x^2}$	$\displaystyle\int \frac{1}{1+x^2} dx = \arctan x + C = -\operatorname{arccot} x + C_1$
$(\operatorname{ch} x)' = \operatorname{sh} x$	$\displaystyle\int \operatorname{sh} x \, dx = \operatorname{ch} x + C$
$(\operatorname{sh} x)' = \operatorname{ch} x$	$\displaystyle\int \operatorname{ch} x \, dx = \operatorname{sh} x + C$

注：利用基本积分公式计算不定积分的方法称为直接积分法.

2) 几个常用积分公式

表 7 - 2 中是常用积分公式，其中 $a > 0$.

表 7 - 2

$\displaystyle\int \tan x \, dx = -\ln \mid \cos x \mid + C$	$\displaystyle\int \sec x \, dx = \ln \mid \sec x + \tan x \mid + C$
$\displaystyle\int \cot x \, dx = \ln \mid \sin x \mid + C$	$\displaystyle\int \csc x \, dx = \ln \mid \csc x - \cot x \mid + C$
$\displaystyle\int \frac{1}{a^2 - x^2} dx = \frac{1}{2a} \ln \left| \frac{a+x}{a-x} \right| + C$	$\displaystyle\int \frac{1}{a^2 + x^2} dx = \frac{1}{a} \arctan \frac{x}{a} + C$
$\displaystyle\int \frac{1}{\sqrt{a^2 - x^2}} dx = \arcsin \frac{x}{a} + C$	$\displaystyle\int \frac{1}{\sqrt{x^2 \pm a^2}} dx = \ln \mid x + \sqrt{x^2 \pm a^2} \mid + C$

7.1.3　基本积分方法

1) 换元积分法

由复合函数求导的链式法则可得：

(1) 第一换元法(凑微分法)：设 $f(u)$ 具有原函数 $F(u)$，且 $u = \varphi(x)$ 连续可导，则有

$$\int f[\varphi(x)]\varphi'(x)\mathrm{d}x \xrightarrow{\text{凑微分}} \int f[\varphi(x)]\mathrm{d}\varphi(x) = \int f(u)\mathrm{d}u$$

$$= F(u) + C = F[\varphi(x)] + C$$

注：① 凑微分法适用于被积函数 $g(x)$ 能变形为 $g(x) = f[\varphi(x)]\varphi'(x)$ 的情形.

② 常用凑微分形式见表 7 - 3.

表 7 - 3

凑微分形式	第一换元法(凑微分法)
$\mathrm{d}x = \dfrac{1}{a}\mathrm{d}(ax+b+C)$	$\displaystyle\int f(ax+b)\mathrm{d}x = \dfrac{1}{a}\int f(ax+b)\mathrm{d}(ax+b)$
$x^{n-1}\mathrm{d}x = \dfrac{1}{na}\mathrm{d}(ax^n+b+C)$	$\displaystyle\int f(ax^n+b)x^{n-1}\mathrm{d}x = \dfrac{1}{na}\int f(ax^n+b)\mathrm{d}(ax^n+b)$
$\mathrm{e}^x\mathrm{d}x = \mathrm{d}(\mathrm{e}^x+C)$	$\displaystyle\int f(\mathrm{e}^x)\mathrm{e}^x\mathrm{d}x = \int f(\mathrm{e}^x)\mathrm{d}(\mathrm{e}^x)$
$\dfrac{1}{x}\mathrm{d}x = \mathrm{d}(\ln\mid x\mid+C)$	$\displaystyle\int \dfrac{f(\ln x)}{x}\mathrm{d}x = \int f(\ln x)\mathrm{d}(\ln x)$
$\dfrac{1}{x^2}\mathrm{d}x = -\mathrm{d}\left(\dfrac{1}{x}+C\right)$	$\displaystyle\int f\left(\dfrac{1}{x}\right)\dfrac{1}{x^2}\mathrm{d}x = -\int f\left(\dfrac{1}{x}\right)\mathrm{d}\left(\dfrac{1}{x}\right)$
$\dfrac{1}{\sqrt{x}}\mathrm{d}x = 2\mathrm{d}(\sqrt{x}+C)$	$\displaystyle\int \dfrac{f(\sqrt{x})}{\sqrt{x}}\mathrm{d}x = 2\int f(\sqrt{x})\mathrm{d}(\sqrt{x})$
$\cos x\mathrm{d}x = \mathrm{d}(\sin x+C)$	$\displaystyle\int f(\sin x)\cos x\mathrm{d}x = \int f(\sin x)\mathrm{d}(\sin x)$
$\sin x\mathrm{d}x = -\mathrm{d}(\cos x+C)$	$\displaystyle\int f(\cos x)\sin x\mathrm{d}x = -\int f(\cos x)\mathrm{d}(\cos x)$
$\sec^2 x\mathrm{d}x = \mathrm{d}(\tan x+C)$	$\displaystyle\int f(\tan x)\sec^2 x\mathrm{d}x = \int f(\tan x)\mathrm{d}(\tan x)$
$\csc^2 x\mathrm{d}x = -\mathrm{d}(\cot x+C)$	$\displaystyle\int f(\cot x)\csc^2 x\mathrm{d}x = -\int f(\cot x)\mathrm{d}(\cot x)$
$\dfrac{1}{\sqrt{1-x^2}}\mathrm{d}x = \mathrm{d}(\arcsin x+C)$	$\displaystyle\int \dfrac{f(\arcsin x)}{\sqrt{1-x^2}}\mathrm{d}x = \int f(\arcsin x)\mathrm{d}(\arcsin x)$
$\dfrac{1}{1+x^2}\mathrm{d}x = \mathrm{d}(\arctan x+C)$	$\displaystyle\int \dfrac{f(\arctan x)}{1+x^2}\mathrm{d}x = \int f(\arctan x)\mathrm{d}(\arctan x)$
$\left(1-\dfrac{1}{x^2}\right)\mathrm{d}x = \mathrm{d}\left(x+\dfrac{1}{x}+C\right)$	$\displaystyle\int f\left(x+\dfrac{1}{x}\right)\left(1-\dfrac{1}{x^2}\right)\mathrm{d}x = \int f\left(x+\dfrac{1}{x}\right)\mathrm{d}\left(x+\dfrac{1}{x}\right)$
$\left(1+\dfrac{1}{x^2}\right)\mathrm{d}x = \mathrm{d}\left(x-\dfrac{1}{x}+C\right)$	$\displaystyle\int f\left(x-\dfrac{1}{x}\right)\left(1+\dfrac{1}{x^2}\right)\mathrm{d}x = \int f\left(x-\dfrac{1}{x}\right)\mathrm{d}\left(x-\dfrac{1}{x}\right)$
$\dfrac{x}{\sqrt{1-x^2}}\mathrm{d}x = -\mathrm{d}\left(\sqrt{1-x^2}+C\right)$	$\displaystyle\int \dfrac{xf(\sqrt{1-x^2})}{\sqrt{1-x^2}}\mathrm{d}x = -\int f(\sqrt{1-x^2})\mathrm{d}(\sqrt{1-x^2})$

（2）第二换元法：设 $x = \varphi(t)$ 单调可导，$\varphi'(t) \neq 0$，若 $f[\varphi(t)]\varphi'(t)$ 具有原函数 $F(t)$，则

$$\int f(x)\mathrm{d}x \xrightarrow{x=\varphi(t)} \int f[\varphi(t)]\varphi'(t)\mathrm{d}t = F(t)+C = F[\varphi^{-1}(x)]+C$$

$t = \varphi^{-1}(x)$ 为反函数.

常用第二换元法有三角代换、倒代换、根式代换等.

① 三角代换:被积函数中含有 $\sqrt{a^2-x^2}$,$\sqrt{x^2 \pm a^2}$,$\sqrt{\alpha x^2+\beta x+\gamma}$ 等根式时,常利用三角函数的平方关系 $\sin^2 x+\cos^2 x=1$,$\sec^2 x=1+\tan^2 x$ 或 $\csc^2 x=1+\cot^2 x$ 去根式,如表 7-4 所示.

表 7-4

被积函数 $f(x)$ 中含有的根式	三角代换
$\sqrt{a^2-x^2}$	令 $x=a\sin t,t\in\left(-\dfrac{\pi}{2},\dfrac{\pi}{2}\right)$
$\sqrt{x^2+a^2}$	令 $x=a\tan t,t\in\left(-\dfrac{\pi}{2},\dfrac{\pi}{2}\right)$
$\sqrt{x^2-a^2}$	令 $x=a\sec t,t\in\left(0,\dfrac{\pi}{2}\right)\cup\left(\dfrac{\pi}{2},\pi\right)$
$\sqrt{\alpha x^2+\beta x+\gamma}$	先配方,转化为上述三种情形之一

注:三角代换一般借助作三角形进行回代.

② 倒代换:令 $x=\dfrac{1}{t}$ 或 $x+a=\dfrac{1}{t}$,即 $t=\dfrac{1}{x+a}$ 等.

注:倒代换适用于被积函数 $f(x)$ 为商的形式,且 $f(x)$ 中分母、分子关于 x 的最高次幂分别为 $r,s,r-s \geqslant 2$ 的情形.

③ 根式代换:若被积函数中含有 $\sqrt[n]{ax+b}$,$\sqrt[n]{\dfrac{ax+b}{cx+d}}$ 等根式,则令 $t=\sqrt[n]{ax+b}$,$t=\sqrt[n]{\dfrac{ax+b}{cx+d}}$.

若同时含有 $\sqrt[n]{ax+b}$ 与 $\sqrt[m]{ax+b}$,则令 $t=\sqrt[k]{ax+b}$,其中 k 是 m,n 的最小公倍数.

④ 其他复杂函数的直接代换:如被积函数中含有 e^x,$\arcsin x$,$\tan x$ 等,可令 $t=\mathrm{e}^x$,$t=\arcsin x$,$t=\tan x$.

2)分部积分法

由两个函数的乘积的求导公式可得.

(1)分部积分公式:设 $u(x),v(x)$ 有连续导数,称

$$\int u(x)v'(x)\mathrm{d}x = u(x)v(x) - \int v(x)u'(x)\mathrm{d}x$$

为分部积分公式,简记为

$$\int u\mathrm{d}v = uv - \int v\mathrm{d}u$$

若 $\int v\mathrm{d}u$ 易求,则由此可计算出 $\int u\mathrm{d}v$.

注:① 分部积分法适用于被积函数 $f(x)$ 能变形为 $f(x) = u(x)v'(x)$ 的情形.

② 若被积函数为幂函数、指数函数、三角函数、对数函数、反三角函数中任意两类函数的乘积,则 $u(x)$ 的优选次序为:反三角函数、对数函数、幂函数、指数函数、三角函数.

(2) 常用分部积分法的不定积分如表 7 - 5 所示,其中幂函数可以推广为多项式函数.

表 7 - 5

常用分部积分法的不定积分	$u(x), v(x)$ 的选择
$\int x^k \mathrm{e}^{ax}\mathrm{d}x$	令 $u = x^k, v = \dfrac{1}{a}\mathrm{e}^{ax}$
$\int x^k \sin ax\,\mathrm{d}x$	令 $u = x^k, v = -\dfrac{1}{a}\cos ax$
$\int x^k \ln x\,\mathrm{d}x$	令 $u = \ln x, v = \dfrac{1}{k+1}x^{k+1}(k \neq -1)$
$\int x^k \arcsin x\,\mathrm{d}x$	令 $u = \arcsin x, v = \dfrac{1}{k+1}x^{k+1}(k \neq -1)$
$\int \mathrm{e}^{ax}\cos bx\,\mathrm{d}x$	令 $u = \mathrm{e}^{ax}, v = \dfrac{1}{b}\sin bx$
$I_n = \int \sec^n x\,\mathrm{d}x, n$ 为奇数	令 $u = \sec^{n-2}x, v = \tan x$
$I_n = \int \dfrac{1}{(x^2+a^2)^n}\mathrm{d}x, n \in \mathbf{N}^+$	令 $u = \dfrac{1}{(x^2+a^2)^n}, v = x$

注:分部积分法也常结合原函数的概念,用于抽象函数的不定积分的计算.

(3) *分部积分公式的推广:设 $u(x), v(x)$ 具有 $n+1$ 阶连续导数,根据分部积分公式,有

$$
\begin{aligned}
\int uv^{(n+1)}\mathrm{d}x &= \int u\mathrm{d}v^{(n)} = uv^{(n)} - \int u'v^{(n)}\mathrm{d}x = uv^{(n)} - \int u'\mathrm{d}v^{(n-1)} \\
&= uv^{(n)} - u'v^{(n-1)} + \int u''v^{(n-1)}\mathrm{d}x \\
&= uv^{(n)} - u'v^{(n-1)} + \int u''\mathrm{d}v^{(n-2)} \\
&= uv^{(n)} - u'v^{(n-1)} + u''v^{(n-2)} - \int u'''v^{(n-2)}\mathrm{d}x = \cdots \\
&= uv^{(n)} - u'v^{(n-1)} + u''v^{(n-2)} - u'''v^{(n-3)} + \cdots +
\end{aligned}
$$

$$(-1)^n u^{(n)} v + (-1)^{n+1} \int u^{(n+1)} v \mathrm{d}x$$

上述分部积分公式的推广也可用列表法快速求解,如表 7-6 所示.

表 7-6

u的各阶导数	u	u'	u''	u'''	$\cdots$	$u^{(n)}$	$u^{(n+1)}$
$v^{(n+1)}$的各阶原函数	$v^{(n+1)}$	$v^{(n)}$	$v^{(n-1)}$	$v^{(n-2)}$	$\cdots$	v'	v

具体计算规则为:以 u 为起点,左上、右下错位相乘,直至 $u^{(n)}v$,第一项取正,正负相间作代数和,最后加上 $(-1)^{n+1}\int u^{(n+1)} v \mathrm{d}x$.

特别地,若 $u(x) = P_n(x)$ 为 n 次多项式,则

$$u^{(n+1)}(x) = 0, \int u^{(n+1)} v \mathrm{d}x = C$$

由推广分部积分公式可得

$$\int u v^{(n+1)} \mathrm{d}x = u v^{(n)} - u' v^{(n-1)} + u'' v^{(n-2)} - u''' v^{(n-3)} + \cdots + (-1)^n u^{(n)} v + C$$

例如:用列表法计算不定积分 $\int (x^3 + 2x + 6) \mathrm{e}^{2x} \mathrm{d}x$.

可令 $u(x) = x^3 + 2x + 6, v^{(4)}(x) = \mathrm{e}^{2x}$,依次计算出 u 的各阶导数及 $v^{(4)}$ 的各阶原函数,注意 $v^{(4)}$ 的各阶原函数均只需求得一个即可,列表讨论如下:

u的各阶导数	x^3+2x+6	$3x^2+2$	$6x$	6	0
$v^{(4)}$的各阶原函数	e^{2x}	$\frac{1}{2}\mathrm{e}^{2x}$	$\frac{1}{4}\mathrm{e}^{2x}$	$\frac{1}{8}\mathrm{e}^{2x}$	$\frac{1}{16}\mathrm{e}^{2x}$

由上表可知,原式 $= (x^3 + 2x + 6) \cdot \dfrac{1}{2}\mathrm{e}^{2x} - (3x^2 + 2) \cdot \dfrac{1}{4}\mathrm{e}^{2x} +$

$$6x \cdot \frac{1}{8}\mathrm{e}^{2x} - 6 \cdot \frac{1}{16}\mathrm{e}^{2x} + C$$

$$= \left(\frac{1}{2}x^3 - \frac{3}{4}x^2 + \frac{7}{4}x + \frac{17}{8} \right)\mathrm{e}^{2x} + C.$$

7.2　典型例题分析

例 1　计算下列不定积分:

(1) $\displaystyle\int \frac{x}{(2x+3)^2} \mathrm{d}x.$
(2) $\displaystyle\int \frac{1}{\sin^2 x \cos x} \mathrm{d}x.$

(3) $\int x \sqrt{x-1}\,dx.$ (4) $\int \dfrac{1}{x+x^9}\,dx.$

分析   当恒等变形后,不定积分可化为基本或常见不定积分,常用直接积分法求解.

解   (1) 原式 $=\dfrac{1}{4}\int\dfrac{(2x+3)-3}{(2x+3)^2}\,d(2x+3)=\dfrac{1}{4}\int\dfrac{d(2x+3)}{2x+3}-\dfrac{3}{4}\int\dfrac{d(2x+3)}{(2x+3)^2}$

$$=\dfrac{1}{4}\ln\mid 2x+3\mid+\dfrac{3}{4(2x+3)}+C.$$

(2) 原式 $=\displaystyle\int\dfrac{\sin^2 x+\cos^2 x}{\sin^2 x\cos x}=\int\sec x\,dx+\int\dfrac{d\sin x}{\sin^2 x}$

$$=\ln\mid\sec x+\tan x\mid-\csc x+C.$$

(3) 原式 $=\displaystyle\int(x-1+1)\sqrt{x-1}\,dx$

$$=\int\big[(x-1)^{\frac{3}{2}}+(x-1)^{\frac{1}{2}}\big]d(x-1)$$

$$=\dfrac{2}{5}(x-1)^{\frac{5}{2}}+\dfrac{2}{3}(x-1)^{\frac{3}{2}}+C.$$

(4) **解法一**   原式 $=\displaystyle\int\dfrac{dx}{x(1+x^8)}=\int\dfrac{x^7\,dx}{x^8(1+x^8)}=\dfrac{1}{8}\int\dfrac{du}{u(1+u)}(令\,x^8=u)$

$$=\dfrac{1}{8}\int\Big(\dfrac{1}{u}-\dfrac{1}{u+1}\Big)du=\dfrac{1}{8}\ln\Big|\dfrac{u}{u+1}\Big|+C$$

$$=\dfrac{1}{8}\ln\dfrac{x^8}{1+x^8}+C.$$

解法二   原式 $=\displaystyle\int\dfrac{(1+x^8)-x^8\,dx}{x(1+x^8)}=\int\Big(\dfrac{1}{x}-\dfrac{x^7}{1+x^8}\Big)dx$

$$=\ln\mid x\mid-\dfrac{1}{8}\ln(1+x^8)+C.$$

解法三   原式 $=\displaystyle\int\dfrac{dx}{x^9\Big(1+\dfrac{1}{x^8}\Big)}=-\dfrac{1}{8}\int\dfrac{dx^{-8}}{1+x^{-8}}$

$$=-\dfrac{1}{8}\ln(1+x^{-8})+C.$$

解法四   令 $x=\dfrac{1}{t}$,则 $dx=-\dfrac{1}{t^2}\,dt$,故

$$原式=\int\dfrac{1}{\dfrac{1}{t}+\dfrac{1}{t^9}}\Big(-\dfrac{1}{t^2}\Big)dt=-\int\dfrac{t^7}{t^8+1}\,dt=-\dfrac{1}{8}\int\dfrac{1}{t^8+1}\,d(t^8+1)$$

$$=-\dfrac{1}{8}\ln(t^8+1)+C=-\dfrac{1}{8}\ln\Big(\dfrac{1}{x^8}+1\Big)+C.$$

例 2　计算下列不定积分:

(1) $\int \dfrac{x\mathrm{d}x}{1+x^4}$.

(2) $\int \dfrac{\sin\sqrt{x}}{\sqrt{x}}\mathrm{d}x$.

(3) $\int \dfrac{1+\ln x}{(x\ln x)^3}\mathrm{d}x$.

(4) $\int (x-1)\mathrm{e}^{x^2-2x}\mathrm{d}x$.

分析　当不定积分可化为 $\int f[\varphi(x)]\varphi'(x)\mathrm{d}x$ 形式时,常用凑微分法.

解　(1) 原式 $=\dfrac{1}{2}\int \dfrac{\mathrm{d}(x^2)}{1+(x^2)^2}=\dfrac{1}{2}\arctan x^2+C$.

(2) 原式 $=2\int \sin\sqrt{x}\,\mathrm{d}\sqrt{x}=-2\cos\sqrt{x}+C$.

(3) 原式 $=\int (x\ln x)^{-3}\mathrm{d}(x\ln x)=-\dfrac{1}{2(x\ln x)^2}+C$.

(4) 原式 $=\dfrac{1}{2}\int \mathrm{e}^{x^2-2x}\mathrm{d}(x^2-2x)=\dfrac{1}{2}\mathrm{e}^{x^2-2x}+C$.

例 3　计算下列不定积分:

(1) $\int \dfrac{\mathrm{d}x}{x\sqrt{x^2-1}},x>1$.

(2) $\int \dfrac{\mathrm{d}x}{x\sqrt{1-x^2}}$.

(3) $\int \dfrac{1}{x\sqrt{1+x^2}}\mathrm{d}x$.

(4) $\int \dfrac{1}{\sqrt{x+1}+\sqrt[3]{x+1}}\mathrm{d}x$.

分析　当被积函数中含有 $\sqrt{a^2-x^2}$,$\sqrt{x^2\pm a^2}$ 等根式时,常用第二换元法.

解　(1) **解法一**　令 $x=\sec t,t\in\left(0,\dfrac{\pi}{2}\right)$,则

原式 $=\int \mathrm{d}t=t+C=\arccos\dfrac{1}{x}+C$.

解法二　令 $t=\dfrac{1}{x}$,则

原式 $=-\int \dfrac{\mathrm{d}t}{\sqrt{1-t^2}}=\arccos t+C=\arccos\dfrac{1}{x}+C$.

解法三　当 $x>1$ 时,有

原式 $=\int \dfrac{\mathrm{d}x}{x^2\sqrt{1-\dfrac{1}{x^2}}}=-\int \dfrac{1}{\sqrt{1-\left(\dfrac{1}{x}\right)^2}}\mathrm{d}\left(\dfrac{1}{x}\right)=-\arcsin\dfrac{1}{x}+C$.

解法四　原式 $=\int \dfrac{x\mathrm{d}x}{x^2\sqrt{x^2-1}}=\int \dfrac{\mathrm{d}\sqrt{x^2-1}}{x^2}=\int \dfrac{\mathrm{d}\sqrt{x^2-1}}{1+(\sqrt{x^2-1})^2}$

$=\arctan\sqrt{x^2-1}+C$.

(2) 令 $x = \sin t, t \in \left(-\frac{\pi}{2}, \frac{\pi}{2}\right)$，则

原式 $= \int \frac{\cos t \mathrm{d}t}{\sin t \cos t} = \int \csc t \mathrm{d}t = \ln|\csc t - \cot t| + C$

$= \ln \left| \frac{1}{x} - \frac{\sqrt{1-x^2}}{x} \right| + C.$

(3) 令 $x = \tan t, t \in \left(-\frac{\pi}{2}, \frac{\pi}{2}\right)$，则

原式 $= \int \frac{\sec^2 t}{\tan t \sec t} \mathrm{d}t = \int \csc t \mathrm{d}t = \ln|\csc t - \cot t| + C$

$= \ln \left| \frac{\sqrt{1+x^2}}{x} - \frac{1}{x} \right| + C.$

(4) 令 $t = \sqrt[6]{x+1} > 0, x = t^6 - 1, \mathrm{d}x = 6t^5 \mathrm{d}t$，则

原式 $= \int \frac{6t^5}{t^3 + t^2} \mathrm{d}t = 6 \int \frac{t^3 + 1 - 1}{t+1} \mathrm{d}t = 6 \int \left(t^2 - t + 1 - \frac{1}{t+1} \right) \mathrm{d}t$

$= 2t^3 - 3t^2 + 6t - 6\ln(t+1) + C$

$= 2\sqrt{x+1} - 3\sqrt[3]{x+1} + 6\sqrt[6]{x+1} - 6\ln(\sqrt[6]{x+1} + 1) + C.$

例 4　计算下列不定积分：

(1) $\int x \sin^2 x \mathrm{d}x.$

(2) $\int \frac{\ln x}{(1-x)^2} \mathrm{d}x.$

(3) $\int e^{\sqrt{x}} \mathrm{d}x.$

(4) $\int (\arcsin x)^2 \mathrm{d}x.$

分析　当不定积分可化为 $\int u \mathrm{d}v$ 时，常用分部积分法.

解　(1) 原式 $= \int x \cdot \frac{1 - \cos 2x}{2} \mathrm{d}x = \frac{1}{2} \int x \mathrm{d}x - \frac{1}{4} \int x \mathrm{d}\sin 2x$

$= \frac{x^2}{4} - \frac{1}{4} x \sin 2x + \frac{1}{4} \int \sin 2x \mathrm{d}x$

$= \frac{x^2}{4} - \frac{1}{4} x \sin 2x - \frac{1}{8} \cos 2x + C.$

(2) 原式 $= \int \ln x \mathrm{d} \frac{1}{1-x} = \frac{1}{1-x} \ln x - \int \frac{1}{1-x} \mathrm{d}\ln x$

$= \frac{1}{1-x} \ln x - \int \frac{1}{x(1-x)} \mathrm{d}x$

$= \frac{1}{1-x} \ln x + \int \left(\frac{1}{x-1} - \frac{1}{x} \right) \mathrm{d}x$

$= \frac{1}{1-x} \ln x + \ln|x-1| - \ln x + C$

$$= \frac{1}{1-x}\ln x + \ln\left|\frac{x-1}{x}\right| + C.$$

（3）令 $t = \sqrt{x}$，则

$$原式 = \int e^t \cdot 2t\,dt = 2\int t\,de^t = 2te^t - 2e^t + C = 2(\sqrt{x}-1)e^{\sqrt{x}} + C.$$

（4）解法一　　$原式 = x(\arcsin x)^2 - \int \frac{2x\arcsin x}{\sqrt{1-x^2}}\,dx$

$$= x(\arcsin x)^2 + 2\int \arcsin x\,d(\sqrt{1-x^2})$$

$$= x(\arcsin x)^2 + 2\sqrt{1-x^2}\arcsin x - 2x + C.$$

解法二　　令 $u = \arcsin x$，即 $x = \sin u, dx = \cos u\,du$，则

$$原式 = \int u^2 \cos u\,du = \int u^2\,d(\sin u) = u^2\sin u - \int 2u\sin u\,du$$

$$= u^2\sin u + 2\int u\,d\cos u = u^2\sin u + 2u\cos u - 2\sin u + C$$

$$= x(\arcsin x)^2 + 2\sqrt{1-x^2}\arcsin x - 2x + C.$$

例 5　计算 $I = \displaystyle\int \frac{xe^{\arctan x}}{(1+x^2)^{\frac{3}{2}}}\,dx$.

分析　多次使用分部积分公式时，有些不定积分可通过移项合并求解.

解　　　$I = \displaystyle\int \frac{xe^{\arctan x}}{(1+x^2)^{\frac{3}{2}}}\,dx = \int \frac{x}{\sqrt{1+x^2}}\,de^{\arctan x}$

$$= \frac{x}{\sqrt{1+x^2}}e^{\arctan x} - \int e^{\arctan x}\frac{\sqrt{1+x^2} - \dfrac{x^2}{\sqrt{1+x^2}}}{1+x^2}\,dx$$

$$= \frac{x}{\sqrt{1+x^2}}e^{\arctan x} - \int \frac{e^{\arctan x}}{(1+x^2)^{\frac{3}{2}}}\,dx$$

$$= \frac{x}{\sqrt{1+x^2}}e^{\arctan x} - \int \frac{1}{\sqrt{1+x^2}}\,de^{\arctan x}$$

$$= \frac{x}{\sqrt{1+x^2}}e^{\arctan x} - \frac{1}{\sqrt{1+x^2}}e^{\arctan x} - \int \frac{xe^{\arctan x}}{(1+x^2)^{\frac{3}{2}}}\,dx$$

$$= \frac{x-1}{\sqrt{1+x^2}}e^{\arctan x} - I$$

移项整理得

$$I = \frac{x-1}{2\sqrt{1+x^2}}e^{\arctan x} + C$$

例 6　计算 $\displaystyle\int \frac{xe^x}{\sqrt{e^x-1}}\,dx$.

分析　被积函数中含无理根式,可利用第二换元法,再结合分部积分法求解.

解　令 $u = \sqrt{e^x - 1}$,则 $x = \ln(1 + u^2)$,$dx = \dfrac{2u}{1 + u^2}du$,故

$$原式 = \int \frac{(1 + u^2)\ln(1 + u^2)}{u} \cdot \frac{2u}{1 + u^2}du = 2\int \ln(1 + u^2)du$$

$$= 2u\ln(1 + u^2) - \int \frac{4u^2}{1 + u^2}du$$

$$= 2u\ln(1 + u^2) - 4u + 4\arctan u + C$$

$$= 2x\sqrt{e^x - 1} - 4\sqrt{e^x - 1} + 4\arctan\sqrt{e^x - 1} + C.$$

例 7　计算 $\int e^x \dfrac{1 + \sin x}{1 + \cos x}dx$.

分析　将不定积分拆为两项,对其中一项使用分部积分法后,可与另一项互相抵消.

解　$$原式 = \int e^x \frac{1 + 2\sin\frac{x}{2}\cos\frac{x}{2}}{2\cos^2\frac{x}{2}}dx = \int \left(\frac{1}{2}e^x \sec^2\frac{x}{2} + e^x \tan\frac{x}{2} \right)dx$$

$$= \frac{1}{2}\int e^x \sec^2\frac{x}{2}dx + \int e^x \tan\frac{x}{2}dx$$

$$= \int e^x d\left(\tan\frac{x}{2} \right) + \int e^x \tan\frac{x}{2}dx$$

$$= e^x \tan\frac{x}{2} - \int e^x \tan\frac{x}{2}dx + \int e^x \tan\frac{x}{2}dx$$

$$= e^x \tan\frac{x}{2} + C.$$

> **小贴士**　有些不定积分在计算过程中会出现相互抵消的情形,注意抵消后需加上常数 C.

例 8　设 $f(x)$ 可导,且 $\int x^3 f'(x)dx = x^2\cos x - 4x\sin x - 6\cos x + C$,求 $f(x)$.

分析　利用不定积分与求导运算的互逆性,求导得 $f'(x)$,再利用分部积分法求解.

解　求导得

$$x^3 f'(x) = -x^2\sin x - 2x\cos x + 2\sin x$$

$$f'(x) = -\frac{\sin x}{x} - \frac{2\cos x}{x^2} + \frac{2\sin x}{x^3}$$

积分得

$$f(x) = -\int \frac{\sin x}{x}\mathrm{d}x - 2\int \frac{\cos x}{x^2}\mathrm{d}x + \int \frac{2\sin x}{x^3}\mathrm{d}x$$

$$= -\int \frac{\sin x}{x}\mathrm{d}x - 2\int \frac{\cos x}{x^2}\mathrm{d}x - \int \sin x \mathrm{d}\left(\frac{1}{x^2}\right)$$

$$= -\int \frac{\sin x}{x}\mathrm{d}x - 2\int \frac{\cos x}{x^2}\mathrm{d}x - \left(\frac{\sin x}{x^2} - \int \frac{\cos x}{x^2}\mathrm{d}x\right)$$

$$= -\frac{\sin x}{x^2} - \int \frac{\sin x}{x}\mathrm{d}x - \int \frac{\cos x}{x^2}\mathrm{d}x$$

$$= -\frac{\sin x}{x^2} - \int \frac{\sin x}{x}\mathrm{d}x + \int \cos x \mathrm{d}\left(\frac{1}{x}\right)$$

$$= -\frac{\sin x}{x^2} - \int \frac{\sin x}{x}\mathrm{d}x + \frac{\cos x}{x} + \int \frac{\sin x}{x}\mathrm{d}x$$

$$= -\frac{\sin x}{x^2} + \frac{\cos x}{x} + C$$

小贴士　$\dfrac{\sin x}{x}$ 的原函数不能用初等函数表示.

例 9　设 $f(x) = \max(x^3, x^2, 1)$，求 $\int f(x)\mathrm{d}x$.

分析　分段函数不定积分的计算需要利用原函数的连续性,给出任意常数之间的关系式.

解　$f(x) = \begin{cases} x^3, & x \geqslant 1 \\ x^2, & x \leqslant -1 \\ 1, & |x| < 1 \end{cases}$，$\int f(x)\mathrm{d}x = \begin{cases} \dfrac{1}{4}x^4 + C_1, & x \geqslant 1 \\ \dfrac{1}{3}x^3 + C_2, & x \leqslant -1 \\ x + C_3, & |x| < 1 \end{cases}$.

由原函数的连续性,有

$$\lim_{x \to 1^+}\left(\frac{1}{4}x^4 + C_1\right) = \lim_{x \to 1^-}(x + C_3)$$

$$\lim_{x \to -1^-}\left(\frac{1}{3}x^3 + C_2\right) = \lim_{x \to -1^+}(x + C_3)$$

$$\begin{cases} \dfrac{1}{4} + C_1 = 1 + C_3 \\ -\dfrac{1}{3} + C_2 = -1 + C_3 \end{cases}$$

取 $C_3 = C$,得

$$\begin{cases} C_1 = \dfrac{3}{4} + C \\ C_2 = -\dfrac{2}{3} + C \end{cases}, \int f(x)\,\mathrm{d}x = \begin{cases} \dfrac{1}{4}x^4 + \dfrac{3}{4} + C, & x \geqslant 1 \\ \dfrac{1}{3}x^3 - \dfrac{2}{3} + C, & x \leqslant -1 \\ x + C, & |x| < 1 \end{cases}$$

例 10 设 $F(x)$ 为 $f(x)$ 的一个原函数,当 $x \geqslant 0$ 时,$F(x)f(x) = \dfrac{x\mathrm{e}^x}{2(1+x)^2}$,且 $F(0) = 1, F(x) > 0$,求 $f(x)$.

分析 利用原函数的概念,将方程化为仅含一个未知函数的方程,由不定积分求解.

解法一 由题设可知

$$F'(x) = f(x), F(x)f(x) = \frac{1}{2}(F^2(x))' = \frac{x\mathrm{e}^x}{2(1+x)^2}$$

则

$$\begin{aligned} F^2(x) &= \int \frac{x\mathrm{e}^x}{(1+x)^2}\,\mathrm{d}x = -\int x\mathrm{e}^x\,\mathrm{d}\Big(\frac{1}{1+x}\Big) \\ &= -\frac{x\mathrm{e}^x}{1+x} + \int \frac{\mathrm{e}^x(1+x)}{1+x}\,\mathrm{d}x \\ &= -\frac{x\mathrm{e}^x}{1+x} + \mathrm{e}^x + C = \frac{\mathrm{e}^x}{1+x} + C \end{aligned}$$

由 $F(0) = 1$,得 $C = 0$,则

$$F^2(x) = \frac{\mathrm{e}^x}{1+x}, F(x) = \sqrt{\frac{\mathrm{e}^x}{1+x}}$$

$$f(x) = F'(x) = \frac{1}{2\sqrt{\dfrac{\mathrm{e}^x}{1+x}}} \cdot \frac{x\mathrm{e}^x}{(1+x)^2} = \frac{x}{2}\sqrt{\frac{\mathrm{e}^x}{(1+x)^3}}$$

解法二 同解法一,可得

$$\begin{aligned} F^2(x) &= \int \frac{x\mathrm{e}^x}{(1+x)^2}\,\mathrm{d}x = \int \frac{(x+1)-1}{(1+x)^2}\mathrm{e}^x\,\mathrm{d}x = \int \frac{\mathrm{e}^x\,\mathrm{d}x}{1+x} - \int \frac{\mathrm{e}^x\,\mathrm{d}x}{(1+x)^2} \\ &= \int \frac{\mathrm{e}^x\,\mathrm{d}x}{1+x} + \int \mathrm{e}^x\,\mathrm{d}\Big(\frac{1}{1+x}\Big) = \int \frac{\mathrm{e}^x\,\mathrm{d}x}{1+x} + \frac{\mathrm{e}^x}{1+x} - \int \frac{\mathrm{e}^x\,\mathrm{d}x}{1+x} \\ &= \frac{\mathrm{e}^x}{1+x} + C \end{aligned}$$

余下内容同解法一.

基础练习 7

1. 计算下列不定积分：

(1) $\int \left(1-\dfrac{1}{x^2}\right)\sqrt{x\sqrt{x}}\,\mathrm{d}x.$

(2) $\int \dfrac{x^2}{\sqrt{1-x^2}}\,\mathrm{d}x.$

(3) $\int \dfrac{\mathrm{d}x}{1+\mathrm{e}^x}.$

(4) $\int \dfrac{1}{x(1+x^4)}\,\mathrm{d}x.$

2. 计算下列不定积分：

(1) $\int \dfrac{\mathrm{d}x}{x\ln^2 x}.$

(2) $\int \dfrac{\sin x}{2+\cos^2 x}\,\mathrm{d}x.$

(3) $\int \sin^4 x\cos^3 x\,\mathrm{d}x.$

(4) $\int \dfrac{1+x^2}{1+x^4}\,\mathrm{d}x.$

3. 计算下列不定积分：

（1）$\int \dfrac{\mathrm{d}x}{1+\sqrt{1-x^2}}.$

（2）$\int \dfrac{\mathrm{d}x}{\sqrt{(x^2+1)^3}}.$

（3）$\int \dfrac{\mathrm{d}x}{x^2\sqrt{x^2-4}}.$

（4）$\int \dfrac{\arctan\sqrt{x}}{\sqrt{x}}\mathrm{d}x.$

4. 计算下列不定积分：

（1）$\int \dfrac{x\sin x}{\cos^3 x}\mathrm{d}x.$

（2）$\int \dfrac{\ln(1+x^2)}{x^3}\mathrm{d}x.$

（3）$\int \dfrac{\ln\sin x}{\sin^2 x}\mathrm{d}x.$

（4）$\int \mathrm{e}^{\sin x}\sin 2x\mathrm{d}x.$

5. 设 $f(x)$ 在 $[1,+\infty)$ 上可导, $f(1)=0, f'(e^x+1)=e^{3x}+2$, 试求 $f(x)$.

6. 设 $f(x)$ 的原函数为 $\dfrac{\sin x}{x}$, 求 $\displaystyle\int xf'(x)\,\mathrm{d}x$.

7. 设 $f(x^2-1)=\ln\dfrac{x^2}{x^2-2}$, 且 $f[\varphi(x)]=\ln x$, 求 $\displaystyle\int\varphi(x)\,\mathrm{d}x$.

8. 设 $f(x) = \begin{cases} \sin 2x, & x \leqslant 0 \\ \ln(2x+1), & x > 0 \end{cases}$，求 $\int f(x)\mathrm{d}x$.

9. 设 $I_n = \int \sec^n x\,\mathrm{d}x, n \geqslant 2$，证明：$I_n = \dfrac{\sec^{n-2}x\tan x}{n-1} + \dfrac{n-2}{n-1}I_{n-2}$.

10. 设 $f(\sin^2 x) = \dfrac{x}{\sin x}$，求 $\int \dfrac{\sqrt{x}}{\sqrt{1-x}}f(x)\mathrm{d}x$.

强化训练 7

1. 计算下列不定积分:

(1) $\displaystyle\int \frac{x^3}{\sqrt{x^2+1}}\mathrm{d}x.$

(2) $\displaystyle\int \frac{x-2}{x^2+x+1}\mathrm{d}x.$

(3) $\displaystyle\int \frac{\cos^2 x}{1+\cos x}\mathrm{d}x.$

(4) $\displaystyle\int \frac{1}{1+\cos x+\sin^2 \dfrac{x}{2}}\mathrm{d}x.$

2. 计算下列不定积分:

(1) $\displaystyle\int \frac{\cos\sqrt{x}-1}{\sqrt{x}\sin^2\sqrt{x}}\mathrm{d}x.$

(2) $\displaystyle\int \frac{\arcsin\sqrt{x}}{\sqrt{x(1-x)}}\mathrm{d}x.$

(3) $\int \sin^{\frac{1}{3}} x \cos^3 x \, \mathrm{d}x.$

(4) $\int \dfrac{x+1}{x(1+x\mathrm{e}^x)} \, \mathrm{d}x.$

3. 计算下列不定积分：

(1) $\int \dfrac{x^2 \, \mathrm{d}x}{\sqrt{4-x^2}}.$

(2) $\int \dfrac{\sqrt{x^2-1}}{x^2} \, \mathrm{d}x.$

(3) $\int \dfrac{\mathrm{d}x}{\sqrt{x^2+x+1}}.$

(4) $\int \dfrac{\mathrm{d}x}{x^4(1+x^2)}.$

4. 计算下列不定积分：

　（1）$\displaystyle\int \frac{\operatorname{arctane}^x}{\mathrm{e}^x}\mathrm{d}x.$　　　　　　　　　　（2）$\displaystyle\int \frac{x\cos x}{\sin^2 x}\mathrm{d}x.$

　（3）$\displaystyle\int \frac{\ln x}{\sqrt{x}-2}\mathrm{d}x.$　　　　　　　　　　（4）$\displaystyle\int \ln(1+\sqrt{x})\mathrm{d}x.$

5. 设 $\displaystyle\int \frac{\sin x}{f(x)}\mathrm{d}x = \arctan(\cos x)+C$，求 $\displaystyle\int f(x)\mathrm{d}x.$

6. 设 $f(\ln x) = \dfrac{\ln(1+x)}{x}$,计算不定积分 $\int f(x)\mathrm{d}x$.

7. 设 $f(x)$ 单调,$f^{-1}(x)$ 为 $f(x)$ 的反函数,$\int f(x)\mathrm{d}x = F(x) - C$,求 $\int f^{-1}(x)\mathrm{d}x$.

8. 设 $f(\ln x) = \begin{cases} 1, & x < 1 \\ x, & x \geqslant 1 \end{cases}$,求 $\int f(x)\mathrm{d}x$.

9. 设 $f(x) = \max(1, \mid x \mid)$,求 $\int f(x) \mathrm{d}x$.

10. 设 $F(x)$ 为 $f(x)$ 的一个原函数,$F(1) = \dfrac{\sqrt{2}}{4}\pi$,$f(x)F(x) = \dfrac{\arctan\sqrt{x}}{\sqrt{x}\,(1+x)}$,求 $f(x)$.

第 8 讲　　不定积分(二)

——简单有理函数的积分

8.1　内容提要与归纳

8.1.1　简单有理函数的积分

1) 有理函数的定义

形如 $\dfrac{P_n(x)}{Q_m(x)} = \dfrac{a_0 x^n + a_1 x^{n-1} + \cdots + a_{n-1} x + a_n}{b_0 x^m + b_1 x^{m-1} + \cdots + b_{m-1} x + b_m}$ 的函数称为有理函数,其中系数 $a_0, a_1, \cdots, a_n$ 及 $b_0, b_1, \cdots, b_m$ 为常数,$a_0 \neq 0, b_0 \neq 0$. 当 $n < m$ 时,称 $\dfrac{P_n(x)}{Q_m(x)}$ 为真分式;当 $n > m$ 时,称 $\dfrac{P_n(x)}{Q_m(x)}$ 为假分式. 假分式可转化为多项式与真分式之和.

2) 分解真分式

利用待定系数法,可将真分式 $\dfrac{P_n(x)}{Q_m(x)}$ 分解为简单分式之和.

(1) 对分母作因式分解:
$$Q_m(x) = b_0 (x-a)^\alpha \cdots (x-b)^\beta (x^2 + px + q)^\lambda \cdots (x^2 + rx + s)^\mu$$
其中 $p^2 - 4q < 0, r^2 - 4s < 0$.

(2) 写出简单分式的待定形式:
$$\frac{P_n(x)}{Q_m(x)} = \frac{A_1}{x-a} + \frac{A_2}{(x-a)^2} + \cdots + \frac{A_\alpha}{(x-a)^\alpha} + \cdots$$
$$+ \frac{B_1}{x-b} + \frac{B_2}{(x-b)^2} + \cdots + \frac{B_\beta}{(x-b)^\beta} + \cdots$$
$$+ \frac{R_1 x + S_1}{x^2 + rx + s} + \frac{R_2 x + S_2}{(x^2 + rx + s)^2} + \cdots + \frac{R_\mu x + S_\mu}{(x^2 + rx + s)^\mu} + \cdots$$
$$+ \frac{M_1 x + N_1}{x^2 + px + q} + \frac{M_2 x + N_2}{(x^2 + px + q)^2} + \cdots + \frac{M_\lambda x + N_\lambda}{(x^2 + px + q)^\lambda}$$

(3) 求解待定系数:去分母或通分,比较对应项的系数.

3) 简单分式的不定积分(见表 8 - 1)

表 8 - 1

简单分式	不定积分
$\dfrac{A}{x-a}$	$\displaystyle\int \dfrac{A}{x-a}\mathrm{d}x = A\ln\mid x-a\mid + C$
$\dfrac{A}{(x-a)^n}$	$\displaystyle\int \dfrac{A}{(x-a)^n}\mathrm{d}x = -\dfrac{A}{(n-1)(x-a)^{n-1}} + C\,(n\neq 1)$
$\dfrac{Mx+N}{x^2+px+q}$ $(p^2-4q<0)$	$\displaystyle\int \dfrac{Mx+N}{x^2+px+q}\mathrm{d}x = \int \dfrac{M\left(x+\dfrac{p}{2}\right)+\left(N-\dfrac{Mp}{2}\right)}{\left(x+\dfrac{p}{2}\right)^2+\left(q-\dfrac{p^2}{4}\right)}\mathrm{d}\left(x+\dfrac{p}{2}\right)(配方)$ $\displaystyle\triangleq\int \dfrac{Mu+R}{u^2+a^2}\mathrm{d}u = \dfrac{M}{2}\int\dfrac{\mathrm{d}(u^2+a^2)}{u^2+a^2}+R\int\dfrac{\mathrm{d}u}{u^2+a^2}$ $=\dfrac{M}{2}\ln(u^2+a^2)+\dfrac{R}{a}\arctan\dfrac{u}{a}+C$
$\dfrac{Mx+N}{(x^2+px+q)^n}$ $(p^2-4q<0)$	$\displaystyle\int \dfrac{Mx+N}{(x^2+px+q)^n}\mathrm{d}x = \int \dfrac{M\left(x+\dfrac{p}{2}\right)+\left(N-\dfrac{Mp}{2}\right)}{\left[\left(x+\dfrac{p}{2}\right)^2+\left(q-\dfrac{p^2}{4}\right)\right]^n}\mathrm{d}\left(x+\dfrac{p}{2}\right)(配方)$ $\displaystyle\triangleq\int \dfrac{Mu+R}{(u^2+a^2)^n}\mathrm{d}u = \dfrac{M}{2}\int\dfrac{\mathrm{d}(u^2+a^2)}{(u^2+a^2)^n}+RI_n$ $=\dfrac{M(u^2+a^2)^{1-n}}{2(1-n)}+RI_n$ 其中 $I_n=\displaystyle\int\dfrac{\mathrm{d}u}{(u^2+a^2)^n}$,可由分部积分法,利用递推公式求解

8.1.2　三角有理函数的积分

1) 三角有理函数的定义

$$R(\sin x,\cos x)$$

由 $\sin x,\cos x$ 及常数经过有限次的四则运算构成.

2) 三角有理函数的积分

$$\int R(\sin x,\cos x)\mathrm{d}x$$

(1) 一般计算方法:利用万能公式转化为有理函数的积分.

令 $u=\tan\dfrac{x}{2}$,则

$$\int R(\sin x,\cos x) = \int R\left(\dfrac{2u}{1+u^2},\dfrac{1-u^2}{1+u^2}\right)\cdot\dfrac{2}{1+u^2}\mathrm{d}u$$

小贴士　一般计算方法未必是最简的.

（2）利用三角函数的恒等变形、换元法等计算.

例如：计算 $\int \dfrac{a\sin x + b\cos x}{c\sin x + d\cos x}\mathrm{d}x$，可令 $a\sin x + b\cos x = A(c\sin x + d\cos x) + B(c\sin x + d\cos x)'$，其中 A,B 为待定系数，则

$$\int \frac{a\sin x + b\cos x}{c\sin x + d\cos x}\mathrm{d}x = A + B\ln \mid c\sin x + d\cos x \mid + C$$

（3）利用特殊代换转化为有理函数的积分.

例如：① 计算 $\int R(\sin x)\cos x\mathrm{d}x$ 或 $\int R(\cos x)\sin x\mathrm{d}x$，可令 $t = \sin x$ 或 $t = \cos x$.

② 计算 $\int R(\sin^2 x,\cos^2 x)\mathrm{d}x$ 或 $\int R(\tan x)\mathrm{d}x$，可令 $t = \tan x$.

8.1.3 简单无理函数的积分

简单无理函数的积分一般通过无理根式代换，化为有理函数的积分.

（1）$\int R(x,\sqrt[n]{ax + b})\mathrm{d}x$：令 $t = \sqrt[n]{ax + b}$.

（2）$\int R(x,\sqrt[n]{ax + b},\sqrt[m]{ax + b})\mathrm{d}x$：令 $t = \sqrt[k]{ax + b}$，其中 k 是 m,n 的最小公倍数.

（3）$\int R\left(x,\sqrt[n]{\dfrac{ax + b}{cx + d}}\right)\mathrm{d}x$：令 $t = \sqrt[n]{\dfrac{ax + b}{cx + d}}$.

（4）$\int R(x,\sqrt{\alpha x^2 + \beta x + \gamma})\mathrm{d}x$：先在根号下进行配方，然后选择适当的三角代换去根式.

8.2 典型例题分析

例 1 计算 $\int \dfrac{x^3 + 3x^2 + 12x + 11}{x^2 + 2x + 10}\mathrm{d}x$.

分析 先用长除法将假分式化为多项式与真分式之和，再将真分式分解为简单分式，相应积分.

解 被积函数为假分式，由长除法得

$$
\begin{array}{r}
x + 1 \\
x^2 + 2x + 10 \overline{)\ x^3 + 3x^2 + 12x + 11} \\
\underline{x^3 + 2x^2 + 10x} \\
x^2 + 2x + 11 \\
\underline{x^2 + 2x + 10} \\
1
\end{array}
$$

$$原式 = \int \left(x + 1 + \frac{1}{x^2 + 2x + 10} \right) \mathrm{d}x$$

$$= \frac{x^2}{2} + x + \int \frac{1}{(x+1)^2 + 3^2} \mathrm{d}(x+1)$$

$$= \frac{x^2}{2} + x + \frac{1}{3} \int \frac{1}{\left(\frac{x+1}{3} \right)^2 + 1} \mathrm{d}\left(\frac{x+1}{3} \right)$$

$$= \frac{x^2}{2} + x + \frac{1}{3} \arctan \frac{x+1}{3} + C.$$

例 2　计算 $\int \dfrac{x}{x^3 - x^2 + x - 1} \mathrm{d}x$.

分析　对分母进行因式分解,用待定系数法将真分式分解为简单分式,相应积分.

解　$x^3 - x^2 + x - 1 = (x-1)(x^2+1)$,设 $\dfrac{x}{x^3 - x^2 + x - 1} = \dfrac{A}{x-1} + \dfrac{Bx+C}{x^2+1}$,

去分母得

$$x \equiv A(x^2 + 1) + (Bx + C)(x - 1)$$

利用等式两边对应项的系数相等或者特殊值法,可得

$$A = \frac{1}{2}, B = -\frac{1}{2}, C = \frac{1}{2}$$

则

$$\frac{x}{x^3 - x^2 + x - 1} = \frac{1}{2} \left(\frac{1}{x-1} - \frac{x-1}{x^2+1} \right)$$

$$原式 = \frac{1}{2} \int \frac{\mathrm{d}x}{x-1} - \frac{1}{2} \int \frac{x-1}{x^2+1} \mathrm{d}x$$

$$= \frac{1}{2} \ln |x-1| - \frac{1}{4} \ln(x^2+1) + \frac{1}{2} \arctan x + C$$

$$= \frac{1}{4} \ln \frac{(x-1)^2}{x^2+1} + \frac{1}{2} \arctan x + C.$$

例 3　计算 $\int \dfrac{4x^2 - 6x - 1}{(x+1)(2x-1)^2} \mathrm{d}x$.

分析　用待定系数法将真分式分解为简单分式,相应积分.

解　令

$$\frac{4x^2 - 6x - 1}{(x+1)(2x-1)^2} = \frac{A}{x+1} + \frac{B}{2x-1} + \frac{C}{(2x-1)^2}$$

易得

$$A = 1, B = 0, C = -2$$

则

原式 $= \int \frac{\mathrm{d}x}{x+1} - \int \frac{2}{(2x-1)^2}\mathrm{d}x = \ln|x+1| + \frac{1}{2x-1} + C.$

例 4　计算 $\int \frac{x}{x^8-1}\mathrm{d}x.$

分析　先利用凑微分法降低幂次,再裂项,由直接积分法求解.

解　原式 $= \frac{1}{2}\int \frac{1}{x^8-1}\mathrm{d}(x^2) = \frac{1}{2}\int \frac{1}{u^4-1}\mathrm{d}u$ (令 $u=x^2$)

$$= \frac{1}{4}\int \left(\frac{1}{u^2-1} - \frac{1}{u^2+1}\right)\mathrm{d}u$$

$$= \frac{1}{8}\int \left(\frac{1}{u-1} - \frac{1}{u+1}\right)\mathrm{d}u - \frac{1}{4}\mathrm{arctan}u$$

$$= \frac{1}{8}\ln\left|\frac{u-1}{u+1}\right| - \frac{1}{4}\mathrm{arctan}u + C$$

$$= \frac{1}{8}\ln\left|\frac{x^2-1}{x^2+1}\right| - \frac{1}{4}\mathrm{arctan}x^2 + C.$$

小贴士　有理函数积分的一般计算方法未必是最简的.

例 5　计算 $\int \frac{\cos x + 7\sin x}{3\sin x + 4\cos x}\mathrm{d}x.$

分析　利用待定系数法,将不定积分拆成两项,分别求解.

解　设

$$\cos x + 7\sin x = A(3\sin x + 4\cos x) + B(3\sin x + 4\cos x)'$$
$$= (3A-4B)\sin x + (4A+3B)\cos x$$

比较系数得

$$\begin{cases} 3A - 4B = 7 \\ 4A + 3B = 1 \end{cases}$$

解得

$$A = 1, B = -1$$

则

$$原式 = \int \frac{(3\sin x + 4\cos x) - (3\sin x + 4\cos x)'}{3\sin x + 4\cos x}\mathrm{d}x$$

$$= x - \ln|3\sin x + 4\cos x| + C.$$

例 6　计算 $\int \frac{\sin x}{1 + \sin x + \cos x}\mathrm{d}x.$

分析　利用万能公式或三角函数的恒等变形是计算三角有理函数不定积分的常用方法.

解法一　令 $t = \tan\dfrac{x}{2}$，则

$$\sin x = \frac{2t}{1+t^2}, \cos x = \frac{1-t^2}{1+t^2}, x = 2\arctan t, \mathrm{d}x = \frac{2\mathrm{d}t}{1+t^2}$$

$$\text{原式} = \int \frac{\dfrac{2t}{1+t^2}}{1 + \dfrac{2t}{1+t^2} + \dfrac{1-t^2}{1+t^2}} \cdot \frac{2\mathrm{d}t}{1+t^2} = \int \frac{2t}{(1+t)(1+t^2)}\mathrm{d}t$$

$$= \int \frac{(1+t)^2 - (1+t^2)}{(1+t)(1+t^2)}\mathrm{d}t = \int \frac{1+t}{1+t^2}\mathrm{d}t - \int \frac{1}{1+t}\mathrm{d}t$$

$$= \arctan t + \frac{1}{2}\ln(1+t^2) - \ln|1+t| + C$$

$$= \frac{x}{2} + \frac{1}{2}\ln\left(1 + \tan^2\frac{x}{2}\right) - \ln\left|1 + \tan\frac{x}{2}\right| + C$$

$$= \frac{x}{2} + \ln\left|\sec\frac{x}{2}\right| - \ln\left|1 + \tan\frac{x}{2}\right| + C.$$

解法二　$$\text{原式} = \int \frac{\sin x(1 - \sin x - \cos x)}{(1 + \sin x + \cos x)(1 - \sin x - \cos x)}\mathrm{d}x$$

$$= -\frac{1}{2}\int \frac{1 - \sin x - \cos x}{\cos x}\mathrm{d}x$$

$$= -\frac{1}{2}\int (\sec x - \tan x - 1)\mathrm{d}x$$

$$= -\frac{1}{2}\ln|\sec x + \tan x| - \frac{1}{2}\ln|\cos x| + \frac{x}{2} + C.$$

例 7　计算 $\displaystyle\int \frac{1}{1+\sin x}\mathrm{d}x$.

分析　三角有理函数的积分往往有多种解法.

解法一　$$\text{原式} = \int \frac{1 - \sin x}{(1 + \sin x)(1 - \sin x)}\mathrm{d}x = \int \frac{1 - \sin x}{\cos^2 x}\mathrm{d}x$$

$$= \int \sec^2 x \mathrm{d}x + \int \frac{\mathrm{d}\cos x}{\cos^2 x} = \tan x - \frac{1}{\cos x} + C.$$

解法二　$$\text{原式} = \int \frac{1}{1 + \cos\left(x - \dfrac{\pi}{2}\right)}\mathrm{d}\left(x - \frac{\pi}{2}\right)$$

$$= \int \frac{2}{2\cos^2\left(\dfrac{x}{2} - \dfrac{\pi}{4}\right)}\mathrm{d}\left(\frac{x}{2} - \frac{\pi}{4}\right)$$

$$= \tan\left(\frac{x}{2} - \frac{\pi}{4}\right) + C.$$

解法三 原式 $= \int \dfrac{\mathrm{d}x}{1 + 2\sin\dfrac{x}{2}\cos\dfrac{x}{2}} = \int \dfrac{\mathrm{d}x}{\left(\sin\dfrac{x}{2} + \cos\dfrac{x}{2}\right)^2}$

$$= \int \dfrac{1}{\left(1 + \tan\dfrac{x}{2}\right)^2}\sec^2\dfrac{x}{2}\mathrm{d}x = 2\int \dfrac{\mathrm{d}\left(1 + \tan\dfrac{x}{2}\right)}{\left(1 + \tan\dfrac{x}{2}\right)^2}$$

$$= -\dfrac{2}{1 + \tan\dfrac{x}{2}} + C.$$

例 8 计算 $\displaystyle\int \dfrac{\mathrm{d}x}{x^2\sqrt{2x - 4}}$.

分析 先作根式代换,再作三角代换;亦可先作分部积分,再作根式代换.

解法一 令 $\sqrt{2x - 4} = t$,则

$$x = \dfrac{t^2 + 4}{2}, \mathrm{d}x = t\mathrm{d}t$$

原式 $= \displaystyle\int \dfrac{4\mathrm{d}t}{(t^2 + 4)^2}$.

再令 $t = 2\tan u$,则 $\mathrm{d}t = 2\sec^2 u\mathrm{d}u$,于是

原式 $= 4\displaystyle\int \dfrac{2\sec^2 u\mathrm{d}u}{4^2 \cdot \sec^4 u} = \dfrac{1}{2}\int \cos^2 u\mathrm{d}u = \dfrac{1}{4}\int (1 + \cos 2u)\mathrm{d}u$

$$= \dfrac{1}{4}u + \dfrac{1}{8}\sin 2u + C$$

$$= \dfrac{1}{4}\arctan\dfrac{t}{2} + \dfrac{1}{4} \cdot \dfrac{t}{\sqrt{4 + t^2}} \cdot \dfrac{2}{\sqrt{4 + t^2}} + C$$

$$= \dfrac{1}{4}\arctan\dfrac{\sqrt{2x - 4}}{2} + \dfrac{\sqrt{2x - 4}}{4x} + C.$$

解法二 原式 $= \displaystyle\int \dfrac{1}{\sqrt{2x - 4}}\mathrm{d}\left(-\dfrac{1}{x}\right) = -\dfrac{1}{x\sqrt{2x - 4}} - \int \dfrac{1}{x\sqrt{(2x - 4)^3}}\mathrm{d}x.$

令 $\sqrt{2x - 4} = t$,则

$$x = \dfrac{t^2 + 4}{2}, \mathrm{d}t = t\mathrm{d}t$$

故

$$\int \dfrac{1}{x\sqrt{(2x - 4)^3}}\mathrm{d}x = \int \dfrac{2t}{(t^2 + 4)t^3}\mathrm{d}t = \dfrac{1}{2}\int \dfrac{t^2 + 4 - t^2}{(t^2 + 4)t^2}\mathrm{d}t$$

$$= \dfrac{1}{2}\int \left(\dfrac{1}{t^2} - \dfrac{1}{t^2 + 4}\right)\mathrm{d}t = \dfrac{1}{2}\left(\dfrac{1}{t} + \dfrac{1}{2}\arctan\dfrac{t}{2}\right) - C$$

$$=-\frac{1}{2\sqrt{2x-4}}-\frac{1}{4}\arctan\frac{\sqrt{2x-4}}{2}-C$$

$$原式=-\frac{1}{x\sqrt{2x-4}}+\frac{1}{2\sqrt{2x-4}}+\frac{1}{4}\arctan\frac{\sqrt{2x-4}}{2}+C$$

$$=\frac{\sqrt{2x-4}}{4x}+\frac{1}{4}\arctan\sqrt{\frac{x-2}{2}}+C.$$

> **小贴士**　这是一道积分综合题,涉及换元法、凑微分法、分部积分法以及有理函数的积分.

例 9　计算 $\displaystyle\int\frac{1}{x}\sqrt{\frac{1+x}{x}}\mathrm{d}x,x>0.$

分析　被积函数中含有无理根式 $\sqrt{\dfrac{1+x}{x}}$,利用第二换元法求解.

解　令 $\sqrt{\dfrac{1+x}{x}}=t$,则

$$x=\frac{1}{t^2-1},\mathrm{d}x=-\frac{2t}{(t^2-1)^2}\mathrm{d}t$$

故

$$原式=-2\int\frac{t^2}{t^2-1}\mathrm{d}t=-2\int\left(1+\frac{1}{t^2-1}\right)\mathrm{d}t=-2t-\ln\left|\frac{t-1}{t+1}\right|+C$$

$$=-2t-\ln\frac{(t-1)^2}{|t^2-1|}+C$$

$$=-2\sqrt{\frac{1+x}{x}}-2\ln\left(\sqrt{\frac{1+x}{x}}-1\right)-\ln x+C.$$

例 10　计算 $\displaystyle\int\frac{\mathrm{d}x}{\sqrt[n]{(x-a)^{n+1}(x-b)^{n-1}}}$,$n$ 为正整数.

分析　恒等变形后,被积函数中含有无理根式 $\sqrt[n]{\dfrac{x-b}{x-a}}$,利用第二换元法求解.

解　① 当 $a=b$ 时,原式 $=\displaystyle\int\frac{\mathrm{d}x}{\sqrt[n]{(x-a)^{2n}}}=\int\frac{\mathrm{d}x}{(x-a)^2}=-\frac{1}{x-a}+C.$

② 当 $a\neq b$ 时,原式 $=\displaystyle\int\frac{1}{(x-a)(x-b)}\sqrt[n]{\frac{x-b}{x-a}}\mathrm{d}x.$

令 $\sqrt[n]{\dfrac{x-b}{x-a}}=t$,则

$$x = a + \frac{a-b}{t^n - 1}, \mathrm{d}x = -\frac{n(a-b)t^{n-1}}{(t^n - 1)^2}\mathrm{d}t, x - a = \frac{a-b}{t^n - 1}, x - b = \frac{(a-b)t^n}{t^n - 1}$$

原式 $= -\dfrac{n}{a-b}\displaystyle\int \mathrm{d}t = -\dfrac{n}{a-b}t + C = -\dfrac{n}{a-b}\sqrt[n]{\dfrac{x-b}{x-a}} + C.$

基础练习 8

计算下列不定积分：

1. $\displaystyle\int \frac{x^4}{x^4 + 5x^2 + 4}\mathrm{d}x.$

2. $\displaystyle\int \frac{1}{x^2(1-x)}\mathrm{d}x.$

3. $\displaystyle\int \frac{3x-2}{x^2 + x - 2}\mathrm{d}x.$

4. $\displaystyle\int \frac{3 + 3x - x^2}{(2x+1)(1+x^2)}\mathrm{d}x.$

5. $\int \dfrac{x^9 - 8}{x^{10} + 8x} \mathrm{d}x.$

6. $\int \dfrac{\mathrm{d}x}{4 + 5\cos x}.$

7. $\int \dfrac{3\sin x + 4\cos x}{2\sin x + \cos x} \mathrm{d}x.$

8. $\int \dfrac{\mathrm{d}x}{\sin^3 x \cos x}.$

9. $\int \dfrac{\sqrt[3]{x}}{x(\sqrt{x} + \sqrt[3]{x})} \mathrm{d}x.$

10. $\int \dfrac{\mathrm{d}x}{\sqrt[3]{(x+1)^2 (x-1)^4}}.$

强化训练 8

计算下列不定积分：

1. $\int \dfrac{x^5 + x^4 - 2x^3 - x + 3}{x^2 - x + 2} dx.$

2. $\int \dfrac{x^3 + 4x^2 + x}{(x+2)^2 (x^2 + x + 1)} dx.$

3. $\int \dfrac{x^{14}}{(x^5 + 1)^4} dx.$

4. $\int \dfrac{1}{x^8 (1 + x^2)} dx.$

5. $\int \dfrac{1}{x^2 (1 + x^2)^2} dx.$

6. $\int \dfrac{x^7}{(1 - x^2)^5} dx.$

7. $\displaystyle\int \frac{\sin x}{\sin x - \cos x}\mathrm{d}x.$

8. $\displaystyle\int \frac{1 + \sin x + \cos x}{1 + \sin^2 x}\mathrm{d}x.$

9. $\displaystyle\int \frac{1}{x}\sqrt{\frac{1+x}{x-1}}\,\mathrm{d}x, x > 0.$

10. $\displaystyle\int \frac{1}{\sqrt{1+x} + \sqrt{1-x} + \sqrt{2}}\mathrm{d}x.$

第 7—8 讲阶段能力测试

阶段能力测试 A

一、填空题(每小题 3 分,共 15 分)

1. 设 $f(x)$ 的一个原函数是 $1+\ln x$,则 $f'(x) =$ _____.

2. 设 $f(x)$ 可导,则 $\left[\int \mathrm{d}f(x)\right]' =$ _____.

3. $\int \dfrac{\sqrt{1+\ln x}}{x}\mathrm{d}x =$ _____.

4. 设 $\sin x$ 为 $f(x)$ 的一个原函数,则 $\int f'(2x-1)\mathrm{d}x =$ _____.

5. 设 $f(x)$ 的一个原函数是 e^{-x^2},则 $\int xf'(x)\mathrm{d}x =$ _____.

二、选择题(每小题 3 分,共 15 分)

1. 设 $f(x)$ 是可导函数,则 ( )

   A. $\int f(x)\mathrm{d}x = f(x)$ 　　　　B. $\int f'(x)\mathrm{d}x = f(x)$

   C. $\left[\int f(x)\mathrm{d}x\right]' = f(x)$ 　　D. $\left[\int f(x)\mathrm{d}x\right]' = f(x)+C$

2. 设 $f(x)$ 的导函数是 $\sin x$,则 $f(x)$ 有一个原函数为 ( )

   A. $1+\sin x$ 　　　　　　　　B. $1-\sin x$

   C. $1+\cos x$ 　　　　　　　　D. $1-\cos x$

3. 若 $f'(x^2) = \dfrac{1}{x}$,$x>0$,且 $f(1)=2$,则 $f(x) =$ ( )

   A. $2\sqrt{x}$ 　　　　　　　　　B. $\dfrac{1}{x}$

   C. $\dfrac{1}{2}\ln x + 2$ 　　　　　　D. $2x$

4. 下列选项中,不是 $f(x) = \sin x\cos x$ 的原函数的是 ( )

   A. $\dfrac{1}{2}\sin^2 x$ 　　　　　　　B. $-\dfrac{1}{2}\cos^2 x$

   C. $-\dfrac{1}{4}\cos 2x$ 　　　　　　D. $\dfrac{1}{4}\sin 2x$

5. $\int x f''(x) \mathrm{d}x =$ （   ）

   A. $x f'(x) - \int f(x) \mathrm{d}x$ B. $x f'(x) - f'(x) + C$

   C. $f(x) - x f'(x) + C$ D. $x f'(x) - f(x) + C$

三、计算题（每小题 **6** 分，共 **24** 分）

1. $\int \dfrac{\tan^2 \sqrt{x}}{\sqrt{x}} \mathrm{d}x.$ 2. $\int \left(\dfrac{\ln x}{x} \right)^2 \mathrm{d}x.$

3. $\int \dfrac{x^2}{1 + x^2} \arctan x \mathrm{d}x.$ 4. $\int \dfrac{x \mathrm{e}^x}{(\mathrm{e}^x + 1)^2} \mathrm{d}x.$

四、（本题满分 **8** 分）计算 $\displaystyle\int \dfrac{12 \sin x + \cos x}{5 \sin x - 2 \cos x} \mathrm{d}x.$

五、(本题满分 8 分) 设 $f'(\cos^2 x) = \sin^2 x$,且 $f(0) = 0$,求 $f(x)$.

六、(本题满分 10 分) 设 $f(x) = \begin{cases} x^2, & 0 \leqslant x \leqslant 1 \\ 2 - x, & 1 < x \leqslant 2 \end{cases}$,求 $f(x)$ 的不定积分.

七、(本题满分 10 分) 已知 $\int e^x f(e^x) \mathrm{d}x = \dfrac{1}{1+e^x} + C$，计算 $\int e^{2x} f(e^x) \mathrm{d}x$.

八、(本题满分 10 分) 已知曲线 $y = f(x)$ 在任意点处的切线的斜率为 $ax^2 - 3x - 6$，且 $x = -1$ 时，$y = \dfrac{11}{2}$ 是极大值，试确定 $f(x)$，并求 $f(x)$ 的极小值.

阶段能力测试 B

一、填空题(每小题 3 分,共 15 分)

1. $\int\left(1-\dfrac{1}{x^2}\right)\tan^2\left(x+\dfrac{1}{x}\right)\mathrm{d}x = $ _____.

2. 若 $f'(\mathrm{e}^x) = x\mathrm{e}^{-x}$,且 $f(1) = 0$,则 $f(x) = $ _____.

3. 设 $f(x)$ 的一个原函数是 $\ln(x+\sqrt{1+x^2})$,则 $\int xf'(x)\mathrm{d}x = $ _____.

4. 设 $\int xf(x)\mathrm{d}x = \arctan x + C$,则 $\int \dfrac{\mathrm{d}x}{f(x)} = $ _____.

5. 设 $f(\sin^2 x) = \dfrac{x}{\sin x}$,则 $\int \dfrac{f(x)}{\sqrt{1-x}}\mathrm{d}x = $ _____.

二、选择题(每小题 3 分,共 15 分)

1. $\int \dfrac{1}{\sqrt{x-x^2}}\mathrm{d}x = $　　　　　　　　　　　　　　(　)

   A. $\dfrac{1}{2}\arcsin(2x-1)+C$　　　　　B. $2\arcsin(2x-1)+C$

   C. $\dfrac{1}{2}\arcsin\sqrt{x}+C$　　　　　　D. $2\arcsin\sqrt{x}+C$

2. 若 $\int f'(x^2)\mathrm{d}x = x^4+C$,则 $f(x) = $　　　　　　　　(　)

   A. x^2+C　　　　　　　　　　B. $\dfrac{1}{3}x^3+C$

   C. $\dfrac{8}{5}x^{\frac{5}{2}}+C$　　　　　　　D. x^4+C

3. 设 $\int f(x)\mathrm{d}x = x^2+C$,则 $\int xf(1-x^2)\mathrm{d}x = $　　　(　)

   A. $\dfrac{1}{2}(1-x^2)^2+C$　　　　　B. $-\dfrac{1}{2}(1-x^2)^2+C$

   C. $2(1-x^2)^2+C$　　　　　　D. $-2(1-x^2)^2+C$

4. $\int \mathrm{e}^{-|x|}\mathrm{d}x = $　　　　　　　　　　　　　　　(　)

   A. $\begin{cases} -\mathrm{e}^{-x}+C, & x \geqslant 0 \\ \mathrm{e}^x+C, & x < 0 \end{cases}$　　　　B. $\begin{cases} -\mathrm{e}^{-x}+C, & x \geqslant 0 \\ \mathrm{e}^x-2+C, & x < 0 \end{cases}$

   C. $\begin{cases} -\mathrm{e}^{-x}+C_1, & x \geqslant 0 \\ \mathrm{e}^x+C_2, & x < 0 \end{cases}$　　　　D. $\begin{cases} -\mathrm{e}^{-x}+C, & x < 0 \\ \mathrm{e}^x+C, & x \geqslant 0 \end{cases}$

5. 设 $f(x)$ 为可导函数,$F(x)$ 为其原函数,则   (   )

    A. 若 $f(x)$ 是周期函数,则 $F(x)$ 也是周期函数

    B. 若 $f(x)$ 是单调函数,则 $F(x)$ 也是单调函数

    C. 若 $f(x)$ 是偶函数,则 $F(x)$ 是奇函数

    D. 若 $f(x)$ 是奇函数,则 $F(x)$ 是偶函数

三、计算题(每小题 **6** 分,共 **24** 分)

1. $\displaystyle\int \frac{\ln(\tan x)}{\sin x \cos x}\mathrm{d}x.$ 2. $\displaystyle\int \frac{1+\ln(1-x)}{x^2}\mathrm{d}x.$

3. $\displaystyle\int \frac{\arcsin\sqrt{x}+\ln x}{\sqrt{x}}\mathrm{d}x.$ 4. $\displaystyle\int e^{\sin x}\frac{x\cos^3 x-\sin x}{\cos^2 x}\mathrm{d}x.$

四、(本题满分 **8** 分) 设 $I_n = \displaystyle\int \tan^n x\,\mathrm{d}x, n\geqslant 2$,证明:$I_n = \dfrac{1}{n-1}\tan^{n-1}x - I_{n-2}.$

五、(本题满分 8 分) 设 $f(x) = \lim\limits_{t \to x}\left(\dfrac{x-1}{t-1}\right)^{\frac{1}{x-t}}$，求 $\displaystyle\int \dfrac{f(x)}{(x-1)^2}\mathrm{d}x$.

六、(本题满分 10 分) 设 $f'(\ln x) = \begin{cases} 1, & 0 < x \leqslant 1 \\ x, & x > 1 \end{cases}$，求 $f(\ln x)$.

七、(本题满分 10 分) 计算 $\displaystyle\int \frac{\mathrm{d}x}{\sin 2x + 2\sin x}$.

八、(本题满分 10 分) 已知 $F(x)$ 是 $f(x)$ 的一个原函数,且 $f(x) = \dfrac{xF(x)}{1+x^2}$,求 $f(x)$.

第 9 讲　定积分(一)

——定积分的基本概念与微积分基本公式

9.1　内容提要与归纳

9.1.1　定积分的基本概念

1) 定积分的定义

设函数 $f(x)$ 在 $[a,b]$ 上有界,在 $[a,b]$ 中任意插入若干个分点

$$a = x_0 < x_1 < x_2 < \cdots < x_{n-1} < x_n = b$$

把区间 $[a,b]$ 分成 n 个小区间,各小区间的长度依次为 $\Delta x_i = x_i - x_{i-1}(i = 1,2,\cdots)$,在各小区间上任取一点 $\xi_i(\xi_i \in \Delta x_i)$,作乘积 $f(\xi_i)\Delta x_i(i = 1,2,\cdots)$ 并作和 $S = \sum_{i=1}^{n} f(\xi_i)\Delta x_i$,记 $\lambda = \max\{\Delta x_1,\Delta x_2,\cdots,\Delta x_n\}$,如果不论对 $[a,b]$ 采用怎样的分法,也不论在小区间 $[x_{i-1},x_i]$ 上对点 ξ_i 采用怎样的取法,只要当 $\lambda \to 0$ 时,和 S 总趋于确定的极限 I,称这个极限 I 为函数 $f(x)$ 在区间 $[a,b]$ 上的定积分,记作 $\int_a^b f(x)\mathrm{d}x$,即

$$\int_a^b f(x)\mathrm{d}x = I = \lim_{\lambda \to 0} \sum_{i=1}^{n} f(\xi_i)\Delta x_i$$

特别地,当下列积分存在时,有

$$\int_a^b f(x)\mathrm{d}x = \lim_{n \to \infty} \sum_{i=1}^{n} f\left(a + \frac{b-a}{n}i\right)\frac{b-a}{n}$$

$$\int_0^1 f(x)\mathrm{d}x = \lim_{n \to \infty} \sum_{i=1}^{n} f\left(\frac{i}{n}\right)\frac{1}{n}$$

(1) 关于定积分概念的几点说明如表 9-1 所示.

表 9-1

定积分是一个常数	$\int_a^b f(x)\mathrm{d}x = \int_a^b f(u)\mathrm{d}u = \cdots$	定积分的值与积分变量记号无关

续表 9 - 1

定积分定义的应用	$\displaystyle\int_0^1 f(x)\mathrm{d}x = \lim_{n\to\infty}\sum_{i=1}^n f\left(\frac{i}{n}\right)\frac{1}{n}$ $\displaystyle\int_a^b f(x)\mathrm{d}x = \lim_{n\to\infty}\sum_{i=1}^n f\left(a+\frac{b-a}{n}i\right)\frac{b-a}{n}$	常用于求无限多项和的数列极限
规定	$\displaystyle\int_a^a f(x)\mathrm{d}x = 0$ $\displaystyle\int_a^b f(x)\mathrm{d}x = -\int_b^a f(x)\mathrm{d}x$	$a>b$,或 $a<b$,或 $a=b$

(2) 利用定积分定义求数列极限的要点如下:

$$\int_a^b f(x)\mathrm{d}x = \lim_{n\to\infty}\sum_{i=1}^n f\left(a+\frac{b-a}{n}i\right)\frac{b-a}{n}$$

$$\xrightarrow{\text{特殊化}\, a=0,b=1}\int_0^1 f(x)\mathrm{d}x = \lim_{n\to\infty}\sum_{i=1}^n f\left(\frac{i}{n}\right)\frac{1}{n}$$

以特殊情况为例,用定积分定义求数列极限的基本步骤如下:

① 先提出 $\dfrac{1}{n}$,确定积分区间;

② 再凑出 $\dfrac{i}{n}$,确定被积函数;

③ 写出定积分.

2) 定积分的几何意义(见表 9 - 2)

表 9 - 2

函数	图形	几何意义
$f(x)\geqslant 0$		$\displaystyle\int_a^b f(x)\mathrm{d}x = A$
$f(x)\leqslant 0$		$\displaystyle\int_a^b f(x)\mathrm{d}x = -A$

续表 9 - 2

函数	图形	几何意义
$f(x)$ 有正有负		$\displaystyle\int_a^b f(x)\mathrm{d}x = A_1 - A_2$

小结:一般地,若 $f(x)$ 在 $[a,b]$ 上有正有负,$\displaystyle\int_a^b f(x)\mathrm{d}x$ 表示由曲线 $f(x)$、两条直线 $x = a$ 与 $x = b$ 和 x 轴围成的各部分面积的**代数和**(x 轴上方的取"+",x 轴下方的取"−").

特别地,$\displaystyle\int_0^a \sqrt{ax - x^2}\,\mathrm{d}x (a > 0) = \frac{\pi}{8}a^2$,$\displaystyle\int_a^b \left(x - \frac{a+b}{2}\right)\mathrm{d}x = 0$.

9.1.2 定积分的性质

1) 性质

设 $f(x),g(x)$ 在 $[a,b]$ 上均可积,则有以下结论成立:

(1) $\displaystyle\int_a^b \mathrm{d}x = b - a$.

(2) $\displaystyle\int_a^b k f(x)\mathrm{d}x = k \int_a^b f(x)\mathrm{d}x$ (k 为常数).

(3) $\displaystyle\int_a^b [f(x) \pm g(x)]\mathrm{d}x = \int_a^b f(x)\mathrm{d}x \pm \int_a^b g(x)\mathrm{d}x$.

(4) $\displaystyle\int_a^b f(x)\mathrm{d}x = \int_a^c f(x)\mathrm{d}x + \int_c^b f(x)\mathrm{d}x$.

(5) 若 $f(x) \geqslant 0, x \in [a,b]$,则 $\displaystyle\int_a^b f(x)\mathrm{d}x \geqslant 0$.

推论 1　若 $f(x) \leqslant g(x), x \in [a,b]$,则 $\displaystyle\int_a^b f(x)\mathrm{d}x \leqslant \int_a^b g(x)\mathrm{d}x$.

推论 2(估值定理)　若 $m \leqslant f(x) \leqslant M, x \in [a,b]$,则 $m(b-a) \leqslant \displaystyle\int_a^b f(x)\mathrm{d}x \leqslant M(b-a)$.

(6) $\left| \displaystyle\int_a^b f(x)\mathrm{d}x \right| \leqslant \int_a^b |f(x)|\,\mathrm{d}x$ $(a < b)$.

(7) (积分中值定理) 若 $f(x)$ 在 $[a,b]$ 上连续,则有 $\displaystyle\int_a^b f(x)\mathrm{d}x = f(\xi)(b - a)$ $(a \leqslant \xi \leqslant b)$.

注:① 借助于微分中值定理,可证得积分中值定理中的 ξ 在开区间 (a,b) 内取到.

② * 推广的积分中值定理:设 $f(x)$ 在闭区间 $[a,b]$ 上连续,$g(x)$ 在 $[a,b]$ 上可积且不变号,则 $\exists \xi \in [a,b]$,使得

$$\int_a^b f(x)g(x)\mathrm{d}x = f(\xi)\int_a^b g(x)\mathrm{d}x$$

2) 可积的必要条件

若 $f(x)$ 在 $[a,b]$ 上可积,则 $f(x)$ 在 $[a,b]$ 上一定有界.

3) 可积的充分条件

(1) 若 $f(x)$ 在 $[a,b]$ 上连续,则 $f(x)$ 在 $[a,b]$ 上可积.

(2) 若 $f(x)$ 在 $[a,b]$ 上有界,且只有有限个第一类间断点,则 $f(x)$ 在 $[a,b]$ 上可积.

9.1.3　变限积分函数

1) 原函数存在定理

若 $f(x)$ 在 $[a,b]$ 上连续,则 $F(x) = \int_a^x f(t)\mathrm{d}t$ 在 $[a,b]$ 上可导,且有 $F'(x) = f(x)$.

2) 变限积分函数的性质

若 $f(x)$ 在 $[a,b]$ 上可积,则 $F(x) = \int_a^x f(t)\mathrm{d}t$ 为 $[a,b]$ 上的连续函数;若 $f(x)$ 在 $[a,b]$ 上连续,则 $F(x) = \int_a^x f(t)\mathrm{d}t$ 为 $[a,b]$ 上的可导函数.

3) 变限积分函数的导数(见表 9-3)

表 9-3

变限积分函数	导函数
$\int_a^x f(t)\mathrm{d}t$	$\dfrac{\mathrm{d}}{\mathrm{d}x}\int_a^x f(t)\mathrm{d}t = f(x)$
$\int_a^{g(x)} f(t)\mathrm{d}t$	$\dfrac{\mathrm{d}}{\mathrm{d}x}\int_a^{g(x)} f(t)\mathrm{d}t = f[g(x)]\dfrac{\mathrm{d}g(x)}{\mathrm{d}x}$
$\int_{g(x)}^b f(t)\mathrm{d}t$	$\dfrac{\mathrm{d}}{\mathrm{d}x}\int_{g(x)}^b f(t)\mathrm{d}t = -f[g(x)]\dfrac{\mathrm{d}g(x)}{\mathrm{d}x}$
$\int_{\varphi_1(x)}^{\varphi_2(x)} f(t)\mathrm{d}t$	$\dfrac{\mathrm{d}}{\mathrm{d}x}\int_{\varphi_1(x)}^{\varphi_2(x)} f(t)\mathrm{d}t = f[\varphi_2(x)]\varphi_2'(x) - f[\varphi_1(x)]\varphi_1'(x)$

9.1.4 微积分基本公式

如果函数 $F(x)$ 是连续函数 $f(x)$ 在区间 $[a,b]$ 上的一个原函数,则

$$\int_a^b f(x)\mathrm{d}x = F(x)\Big|_a^b = F(b) - F(a)$$

$\int_a^x f(x)\mathrm{d}x, \int f(x)\mathrm{d}x, \int_a^b f(x)\mathrm{d}x$ 三者的区别与联系如表 9-4 所示.

表 9-4

$\int_a^x f(x)\mathrm{d}x$	是 $f(x)$ 的一个原函数	$\dfrac{\mathrm{d}}{\mathrm{d}x}\big[\int_a^x f(x)\mathrm{d}x\big] = f(x)$
$\int f(x)\mathrm{d}x$	表示 $f(x)$ 的所有原函数	$\int f(x)\mathrm{d}x = \int_a^x f(x)\mathrm{d}x + C$
$\int_a^b f(x)\mathrm{d}x$	是一个数值	$\int_a^b f(x)\mathrm{d}x = \int f(x)\mathrm{d}x \Big|_a^b$

9.1.5 * 积分不等式

设 $f(x), g(x)$ 在 $[a,b]$ 上均连续,则

(1) $\left[\int_a^b f(x)g(x)\mathrm{d}x\right]^2 \leqslant \int_a^b f^2(x)\mathrm{d}x \cdot \int_a^b g^2(x)\mathrm{d}x$ (柯西-施瓦兹不等式).

(2) $\big[\int_a^b (f(x)+g(x))^2\mathrm{d}x\big]^{\frac{1}{2}} \leqslant \big[\int_a^b f^2(x)\mathrm{d}x\big]^{\frac{1}{2}} + \big[\int_a^b g^2(x)\mathrm{d}x\big]^{\frac{1}{2}}$ (闵可夫斯基不等式).

9.1.6 定积分的计算(1)

1) 利用定积分的几何意义求特殊形式的定积分

设 $f(x)$ 在 $[a,b]$ 上连续,且 $f(x) \geqslant 0$,若由 $x=a, x=b, x$ 轴,$y=f(x)$ 所围的面积 A 易求,则 $\int_a^b f(x)\mathrm{d}x = A$.

2) 利用微积分基本定理(牛顿-莱布尼茨(Newton-Leibniz) 公式) 计算

设 $f(x)$ 在 $[a,b]$ 上连续,$F(x)$ 是 $f(x)$ 的一个原函数,则

$$\int_a^b f(x)\mathrm{d}x = F(x)\Big|_a^b = F(b) - F(a)$$

3) 利用定积分的性质计算

(1) 分项积分法:利用公式 $\int_a^b [f(x) \pm g(x)]\mathrm{d}x = \int_a^b f(x)\mathrm{d}x \pm \int_a^b g(x)\mathrm{d}x$,将和式的积分化为积分的和.

（2）分段积分法：利用公式 $\int_a^b f(x)\mathrm{d}x = \int_a^c f(x)\mathrm{d}x + \int_c^b f(x)\mathrm{d}x$，将大区间上的积分化为各小区间上的积分之和，适用于计算分段函数的定积分．

9.2　典型例题分析

例 1　利用定积分的几何意义求 $\int_0^a \sqrt{a^2 - x^2}\,\mathrm{d}x\,(a > 0)$．

解　由定积分的几何意义知，$\int_0^a \sqrt{a^2 - x^2}\,\mathrm{d}x$ 是由曲线 $y = \sqrt{a^2 - x^2}$，$x = 0$，$x = a$ 及 x 轴所围成的平面图形的面积，显然该值为圆域 $x^2 + y^2 \leqslant a^2$ 面积的 $\dfrac{1}{4}$，所以

$$\int_0^a \sqrt{a^2 - x^2}\,\mathrm{d}x = \frac{\pi a^2}{4}$$

例 2　估计积分 $\int_{\frac{\pi}{6}}^{\pi} (x - \sin x)\mathrm{d}x$ 的值．

分析　先求函数 $y = x - \sin x$ 在 $\left[\dfrac{\pi}{6}, \pi\right]$ 上的最大值和最小值，再根据定积分的性质估计积分的值．

解　令 $f(x) = x - \sin x$，显然 $f(x)$ 在 $\left[\dfrac{\pi}{6}, \pi\right]$ 上连续，又

$$f'(x) = 1 - \cos x > 0, x \in \left(\frac{\pi}{6}, \pi\right)$$

故 $f(x)$ 在 $\left[\dfrac{\pi}{6}, \pi\right]$ 上单调增加，于是函数 $f(x)$ 在 $\left[\dfrac{\pi}{6}, \pi\right]$ 上的最小值和最大值分别为

$$m = f\left(\frac{\pi}{6}\right) = \frac{\pi}{6} - \frac{1}{2}, M = f(\pi) = \pi$$

因此

$$\left(\frac{\pi}{6} - \frac{1}{2}\right)\left(\pi - \frac{\pi}{6}\right) \leqslant \int_{\frac{\pi}{6}}^{\pi} (x - \sin x)\mathrm{d}x \leqslant \pi\left(\pi - \frac{\pi}{6}\right)$$

即

$$\frac{5}{6}\pi\left(\frac{\pi}{6} - \frac{1}{2}\right) \leqslant \int_{\frac{\pi}{6}}^{\pi} (x - \sin x)\mathrm{d}x \leqslant \frac{5}{6}\pi^2$$

例 3　设函数 $f(x)$ 与 $g(x)$ 在 $[a, b]$ 上连续，试证明：若在 $[a, b]$ 上，$f(x) \geqslant 0$，且 $\int_a^b f(x)\mathrm{d}x = 0$，则在 $[a, b]$ 上 $f(x) \equiv 0$．

证明　反证法．

若 $f(x)$ 不恒等于零，则在 $[a, b]$ 上至少有一点 x_0，使得 $f(x) \neq 0$，于是 $f(x_0) >$

0,下面证明这样的 x_0 不存在.

假设 $x_0 \in (a,b)$,则由 $f(x)$ 的连续性可知,存在 x_0 的一个 δ 邻域 $(x_0-\delta, x_0+\delta)$,在此邻域内 $f(x) > 0$,从而由积分中值定理可知,在 $\left[x_0 - \dfrac{\delta}{2}, x_0 + \dfrac{\delta}{2} \right]$ 上存在一点 η,使得

$$\int_{x_0-\frac{\delta}{2}}^{x_0+\frac{\delta}{2}} f(x)\mathrm{d}x = f(\eta)\delta > 0$$

于是

$$\int_a^b f(x)\mathrm{d}x = \int_a^{x_0-\frac{\delta}{2}} f(x)\mathrm{d}x + \int_{x_0-\frac{\delta}{2}}^{x_0+\frac{\delta}{2}} f(x)\mathrm{d}x + \int_{x_0+\frac{\delta}{2}}^b f(x)\mathrm{d}x$$

$$\geqslant \int_{x_0-\frac{\delta}{2}}^{x_0+\frac{\delta}{2}} f(x)\mathrm{d}x > 0$$

这与题设矛盾,表明不可能有 $x_0 \in (a,b)$,使得 $f(x_0) > 0$.

同理可证 x_0 为端点 a 或 b 时,也不可能有 $f(x_0) > 0$. 所以,在 $[a,b]$ 上 $f(x) \equiv 0$.

注:在运用定积分的性质解题时,很多情况下会用到例 3 的结论.

例 4　计算 $\displaystyle\int_1^3 \max\{x, x^2-x\}\mathrm{d}x$.

分析　计算分段函数的定积分时需分段积分,以分段点将积分区间分成若干小区间.

解　令 $x = x^2 - x$,则 $x = 0$ 或 $x = 2$,其中 $x = 2$ 在积分区间内部,则

$$\int_1^3 \max\{x, x^2-x\}\mathrm{d}x = \int_1^2 x\mathrm{d}x + \int_2^3 (x^2-x)\mathrm{d}x$$

$$= \frac{x^2}{2}\bigg|_1^2 + \left(\frac{x^3}{3} - \frac{x^2}{2} \right)\bigg|_2^3 = \frac{16}{3}$$

例 5　设 $f(x) = \displaystyle\int_0^1 |x-2t|\,\mathrm{d}t$,求 $\displaystyle\int_0^3 f(x)\mathrm{d}x$.

分析　(1) 由条件知 $f(x) = \displaystyle\int_0^1 |x-2t|\,\mathrm{d}t$ 中 $0 \leqslant x \leqslant 3$.

(2) 需先求出 $\displaystyle\int_0^3 f(x)\mathrm{d}x$ 中被积函数 $f(x)$ 的表达式,然后再计算积分.

解　当 $0 \leqslant x \leqslant 2$ 时,有

$$f(x) = \int_0^{\frac{x}{2}} (x-2t)\mathrm{d}t + \int_{\frac{x}{2}}^1 (2t-x)\mathrm{d}t$$

$$= \frac{x^2}{2} - \frac{x^2}{4} + 1 - \frac{x^2}{4} - x\left(1 - \frac{x}{2}\right)$$

$$= 1 - x + \frac{x^2}{2}$$

当 $2 < x \leqslant 3$ 时,有

$$f(x) = \int_0^1 (x - 2t)\mathrm{d}t = x - 1$$

则

$$\int_0^3 f(x)\mathrm{d}x = \int_0^2 f(x)\mathrm{d}x + \int_2^3 f(x)\mathrm{d}x = \int_0^2 \left(1 - x + \frac{x^2}{2}\right)\mathrm{d}x + \int_2^3 (x - 1)\mathrm{d}x$$

$$= \frac{4}{3} + \frac{3}{2} = \frac{17}{6}$$

例 6　计算 $\displaystyle\lim_{n \to \infty} \left(\frac{n+1}{n^2+1} + \frac{n+2}{n^2+4} + \frac{n+3}{n^2+9} + \cdots + \frac{n+n}{n^2+n^2}\right)$.

解　原式 $\displaystyle= \lim_{n \to \infty} \frac{1}{n}\left(\frac{n^2+n}{n^2+1} + \frac{n^2+2n}{n^2+4} + \frac{n^2+3n}{n^2+9} + \cdots + \frac{n^2+n^2}{n^2+n^2}\right)$

$$= \lim_{n \to \infty} \sum_{i=1}^{n} \frac{1 + \dfrac{i}{n}}{1 + \left(\dfrac{i}{n}\right)^2} \cdot \frac{1}{n}$$

$$= \int_0^1 \frac{1+x}{1+x^2}\mathrm{d}x = \frac{\pi}{4} + \frac{1}{2}\ln 2.$$

> **小贴士**　化这种问题为定积分计算的关键是确定积分限和被积函数. 如果读者对整理成积分和极限有困难,可以反过来写出所需要的积分和极限,并加以比较,逐步掌握本方法.

例 7　计算 $\displaystyle\lim_{n \to \infty} \sum_{i=1}^{n} \frac{\sin \dfrac{i\pi}{n}}{n + \dfrac{1}{i}}$.

分析　显然所求极限与积分和极限 $\displaystyle\lim_{n \to \infty} \sum_{i=1}^{n} \frac{\sin \dfrac{i\pi}{n}}{n}$ 有联系但又不完全一样,如何转化、建立联系至关重要.

解　因为

$$\sum_{i=1}^{n} \frac{\sin \dfrac{i\pi}{n}}{n+1} \leqslant \sum_{i=1}^{n} \frac{\sin \dfrac{i\pi}{n}}{n + \dfrac{1}{i}} \leqslant \sum_{i=1}^{n} \frac{\sin \dfrac{i\pi}{n}}{n}$$

又

$$\lim_{n \to \infty} \sum_{i=1}^{n} \frac{\sin \dfrac{i\pi}{n}}{n} = \lim_{n \to \infty} \frac{1}{n} \sum_{i=1}^{n} \sin \frac{i}{n}\pi = \int_0^1 \sin \pi x\,\mathrm{d}x = \frac{2}{\pi}$$

则

$$\lim_{n \to \infty} \sum_{i=1}^{n} \frac{\sin \frac{i\pi}{n}}{n+1} = \lim_{n \to \infty} \frac{n}{n+1} \cdot \frac{1}{n} \sum_{i=1}^{n} \sin \frac{i}{n} \pi = 1 \cdot \int_0^1 \sin \pi x \, dx = \frac{2}{\pi}$$

由夹逼准则即得原式 $= \dfrac{2}{\pi}$.

小贴士 解决此类 n 项和的极限问题时常用的方法有两种,一种是用夹逼原理,另一种是用定积分定义.但本题采用了两种方法的结合,即先用夹逼原理,再用定积分定义.

例 8 求由 $x + y^2 + \int_0^1 \arctan t \, dt = \int_0^{y-x} \sin^2 t \, dt$ 所确定的函数 y 对 x 的导数.

分析 此例为隐函数求导,方程左端的定积分 $\int_0^1 \arctan t \, dt$ 是常数,而方程右端为积分上限的函数.注意,式中 y 是 x 的隐函数.

解 所给方程两边对 x 求导,得

$$1 + 2yy' = \sin^2(y-x)(y'-1)$$

移项得

$$[\sin^2(y-x) - 2y]y' = 1 + \sin^2(y-x)$$

解出 y',得

$$y' = \frac{1 + \sin^2(y-x)}{[\sin^2(y-x) - 2y]}$$

例 9 已知函数 $f(x)$ 在 $(-\infty, +\infty)$ 上连续,$f(x) = (x+1)^2 + 2\int_0^x f(t) \, dt$,则当 $n \geqslant 2$ 时,$f^{(n)}(0) = $ _____.

分析 关于高阶导数的计算,有常用的高阶导数公式.但这个问题中的 $f(x)$ 是与变限积分有关的抽象函数,考虑逐次求导,找到规律.

解 对 $f(x) = (x+1)^2 + 2\int_0^x f(t) \, dt$ 的两边同时求导,得到

$$f'(x) = 2(x+1) + 2f(x)$$

则

$$f'(0) = 2 + 2f(0) = 4, \quad f''(x) = 2 + 2f'(x)$$

则

$$f''(0) = 2 + 2 \cdot 4 = 10, \quad f'''(x) = 2f''(x)$$

则

$$f^{(4)}(x) = 2f'''(x) = 2^2 f''(x)$$

$$\cdots\cdots$$

$$f^{(n)}(x) = 2^{n-2}f''(x)$$

故

$$f^{(n)}(0) = 2^{n-2}f''(0) = 5 \cdot 2^{n-1}$$

例 10　证明:方程 $\sqrt{x} + \int_0^x \sqrt{1+t^4}\,dt - \cos x = 0$ 在 $(0, +\infty)$ 内有且仅有一个实根.

分析　方程有且仅有一个实根的证明分两部分:(1) 证明根的存在性(经常用零点定理);(2) 证明根的唯一性(用函数单调性或罗尔定理).

证明　令 $f(x) = \sqrt{x} + \int_0^x \sqrt{1+t^4}\,dt - \cos x$,显然函数 $f(x)$ 在 $[0, +\infty)$ 内连续,可导,由于 $[0,1] \subset [0, +\infty)$,所以 $f(x)$ 在 $[0,1]$ 上连续可导.又

$$f(0) = -1 < 0, f(1) = \int_0^1 \sqrt{1+t^4}\,dt + (1 - \cos 1) > 0$$

根据零点定理可知,在 $(0,1)$ 内至少存在一点 ξ,使得 $f(\xi) = 0$.

因为 $[0,1] \subset [0, +\infty)$,表明方程 $\sqrt{x} + \int_0^x \sqrt{1+t^4}\,dt - \cos x = 0$ 在 $(0, +\infty)$ 内至少有一个实根.

此外,在 $(0, +\infty)$ 内

$$f'(x) = \frac{1}{2\sqrt{x}} + (\sqrt{1+x^4} + \sin x) > 0$$

所以,函数 $f(x)$ 在 $[0, +\infty)$ 内单调增加,因此方程 $f(x) = 0$,即

$$\sqrt{x} + \int_0^x \sqrt{1+t^4}\,dt - \cos x = 0$$

在 $(0, +\infty)$ 内最多有一个实根.

例 11　设函数 $f(x)$ 在 $[a,b]$ 上连续,在 (a,b) 内可导,且 $f(b) = \dfrac{1}{b-a}\int_a^b f(x)\,dx$. 求证:在 (a,b) 内至少存在一点 ξ,使得 $f'(\xi) = 0$.

分析　已知条件 $f(b) = \dfrac{1}{b-a}\int_a^b f(x)\,dx$ 可改写成 $\int_a^b f(t)\,dt - (b-a)f(b) = 0$,将式中的 b 换为 x,然后令左端为 $F(x) = \int_a^x f(t)\,dt - (x-a)f(x)$,再对辅助函数 $F(x)$ 运用罗尔定理.

证明　设

$$F(x) = \int_a^x f(t)\,dt - (x-a)f(x)$$

显然 $F(x)$ 在 $[a,b]$ 上连续,在 (a,b) 内可导,且 $F(a) = F(b) = 0$. 由罗尔定理可知,在 (a,b) 内至少存在一点 ξ,使得 $F'(\xi) = 0$.

又因

$$F'(x) = f(x) - f(x) - (x-a)f'(x) = (x-a)f'(x)$$

所以

$$(\xi - a)f'(\xi) = 0$$

即

$$f'(\xi) = 0$$

注：当已知条件中有积分时，构造的辅助函数往往与该表达式有关.

例 12 设函数 $f(x)$ 在 $[0,1]$ 上连续，在 $(0,1)$ 内可导，且 $f(1) = k\int_0^{\frac{1}{k}} x\mathrm{e}^{1-x}f(x)\mathrm{d}x$ $(k > 1)$. 证明：至少存在一点 $\xi \in (0,1)$，使得 $f'(\xi) = (1-\xi^{-1})f(\xi)$.

分析 本例需要综合运用积分中值定理和罗尔定理来证明.

证明 因为函数 $x\mathrm{e}^{1-x}f(x)$ 在区间 $\left[0,\frac{1}{k}\right]$ 上连续，由积分中值定理可知，至少存在一点 $\eta \in \left[0,\frac{1}{k}\right] \subset [0,1]$，使得

$$f(1) = k\int_0^{\frac{1}{k}} x\mathrm{e}^{1-x}f(x)\mathrm{d}x = \eta\mathrm{e}^{1-\eta}f(\eta)$$

令 $\varphi(x) = x\mathrm{e}^{1-x}f(x), x \in [\eta, 1]$，则函数 $\varphi(x)$ 在 $[\eta, 1]$ 上连续，在 $(\eta, 1)$ 内可导，且

$$\varphi(\eta) = \eta\mathrm{e}^{1-\eta}f(\eta) = f(1) = \varphi(1)$$

由罗尔定理可知，至少存在一点 $\xi \in (\eta, 1) \subset (0,1)$，使得 $\varphi'(\xi) = 0$，即

$$\mathrm{e}^{1-\xi}f(\xi) - \xi\mathrm{e}^{1-\xi}f(\xi) + \xi\mathrm{e}^{1-\xi}f'(\xi) = 0$$

化简得

$$f'(\xi) = (1-\xi^{-1})f(\xi)$$

注：本例中构造的辅助函数 $\varphi(x) = x\mathrm{e}^{1-x}f(x)$ 即为 $\int_0^{\frac{1}{k}} x\mathrm{e}^{1-x}f(x)\mathrm{d}x$ 中的被积函数.

基础练习 9

1. 填空题.

(1) 设 $\int_a^b \dfrac{f(x)}{f(x)+g(x)}\mathrm{d}x = 1$，则 $\int_a^b \dfrac{g(x)}{f(x)+g(x)}\mathrm{d}x = $ _____.

(2) 设 $f(x)$ 为连续函数，则 $\int_2^3 f(x)\mathrm{d}x + \int_3^1 f(t)\mathrm{d}t + \int_1^2 f(u)\mathrm{d}u = $ _____.

(3) $\lim\limits_{x \to 0} \dfrac{\int_0^x \sin^2 t\,\mathrm{d}t}{x^3} = $ _____.

(4) 函数 $F(x) = \int_1^x (1 - \ln\sqrt{t})\mathrm{d}t\,(x > 0)$ 的递减区间为_____.

(5) 设 $\lim\limits_{x \to +\infty} f(x) = 1, a$ 为常数,则 $\lim\limits_{x \to +\infty} \int_x^{x+a} f(x)\mathrm{d}x = $ _____.

(6) 设 $f(x)$ 连续,$f(0) = 1$,则曲线 $y = \int_0^x f(x)\mathrm{d}x$ 在 $(0,0)$ 处的切线方程

是_____.

2. 选择题.

(1) 设 $f(x)$ 在 $[a,b]$ 上非负,在 (a,b) 内 $f''(x) > 0, f'(x) < 0, I_1 = \dfrac{b-a}{2}[f(b) + f(a)], I_2 = \int_a^b f(x)\mathrm{d}x, I_3 = (b-a)f(b)$,则 I_1、I_2、I_3 的

大小关系为 　　　　　　　　　　　　　　　　　　　　　　(　)

A. $I_1 \leqslant I_2 \leqslant I_3$ 　　　　　　B. $I_2 \leqslant I_3 \leqslant I_1$

C. $I_1 \leqslant I_3 \leqslant I_2$ 　　　　　　D. $I_3 \leqslant I_2 \leqslant I_1$

(2) 设 $f(x) = \int_0^{\sin x} \sin(t^2)\mathrm{d}t, g(x) = x^3 + x^4$,则当 $x \to 0$ 时 $f(x)$ 是 $g(x)$

的_____无穷小量. 　　　　　　　　　　　　　　　(　)

A. 等价 　　　　　　　　　　　B. 同阶但非等价

C. 高阶 　　　　　　　　　　　D. 低阶

(3) 设函数 $f(x)$ 在 $[a,b]$ 上可积,$\Phi(x) = \int_a^x f(t)\mathrm{d}t$,则下列说法中正确的

是 　　　　　　　　　　　　　　　　　　　　　　　　(　)

A. $\Phi(x)$ 在 $[a,b]$ 上可导

B. $\Phi(x)$ 在 $[a,b]$ 上连续

C. $\Phi(x)$ 在 $[a,b]$ 上不可导

D. $\Phi(x)$ 在 $[a,b]$ 上不连续

3. 求下列极限:

(1) $\lim\limits_{n \to \infty} n\left[\dfrac{1}{(n+1)^2} + \dfrac{1}{(n+2)^2} + \dfrac{1}{(n+3)^2} + \cdots + \dfrac{1}{(n+n)^2}\right].$

(2) $\lim\limits_{n\to\infty}\displaystyle\int_0^1\frac{x^n}{\sqrt{1+x^2}}\mathrm{d}x.$

(3) $\lim\limits_{x\to0}\dfrac{1}{x^3}\displaystyle\int_0^x(\frac{\sin t}{t}-1)\mathrm{d}t.$

4. 设 $f(x)=3-|\,x-1\,|$,求 $\displaystyle\int_{-2}^2 f(x)\mathrm{d}x.$

5. 求由 $\int_2^y \dfrac{\ln t}{t}\mathrm{d}t + \int_2^x \dfrac{\sin t}{t}\mathrm{d}t = 0$ 确定的隐函数 y 对自变量 x 的导数.

6. 证明积分不等式：$\dfrac{\sqrt{2}}{\pi} \leqslant \int_{\frac{\pi}{4}}^{\frac{\pi}{2}} \dfrac{\sin x}{x}\mathrm{d}x \leqslant \ln 2$.

7. 设 $f(x) = \begin{cases} x+1, & 0 \leqslant x < 1 \\ \dfrac{1}{2}x^2, & 1 \leqslant x \leqslant 2 \end{cases}$，求 $\varPhi(x) = \int_0^x f(x)\mathrm{d}x$ 在 $[0,2]$ 上的表达式，并讨论 $\varPhi(x)$ 在 $[0,2]$ 上的连续性与可导性.

强化训练 9

1. 填空题.

(1) 设 $f(x)$ 连续，则 $\dfrac{\mathrm{d}}{\mathrm{d}x}\displaystyle\int_0^x\Big[\sin^2\displaystyle\int_0^t f(u)\,\mathrm{d}u\Big]\mathrm{d}t=$ _____ .

(2) 设两曲线 $y=f(x)$ 与 $y=\displaystyle\int_0^{\arctan x}\mathrm{e}^{-t^2}\,\mathrm{d}t$ 在点 $(0,0)$ 处有相同的切线，则

$\displaystyle\lim_{n\to\infty}nf\left(\dfrac{2}{n}\right)=$ _____ .

(3) $\displaystyle\lim_{x\to+\infty}\displaystyle\int_x^{x+a}\dfrac{\ln^n t}{2+t}\,\mathrm{d}t=$ _____（a 为常数，n 为自然数）.

(4) 设 $f(x)$ 是连续函数，且 $\displaystyle\int_0^{x^3-1}f(t)\,\mathrm{d}t=x$，则 $f(7)=$ _____ .

(5) 已知 $5x^3+40=\displaystyle\int_a^x f(t)\,\mathrm{d}t$，则 $a=$ _____ .

2. 选择题.

(1) 设 $M=\displaystyle\int_{-\frac{\pi}{2}}^{\frac{\pi}{2}}\dfrac{(1+x)^2}{1+x^2}\,\mathrm{d}x,\ N=\displaystyle\int_{-\frac{\pi}{2}}^{\frac{\pi}{2}}\dfrac{1+x}{\mathrm{e}^x}\,\mathrm{d}x,\ K=\displaystyle\int_{-\frac{\pi}{2}}^{\frac{\pi}{2}}(1+\sqrt{\cos x}\,)\,\mathrm{d}x,$

则 （　　）

A. $M>N>K$ 　　　　　　　　B. $M>K>N$

C. $K>M>N$ 　　　　　　　　D. $K>N>M$

(2) 若函数 $f(x)$ 在区间 $[0,1]$ 上连续且单调增加，$f\left(\dfrac{1}{2}\right)=0$，则下列说法

中正确的是 （　　）

A. 函数 $\displaystyle\int_0^x f(t)\,\mathrm{d}t$ 在 $[0,1]$ 上单调减少

B. 函数 $\displaystyle\int_0^x f(t)\,\mathrm{d}t$ 在 $[0,1]$ 上单调增加

C. 函数 $\displaystyle\int_0^x f(t)\,\mathrm{d}t$ 在 $(0,1)$ 内有极大值

D. 函数 $\displaystyle\int_0^x f(t)\,\mathrm{d}t$ 在 $(0,1)$ 内有极小值

(3) 若 $[x]$ 为不超过 x 的最大整数，则积分 $\displaystyle\int_0^4[x]\,\mathrm{d}x$ 的值为 （　　）

A. 0 　　　　　　　　　　　B. 2

C. 4 　　　　　　　　　　　D. 6

3. 设 $f(x) = \begin{cases} x, & 0 \leqslant x \leqslant t \\ t \cdot \dfrac{1-x}{1-t}, & t < x \leqslant 1 \end{cases}$，求 $\displaystyle\int_0^1 f(x)\,\mathrm{d}x$.

4. 设 $f(x)$ 为连续正值函数，证明：当 $x \geqslant 0$ 时，函数 $\varphi(x) = \dfrac{\displaystyle\int_0^x t f(t)\,\mathrm{d}t}{\displaystyle\int_0^x f(t)\,\mathrm{d}t}$ 单调增加.

5. 设 $f(x)$ 具有一阶连续导数，且 $f(0) = 0, f'(0) = 1$，求 $\displaystyle\lim_{x \to 0} \dfrac{\displaystyle\int_0^{x^2} f(t)\,\mathrm{d}t}{\left(\displaystyle\int_0^x f(t)\,\mathrm{d}t \right)^2}$.

6. 设函数 $f(x)$ 在 $[a,b]$ 上连续，$g(x)$ 在 $[a,b]$ 上连续不变号. 证明：至少存在一点 $\xi \in [a,b]$，使得 $\int_a^b f(x)g(x)\mathrm{d}x = f(\xi)\int_a^b g(x)\mathrm{d}x$.

7. 若 $f(x)$ 在 $[0,1]$ 上连续，且单调减少. 试证明：对任意的 $a \in [0,1]$，恒有不等式 $\int_0^a f(x)\mathrm{d}x \geqslant a\int_0^1 f(x)\mathrm{d}x$.

8. 设 $f(x),g(x)$ 在 $[a,b]$ 上连续，且 $f(x)$ 单调递增，$0 \leqslant g(x) \leqslant 1$. 证明：

   (1) $0 \leqslant \int_a^x g(t)\mathrm{d}t \leqslant x-a, x \in [a,b]$.

   (2) $\int_a^{a+\int_a^b g(t)\mathrm{d}t} f(x)\mathrm{d}x \leqslant \int_a^b f(x)g(x)\mathrm{d}x$.

第 10 讲　定积分(二)

—— 定积分的计算以及反常积分的概念与计算

10.1　内容提要与归纳

10.1.1　定积分的计算(2)

1) 换元积分法

若 $f(x)$ 在 $[a,b]$ 上连续,$x = \varphi(t)$ 在 $[\alpha,\beta]$ 或 $[\beta,\alpha]$ 上单值且有连续导数,又 $\varphi(\alpha) = a, \varphi(\beta) = b, a \leqslant \varphi(t) \leqslant b$,则

$$\int_a^b f(x)\mathrm{d}x = \int_\alpha^\beta f(\varphi(t))\varphi'(t)\mathrm{d}t$$

换元积分法过程及注意事项见表 10-1.

表 10-1

$\int_a^b f(x)\mathrm{d}x$	积分变量 x	积分上限 a	积分下限 b	① $x = \varphi(t)$ 为单值函数;② 换元必换限;③ 注意换元前后积分限的上、下位置.
$x = \varphi(t)$	$t \in [\alpha,\beta]$ 或 $[\beta,\alpha]$;$x \in [a,b]$	$\varphi(\alpha) = a$	$\varphi(\beta) = b$	
$\int_\alpha^\beta f(\varphi(t))\varphi'(t)\mathrm{d}t$	积分变量 t	积分上限 α	积分下限 β	

2) 分部积分法

若 $u(x), v(x)$ 在 $[a,b]$ 上具有连续导数,则

$$\int_a^b u(x)v'(x)\mathrm{d}x = u(x)v(x)\Big|_a^b - \int_a^b v(x)u'(x)\mathrm{d}x$$

简记为 $\int_a^b u\mathrm{d}v = uv\Big|_a^b - \int_a^b v\mathrm{d}u$.

注:定积分的分部积分法的关键是对函数 u,v 的选取,这与不定积分的类同.

10.1.2 反常积分的概念与计算

1) 反常积分的概念

(1) 无穷区间上的反常积分:设函数 $f(x)$ 在区间 $[a,+\infty)$ 上连续,取 $t>a$,如果极限 $\lim\limits_{t\to+\infty}\int_a^t f(x)\mathrm{d}x$ 存在,则称此极限为函数 $f(x)$ 在无穷区间 $[a,+\infty)$ 上的反常积分,记作 $\int_a^{+\infty} f(x)\mathrm{d}x$. 即

$$\int_a^{+\infty} f(x)\mathrm{d}x = \lim_{t\to+\infty}\int_a^t f(x)\mathrm{d}x$$

类似地,若函数 $f(x)$ 在区间 $(-\infty,b]$ 上连续,取 $t<b$,则

$$\int_{-\infty}^b f(x)\mathrm{d}x = \lim_{t\to-\infty}\int_t^b f(x)\mathrm{d}x$$

若函数 $f(x)$ 在区间 $(-\infty,+\infty)$ 上连续,当 $\int_{-\infty}^0 f(x)\mathrm{d}x$ 与 $\int_0^{+\infty} f(x)\mathrm{d}x$ 均收敛时,称反常积分 $\int_{-\infty}^{+\infty} f(x)\mathrm{d}x$ 收敛,且

$$\int_{-\infty}^{+\infty} f(x)\mathrm{d}x = \int_{-\infty}^0 f(x)\mathrm{d}x + \int_0^{+\infty} f(x)\mathrm{d}x$$

注:若上式右端的 $\int_{-\infty}^0 f(x)\mathrm{d}x$,$\int_0^{+\infty} f(x)\mathrm{d}x$ 中有一个不存在,则称反常积分 $\int_{-\infty}^{+\infty} f(x)\mathrm{d}x$ 发散.

(2) 无界函数的反常积分

设函数 $f(x)$ 在区间 $(a,b]$ 上连续,点 a 为 $f(x)$ 的瑕点. 取 $t>a$,如果极限 $\lim\limits_{t\to a^+}\int_t^b f(x)\mathrm{d}x$ 存在,则称此极限为函数 $f(x)$ 在区间 $(a,b]$ 上的反常积分,记作 $\int_a^b f(x)\mathrm{d}x$,即

$$\int_a^b f(x)\mathrm{d}x = \lim_{t\to a^+}\int_t^b f(x)\mathrm{d}x$$

当极限存在时,称反常积分收敛;当极限不存在时,称反常积分发散.

类似地,若函数 $f(x)$ 在区间 $[a,b)$ 上连续,点 b 为 $f(x)$ 的瑕点. 取 $t<b$,则

$$\int_a^b f(x)\mathrm{d}x = \lim_{t\to b^-}\int_a^t f(x)\mathrm{d}x$$

当极限存在时,称反常积分收敛;当极限不存在时,称反常积分发散.

若函数 $f(x)$ 在区间 $[a,b]$ 上除点 $c(a<c<b)$ 外连续,点 c 为 $f(x)$ 的瑕点. 如果两个反常积分 $\int_a^c f(x)\mathrm{d}x$ 和 $\int_c^b f(x)\mathrm{d}x$ 都收敛,则反常积分 $\int_a^b f(x)\mathrm{d}x$ 收敛,且

$$\int_a^b f(x)\mathrm{d}x = \int_a^c f(x)\mathrm{d}x + \int_c^b f(x)\mathrm{d}x$$

注：若上式右端的 $\int_a^c f(x)\mathrm{d}x$，$\int_c^b f(x)\mathrm{d}x$ 中有一个不存在,则称反常积分 $\int_a^b f(x)\mathrm{d}x$ 发散.

2) 反常积分的计算

设 $F(x)$ 是 $f(x)$ 的原函数,常用反常积分计算公式如表 10 - 2 所示.

表 10 - 2

反常积分	计算公式
$\displaystyle\int_a^{+\infty} f(x)\mathrm{d}x$	$\displaystyle\int_a^{+\infty} f(x)\mathrm{d}x = \lim_{x\to+\infty} F(x) - F(a)$
$\displaystyle\int_{-\infty}^b f(x)\mathrm{d}x$	$\displaystyle\int_{-\infty}^b f(x)\mathrm{d}x = F(b) - \lim_{x\to-\infty} F(x)$
$\displaystyle\int_{-\infty}^{+\infty} f(x)\mathrm{d}x$	$\displaystyle\int_{-\infty}^{+\infty} f(x)\mathrm{d}x = \lim_{x\to+\infty} F(x) - \lim_{x\to-\infty} F(x)$
$\displaystyle\int_a^b f(x)\mathrm{d}x$($a$ 为瑕点)	$\displaystyle\int_a^b f(x)\mathrm{d}x = F(b) - \lim_{x\to a^+} F(x)$
$\displaystyle\int_a^b f(x)\mathrm{d}x$($b$ 为瑕点)	$\displaystyle\int_a^b f(x)\mathrm{d}x = \lim_{x\to b^-} F(x) - F(a)$
$\displaystyle\int_a^b f(x)\mathrm{d}x$($c$ 为瑕点,$a<c<b$)	$\displaystyle\int_a^b f(x)\mathrm{d}x = \int_a^c f(x)\mathrm{d}x + \int_c^b f(x)\mathrm{d}x$ $= \left[\lim_{x\to c^-} F(x) - F(a)\right] + \left[F(b) - \lim_{x\to c^+} F(x)\right]$

注：反常积分仍然有对应的换元法、分部积分法,在使用时将原函数在 $+\infty$、$-\infty$、瑕点处的函数值变为求单侧极限.

3) 两个特殊反常积分的敛散性(见表 10 - 3)

(1) 反常积分 $\displaystyle\int_1^{+\infty} \frac{1}{x^p}\mathrm{d}x$ 当 $p>1$ 时收敛于 $\dfrac{1}{p-1}$,当 $p\leqslant 1$ 时发散.

(2) 反常积分 $\displaystyle\int_0^1 \frac{1}{x^q}\mathrm{d}x$ 当 $q<1$ 时收敛于 $\dfrac{1}{1-q}$,当 $q\geqslant 1$ 时发散.

表 10 - 3

反常积分	$p>1$	$p=1$	$p<1$	推广
$\displaystyle\int_1^{+\infty} \frac{1}{x^p}\mathrm{d}x$	收敛	发散	发散	积分下限可为 a,$a>0$ 时敛散性结论仍然成立
$\displaystyle\int_0^1 \frac{1}{x^p}\mathrm{d}x$	发散	发散	收敛	积分上限可为 a,$a>0$ 时敛散性结论仍然成立

4）＊反常积分敛散性的判别法

（1）比较判别法

定理 1 设 $0 \leqslant f(x) \leqslant g(x), x \in [a, +\infty)$，则

① 若 $\int_a^{+\infty} g(x)\mathrm{d}x$ 收敛，则 $\int_a^{+\infty} f(x)\mathrm{d}x$ 收敛；

② 若 $\int_a^{+\infty} f(x)\mathrm{d}x$ 发散，则 $\int_a^{+\infty} g(x)\mathrm{d}x$ 发散.

可概括为八个字"大收小收，小发大发".

（2）比较判别法的极限形式

定理 2 设 $f(x) \geqslant 0, g(x) \geqslant 0, x \in [a, +\infty)$，且 $\lim\limits_{x \to +\infty} \dfrac{f(x)}{g(x)} = k$，则

① 当 $0 \leqslant k < +\infty$ 时，由 $\int_a^{+\infty} g(x)\mathrm{d}x$ 收敛可推出 $\int_a^{+\infty} f(x)\mathrm{d}x$ 收敛；

② 当 $0 < k \leqslant +\infty$ 时，由 $\int_a^{+\infty} g(x)\mathrm{d}x$ 发散可推出 $\int_a^{+\infty} f(x)\mathrm{d}x$ 发散；

③ 当 $0 < k < +\infty$ 时，$\int_a^{+\infty} f(x)\mathrm{d}x$ 与 $\int_a^{+\infty} g(x)\mathrm{d}x$ 的敛散性一致.

10.1.3 常用结论

1）奇偶函数在对称区间上的积分

设 $a > 0$，若 $f(x)$ 在 $[-a, a]$ 上连续，则有

$$\int_{-a}^a f(x)\mathrm{d}x = \int_0^a [f(x) + f(-x)]\mathrm{d}x = \begin{cases} 0, & \text{当 } f(x) \text{ 为奇函数时} \\ 2\int_0^a f(x)\mathrm{d}x, & \text{当 } f(x) \text{ 为偶函数时} \end{cases}$$

2）周期函数的积分

若 $f(x)$ 在 $(-\infty, +\infty)$ 内连续且以 T 为周期，则有

$$\int_a^{a+T} f(x)\mathrm{d}x = \int_0^T f(x)\mathrm{d}x, \int_a^{a+nT} f(x)\mathrm{d}x = n\int_0^T f(x)\mathrm{d}x$$

3）其他积分

当 $f(x)$ 连续时，有：

（1）$\int_0^{\frac{\pi}{2}} f(\sin x)\mathrm{d}x = \int_0^{\frac{\pi}{2}} f(\cos x)\mathrm{d}x.$

（2）$\int_0^{\pi} xf(\sin x)\mathrm{d}x = \dfrac{\pi}{2} \int_0^{\pi} f(\sin x)\mathrm{d}x.$

（3）$\int_0^{\pi} f(\sin x)\mathrm{d}x = 2\int_0^{\frac{\pi}{2}} f(\sin x)\mathrm{d}x.$

(4) $I_n = \int_0^{\frac{\pi}{2}} \sin^n x \, dx = \int_0^{\frac{\pi}{2}} \cos^n x \, dx = \dfrac{n-1}{n} I_{n-2}$

$$= \begin{cases} \dfrac{(n-1)\cdots 5 \cdot 3 \cdot 1}{n \cdots 6 \cdot 4 \cdot 2} \cdot \dfrac{\pi}{2}, & \text{当 } n \text{ 为正偶数时} \\[3mm] \dfrac{(n-1)\cdots 6 \cdot 4 \cdot 2}{n \cdots 5 \cdot 3 \cdot 1}, & \text{当 } n \text{ 为正奇数时} \end{cases}.$$

10.2　典型例题分析

例 1　判断下面的计算是否正确(要说明理由),如有错误,给出正确的计算和结论:

因为

$$\int_{-1}^1 \frac{1}{x^2+x+1} dx \xrightarrow{x=\frac{1}{t}} -\int_{-1}^1 \frac{1}{t^2+t+1} dt = -\int_{-1}^1 \frac{1}{x^2+x+1} dx$$

移项,解得

$$\int_{-1}^1 \frac{1}{x^2+x+1} dx = 0$$

解　上述解法是错误的,因为变量代换 $x = \dfrac{1}{t}$ 在 $[-1,1]$ 上不连续,不满足定积分换元法所需要的条件. 正确的解法是

$$\int_{-1}^1 \frac{1}{x^2+x+1} dx = \int_{-1}^1 \frac{1}{\left(x+\frac{1}{2}\right)^2 + \left(\frac{\sqrt{3}}{2}\right)^2} d\left(x+\frac{1}{2}\right) \left(\diamondsuit\, t = x+\frac{1}{2}\right)$$

$$= \int_{-\frac{1}{2}}^{\frac{3}{2}} \frac{1}{t^2 + \left(\frac{\sqrt{3}}{2}\right)^2} dt = \frac{2}{\sqrt{3}} \arctan \frac{2t}{\sqrt{3}} \Big|_{-\frac{1}{2}}^{\frac{3}{2}} = \frac{\pi}{\sqrt{3}}$$

例 2　计算 $\int_{-\frac{\pi}{2}}^{\frac{\pi}{2}} (|\sin^3 x| + \sin x) \dfrac{1}{1+\cos^2 x} dx$.

分析　利用对称区间上奇函数、偶函数的积分结果可简化运算.

解　因为在 $\left[-\dfrac{\pi}{2}, \dfrac{\pi}{2}\right]$ 上 $\dfrac{|\sin^3 x|}{1+\cos^2 x}$ 是偶函数,$\dfrac{\sin x}{1+\cos^2 x}$ 是奇函数,所以

$$\text{原式} = 2\int_0^{\frac{\pi}{2}} \frac{\sin^3 x}{1+\cos^2 x} dx = 2\int_0^{\frac{\pi}{2}} \frac{\cos^2 x - 1}{1+\cos^2 x} d(\cos x)$$

$$= 2\int_0^{\frac{\pi}{2}} \left(1 - \frac{2}{1+\cos^2 x}\right) d(\cos x)$$

$$= 2[\cos x - 2\arctan(\cos x)] \Big|_0^{\frac{\pi}{2}} = \pi - 2.$$

例 3 设 $f(x) = \begin{cases} \sin x, & -1 \leqslant x \leqslant \pi \\ x^2 + 1, & \pi < x \leqslant 5 \end{cases}$，求 $\int_2^7 f(x-2)\mathrm{d}x$.

分析 此类问题常用两种解题思路：第一种是定积分作换元，转化成已知函数的积分计算；第二种是由条件求出复合函数的表达式，代入被积函数. 大多数情况下第一种思路要方便一些.

解 $\int_2^7 f(x-2)\mathrm{d}x \xlongequal{x-2=t} \int_0^5 f(t)\mathrm{d}t = \int_0^\pi \sin t\mathrm{d}t + \int_\pi^5 (t^2+1)\mathrm{d}t$

$\qquad = -\cos t \Big|_0^\pi + \Big[\dfrac{t^3}{3} + t\Big]_\pi^5 = \dfrac{146}{3} - \pi - \dfrac{\pi^3}{3}$

例 4 计算 $\int_0^1 x^4 \sqrt{1-x^2}\,\mathrm{d}x$.

分析 由于被积函数是平方差的形式，首先考虑作三角换元化成三角有理函数的积分问题.

解 设 $x = \sin t$，则 $\mathrm{d}x = \cos t\mathrm{d}t$，且 $x: 0 \to 1$ 时，$t: 0 \to \dfrac{\pi}{2}$，因此

$\int_0^1 x^4 \sqrt{1-x^2}\,\mathrm{d}x = \int_0^{\frac{\pi}{2}} \sin^4 t \cdot \cos t \cdot \cos t\mathrm{d}t = \int_0^{\frac{\pi}{2}} \sin^4 t(1-\sin^2 t)\mathrm{d}t$

$\qquad = \int_0^{\frac{\pi}{2}} \sin^4 t\mathrm{d}t - \int_0^{\frac{\pi}{2}} \sin^6 t\mathrm{d}t$

$\qquad = \dfrac{3}{4} \cdot \dfrac{1}{2} \cdot \dfrac{\pi}{2} - \dfrac{5}{6} \cdot \dfrac{3}{4} \cdot \dfrac{1}{2} \cdot \dfrac{\pi}{2} = \dfrac{\pi}{32}$

例 5 证明：$\int_{-a}^a f(x)\mathrm{d}x = \int_0^a [f(x) + f(-x)]\mathrm{d}x$，并依次计算积分 $\int_{-\frac{\pi}{4}}^{\frac{\pi}{4}} \dfrac{\tan^2 x}{1+4^{-x}}\mathrm{d}x$.

证明 $\int_{-a}^a f(x)\mathrm{d}x = \int_{-a}^0 f(x)\mathrm{d}x + \int_0^a f(x)\mathrm{d}x$

$\qquad = \int_a^0 f(-t)(-\mathrm{d}t) + \int_0^a f(x)\mathrm{d}x$

$\qquad = \int_0^a f(-x)\mathrm{d}x + \int_0^a f(x)\mathrm{d}x$

$\qquad = \int_0^a [f(x) + f(-x)]\mathrm{d}x$

运用上述结论，可得

$\int_{-\frac{\pi}{4}}^{\frac{\pi}{4}} \dfrac{\tan^2 x}{1+4^{-x}}\mathrm{d}x = \int_0^{\frac{\pi}{4}} \Big[\dfrac{\tan^2 x}{1+4^{-x}} + \dfrac{\tan^2(-x)}{1+4^x}\Big]\mathrm{d}x = \int_0^{\frac{\pi}{4}} \tan^2 x\mathrm{d}x$

$\qquad = \int_0^{\frac{\pi}{4}} (\sec^2 x - 1)\mathrm{d}x = (\tan x - x)\Big|_0^{\frac{\pi}{4}}$

$\qquad = 1 - \dfrac{\pi}{4}$

注：在证明含有定积分的等式时,若等式中各积分的上下限不一样,一般采用换元法,要根据等式两端的被积函数和积分上下限选择适当的变量代换.

例 6　证明：$2\displaystyle\int_0^1 \frac{\arctan x}{x}\mathrm{d}x = \int_0^{\frac{\pi}{2}} \frac{x}{\sin x}\mathrm{d}x$.

分析　等式两边的被积函数形式差异较大,先考虑对等式左边作换元,将反三角函数转化为三角函数.

证明　设 $2\arctan x = t$,则 $x = \tan\dfrac{t}{2}$,$\mathrm{d}x = \dfrac{1}{2}\sec^2\dfrac{t}{2}\mathrm{d}t$,且 $x{:}0\to 1$ 时,$t{:}0\to$

$\dfrac{\pi}{2}$,则

$$2\int_0^1 \frac{\arctan x}{x}\mathrm{d}x = 2\int_0^{\frac{\pi}{2}} \frac{\dfrac{t}{2}}{\tan\dfrac{t}{2}} \cdot \frac{1}{2}\sec^2\frac{t}{2}\mathrm{d}t = \int_0^{\frac{\pi}{2}} \frac{t}{2\tan\dfrac{t}{2} \cdot \cos^2\dfrac{t}{2}}\mathrm{d}t$$

$$= \int_0^{\frac{\pi}{2}} \frac{t}{\sin t}\mathrm{d}t = \int_0^{\frac{\pi}{2}} \frac{x}{\sin x}\mathrm{d}x$$

所以 $2\displaystyle\int_0^1 \frac{\arctan x}{x}\mathrm{d}x = \int_0^{\frac{\pi}{2}} \frac{x}{\sin x}\mathrm{d}x$.

例 7　计算 $\displaystyle\int_0^1 \frac{f(x)}{\sqrt{x}}\mathrm{d}x$,其中 $f(x) = \displaystyle\int_1^x \frac{\ln(t+1)}{t}\mathrm{d}t$.

解　原式 $= 2\displaystyle\int_0^1 f(x)\mathrm{d}\sqrt{x} = 2f(x)\sqrt{x}\Big|_0^1 - 2\int_0^1 \sqrt{x} \cdot \frac{\ln(x+1)}{x}\mathrm{d}x$

$$= -2\int_0^1 \frac{\ln(x+1)}{\sqrt{x}}\mathrm{d}x = -4\int_0^1 \ln(1+x)\mathrm{d}\sqrt{x}$$

$$= -4\left[\sqrt{x}\ln(1+x)\Big|_0^1 - \int_0^1 \frac{\sqrt{x}}{1+x}\mathrm{d}x\right]$$

$$= -4\ln 2 + 8 - 2\pi.$$

注：当被积函数为变限积分函数时,通常会采用分部积分法.

例 8　若 $f(x) = \dfrac{1}{1+x^2} + \sqrt{1-x^2}\displaystyle\int_0^1 f(x)\mathrm{d}x$,计算 $\displaystyle\int_0^1 f(x)\mathrm{d}x$.

分析　① 定积分是一个确定的常数；② 被积函数 $f(x)$ 未知,所以采用建立一元方程的思路,解出常数即为定积分的值.

解　令 $\displaystyle\int_0^1 f(x)\mathrm{d}x = a$,则

$$f(x) = \frac{1}{1+x^2} + a\sqrt{1-x^2}$$

对上式两边取定积分,得到

$$\int_0^1 f(x)\mathrm{d}x = \int_0^1 \left(\frac{1}{1+x^2} + a\sqrt{1-x^2} \right) \mathrm{d}x$$

即

$$a = \int_0^1 \frac{1}{1+x^2}\mathrm{d}x + \int_0^1 a\sqrt{1-x^2}\,\mathrm{d}x = \frac{\pi}{4}(1+a)$$

解得

$$a = \frac{\pi}{4-\pi}$$

故

$$\int_0^1 f(x)\mathrm{d}x = \frac{\pi}{4-\pi}$$

例 9　设函数 $f(x)$ 连续，且 $\int_0^x tf(2x-t)\mathrm{d}t = \frac{1}{2}\arctan x^2$，$f(1) = 1$，求 $\int_1^2 f(x)\mathrm{d}x$.

分析　由于被积函数未知，且已知条件中出现积分方程的形式，故解此问题时应先对积分方程求导.

解　$\displaystyle\int_0^x tf(2x-t)\mathrm{d}t = -\int_{2x}^x (2x-u)f(u)\mathrm{d}u$　（令 $2x-t=u$）

$$= \int_x^{2x} (2x-u)f(u)\mathrm{d}u$$

$$= 2x\int_x^{2x} f(u)\mathrm{d}u - \int_x^{2x} uf(u)\mathrm{d}u$$

得

$$2x\int_x^{2x} f(u)\mathrm{d}u - \int_x^{2x} uf(u)\mathrm{d}u = \frac{1}{2}\arctan x^2$$

等式两边对 x 求导得

$$2\int_x^{2x} f(u)\mathrm{d}u + 2x[2f(2x)-f(x)] - 4xf(2x) + xf(x) = \frac{x}{1+x^4}$$

整理得

$$2\int_x^{2x} f(u)\mathrm{d}u - xf(x) = \frac{x}{1+x^4}$$

取 $x=1$,得

$$2\int_1^2 f(u)\mathrm{d}u - f(1) = \frac{1}{2}$$

故

$$\int_1^2 f(x)\mathrm{d}x = \frac{3}{4}$$

小贴士 本题在对积分方程求导的过程中,得到一个新的积分方程,此时对照要求的极限,利用特殊值的方法可立即得到所求定积分.解题过程中要学会灵活处理.

例 10 设函数 $f(x)$ 在 $[0,\pi]$ 上连续,且 $\int_0^\pi f(x)\mathrm{d}x=0,\int_0^\pi f(x)\cos x\mathrm{d}x=0$.试证:在 $(0,\pi)$ 内至少存在两个不同的点 ξ_1,ξ_2 使得 $f(\xi_1)=f(\xi_2)=0$.

分析 本题可用罗尔定理,需要构造函数 $F(x)=\int_0^x f(t)\mathrm{d}t$,找出 $F(x)$ 的三个零点,由已知条件易知 $F(0)=F(\pi)=0,x=0,x=\pi$ 为 $F(x)$ 的两个零点,证明第三个零点的存在性是本题的难点.

证明 令 $F(x)=\int_0^x f(t)\mathrm{d}t,x\in[0,\pi]$,显然

$$F(0)=F(\pi)=0$$

因为

$$\int_0^\pi f(x)\cos x\mathrm{d}x=\int_0^\pi\cos x\mathrm{d}F(x)=\cos x\cdot F(x)\Big|_0^\pi+\int_0^\pi F(x)\sin x\mathrm{d}x$$

$$=\int_0^\pi F(x)\sin x\mathrm{d}x=F(\xi)\sin\xi\cdot\pi$$

$$=0,\xi\in(0,\pi)$$

即存在 $\xi\in(0,\pi)$,使得 $F(\xi)=0$.

对 $F(x)$ 在 $[0,\xi],[\xi,\pi]$ 上分别用罗尔定理,则 $(0,\pi)$ 内至少存在两个不同的点 ξ_1,ξ_2 使得 $f(\xi_1)=f(\xi_2)=0$.

小贴士 利用微分中值定理可进一步推得积分中值定理中 ξ 在开区间 (a,b) 内取到,故例 10 中 $\xi\in(0,\pi)$.

例 11 计算反常积分 $\int_0^{+\infty}\dfrac{1}{(x^2+1)^2}\mathrm{d}x$.

解 设 $x=\tan t$,则 $\mathrm{d}x=\sec^2 t\mathrm{d}t$,且当 $x:0\to+\infty$ 时,$t:0\to\dfrac{\pi}{2}$,所以

$$\int_0^{+\infty}\frac{1}{(x^2+1)^2}\mathrm{d}x=\int_0^{\frac{\pi}{2}}\frac{1}{\sec^4 t}\cdot\sec^2 t\mathrm{d}t=\int_0^{\frac{\pi}{2}}\cos^2 t\mathrm{d}t$$

$$=\frac{1}{2}\cdot\frac{\pi}{2}=\frac{\pi}{4}$$

注:**本题原来是计算无穷限反常积分,经过换元后变成了计算定积分,说明定积分和反常积分有时可相互转换.**

例 12 判断反常积分 $\int_0^{+\infty} \dfrac{1}{\sqrt{x}(4+x)}\mathrm{d}x$ 的敛散性，若收敛则求其值.

分析 显然该积分同时含有两类反常积分，需将积分进行分解，分解的目标是使各单个积分为无穷限反常积分，或为被积函数只有一个瑕点的反常积分.

解
$$\int_0^1 \frac{1}{\sqrt{x}(4+x)}\mathrm{d}x = 2\int_0^1 \frac{1}{4+(\sqrt{x})^2}\mathrm{d}(\sqrt{x}) = \arctan\frac{\sqrt{x}}{2}\bigg|_0^1$$

$$= \arctan\frac{1}{2} - \lim_{x\to 0^+}\arctan\frac{\sqrt{x}}{2} = \arctan\frac{1}{2}$$

$$\int_1^{+\infty} \frac{1}{\sqrt{x}(4+x)}\mathrm{d}x = 2\int_1^{+\infty} \frac{1}{4+(\sqrt{x})^2}\mathrm{d}(\sqrt{x}) = \arctan\frac{\sqrt{x}}{2}\bigg|_1^{+\infty}$$

$$= \lim_{x\to+\infty}\arctan\frac{\sqrt{x}}{2} - \arctan\frac{1}{2}$$

$$= \frac{\pi}{2} - \arctan\frac{1}{2}$$

$$\int_0^{+\infty} \frac{1}{\sqrt{x}(4+x)}\mathrm{d}x = \int_0^1 \frac{1}{\sqrt{x}(4+x)}\mathrm{d}x + \int_1^{+\infty} \frac{1}{\sqrt{x}(4+x)}\mathrm{d}x$$

$$= \arctan\frac{1}{2} + \frac{\pi}{2} - \arctan\frac{1}{2} = \frac{\pi}{2}$$

例 13 当 $f(x)$ 为偶函数时，能否由 $\int_0^{+\infty} f(x)\mathrm{d}x$ 的敛散性确定反常积分 $\int_{-\infty}^{+\infty} f(x)\mathrm{d}x$ 的敛散性？等式 $\int_{-\infty}^{+\infty} f(x)\mathrm{d}x = 2\int_0^{+\infty} f(x)\mathrm{d}x$ 是否成立？判断反常积分 $\int_{-\infty}^{+\infty} \dfrac{x}{x^2+1}\mathrm{d}x$ 的敛散性，若收敛则求其值.

解 如果 $\int_0^{+\infty} f(x)\mathrm{d}x$ 发散，由反常积分的定义可知 $\int_{-\infty}^{+\infty} f(x)\mathrm{d}x$ 发散.

如果 $\int_0^{+\infty} f(x)\mathrm{d}x$ 收敛，下面研究反常积分 $\int_{-\infty}^{+\infty} f(x)\mathrm{d}x$ 的敛散性. 由于

$$\int_{-\infty}^{+\infty} f(x)\mathrm{d}x = \int_{-\infty}^0 f(x)\mathrm{d}x + \int_0^{+\infty} f(x)\mathrm{d}x$$

又

$$\int_{-\infty}^0 f(x)\mathrm{d}x \xlongequal{x=-t} \int_{+\infty}^0 -f(-t)\mathrm{d}t = \int_0^{+\infty} f(-t)\mathrm{d}t = \int_0^{+\infty} f(t)\mathrm{d}t$$

可见 $\int_{-\infty}^0 f(x)\mathrm{d}x$ 也收敛，因而 $\int_{-\infty}^{+\infty} f(x)\mathrm{d}x$ 收敛，且 $\int_{-\infty}^{+\infty} f(x)\mathrm{d}x = 2\int_0^{+\infty} f(x)\mathrm{d}x$ 成立.

上述命题中，将 $\int_0^{+\infty} f(x)\mathrm{d}x$ 换成 $\int_{-\infty}^0 f(x)\mathrm{d}x$，则结论仍然成立.

因为

$$\int_{-\infty}^{0}\frac{x}{x^2+1}dx = \frac{1}{2}\int_{-\infty}^{0}\frac{1}{x^2+1}d(1+x^2) = \frac{1}{2}\ln(1+x^2)\Big|_{-\infty}^{0}$$

$$= -\frac{1}{2}\lim_{x\to-\infty}\ln(1+x^2) = \infty$$

即反常积分 $\int_{-\infty}^{0}\frac{x}{x^2+1}dx$ 发散,所以 $\int_{-\infty}^{+\infty}\frac{x}{x^2+1}dx$ 发散.

思考:由例 13 可知,反常积分 $\int_{-\infty}^{+\infty}\frac{x}{x^2+1}dx$ 发散,但由下列解法可得该积分收敛于 0. 请读者想一想,错误的原因是什么?

$$\int_{-\infty}^{+\infty}\frac{x}{x^2+1}dx = \lim_{t\to+\infty}\int_{-t}^{t}\frac{x}{x^2+1}dx = \lim_{t\to+\infty}\frac{1}{2}\ln(1+x^2)\Big|_{-t}^{t} = 0$$

注:由上例可得以下结论:

(1) 如果 $\int_{0}^{+\infty}f(x)dx$ 收敛,且 $f(x)$ 为奇函数,则 $\int_{-\infty}^{+\infty}f(x)dx = 0$.

(2) 设 $f(x)$ 为奇函数(或偶函数),在 $[-a,a]$ 上除 $x=0$ 外连续,$f(x)$ 在 $x=0$ 的邻域内无界,则反常积分 $\int_{-a}^{a}f(x)dx$ 和 $\int_{0}^{a}f(x)dx$ 的敛散性相同. 此外,当 $\int_{0}^{a}f(x)dx$ 收敛时,若 $f(x)$ 为奇函数,则 $\int_{-a}^{a}f(x)dx = 0$;若 $f(x)$ 为偶函数,则 $\int_{-a}^{a}f(x)dx = 2\int_{0}^{a}f(x)dx$.

基础练习 10

1. 填空题.

(1) $\int_{-1}^{1}\frac{x+|x|}{1+x^2}dx = $ _____.

(2) $\int_{\frac{\pi}{2}}^{\frac{9\pi}{2}}(\sin^2 x + \sin 2x)|\sin x|dx = $ _____.

(3) $\int_{0}^{+\infty}xe^{-x}dx = $ _____.

(4) 设 $\lim\limits_{x\to\infty}\left(\frac{1+x}{x}\right)^{ax+1} = \int_{-\infty}^{a}te^t dt$,则 $a = $ _____.

(5) 若 $\int_{2}^{+\infty}\frac{1}{x(\ln x)^p}dx$ 收敛,则 p 的取值范围为_____.

2. 下列等式中成立的是　　　　　　　　　　　　　　　　　　　(　　)

　A. $\int_{-2}^{2}x^3\sin x\,dx = 0$　　　　　　　B. $\int_{-1}^{1}2e^{x^3}dx = 0$

　C. $\left[\int_{3}^{5}\ln x\,dx\right]' = \ln 5 - \ln 3$　　　D. $\int_{-1}^{1}x^5\cos x\,dx = 0$

3. 计算下列定积分：

(1) $\displaystyle\int_0^{\ln 2} \sqrt{e^x - 1}\, dx.$　　　　(2) $\displaystyle\int_0^{100\pi} \sqrt{1 - \cos 2x}\, dx.$

(3) $\displaystyle\int_1^e \cos(\ln x)\, dx.$

4. 计算下列定积分：

(1) $\displaystyle\int_0^{\frac{\pi}{4}} \dfrac{x}{\cos\left(\dfrac{\pi}{4} - x\right)\cos x}\, dx.$　　(2) $\displaystyle\int_0^{\frac{\pi}{2}} \dfrac{x + \sin x}{1 + \cos x}\, dx.$

(3) $\displaystyle\int_0^6 x^2 \sqrt{6x - x^2}\, dx.$

5. 设 $\dfrac{\ln x}{x}$ 是 $f(x)$ 的一个原函数,求 $\displaystyle\int_1^{\mathrm{e}} x f'(x)\mathrm{d}x$.

6. 已知函数 $f(x)=3x-\sqrt{1-x^2}\displaystyle\int_0^1 f^2(x)\mathrm{d}x$,求 $f(x)$.

7. 设 $f(x)=\begin{cases} x\sin^2 x, & x>0 \\ \dfrac{\sin x}{1+\cos^2 x}, & x\leqslant 0 \end{cases}$,求 $\displaystyle\int_0^{2\pi} f(x-\pi)\mathrm{d}x$.

8. 设 $f(x),g(x)$ 在区间 $[-a,a](a>0)$ 上连续,$g(x)$ 为偶函数,且 $f(x)$ 满足条件 $f(x)+f(-x)=A(A$ 为常数).

(1) 证明 $\int_{-a}^{a}f(x)g(x)\mathrm{d}x=A\int_{0}^{a}g(x)\mathrm{d}x.$

(2) 利用(1) 的结论计算定积分 $\int_{-\frac{\pi}{2}}^{\frac{\pi}{2}}\mid\sin x\mid\arctan\mathrm{e}^{x}\mathrm{d}x.$

9. 已知 $\int_{0}^{+\infty}\dfrac{\sin x}{x}\mathrm{d}x=\dfrac{\pi}{2}$,求 $\int_{0}^{+\infty}\dfrac{\sin^{2}x}{x^{2}}\mathrm{d}x.$

强化训练 10

1. 填空题.

(1) $\displaystyle\int_{-1}^{1}\sqrt{1-x^2}\ln\frac{x+\sqrt{1+x^2}}{2}\mathrm{d}x=$ _____.

(2) $\displaystyle\int_{1}^{+\infty}\frac{1}{x(1+x^2)}\mathrm{d}x=$ _____.

(3) 设连续非负函数 $f(x)$ 满足 $f(x)f(-x)=1$, 则 $\displaystyle\int_{-\frac{\pi}{2}}^{\frac{\pi}{2}}\frac{\cos x}{1+f(x)}\mathrm{d}x$

$=$ _____.

(4) 设 $f(x)$ 有连续的一阶导数, $f(0)=0,f'(0)\neq 0,F(x)=\displaystyle\int_{0}^{x}(x^2-t^2)f(t)\mathrm{d}t$, 且 $F'(x)$ 与 x^k 为同阶无穷小, 则 $k=$ _____.

2. 选择题.

(1) 设 $F(x)=\displaystyle\int_{x}^{x+2\pi}\mathrm{e}^{\sin t}\sin t\mathrm{d}t$, 则 $F(x)$ 　　　　　　　　　(　)

　　A. 为正常数　　　　　　　　B. 为负常数

　　C. 恒为零　　　　　　　　　D. 不为常数

(2) 下列广义积分中收敛的是 　　　　　　　　　　　　　　　　　(　)

　　A. $\displaystyle\int_{\mathrm{e}}^{+\infty}\frac{\ln x}{x}\mathrm{d}x$ 　　　　　　B. $\displaystyle\int_{\mathrm{e}}^{+\infty}\frac{1}{x\ln x}\mathrm{d}x$

　　C. $\displaystyle\int_{\mathrm{e}}^{+\infty}\frac{1}{x(\ln x)^2}\mathrm{d}x$ 　　　D. $\displaystyle\int_{\mathrm{e}}^{+\infty}\frac{1}{x\sqrt{\ln x}}\mathrm{d}x$

(3) 设 $f(x)$ 连续, 则 $\displaystyle\lim_{h\to 0}\frac{1}{h}\int_{a}^{x}[f(t+h)-f(t)]\mathrm{d}t$ 的值为 　(　)

　　A. $f(x)$ 　　　　　　　　　B. $f(x)-f(a)$

　　C. $f(a)$ 　　　　　　　　　D. $f(x)-f(a)$

3. 计算下列定积分:

(1) $\displaystyle\int_{\frac{1}{\mathrm{e}}}^{\mathrm{e}}|\ln x|\mathrm{d}x$. 　　　　　　(2) $\displaystyle\int_{0}^{\ln 2}\sqrt{1-\mathrm{e}^{-2x}}\mathrm{d}x$.

(3) $\int_0^\pi x \sqrt{\cos^2 x - \cos^4 x}\, dx.$ (4) $\int_0^{n\pi} x \mid \sin x \mid dx$ （n 是自然数）.

4. 计算 $\lim\limits_{x \to 0} \dfrac{\displaystyle\int_0^x tf(x^2 - t^2)\, dt}{\displaystyle\int_{x^2}^0 f(t)\, dt}.$

5. 设函数 $y = y(x)$ 满足 $\Delta y = \dfrac{1-x}{\sqrt{2x - x^2}}\Delta x + o(\Delta x)$，且 $y(1) = 1$，

求 $\int_0^1 y(x)\, dx.$

6. 设 $f(x)$ 连续,且 $\int_0^x tf(2x-t)\mathrm{d}t = \dfrac{1}{2}\arctan x^2$，$f(1)=1$，求 $\int_1^2 f(x)\mathrm{d}x$.

7. 证明柯西积分不等式：若 $f(x)$ 和 $g(x)$ 都在 $[a,b]$ 上可积，则有

$$\left(\int_a^b f(x)g(x)\mathrm{d}x\right)^2 \leqslant \left(\int_a^b f^2(x)\mathrm{d}x\right)\left(\int_a^b g^2(x)\mathrm{d}x\right).$$

8. 当 k 为何值时，广义积分 $\displaystyle\int_2^{+\infty} \dfrac{\mathrm{d}x}{x\,(\ln x)^k}$ 收敛？当 k 为何值时，该反常积分发散？又当 k 为何值时，该反常积分取得最小值？

第 9—10 讲阶段能力测试

阶段能力测试 A

一、填空题(每小题 3 分,共 15 分)

1. $\displaystyle\int_0^{+\infty} \frac{\ln x}{1+x^2}\mathrm{d}x = $ _____.

2. 设 $f(x)$ 为连续函数,且 $f(x) = x + 2\displaystyle\int_0^1 f(t)\mathrm{d}t$,则 $f(x) = $ _____.

3. $\displaystyle\lim_{n\to\infty}\sum_{i=1}^{n}\frac{i}{n^2}\ln\left(1+\frac{i^2}{n^2}\right) = $ _____.

4. 设 $f(x)$ 为连续函数,且 $\displaystyle\lim_{x\to 0}\frac{f(x)}{x} = 1$,求 $\displaystyle\lim_{x\to 0}\frac{\displaystyle\int_0^x f(at)\mathrm{d}t}{x^2} = $ _____.

5. 设 $n\displaystyle\int_0^1 xf'(2x)\mathrm{d}x = \int_0^2 xf'(x)\mathrm{d}x$,则 $n = $ _____.

二、选择题(每小题 3 分,共 15 分)

1. 若函数 $f(x)$ 在区间 $[a,b]$ 上可积,则下列选项中成立的是 ( )

   A. $\left|\displaystyle\int_a^b f(x)\mathrm{d}x\right| \leqslant \int_a^b |f(x)|\mathrm{d}x$　　　B. $\left|\displaystyle\int_a^b f(x)\mathrm{d}x\right| \geqslant \int_a^b |f(x)|\mathrm{d}x$

   C. $\displaystyle\int_a^b f(x)\mathrm{d}x = \int_a^b |f(x)|\mathrm{d}x$　　　D. $\displaystyle\int_a^b f(x)\mathrm{d}x = \left|\int_a^b f(x)\mathrm{d}x\right|$

2. $\displaystyle\int_{-2\pi}^{4\pi}(1-\sin x)\mathrm{d}x = $ ( )

   A. 2π　　　　　B. 4π　　　　　C. 6π　　　　　D. 8π

3. 设 $F(x) = \displaystyle\int_{-x^2}^{-x^3}\mathrm{e}^t\mathrm{d}t$,则 $F'(x) = $ ( )

   A. $\mathrm{e}^{x^2} - \mathrm{e}^{x^3}$　　　　　　　B. $\mathrm{e}^{x^2} - \mathrm{e}^{x^3}$

   C. $2x\mathrm{e}^{-x^2} - 3x^2\mathrm{e}^{-x^3}$　　　　D. $2t\mathrm{e}^{t^2} - 3t^2\mathrm{e}^{t^3}$

4. 设函数 $f(x)$ 为 $(-\infty, +\infty)$ 上的奇函数且可导,则下列函数中为奇函数的是 ( )

   A. $\sin f'(x)$　　　　　　　　　B. $\displaystyle\int_0^x \sin t \cdot f(t)\mathrm{d}t$

   C. $\displaystyle\int_0^x f(\sin t)\mathrm{d}t$　　　　　　D. $\displaystyle\int_0^x [\sin t + f(t)]\mathrm{d}t$

5. 设 $f(x) = \begin{cases} x, & x \geqslant 0 \\ e^x, & x < 0 \end{cases}$，则 $\int_{-1}^{2} f(x)\mathrm{d}x =$ （   ）

  A. $3 - \dfrac{1}{e}$ B. $3 + \dfrac{1}{e}$ C. e   D. ∞

三、计算下列积分（每题 6 分，共 18 分）

 1. $\displaystyle\int_{-\frac{\pi}{2}}^{\frac{\pi}{2}} \left(\dfrac{\cos x}{2 + \sin x} + x^2 \sin x \right) \mathrm{d}x.$ 2. $\displaystyle\int_{0}^{\frac{\pi}{2}} \dfrac{\sin x - \cos x}{1 + \sin 2x} \mathrm{d}x.$

 3. 设 $f(x) = \displaystyle\int_{0}^{x} e^{\cos t} \mathrm{d}t$，求 $\displaystyle\int_{0}^{\pi} f(x)\cos x \, \mathrm{d}x.$

四、（本题满分 8 分）设 $g(x) = \begin{cases} \sin x, & 0 \leqslant x \leqslant \dfrac{\pi}{2} \\ 0, & x > \dfrac{\pi}{2} \end{cases}$，又 $x \geqslant 0$ 时，$f(x) = x.$ 当

$x \geqslant 0$ 时，求 $\displaystyle\int_{0}^{x} f(t)g(x-t)\mathrm{d}t.$

五、(本题满分 8 分) 求 $f(x) = \int_0^{x^2} (2-t)e^{-t}dt$ 的最大值与最小值.

六、(本题满分 8 分) 设 $f(0) = 1, f(2) = 3, f'(2) = 5$,求 $\int_0^1 xf''(2x)dx$(设 $f''(x)$ 连续).

七、(本题满分 8 分) 设 $f(x)$ 为连续函数,证明:$\int_a^b f(x)dx = \int_a^b f(a+b-x)dx.$

八、(本题满分 10 分) 设 $f(x), g(x)$ 在 $[a,b]$ 上连续,证明:存在 $\xi \in (a,b)$,使得

$$f(\xi) \int_{\xi}^{b} g(x) \mathrm{d}x = g(\xi) \int_{a}^{\xi} f(x) \mathrm{d}x.$$

九、(本题满分 10 分) 设 $f(x)$ 是区间 $[0, +\infty)$ 上单调减少且非负的连续函数,

$$a_n = \sum_{k=1}^{n} f(k) - \int_{1}^{n} f(x) \mathrm{d}x (n = 1, 2, \cdots),$$ 证明:数列 $\{a_n\}$ 的极限存在.

阶段能力测试 B

一、填空题(每小题 **3** 分,共 **15** 分)

1. 用定积分定义计算 $\int_0^1 \sqrt{4 - x^2}\, \mathrm{d}x =$ _____.

2. 估计积分值: _____ $\leqslant \int_{\frac{\pi}{4}}^{\frac{5\pi}{4}} (1 + \sin^2 x)\mathrm{d}x \leqslant$ _____.

3. $\int_{-2}^{2} \dfrac{1 + \arctan x}{4 + x^2}\, \mathrm{d}x =$ _____.

4. $\lim\limits_{n \to \infty} \int_n^{n+2} \dfrac{x^2}{\mathrm{e}^{x^2}}\, \mathrm{d}x =$ _____.

5. 反常积分 $\int_e^1 \dfrac{\mathrm{d}x}{x \ln^2 x}$ 的敛散性为_____.

二、选择题(每小题 **3** 分,共 **15** 分)

1. 下列广义积分中发散的是 ( )

   A. $\int_{-1}^1 \dfrac{\mathrm{d}x}{\sqrt{1 - x^2}}$ B. $\int_{-1}^1 \dfrac{\mathrm{d}x}{\sqrt[3]{x^4}}$

   C. $\int_1^{+\infty} \dfrac{\ln^2 x}{x^2}\mathrm{d}x$ D. $\int_0^{+\infty} x^{10} \mathrm{e}^{-x^2}\mathrm{d}x$

2. 设 $\alpha = \int_0^{5x} \dfrac{\sin t}{t}\mathrm{d}t, \beta = \int_0^{\sin x}(1+t)^{\frac{1}{t}}\mathrm{d}t$,则当 $x \to 0$ 时,两个无穷小的关系是 ( )

   A. 高阶无穷小   B. 低阶无穷小
   C. 同阶非等价无穷小   D. 等价无穷小

3. 设 $f(x)$ 为连续函数,且 $I = t\int_0^{\frac{s}{t}} f(tx)\mathrm{d}x$,其中 $t \neq 0$,则 I ( )

   A. 依赖于 s 与 t B. 依赖于 s,不依赖于 t
   C. 依赖于 t,不依赖于 s D. 不依赖于 s 与 t

4. 设 $f(x)$ 在 $[a, b]$ 上可导,且 $f'(x) > 0$,若 $\Phi(x) = \int_a^x f(t)\mathrm{d}t$,则下列说法中正确的是 ( )

   A. $\Phi(x)$ 在 $[a, b]$ 上单调减少   B. $\Phi(x)$ 在 $[a, b]$ 上单调增加
   C. $\Phi(x)$ 在 $[a, b]$ 上为凹函数   D. $\Phi(x)$ 在 $[a, b]$ 上为凸函数

5. 设 $F(x) = \int_0^x \dfrac{\mathrm{d}u}{1+u^2} + \int_0^{\frac{1}{x}} \dfrac{\mathrm{d}u}{1+u^2}(x>0)$,则 （   ）

    A. $F(x) \equiv 0$ B. $F(x) \equiv \dfrac{\pi}{2}$

    C. $F(x) \equiv \arctan x$ D. $F(x) \equiv 2\arctan x$

三、计算题(每题 5 分,共 20 分)

1. $\displaystyle\int_0^{\frac{\pi}{4}} x \tan^2 x \,\mathrm{d}x.$ 2. $\displaystyle\int_0^{\pi} x \sin^9 x \,\mathrm{d}x.$

3. $\displaystyle\int_0^{\pi} \dfrac{1}{1+\sin^2 x} \,\mathrm{d}x.$ 4. $\displaystyle\int_{\frac{1}{2}}^{2} \left(1+x-\dfrac{1}{x}\right) \mathrm{e}^{x+\frac{1}{x}} \,\mathrm{d}x.$

四、(本题满分 10 分) 设 $f(x)$ 在区间 $[-\pi,\pi]$ 上连续,且 $f(x) = \dfrac{x}{1+\cos^2 x} + \displaystyle\int_{-\pi}^{\pi} f(x)\sin x\,\mathrm{d}x$,求 $f(x)$.

五、(本题满分 10 分) 设 $f(x)$ 满足等式 $xf'(x) - f(x) = \sqrt{2x - x^2}$,且 $f(1) = 4$,求 $\displaystyle\int_0^1 f(x)\,\mathrm{d}x$.

六、(本题满分 10 分) 设 $f(x)$ 的一个原函数为 $\dfrac{\sin x}{x}$,求 $\displaystyle\int_{\frac{\pi}{2}}^{\pi} xf'(x)\,\mathrm{d}x$.

七、(本题满分 **10** 分) 设 $f(x)$ 在区间 $[0,1]$ 上可导, $f(1) = 2\int_0^{\frac{1}{2}} x^2 f(x) \mathrm{d}x$. 证明:
存在 $\eta \in (0,1)$, 使得 $2f(\eta) + \eta f'(\eta) = 0$.

八、(本题满分 **10** 分) 设 $f'(x)$ 在 $[0,1]$ 上连续, 且 $f(1) - f(0) = 1$. 证明:
$\int_0^1 [f'(x)]^2 \mathrm{d}x \geqslant 1$.

第 11 讲 定积分的应用

11.1 内容提要与归纳

11.1.1 元素法

1) 某个所求量 U 可以用定积分来计算的条件

(1) U 是与某个变量 x 的变化区间 $[a,b]$ 有关的量；

(2) U 对于区间 $[a,b]$ 具有可加性；

(3) 部分量 ΔU_i 可表示成 $f(\xi_i)\Delta x_i$.

2) 用元素法求量 U 的一般过程(见表 11-1)

表 11-1

微元的过程	对应定积分的部分	注意点
U 怎么分,确定分法	确定积分变量 x 及积分区间 $[a,b]$	
ΔU 的近似值怎么算, 得到 $\mathrm{d}U=f(x)\mathrm{d}x$	确定被积表达式 $f(x)\mathrm{d}x$	$\Delta U-f(x)\mathrm{d}x=o(x)$
$U=\displaystyle\int_a^b f(x)\mathrm{d}x$		

11.1.2 面积

1) 直角坐标系下平面图形的面积(见图 11-1 至 11-4)

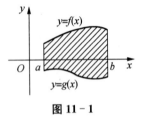

图 11-1

$$A=\int_a^b [f(x)-g(x)]\mathrm{d}x$$

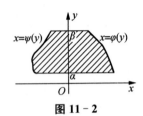

图 11-2

$$A=\int_\alpha^\beta [\varphi(y)-\psi(y)]\mathrm{d}y$$

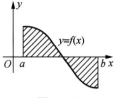

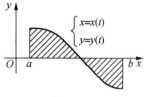

图 11 - 3

图 11 - 4

$$S = \int_a^b \mid f(x) \mid \mathrm{d}x$$

$$S = \int_{t_1}^{t_2} \mid y(t) \mid x'(t)\mathrm{d}t$$

$x = a$ 时, $t = t_1$；$x = b$ 时, $t = t_2$

2) 极坐标下平面图形的面积(见图 11 - 5 至 11 - 8)

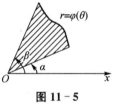

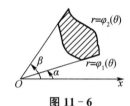

图 11 - 5

图 11 - 6

$$S = \frac{1}{2} \int_\alpha^\beta \varphi^2(\theta)\mathrm{d}\theta$$

$$A = \frac{1}{2} \int_\alpha^\beta [\varphi_2^2(\theta) - \varphi_1^2(\theta)]\mathrm{d}\theta$$

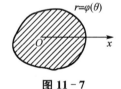

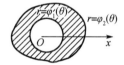

图 11 - 7

图 11 - 8

$$A = \frac{1}{2} \int_0^{2\pi} [\varphi(\theta)]^2 \mathrm{d}\theta$$

$$A = \frac{1}{2} \int_0^{2\pi} [\varphi_2^2(\theta) - \varphi_1^2(\theta)]\mathrm{d}\theta$$

3) 旋转体侧面积

由曲线 $y = f(x)$，直线 $x = a$，$x = b$ 及 x 轴围成的曲边梯形绕 x 轴旋转一周而成的旋转曲面的侧面积为

$$S = 2\pi \int_a^b \mid f(x) \mid \sqrt{1 + f'^2(x)}\,\mathrm{d}x(b > a)$$

11.1.3　体积

1) 旋转体的体积

（1）由曲线 $y = f(x)$，直线 $x = a$，$x = b(a < b)$ 及 x 轴所围成的曲边梯形绕 x 轴旋转一周而成的旋转体（如图 11 - 9 所示）的体积为

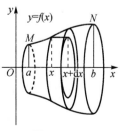

图 11 - 9

$$V = \int_a^b \pi y^2 \, dx = \int_a^b \pi \left[f(x) \right]^2 dx$$

(2) 由曲线 $x = \varphi(y)$,直线 $y = c, y = d(c < d)$ 与 y 轴所围成的曲边梯形绕 y 轴旋转一周而成的旋转体的体积(如图 11-10 所示)为

$$V = \int_c^d \pi x^2 \, dx = \int_c^d \pi \left[\varphi(y) \right]^2 dy$$

(3) 柱壳法(绕 y 轴旋转对 x 积分):由曲线 $y = f(x)$,直线 $x = a, x = b(a < b)$ 及 x 轴所围成的曲边梯形绕 y 轴旋转一周而成的旋转体的体积为

$$V = 2\pi \int_a^b x \mid f(x) \mid dx$$

2) 截面面积已知的立体的体积

设对任意的 $x \in [a,b]$,过点 x 且垂直于 x 轴的平面所切下的立体的截面面积 $A(x)$ 是已知的连续函数(如图 11-11 所示),则该立体的体积为

$$V = \int_a^b A(x) \, dx (a < b)$$

其中 $A(x) \, dx = dV$ 为体积元素.

11.1.4 弧长

光滑可求长的曲线的弧长微元形式为

$$ds = \sqrt{(dx)^2 + (dy)^2}$$

表 11-2 列出了常用弧长公式.

表 11-2

曲线方程形式		弧长公式
直角坐标方程	$y = f(x), x \in [a,b]$	$s = \int_a^b \sqrt{1 + f'^2(x)} \, dx$
	$x = g(y), y \in [c,d]$	$s = \int_c^d \sqrt{1 + g'^2(y)} \, dy$
参数方程	$\begin{cases} x = x(t) \\ y = y(t) \end{cases}, t \in [t_1, t_2]$	$s = \int_{t_1}^{t_2} \sqrt{x'^2(t) + y'^2(t)} \, dt$
极坐标方程	$r = r(\theta), \theta \in [\alpha, \beta]$	$s = \int_\alpha^\beta \sqrt{r^2(\theta) + r'^2(\theta)} \, d\theta$

11.1.5　物理应用(理)

1) 变力沿直线做功

物体在变力 $F(x)$ 的作用下,沿直线从 a 运动到 b 所做的功为

$$W = \int_a^b \mathrm{d}W = \int_a^b F(x)\mathrm{d}x$$

2) 压力、引力

注:做功、压力、引力等物理问题往往没有现成的积分公式,利用微元法进行分析讨论即可.

3) * 平均值和均方根

(1) 连续函数 $y = f(x)$ 在区间 $[a,b]$ 上的平均值是

$$\bar{y} = \frac{1}{b-a} \int_a^b f(x)\mathrm{d}x$$

(2) 连续函数 $y = f(x)$ 在区间 $[a,b]$ 上的均方根是

$$\sqrt{\frac{1}{b-a} \int_a^b f(x)\mathrm{d}x}$$

平均值和均方根在物理学和力学上有许多应用,例如计算平均速度、平均功率、电流的有效值等.

11.1.6　经济应用(文)

设经济应用函数 $u(x)$ 的边际函数为 $u'(x)$,则有

$$\int_0^x u'(x)\mathrm{d}x = u(x)\Big|_0^x = u(x) - u(0)$$

所以 $u(x) = \int_0^x u'(x)\mathrm{d}x + u(0)$.

经济应用函数 $u(x)$ 常为需求函数、生产函数、成本函数、收益函数等. 在经济管理中,可以利用边际函数 $u'(x)$,求出总量函数 $u(x)$ 或 $u(x)$ 在区间 $[a,b]$ 上的改变量

$$u(b) - u(a) = u(x)\Big|_a^b = \int_0^x u'(x)\mathrm{d}x$$

(1) 已知某产品的边际成本为 $C'(x)$(x 表示产量),固定成本 $C(0)$,则总成本函数为

$$C(x) = \int_0^x C'(x)\mathrm{d}x + C(0) = 变动成本 + 固定成本$$

(2) 已知某产品的边际收入为 $R'(x)$(x 表示销量),则总收入函数为

$$R(x) = \int_0^x R'(x)\mathrm{d}x \quad (一般假定 R(0) = 0)$$

(3) 已知某产品的边际收入为 $R'(x)$、边际成本为 $C'(x)$(x 表示销量),则总利润函数为

$$L(x) = R(x) - C(x) = \int_0^x [R'(x) - C'(x)] \mathrm{d}x - C(0)$$

（4）已知某产品的边际需求为 $Q'(x)$（x 表示价格），最大需求量为 $Q(0)$，则总需求函数为

$$Q(x) = \int_0^x Q'(x) \mathrm{d}x + Q(0)$$

11.2 典型例题分析

例 1 计算曲线 $(y-1)^2 = x+1$ 及 $y = x$ 所围图形的面积.

分析 两曲线所围图形如图 11-12 所示. 用 x 为积分变量时，需要将所求面积分为 A_1 和 A_2 两块分别计算. 若用 y 为积分变量，则不需要分块.

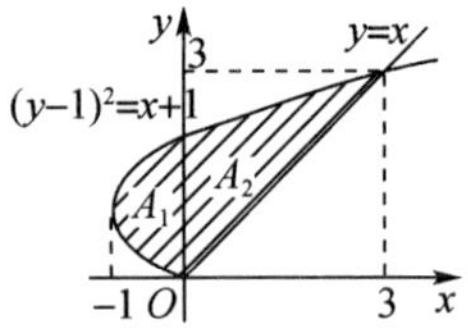

解 将两条边界曲线的方程改写成 $x = y$ 与 $x = (y-1)^2 - 1$，取 y 为积分变量，则

$$A = \int_0^3 [y - (y-1)^2 + 1] \mathrm{d}y = \int_0^3 (3y - y^2) \mathrm{d}y$$
$$= \left[\frac{3}{2} y^2 - \frac{1}{3} y^3 \right]_0^3 = \frac{9}{2}$$

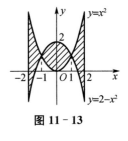

图 11-12

> **小贴士** 平面直角坐标系下计算面积时，根据图形特点选取合适的积分变量，遵循少分块的原则，选择使解题过程相对比较简单的公式来计算.

例 2 求曲线 $y = x^2$，$y = 2 - x^2$ 以及 $x = -2$，$x = 2$ 所围图形的面积.

分析 如图 11-13 所示. 取 x 为积分变量，则积分区间为 $[-2, 2]$. 被积函数为 $|x^2 - (2 - x^2)|$，此时被积函数为分段函数，用积分区间的可加性计算积分.

解 $A = \int_{-2}^2 |x^2 - (2 - x^2)| \mathrm{d}x$

$$= \int_{-2}^{-1} [x^2 - (2 - x^2)] \mathrm{d}x + \int_{-1}^1 [(2 - x^2) - x^2] \mathrm{d}x$$
$$+ \int_1^2 [x^2 - (2 - x^2)] \mathrm{d}x = 8$$

图 11-13

注：① 本题可利用图形的对称性，将面积转化到区间 $[0,2]$ 上进行计算；② 当被积函数为分段函数时，注意正确分段及确定被积函数的表达式.

例 3 求介于两椭圆 $\dfrac{x^2}{a^2} + \dfrac{y^2}{b^2} = 1$ 与 $\dfrac{x^2}{b^2} + \dfrac{y^2}{a^2} = 1 (a > b > 0)$ 之间的图形的面积.

分析 由于图形的对称性，两椭圆的交点在直线 $y = x$ 和 $y = -x$ 上，因此所求面积 S 为在第一象限中由直线 $y = x$，x 轴及椭圆 $\dfrac{x^2}{b^2} + \dfrac{y^2}{a^2} = 1$ 所围图形的面积的

8 倍,为方便起见将 $\dfrac{x^2}{b^2} + \dfrac{y^2}{a^2} = 1$ 化成极坐标方程.

解　设 $\begin{cases} x = \rho\cos\theta \\ y = \rho\sin\theta \end{cases}$,则椭圆的极坐标方程为

$$\rho^2 = \frac{a^2 b^2}{a^2 \cos^2\theta + b^2 \sin^2\theta}$$

于是所求面积为

$$S = 8 \cdot \frac{1}{2} \int_0^{\frac{\pi}{4}} \rho^2(\theta)\mathrm{d}\theta = 4a^2 b^2 \int_0^{\frac{\pi}{4}} \frac{1}{a^2 \cos^2\theta + b^2 \sin^2\theta}\mathrm{d}\theta$$

$$= 4b^2 \int_0^{\frac{\pi}{4}} \frac{1}{\cos^2\theta\left(1 + \dfrac{b^2}{a^2}\tan^2\theta\right)}\mathrm{d}\theta$$

$$= 4ab \int_0^{\frac{\pi}{4}} \frac{1}{1 + \dfrac{b^2}{a^2}\tan^2\theta}\mathrm{d}\left(\frac{b}{a}\tan\theta\right)$$

$$= 4ab\arctan\left(\frac{b}{a}\tan\theta\right)\Big|_0^{\frac{\pi}{4}}$$

$$= 4ab\arctan\left(\frac{b}{a}\right)$$

思考: 如果这题中的椭圆方程用参数方程表示,计算过程会怎么样呢?读者可自行思考,并加以比较.

例 4　从抛物线 $y = x^2 - 1$ 上的点 P 引抛物线 $y = x^2$ 的切线,证明:该切线与 $y = x^2$ 所围成图形的面积与 P 点的位置无关.

证明　如图 $11-14$ 所示,设 $Q_1(x_1, y_1), Q_2(x_2, y_2)$ 分别表示点 $P(x_0, y_0)$ 向抛物线 $y = x^2$ 引出的两条切线的切点.

由 $K_{PQ_1} = 2x_1$,得 PQ_1 的方程 $y - y_0 = 2x_1(x - x_0)$.

因为 $y_0 = x_0^2 - 1$,又 $Q_1(x_1, y_1)$ 在抛物线 $y = x^2$ 上,故有 $y_1 = x_1^2$,所以

$$x_1^2 - (x_0^2 - 1) = 2x_1(x_1 - x_0)$$

从而有

$$(x_1 - x_0)^2 = 1$$

即

$$x_1 = x_0 + 1, x_1 = x_0 - 1$$

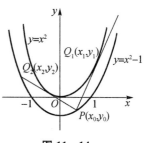

图 11－14

于是切线 PQ_1, PQ_2 的方程分别为

$$y = 2(x_0 + 1)x - (x_0 + 1)^2$$

$$y = 2(x_0 - 1)x - (x_0 - 1)^2$$

由 $y = x^2$,得切线 PQ_1, PQ_2 所围图形的面积为

$$S = \int_{x_2}^{x_0} \left[x^2 - 2(x_0 - 1)x + (x_0 - 1)^2 \right] \mathrm{d}x + \int_{x_0}^{x_1} \left[x^2 - 2(x_0 + 1)x + (x_0 + 1)^2 \right] \mathrm{d}x$$

$$= \int_{x_0 - 1}^{x_0} \left[x^2 - 2(x_0 - 1)x + (x_0 - 1)^2 \right] \mathrm{d}x + \int_{x_0}^{x_0 + 1} \left[x^2 - 2(x_0 + 1)x + (x_0 + 1)^2 \right] \mathrm{d}x$$

$$= \frac{2}{3}$$

由此可见 S 与 x_0 无关，故 S 与 P 点的位置无关.

例 5 求圆 $r = 1$ 被心形线 $r = 1 + \cos\theta$ 所分割成的两部分的面积.

分析 要求面积的图形如图 11-15 所示，其中阴影部分的面积记为 A_2，另一块的面积记为 A_1. 由于面积关于极轴对称，故只要算出极轴上方图形的面积即可.

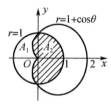

图 11-15

解 解方程 $\begin{cases} r = 1 \\ r = 1 + \cos\theta \end{cases}$，得两条曲线的交点所对应的极角 $\theta = \frac{\pi}{2}$.

由对称性得

$$A_1 = 2 \left[\frac{1}{4} \pi \times 1^2 - \int_{\frac{\pi}{2}}^{\pi} \frac{1}{2} (1 + \cos\theta)^2 \mathrm{d}\theta \right]$$

$$= \frac{\pi}{2} - \int_{\frac{\pi}{2}}^{\pi} (1 + 2\cos\theta + \cos^2\theta) \mathrm{d}\theta$$

$$= 2 - \frac{\pi}{4}$$

$$A_2 = \pi - A_1 = \frac{5}{4}\pi - 2$$

例 6 设 $y = f(x)$ 是区间 $[0,1]$ 上的任一非负连续函数.

(1) 试证：存在 $x_0 \in (0,1)$，使得在区间 $[0, x_0]$ 上以 $f(x_0)$ 为高的矩形的面积等于在区间 $[x_0, 1]$ 上以 $y = f(x)$ 为曲边的曲边梯形的面积.

(2) 又设 $f(x)$ 在区间 $(0,1)$ 内可导，且 $f'(x) > \dfrac{2f(x)}{x}$，证明：(1) 中的 x_0 是唯一的.

分析 这是一道综合题，涉及 x_0 的存在性及唯一性问题，因而需要先利用面积构造出辅助函数，借助罗尔中值定理证明 x_0 的存在性；再利用函数的单调性，进一步推知 x_0 的唯一性.

证明 (1) 根据题设条件，已知矩形的面积是 $A_1 = x_0 f(x_0)$，而曲边梯形的面积是 $A_2 = \displaystyle\int_{x_0}^{1} f(x) \mathrm{d}x$.

设函数 $F(x) = x \displaystyle\int_{x}^{1} f(t) \mathrm{d}t$，则

$$F(0) = F(1) = 0, \text{且} F'(x) = \int_{x}^{1} f(t) \mathrm{d}t - x f(x) \tag{※}$$

对函数 $F(x)$ 在区间 $[0,1]$ 上应用罗尔定理可知，$\exists x_0 \in (0,1)$，使得 $F'(x_0) = 0$，此式即为

$$A_1 = x_0 f(x_0) = \int_{x_0}^{1} f(x)\mathrm{d}x = A_2$$

(2) 因为当 $x \in (0,1)$ 时，$f'(x) > \dfrac{2f(x)}{x}$，此式又可写为 $xf'(x) > 2f(x)$，又已知 $f(x) \geqslant 0$，所以对式（※）再求导，得

$$F''(x) = -f(x) - f(x) - xf'(x) = -4f(x) - [xf'(x) - 2f(x)]$$
$$< -4f(x) \leqslant 0$$

上式表明 $F'(x)$ 在 $(0,1)$ 内单调减少．因此，方程 $F'(x_0) = 0$ 在开区间 $(0,1)$ 内至多有一个根．综合 (1) 的证明可知，(1) 中的 x_0 是唯一的．

例 7 求心形线 $\rho = 4(1+\cos\theta)$ 和直线 $\theta = 0$，$\theta = \dfrac{\pi}{2}$ 围成的图形绕极轴旋转所成旋转体的体积．

分析 本题的心形线为极坐标形式，可先将方程化成参数形式，极角 θ 为参数，然后代入旋转体体积计算公式．

解 由 $\rho = 4(1+\cos\theta)$ 得
$$x = 4(1+\cos\theta)\cos\theta$$
$$y = 4(1+\cos\theta)\sin\theta$$

$\theta = 0$ 时，$\rho = 8$，如图 11－16 所示．故

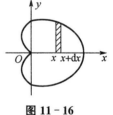

$$V = \int_{0}^{8} \pi y^2 \mathrm{d}x$$
$$= -\int_{\frac{\pi}{2}}^{0} \pi \cdot 16(1+\cos\theta)^2 \sin^2\theta \cdot 4(\sin\theta + 2\sin\theta\cos\theta)\mathrm{d}\theta$$
$$= 64\pi \int_{0}^{\frac{\pi}{2}} (1+\cos\theta)^2 \sin^3\theta \cdot (1+2\cos\theta)\mathrm{d}\theta = 160\pi$$

图 11－16

注: 积分中将 x,y 换成 $x(\theta),y(\theta)$ 时，务必注意积分上下限的位置．

例 8 一平面图形由抛物线 $x = y^2 + 2$ 与该抛物线上点 $(3,1)$ 处的法线以及 x 轴、y 轴所围成，求该图形绕 y 轴旋转所得旋转体的体积．

分析 先求出抛物线在点 $(3,1)$ 处的法线方程，再结合图形列出求体积的公式．

解 题设图形如图 11－17 所示．

由 $x = y^2 + 2$ 求导得 $y' = \dfrac{1}{2y}$，故

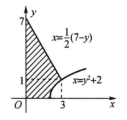

$$y' \Big|_{\substack{x=3 \\ y=1}} = \frac{1}{2}$$

从而法线的斜率 $k = -2$．

于是抛物线在点 $(3,1)$ 处的法线方程为

$$y - 1 = -2(x - 3)$$

图 11－17

即

$$x = \frac{1}{2}(7 - y)$$

该法线交 y 轴于点 $(0,7)$，由体积公式得

$$V = \pi \int_0^1 (y^2 + 2)^2 \mathrm{d}y + \frac{1}{3}\pi \cdot 3^2 \cdot (7 - 1)$$

$$= \pi \int_0^1 (y^4 + 4y^2 + 4)\mathrm{d}y + 18\pi = \frac{353}{15}\pi$$

例 9 证明：由平面图形 $0 \leqslant a \leqslant x \leqslant b, 0 \leqslant y \leqslant f(x)$ 绕 y 轴旋转所成旋转体的体积为 $V = 2\pi \int_a^b x f(x)\mathrm{d}x$.

分析 本例中的旋转体可看作由一系列圆柱形薄壳所组成的，因此可以将此柱壳的体积作为体积元素，用元素法求解.

证明 取 x 为积分变量，$a \leqslant x \leqslant b$，则内圆半径为 x，厚度为 $\mathrm{d}x$，高为 $f(x)$ 的圆柱形薄壳的体积为

$$\Delta V = \pi (x + \mathrm{d}x)^2 \cdot f(x) - \pi x^2 \cdot f(x) \text{（两圆柱体的体积之差）}$$

$$= 2\pi x f(x)\mathrm{d}x + \pi (\mathrm{d}x)^2 \cdot f(x)$$

由于 $\Delta V - 2\pi x f(x)\mathrm{d}x = \pi f(x)(\mathrm{d}x)^2$ 是 $\mathrm{d}x$ 的高阶无穷小，故可取体积元素

$$\mathrm{d}V = 2\pi x f(x)\mathrm{d}x$$

于是

$$V = 2\pi \int_a^b x f(x)\mathrm{d}x$$

注：此例的结论可作为公式直接使用. 类似地可以证明：由平面图形 $0 \leqslant c \leqslant y \leqslant d, 0 \leqslant x \leqslant g(y)$ 绕 x 轴旋转所成旋转体的体积为

$$V = 2\pi \int_c^d y g(y)\mathrm{d}y$$

例 10 求由曲线 $y = 4 - x^2$ 及 $y = 0$ 所围成的平面图形绕直线 $x = 3$ 旋转一周所得旋转体的体积.

分析 由于所求体积为平面图形绕平行于坐标轴的直线旋转所得，故不能直接用旋转体体积公式来计算. 可采用元素法求出体积元素，进而求出体积；也可采用坐标平移的思想，通过坐标轴平移将所给直线变成新坐标系下的坐标轴，再利用已有的旋转体体积公式求解. 下面用元素法求解.

解 如图 11-18 所示，选择 y 为积分变量，$y \in [0, 4]$.

设 $[y, y + \mathrm{d}y] \subset [0, 4]$，则图中相应的阴影部分绕直线 $x = 3$ 旋转所得旋转体的体积为

$$\Delta V \approx \pi \mid PM \mid^2 \cdot \mathrm{d}y - \pi \mid QM \mid^2 \cdot \mathrm{d}y \quad \text{（两圆柱体的体积之差）}$$

由此可得体积元

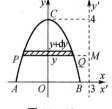

图 11-18

$$dV = \pi \left(3 + \sqrt{4-y}\right)^2 dy - \pi \left(3 - \sqrt{4-y}\right)^2 dy$$
$$= 12\pi \sqrt{4-y}\,dy$$

因此,所求体积为

$$V = 12\pi \int_0^4 \sqrt{4-y}\,dy = 64\pi$$

注:平移坐标轴的方法读者可自行思考.

例 11　设 1 N 的力能使弹簧伸长 1 cm,现在要使弹簧伸长 6 cm,问需做多少功?(理)

解　根据胡克定理,弹簧的伸长量 x 与所受力 F 的大小成正比,即 $F = kx$, k 为比例系数. 根据已知条件,$1 = k \times 0.01$,故 $k = 100$,于是

$$F = 100x$$

从而在 $[x, x + dx]$ 上,力 F 所做的功为

$$dW = 100x\,dx$$

$$W = \int_0^{0.06} 100x\,dx = 50x^2 \Big|_0^{0.06} = 0.18 \text{ J}$$

例 12　半径为 r 的球沉入水中,其最高点与水面相接,球的密度为 1,现将球从水中取出,问要做多少功?(理)

解法一　如图 11-19 所示建立合适的直角坐标系,图中圆的方程为 $x^2 + (y-r)^2 = r^2$. 将球从水中取出恰离水面时,球中相当于 $[y, y + dy]$ 的小薄片总的行程 $2r$,其中在水中移动的行程为 y,由于球的密度为 1,重力与浮力的合力为零,故做功为零;其余行程为 $2r - y$,故克服重力 $\pi x^2 dy$ 所做功为

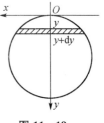

图 11 - 19

$$dW = (2r-y)\pi x^2 dy = (2r-y)\pi[r^2 - (y-r)^2]dy$$

$$W = \int_0^{2r} (2r-y)\pi[r^2 - (y-r)^2]dy = \frac{4}{3}\pi r^4$$

解法二　事实上所求功等于把球的质量 $\frac{4}{3}\pi r^3$ 集中到球心,设 h 为球露出水面的高度,则

$$W = \int_0^{2r} \pi h^2 \left(r - \frac{h}{3}\right)dh = \frac{4}{3}\pi r^4$$

注:用元素法求解物理问题时,往往要选择适当的坐标系,坐标系选择得不一样,所求量的元素表达式和积分限往往也会不一样,从而计算的繁简就不一样. 因此,在选择坐标系时,应注意使所求量的元素表达式尽可能简单.

例 13　设有半径为 R 的圆盘,面密度 μ 分别为:(1) $\mu = 2\rho$(ρ 为极径);(2) $\mu = \theta$(θ 为极角),求圆盘的质量. (理)

解　题设图形如图 11-20 所示.

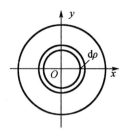 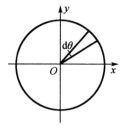

图 11 - 20

(1)
$$dM = 2\pi\rho d\rho \cdot 2\rho$$
$$M = 4\pi \int_0^R \rho^2 \, d\rho = \frac{4}{3}\pi R^3$$

(2)
$$dM = \theta \cdot \frac{1}{2}R^2 \, d\theta$$
$$M = \frac{1}{2}R^2 \int_0^{2\pi} \theta \, d\theta = \pi^2 R^2$$

注：求解定积分应用问题的关键是元素法，而元素法的核心是适当地选取微元.

例 14   一根半径为 R 的圆环形金属丝，线密度 ρ 为常数，以等角速度 $\bar{\omega}$ 绕其某一条直径旋转，求金属丝的动能.（理）

解法一   如图 11 - 21 所示建立坐标系，由对称性易知整个圆环形金属丝的动能应等于第一象限部分动能的 4 倍. 则

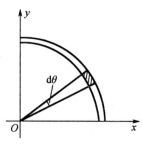

$$dE = \frac{1}{2}\bar{\omega}^2 x^2 \rho ds = \frac{1}{2}\bar{\omega}^2 x^2 \rho \sqrt{1 + y'^2} \, dx$$
$$= \frac{1}{2}\bar{\omega}^2 R\rho \frac{x^2}{\sqrt{R^2 - x^2}} \, dx$$
$$E = 4 \cdot \frac{1}{2}\bar{\omega}^2 R\rho \int_0^R \frac{x^2}{\sqrt{R^2 - x^2}} \, dx = \frac{\pi}{2}\bar{\omega}^2 R^3 \rho$$

图 11 - 21

解法二   如图 11 - 22 所示建立坐标系，则
$$dE = \frac{1}{2}\bar{\omega}^2 x^2 \rho R \, d\theta = \frac{1}{2}\bar{\omega}^2 (R\cos\theta)^2 \rho R \, d\theta$$
$$= \frac{1}{2}\rho\bar{\omega}^2 R^3 \cos^2\theta d\theta$$
$$E = 4 \cdot \frac{1}{2}\rho\bar{\omega}^2 R^3 \int_0^{\frac{\pi}{2}} \cos^2\theta d\theta = \frac{\pi}{2}\rho\bar{\omega}^2 R^3$$

例 15   一根长为 l，质量为 M 的均匀直棒，在它的一端垂线上跟棒相距 a 处有质量为 m 的质点，求棒对质点的引力.（理）

图 11 - 22

解　如图 11-23 所示建立直角坐标系,设引力为 F,水平分力为 F_x,铅直分力为 F_y. 则

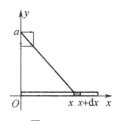

$$\mathrm{d}F = \frac{kmM}{l(a^2 + x^2)}$$

$$\mathrm{d}F_x = \frac{kmMx}{l(a^2 + x^2)^{\frac{3}{2}}}\mathrm{d}x$$

$$F_x = \int_0^l \frac{kmMx}{l(a^2 + x^2)^{\frac{3}{2}}}\mathrm{d}x = \frac{kmM}{al\sqrt{a^2 + l^2}}(\sqrt{a^2 + l^2} - a)$$

图 11-23

$$\mathrm{d}F_y = \frac{kmMa}{l(a^2 + x^2)^{\frac{3}{2}}}\mathrm{d}x$$

$$F_y = \int_0^l \frac{kmMa}{l(a^2 + x^2)^{\frac{3}{2}}}\mathrm{d}x = \frac{kmM}{a\sqrt{a^2 + l^2}}$$

注:这里应特别注意的是引力是向量,只有将其坐标搞清楚,即沿坐标轴的分力搞清楚,才能分别用积分计算.

例 16　某企业为生产甲、乙两种型号的产品投入的固定成本为 10 000(万元). 设该企业生产甲、乙两种产品的产量分别为 x(件) 和 y(件),且这两种产品的边际成本分别为 $20 + \dfrac{x}{2}$(万元 / 件)与 $6 + y$(万元 / 件).(文)

(1) 求生产甲、乙两种产品的总成本函数 $C(x, y)$(万元).

(2) 当总产量为 50 件时,甲、乙两种产品的产量各为多少可使总成本最小?求最小成本.

(3) 求总产量为 50 件且总成本最小时,甲产品的边际成本,并解释其经济意义.

解　(1) 设甲、乙两种产品的成本分别为 $C_1(x)$ 和 $C_2(y)$,则

$$C_1'(x) = 20 + \frac{x}{2}, \quad C_2'(y) = 6 + y, \quad C_1(0) + C_2(0) = 10\ 000$$

故生产甲、乙两种产品的成本函数为

$$C(x, y) = C_1(0) + \int_0^x C_1'(t)\mathrm{d}t + C_2(0) + \int_0^y C_2'(t)\mathrm{d}t$$

$$= 10\ 000 + \int_0^x \left(20 + \frac{t}{2}\right)\mathrm{d}t + \int_0^y (6 + t)\mathrm{d}t$$

$$= \frac{x^2}{4} + \frac{y^2}{2} + 20x + 6y + 10\ 000$$

(2) 当 $x + y = 50$,则 $y = 50 - x(0 \leqslant x \leqslant 50)$,代入成本函数得

$$C(x) = \frac{x^2}{4} + \frac{(50 - x)^2}{2} + 20x + 6(50 - x) + 10\ 000$$

令 $C'(x) = 0$,得 $x = 24$.

由实际意义可知最小值一定存在,又驻点唯一,故 $x = 24$ 就是 $C(x)$ 的最小值点. 故当 $x = 24$ 时,总成本最小,且最小成本为 $C(24) = 11\ 118$.

（3）当甲、乙两种产品的总产量为 50 件且总成本最小时,甲产品的边际成本为

$$C'_1(24) = \left(20 + \frac{x}{2}\right)\bigg|_{x=24} = 32(万元 / 件),$$

由边际成本的经济意义可知:当甲产品的产量为 24 件时,若再生产一件甲产品,则成本需增加 32 万元.

基础练习 11

1. 由曲线 $y = \sin^{\frac{3}{2}} x \, (0 \leqslant x \leqslant \pi)$ 与 x 轴围成的图形绕 x 轴旋转所成旋转体的体积为 （　　）

 A. $\dfrac{4}{3}$ B. $\dfrac{2}{3}$ C. $\dfrac{4}{3}\pi$ D. $\dfrac{2}{3}\pi$

2. 抛物线 $y^2 = 2x$ 与直线 $y = x - 4$ 所围成平面图形的面积为 （　　）

 A. $\dfrac{8}{5}$ B. 18   C. $\dfrac{18}{5}$ D. 8

3. 如图 11-24 所示,求心脏线 $\rho = a(1+\cos\varphi)\,(a > 0)$ 与 $\rho = a$ 所围各部分的面积.

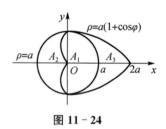

图 11-24

4. 求由曲线 $y = x^2$ 与 $y = x^3 - 2x$ 所围图形的面积.

5. 已知曲线 $y = a\sqrt{x}\,(a > 0)$ 与曲线 $y = \ln\sqrt{x}$ 在点 (x_0, y_0) 处有公共切线,求

(1) 常数 a 及切点 (x_0, y_0).

(2) 两曲线与 x 轴围成的平面图形的面积.

(3) 两曲线与 x 轴围成的平面图形绕 x 轴旋转一周得到的旋转体的体积.

6. 计算曲线 $y = \ln x$ 上相应于 $\sqrt{3} \leqslant x \leqslant \sqrt{8}$ 的一段弧的长度.

7. 计算抛物线 $y^2 = 2px\,(p > 0)$ 从顶点到曲线上一点 $M(x, y)$ 的弧长.

8. 求函数 $y = \ln x$ 在区间 $[1, e]$ 上的平均值.

9. 由抛物线 $y = x^2$ 与 $y = 4x^2 (0 \leqslant y \leqslant H)$ 绕 y 轴旋转一周构成一容器,现于其中盛水,水高 $\dfrac{H}{2}$. 问要将水全部抽出,外力需要做多少功?(水的比重为 γ)(理)

10. 一底边长为 8 cm,高为 6 cm 的等腰三角形薄片铅直地沉在水中,底边在下且与水面平行,而顶点离水面 3 cm,试求其侧面所受压力.(理)

11. 设生产某种商品每天的固定成本为 200 元,边际成本函数 $C'(x) = 0.04x + 2$(元/单位),求总成本函数 $C(x)$. 如果商品的单价为 18 元,且产品供不应求,求总利润函数 $L(x)$,并决策每天生产多少单位可获得最大利润.(文)

强化训练 11

1. 有一线密度为 ρ，半径为 1 的半圆形物件，如果引力系数为 G，则它对圆心处质量为 m 的质点的引力大小为 _____.

2. 计算曲线 $y = \dfrac{1}{2}x^2$ 被 $x^2 + y^2 = 8$ 所截下部分的弧长.

3. 求由 $y = e^x, x \leqslant 0, y = 0$ 所围成的平面图形绕 x 轴旋转一周得到的旋转体的体积.

4. 设 D 是由曲线 $y = \sqrt[3]{x}$，直线 $x = a(a > 0)$ 及 x 轴所转成的平面图形，V_x 和 V_y 分别是 D 绕 x 轴和 y 轴旋转一周所形成的立体的体积，若 $10V_x = V_y$，求 a 的值.

5. 设一抛物线 $y = ax^2 + bx + c$ 过点$(0,0)$ 与$(1,2)$,且 $a < 0$,确定 a,b,c 的值,使得抛物线与 x 轴所围图形的面积最小.

6. 直径为 20 cm,高为 80 cm 的圆柱体内充满压强为 $10\ N/cm^2$ 的蒸汽,设温度保持不变,要使蒸汽体积缩小一半,问需做多少功?(理)

7. 如图 11-25 所示,为清除井底污泥,用缆绳将抓斗放入井底,抓起污泥提出井口.设井深 30 m,抓斗自重 400 N,缆绳每米重 50 N,抓斗盛污泥 2 000 N,提升速度为 3 m/s,在提升过程中,污泥以 20 N/s 的速度从抓斗中漏掉.现将抓斗从井底提升到井口,问克服重力需做功多少?(理)

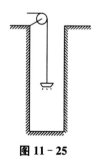

图 11-25

第 11 讲阶段能力测试

阶段能力测试 A

一、填空题(每小题 3 分,共 15 分)

1. 曲线 $9y^2 = 4x^2$ 上从 $x = 0$ 到 $x = 1$ 的一段弧的长度为_____.

2. 抛物线 $y^2 = ax(a > 0)$ 与 $x = 1$ 所围图形的面积为 $\frac{4}{3}$,则 $a =$ _____.

3. 由曲线 $y = x^3, y = 0$ 及 $x = 1$ 所围图形绕 x 轴旋转一周得到的旋转体的体积为_____.

4. 设立体的两个端面分别位于平面 $x = a$ 与 $x = b$ 上($a < b$),它垂直于 x 轴的截面的面积函数 $A(x)$ 连续,其密度在垂直于 x 轴的截面上是均匀的且设为 $\rho(x)$,$\rho(x)$ 也连续,则该立体的质量为_____.

5. 曲线 $y = -x^3 + x^2 + 2x$ 与 x 轴所围成的图形的面积 $A =$ _____.

二、选择题(每小题 3 分,共 15 分)

1. 设曲线 $y = x^2$ 与 $y = cx^2 (c > 0)$ 所围图形的面积为 $\frac{2}{3}$,则 c 的取值为

( )

A. 1   B. $\frac{1}{2}$ C. $\frac{1}{3}$ D. 2

2. 双纽线 $(x^2 + y^2)^2 = x^2 - y^2$ 所围成区域的面积可表示为 ( )

A. $2\int_0^{\frac{\pi}{4}} \cos 2\theta \mathrm{d}\theta$ B. $4\int_0^{\frac{\pi}{4}} \cos 2\theta \mathrm{d}\theta$

C. $2\int_0^{\frac{\pi}{2}} \sqrt{\cos 2\theta} \, \mathrm{d}\theta$ D. $\frac{1}{2}\int_0^{\frac{\pi}{2}} (\cos 2\theta)^2 \mathrm{d}\theta$

3. 设在区间 $[a, b]$ 上 $f(x) > 0, f'(x) < 0, f''(x) > 0$,令 $S_1 = \int_a^b f(x)\mathrm{d}x, S_2 = f(a)(b-a), S_3 = \frac{1}{2}[f(b) + f(a)](b-a)$,则 ( )

A. $S_1 < S_3 < S_2$ B. $S_2 < S_1 < S_3$

C. $S_3 < S_1 < S_2$ D. $S_2 < S_3 < S_1$

4. 曲线 $y = \int_{-\frac{\pi}{2}}^{x} \sqrt{\cos t}\, dt$ 的弧长为 （　　）

　A. 4 　　　　　　　B. 2 　　　　　　　C. $\dfrac{1}{2}$ 　　　　　　　D. $\dfrac{1}{4}$

5. 矩形闸门宽 a 米,高 h 米,垂直放在水中,上边与水面相齐,闸门压力为

（　　）

　A. $\rho g \int_{0}^{h} ah\, dh$ 　　　　　　　　　　　　B. $\rho g \int_{0}^{a} ah\, dh$

　C. $\rho g \int_{0}^{h} \dfrac{1}{2} ah\, dh$ 　　　　　　　　　D. $2\rho g \int_{0}^{h} ah\, dh$

三、(本题满分 10 分) 抛物线 $y^2 = 2x$ 分圆 $x^2 + y^2 = 8$ 的面积为两部分,求这两部分的面积.

四、(本题满分 10 分) 试求由曲线 $y = \mathrm{e}^x$, $x = 1$, $x = 2$, $y = 0$ 所围成的图形绕 y 轴旋转所得旋转体的体积.

五、(本题满分 10 分) 求摆线 $\begin{cases} x = a(t - \sin t) \\ y = a(1 - \cos t) \end{cases} (0 \leqslant t \leqslant 2\pi)$ 的一拱与 x 轴所围成的图形绕 x 轴旋转所形成的旋转体的体积.

六、(本题满分 10 分) 设有一截锥体,其高为 h,上、下底均为椭圆,椭圆的轴长分别为 $2a,2b$ 和 $2A,2B$,求该截锥体的体积.

七、(本题满分 10 分) 求曲线 $r\theta = 1$ 相应于 $\theta = \dfrac{3}{4}$ 至 $\theta = \dfrac{4}{3}$ 的一段弧长.

八、(本题满分 10 分) 求双纽线 $\rho^2 = a^2\cos 2\theta (a > 0)$ 所围成区域的面积及绕极轴旋转所成曲面的侧面积.

九、(本题满分 10 分) 设有一长度为 l,线密度为 ρ 的均匀细直棒,在与棒的一端垂直距离为 a 单位处有一质量为 m 的质点 M,试求该细棒对质点的引力.(理)

阶段能力测试 B

一、填空题(每小题 3 分,共 15 分)

1. 过原点作曲线 $y = \ln x$ 的切线,则此切线与 $y = \ln x$ 及 x 轴所围成图形的面积为_____.

2. 在曲线 $y = x^2 (x \geqslant 0)$ 上某点 A 处作一切线,使之与曲线 $y = x^2$ 及 x 轴所围成图形的面积为 $\dfrac{1}{12}$,则该切线的方程为_____.

3. 函数 $y = \dfrac{x^2}{\sqrt{1-x^2}}$ 在区间 $\left[\dfrac{1}{2}, \dfrac{\sqrt{3}}{2}\right]$ 上的平均值为_____.

4. 设变力 $F(x) = \mathrm{e}^{-x}$ 作用于一物体,物体沿力的方向从 $x = a$ 移动到 $x = b$ 处,则力 F 对物体所做的功为_____.

5. 曲线 $y = x^4 \mathrm{e}^{-x^2} (x \geqslant 0)$ 与 x 轴围成的区域的面积为_____.

二、选择题(每小题 3 分,共 15 分)

1. 设函数 $f(x)$、$g(x)$ 在 $[a,b]$ 上连续,A 表示曲线 $y = f(x)$、$y = g(x)$ 及直线 $x = a$、$x = b$ 所围成的平面图形的面积,则下列说法中不正确的是 ( )

   A. $A = \displaystyle\int_a^b |f(x) - g(x)| \,\mathrm{d}x$

   B. 若 $f(x)$、$g(x)$ 可导,且 $f'(x) \geqslant g'(x)$,$f(b) = g(b)$,则 $A = \displaystyle\int_a^b [f(x) - g(x)]\mathrm{d}x$

   C. 若 $f(x)$、$g(x)$ 可导,且 $f'(x) \leqslant g'(x)$,$f(b) = g(b)$,则 $A = \displaystyle\int_a^b [f(x) - g(x)]\mathrm{d}x$

   D. $A = \displaystyle\int_a^b \max\{f(x) - g(x), g(x) - f(x)\}\mathrm{d}x$

2. 设函数 $f(x)$、$g(x)$ 在 $[a,b]$ 上连续,且 $g(x) < f(x) < m$,则由曲线 $y = f(x)$、$y = g(x)$ 及直线 $x = a$、$x = b$ 所围成的平面区域绕直线 $y = m$ 旋转一周所得旋转体的体积为 ( )

   A. $\pi \displaystyle\int_a^b [2m - f(x) + g(x)][f(x) - g(x)]\mathrm{d}x$

   B. $\pi \displaystyle\int_a^b [2m - f(x) - g(x)][f(x) - g(x)]\mathrm{d}x$

   C. $\pi \displaystyle\int_a^b [m - f(x) + g(x)][f(x) - g(x)]\mathrm{d}x$

   D. $\pi \displaystyle\int_a^b [m - f(x) - g(x)][f(x) - g(x)]\mathrm{d}x$

3. 在曲线 $y = (x-1)^2$ 上的点 $(2,1)$ 处作曲线的法线,由该法线、x 轴及该曲线所围成的区域为 $D(y > 0)$,则区域 D 绕 x 轴旋转一周所得旋转体的体积为 ( )

A. $\dfrac{\pi}{5}$ B. $\dfrac{2\pi}{3}$ C. $\dfrac{8\pi}{15}$ D. $\dfrac{13\pi}{15}$

4. 若由曲线 $y = 2\sqrt{x}$,曲线上某点处的切线以及 $x = 1, x = 3$ 围成的平面区域的面积最小,则该切线为 ( )

A. $y = \dfrac{x}{\sqrt{2}} + \sqrt{2}$ B. $y = \dfrac{x}{2} + 2$

C. $y = x + 1$ D. $y = \sqrt{2}x + \dfrac{1}{\sqrt{2}}$

5. 如右图所示,x 轴上有一线密度为常数 μ,长度为 l 的细杆,有一质量为 m 的质点到杆右端的距离为 a. 已知引力系数为 k,则质点和细杆之间的引力的大小为 ( )

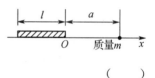

A. $\displaystyle\int_l^0 \dfrac{km\mu}{(a+x)^2}\,\mathrm{d}x$ B. $2\displaystyle\int_{-\frac{l}{2}}^0 \dfrac{km\mu}{(a+x)^2}\,\mathrm{d}x$

C. $2\displaystyle\int_0^{\frac{l}{2}} \dfrac{km\mu}{(a+x)^2}\,\mathrm{d}x$ D. $\displaystyle\int_0^l \dfrac{km\mu}{(a+x)^2}\,\mathrm{d}x$

三、(本题满分 10 分) 求由曲线 $y = |\ln x|$,直线 $x = 0, x = \mathrm{e}$ 及 x 轴所围成的图形的面积.

四、(本题满分 10 分) 设星形线 $x^{\frac{2}{3}} + y^{\frac{2}{3}} = a^{\frac{2}{3}}$，求

    (1) 曲线所围成的图形的面积.

    (2) 星形线所围成的图形绕 x 轴旋转所得旋转体的体积.

五、(本题满分 10 分) 摆线 $x = a(t - \sin t)$，$y = a(1 - \cos t)$ 的一拱与 $y = 0$ 所围图形绕直线 $y = 2a$ 旋转，计算所得旋转体的体积.

六、(本题满分 10 分) 求曲线 $\theta = \dfrac{1}{2}\left(r + \dfrac{1}{r}\right)$ 上相应于 r 从 1 到 3 的一段弧的长度.

七、(本题满分 10 分) 设抛物线 $y = ax^2 + bx + c$ 通过点 $(0,0)$,且当 $x \in [0,1]$ 时, $y \geqslant 0$. 试确定 a,b,c 的值,使得抛物线 $y = ax^2 + bx + c$ 与直线 $x = 1, y = 0$ 所围图形的面积为 $\dfrac{4}{9}$,且使该图形绕 x 轴旋转而成的旋转体的体积最小.

八、(本题满分 10 分) 一个半径为 4 m,高为 8 m 的倒圆锥形水池里面有 6 m 深的水,试问要把池内的水全部抽完,需做多少功?(理)

九、(本题满分 10 分) 用铁锤将一铁钉击入木板,设木板对铁钉的阻力与铁钉击入木板的深度成正比,在击第一次时,将铁钉击入木板 1 cm,如果铁锤每次打击铁钉所做的功相等,问锤击第二次时,铁钉又击入木板多少?(理)

第 12 讲　向量代数与空间解析几何(一)

—— 向量代数

12.1　内容提要与归纳

12.1.1　向量的概念

1) 向量的定义

既有大小又有方向的量称为向量,记作 $a = \overrightarrow{AB}$,其中 A 是起点,B 是终点.

2) 向量的模与方向角

向量的大小称为向量的模,记作 $|\overrightarrow{AB}|$ 或 $|a|$.

非零向量 a 与三条坐标轴正向的夹角 α, β, γ 称为向量 a 的方向角,$\cos\alpha, \cos\beta, \cos\gamma$ 称为向量 a 的方向余弦,

3) 几个特殊的向量

(1) 模为 1 的向量称为单位向量,和 a 同向的单位向量以 e_a 或 a^0 表示,即

$$e_a = \frac{a}{|a|}$$

(2) 和向量 a 大小相等,方向相反的向量称为 a 的负向量,记作 $-a$.

(3) 模为零的向量称为零向量(方向任意确定),记作 $\mathbf{0}$ 或 $\vec{0}$.

12.1.2　向量在轴上的投影

1) 投影的定义

若向量 $\overrightarrow{AB}$ 的起点 A 和终点 B 在轴 u 上的投影分别为 A' 和 B'(如图 12-1 所示),设 e 是与 u 轴同方向的单位向量,如果 $\overrightarrow{A'B'} = \lambda e$. 则数 λ 叫做向量 $\overrightarrow{AB}$ 在轴 u 上的投影,记作 $\mathrm{Prj}_u \overrightarrow{AB}$ 或 $(\overrightarrow{AB})_u$,轴 u 叫做投影轴.

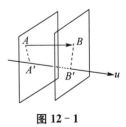

图 12-1

向量 a 在直角坐标系中的坐标 a_x, a_y, a_z 就是 a 在三条坐标轴上的投影,即

$$a_x = \mathrm{Prj}_x a, a_y = \mathrm{Prj}_y a, a_z = \mathrm{Prj}_z a$$

或记作

$$a_x = (\boldsymbol{a})_x, a_y = (\boldsymbol{a})_y, a_z = (\boldsymbol{a})_z$$

2) 投影的性质

性质 1(投影定理)　向量 $\boldsymbol{a}$ 在轴 u 上的投影等于向量的模乘以轴 u 与向量 $\boldsymbol{a}$ 间的夹角 φ 的余弦,即

$$\mathrm{Prj}_u \boldsymbol{a} = |\boldsymbol{a}| \cdot \cos\varphi$$

性质 2　两个向量的和在轴 u 上的投影等于两个向量在该轴上的投影的和,即

$$\mathrm{Prj}_u(\boldsymbol{a} + \boldsymbol{b}) = \mathrm{Prj}_u \boldsymbol{a} + \mathrm{Prj}_u \boldsymbol{b}$$

该性质可推广到 n 个向量的情况,即

$$\mathrm{Prj}_u(\boldsymbol{a}_1 + \boldsymbol{a}_2 + \cdots + \boldsymbol{a}_n) = \mathrm{Prj}_u \boldsymbol{a}_1 + \mathrm{Prj}_u \boldsymbol{a}_2 + \cdots + \mathrm{Prj}_u \boldsymbol{a}_n$$

性质 3　向量与数的乘积在轴 u 上的投影等于向量在该轴上的投影与该数之积,即

$$\mathrm{Prj}_u(\lambda \boldsymbol{a}) = \lambda \mathrm{Prj}_u \boldsymbol{a}$$

12.1.3　向量的线性运算

1) 向量的加减法

向量加法按平行四边形法则(如图 12-2 所示)和三角形法则(如图 12-3 所示)相加.

图 12-2　　　　　　　图 12-3

向量的加法满足以下运算规律:

① 交换律:$\boldsymbol{a} + \boldsymbol{b} = \boldsymbol{b} + \boldsymbol{a}$;

② 结合律:$(\boldsymbol{a} + \boldsymbol{b}) + \boldsymbol{c} = \boldsymbol{a} + (\boldsymbol{b} + \boldsymbol{c})$.

向量的减法是将 $\boldsymbol{b}$ 变成 $-\boldsymbol{b}$,再与 $\boldsymbol{a}$ 相加,即

$$\boldsymbol{b} - \boldsymbol{a} = \boldsymbol{b} + (-\boldsymbol{a})$$

向量加减法的性质为

$$|\boldsymbol{a} + \boldsymbol{b}| \leqslant |\boldsymbol{a}| + |\boldsymbol{b}|, \ |\boldsymbol{a} - \boldsymbol{b}| \leqslant |\boldsymbol{a}| + |\boldsymbol{b}|$$

其中等号分别在 $\boldsymbol{b}$ 与 $\boldsymbol{a}$ 同向与反向时成立.

2) 向量与数的乘法

向量 $\boldsymbol{a}$ 与实数 λ 的乘积记作 $\lambda \boldsymbol{a}$,它是这样一个向量:当 $\lambda > 0$ 时,它与 $\boldsymbol{a}$ 同向;当 $\lambda < 0$ 时,它与 $\boldsymbol{a}$ 反向;它的模是 $|\lambda \boldsymbol{a}| = |\lambda||\boldsymbol{a}|$. 当 $\lambda = 0$ 时,$\lambda \boldsymbol{a}$ 是零向量.

特别地，当 $\lambda = \pm 1$ 时，有

$$1a = a, (-1)a = -a$$

向量与数的乘法满足以下运算规律：

① 结合律：$\lambda(\mu a) = (\lambda\mu)a = \mu(\lambda a)$；

② 分配律：$(\lambda + \mu)a = \lambda a + \mu a, \lambda(a+b) = \lambda a + \lambda b$.

12.1.4 向量的坐标表示

沿 x, y, z 轴正向的单位向量（也称为基本单位向量）分别记作 i, j, k，若 $A(x_1, y_1, z_1)$ 是向量 a 的起点，$B(x_2, y_2, z_2)$ 是 a 的终点，则向量 a 的坐标表达式为

$$a = \overrightarrow{AB} = (x_2 - x_1, y_2 - y_1, z_2 - z_1) = (a_x, a_y, a_z) = a_x i + a_y j + a_z k$$

其模为

$$|a| = \sqrt{a_x^2 + a_y^2 + a_z^2}$$

其方向余弦表示为

$$\cos\alpha = \frac{a_x}{|a|}, \cos\beta = \frac{a_y}{|a|}, \cos\gamma = \frac{a_z}{|a|}$$

且有

$$\cos^2\alpha + \cos^2\beta + \cos^2\gamma = 1$$

12.1.5 坐标表示下的向量的线性运算

设 $a = a_x i + a_y j + a_z k, b = b_x i + b_y j + b_z k$，则有：

(1) $a \pm b = (a_x \pm b_x)i + (a_y \pm b_y)j + (a_z \pm b_z)k$.

(2) $\lambda a = (\lambda a_x)i + (\lambda a_y)j + (\lambda a_z)k, \lambda$ 为实数.

12.1.6 向量的数量积

1）数量积的定义

$a \cdot b = |a| \cdot |b| \cos\theta$，其中 $\theta(0 \leqslant \theta \leqslant \pi)$ 为向量 a, b 之间的夹角.

2）数量积的坐标表示

$$a \cdot b = a_x b_x + a_y b_y + a_z b_z$$

3）数量积的性质

(1) $a \cdot a = |a|^2$.

(2) 有非零向量 a, b，则

$$a \perp b \Leftrightarrow a \cdot b = a_x b_x + a_y b_y + a_z b_z = 0$$

(3) 数量积满足下列运算规律：

① 交换律：$a \cdot b = b \cdot a$；

② 分配律：$(a + b) \cdot c = a \cdot c + b \cdot c$；

③ 结合律：$(\lambda a) \cdot b = \lambda(a \cdot b)$，$\lambda$ 为实数.

(4) 两向量的夹角公式为

$$\cos\theta = \frac{a \cdot b}{|a||b|} = \frac{a_x b_x + a_y b_y + a_z b_z}{\sqrt{a_x^2 + a_y^2 + a_z^2}\,\sqrt{b_x^2 + b_y^2 + b_z^2}}$$

12.1.7　向量的向量积

1) 向量积的定义

两个向量 a 和 b 的向量积是一个向量，记作 $c = a \times b$，它的模和方向分别规定如下：$|c| = |a||b|\sin\theta$；$c = a \times b$ 的方向为既垂直于 a 又垂直于 b，并且按顺序 a, b, c 符合右手法则.

2) 向量积的坐标表示

$$a \times b = (a_y b_z - a_z b_y)i + (a_z b_x - a_x b_z)j + (a_x b_y - a_y b_x)k$$

或

$$a \times b = \begin{vmatrix} a_y & a_z \\ b_y & b_z \end{vmatrix} i - \begin{vmatrix} a_x & a_z \\ b_x & b_z \end{vmatrix} j + \begin{vmatrix} a_x & a_y \\ b_x & b_y \end{vmatrix} k = \begin{vmatrix} i & j & k \\ a_x & a_y & a_z \\ b_x & b_y & b_z \end{vmatrix}$$

3) 向量积的性质

(1) $a \times a = 0$.

(2) $a \parallel b \Leftrightarrow a \times b = 0$.

(3) 向量积满足下列运算规律：

① 反交换律：$a \times b = -b \times a$；

② 分配律：$(a + b) \times c = a \times c + b \times c$；

③ 结合律：$(\lambda a) \times c = a \times (\lambda c) = \lambda(a \times c)$，$\lambda$ 为实数.

(4) $|a \times b|$ 是以 a, b 为邻边的平行四边形的面积.

12.1.8　向量的混合积

1) 混合积的定义

设 $a = a_x i + a_y j + a_z k$，$b = b_x i + b_y j + b_z k$，$c = c_x i + c_y j + c_z k$，则

$$(a \times b) \cdot c = \begin{vmatrix} a_x & a_y & a_z \\ b_x & b_y & b_z \\ c_x & c_y & c_z \end{vmatrix}$$

2) 混合积的性质

(1) a,b,c 共面 $\Leftrightarrow (a \times b) \cdot c = 0$.

(2) $|(a \times b) \cdot c|$ 是以 a,b,c 为相邻棱的平行六面体的体积.

12.2 典型例题分析

例 1 设 a 与 b 为非零向量，其夹角为 $\dfrac{\pi}{3}$，且 $|b| = 1$，求 $\lim\limits_{x \to 0} \dfrac{|a + xb| - |a|}{x}$.

分析 所求极限为 $\dfrac{0}{0}$ 型未定式，显然不能用洛必达法则. 可先通过运算与化简将其转化为非未定式来求极限，再根据向量的数量积与模的定义计算得到结果.

解
$$\lim_{x \to 0} \frac{|a + xb| - |a|}{x} = \lim_{x \to 0} \frac{|a + xb|^2 - |a|^2}{x(|a + xb| + |a|)}$$
$$= \lim_{x \to 0} \frac{2a \cdot b + x|b|^2}{|a + xb| + |a|}$$
$$= \frac{a \cdot b}{|a|} = |b| \cos \frac{\pi}{3} = \frac{1}{2}$$

> **小贴士** 本题涉及的知识点有向量的模、向量的数量积、向量的夹角和极限，以及 $\dfrac{0}{0}$ 型未定式极限不能直接用洛必达法则，函数必须要化简.

例 2 已知点 $A = (-3,0,4)$，$B = (5,-2,-14)$，求 $\angle AOB$ 的角平分线向量 c 的单位向量 c^0.

分析 根据向量加法的平行四边形法则，$\angle AOB$ 的角平分线向量 c 即为向量 $\overrightarrow{OA}$ 与 $\overrightarrow{OB}$ 的和向量.

解法一 记 $\overrightarrow{OA} = a, \overrightarrow{OB} = b$，取两个方向分别与 a、b 一致且等长的向量为
$$a_1 = |b|a = (-45,0,60), \quad b_1 = |a|b = (25,-10,-70)$$
于是
$$c = a_1 + b_1 = (-20,-10,-10)$$
所以
$$c^0 = \frac{\sqrt{6}}{6}(2,1,1)$$

解法二 记 $\overrightarrow{OA} = a, \overrightarrow{OB} = b$，先将 a、b 化为单位向量，即模都化为 1，所以
$$c = a^0 + b^0 = \frac{1}{5}(-3,0,4) + \frac{1}{15}(5,-2,-14) = -\frac{2}{15}(2,1,1)$$

从而

$$c^0 = \frac{\sqrt{6}}{6}(2,1,1)$$

> **小结**　菱形的对角线就是其夹角的角平分线.

例 3　设 a,b,c 均为非零向量,则与 a 不垂直的向量是　　　　　(　　)

A. $(a \cdot c)b - (a \cdot b)c$ 　　　　　　B. $b - \dfrac{a \cdot b}{\mid a \mid^2}a$

C. $a \times b$ 　　　　　　　　　　D. $a + (a \times b) \times a$

分析　根据两向量垂直的充要条件为两向量的数量积为零,同时结合向量的运算法则来解题.

解　对于选项 A, 　$a \cdot [(a \cdot c)b - (a \cdot b)c] = 0.$

对于选项 B, 　$a \cdot \left[b - \dfrac{a \cdot b}{\mid a \mid^2}a\right] = 0.$

对于选项 C, 　$a \cdot (a \times b) = 0.$

对于选项 D, 　$a \cdot [a + (a \times b) \times a] = \mid a \mid^2 \neq 0.$

因此,选 D.

> **小结**　本题主要考查的是两向量垂直的充要条件,即两向量的数量积为零,以及向量的运算规律.混合积运算中,当有两向量相同时,混合积为零.

例 4　设 $(a \times b) \cdot c = 2$,求 $[(a + b) \times (c + b)] \cdot (c + a)$.

分析　先运用向量积的分配律计算,再运用数量积的分配律计算混合积.

解　　$(a + b) \times (c + b) = a \times c + a \times b + b \times c + b \times b$
$$= a \times c + a \times b + b \times c.$$

则

$$[(a + b) \times (c + b)] \cdot (c + a)$$
$$= (a \times c + a \times b + b \times c) \cdot (c + a)$$
$$= (a \times c) \cdot c + (a \times c) \cdot a + (a \times b) \cdot c + (a \times b) \cdot a + (b \times c) \cdot c + (b \times c) \cdot a$$
$$= (a \times b) \cdot c + (b \times c) \cdot a$$
$$= 2(a \times b) \cdot c = 4$$

> **小结**　本题涉及的知识点是数量积、向量积、混合积,需熟悉向量积和数量积的运算律.

例5 (1) 已知 $|a|=2$，$|b|=1$，$|c|=\sqrt{2}$，且 $a\perp b$，$a\perp c$，b 与 c 的夹角为 $\dfrac{\pi}{4}$，求 $|a+2b-3c|$.

(2) 已知 $|a|=3$，$|b|=4$，$|c|=5$，且 $a+b+c=0$，求 $b\cdot c$.

分析 运用向量的数量积与模的定义运算，同时注意到三向量首尾相连，构成了一个直角三角形，从而 b 与 c 夹角 θ 的余弦可求.

解 (1) 由已知条件得

$$|a+2b-3c|^2=a^2+4b^2+9c^2+4a\cdot b-6a\cdot c-12b\cdot c$$

$$=4+4+18+0-0-12\sqrt{2}\cdot\frac{\sqrt{2}}{2}=14$$

故

$$|a+2b-3c|=\sqrt{14}$$

(2) 由于 $a+b+c=0$，可知 a,b,c 三向量首尾相接成为一个封闭的三角形，又因为 $|a|=3$，$|b|=4$，$|c|=5$，可知此三角形为直角三角形，且 b 与 c 的夹角 θ 的余弦 $\cos\theta=-\dfrac{4}{5}$. 所以

$$b\cdot c=|b||c|\cos\theta=-16$$

例6 设 a,b,c 均为非零向量，且 $a=b\times c$，$b=c\times a$，$c=a\times b$，求 $|a|+|b|+|c|$.

分析 由两向量的向量积定义可知 $(a\times b)\perp a$，$(a\times b)\perp b$，从而可得三向量两两垂直.

解 由 $a=b\times c$ 得 $a\perp b$，从而有

$$|a|=|b||c|\sin(\overset{\wedge}{b,c})=|b||c|$$

同理，有

$$|b|=|c||a|,\quad |c|=|a||b|$$

故

$$|a|=|b|=|c|=1$$

即

$$|a|+|b|+|c|=3$$

例7 设 $a=(2,-1,-2)$，$b=(1,1,z)$，问 z 为何值时，a 与 b 的夹角最小？求此最小值.

分析 运用两向量夹角的余弦公式，得到含变量的一元函数，求出该函数的唯一驻点，再判别该驻点是极大值点还是极小值点，从而求得问题的最值.

解 设 θ 为 a 与 b 的夹角，则

$$\cos\theta = \frac{\boldsymbol{a} \cdot \boldsymbol{b}}{|\boldsymbol{a}||\boldsymbol{b}|} = \frac{1-2z}{3\sqrt{2+z^2}} \triangleq f(z)$$

由

$$f'(z) = \frac{-4-z}{3(2+z^2)^{\frac{3}{2}}} = 0$$

得唯一驻点 $z = -4$.

当 $z < -4$ 时,$f'(z) > 0$;当 $z > -4$ 时,$f'(z) < 0$. 所以,$f(-4) = \dfrac{\sqrt{2}}{2}$ 是极大值,也是最大值. 故 $\boldsymbol{a}$ 与 $\boldsymbol{b}$ 的夹角的最小值为 $\theta = \dfrac{\pi}{4}$.

> **小结**　本题涉及的知识点有向量的夹角、函数的极值与最值,关键是要运用两向量夹角的余弦计算公式,得到所需的目标函数.

例 8　设 $\boldsymbol{a} = (1,1,0)$,$\boldsymbol{b} = (1,0,1)$,向量 $\boldsymbol{v}$ 与 $\boldsymbol{a}$,$\boldsymbol{b}$ 共面,且 $\mathrm{Prj}_{\boldsymbol{a}}\boldsymbol{v} = \mathrm{Prj}_{\boldsymbol{b}}\boldsymbol{v} = 3$,求 $\boldsymbol{v}$.

分析　运用三向量共面时,它们的混合积为零这一性质.同时借助于投影定理,通过计算可求得结果.

解法一　设 $\boldsymbol{v} = (x,y,z)$,由向量 $\boldsymbol{v}$ 与 $\boldsymbol{a}$,$\boldsymbol{b}$ 共面,得

$$\begin{vmatrix} x & y & z \\ 1 & 1 & 0 \\ 1 & 0 & 1 \end{vmatrix} = 0$$

即

$$x - y - z = 0$$

由 $\mathrm{Prj}_{\boldsymbol{a}}\boldsymbol{v} = \mathrm{Prj}_{\boldsymbol{b}}\boldsymbol{v} = 3$,得

$$\frac{1}{|\boldsymbol{a}|}\boldsymbol{a} \cdot \boldsymbol{v} = 3, x + y = 3\sqrt{2}$$

$$\frac{1}{|\boldsymbol{b}|}\boldsymbol{b} \cdot \boldsymbol{v} = 3, x + z = 3\sqrt{2}$$

解得

$$x = 2\sqrt{2}, y = z = \sqrt{2}$$

所以 $\boldsymbol{v} = \sqrt{2}(2,1,1)$.

解法二　因为向量 $\boldsymbol{v}$ 与 $\boldsymbol{a}$,$\boldsymbol{b}$ 共面,故可设 $\boldsymbol{v} = \lambda\boldsymbol{a} + \mu\boldsymbol{b}$,由于 $\mathrm{Prj}_{\boldsymbol{a}}\boldsymbol{v} = 3$,有

$$\frac{1}{|\boldsymbol{a}|}\boldsymbol{a} \cdot \boldsymbol{v} = 3$$

即

$$\frac{1}{\mid a \mid} a \cdot (\lambda a + \mu b) = 3$$

而 $\mid a \mid = \sqrt{2}, a \cdot b = 1$, 于是有

$$2\lambda + \mu = 3\sqrt{2}$$

类似地, 由 $\mathrm{Prj}_b v = 3$, 得

$$\lambda + 2\mu = 3\sqrt{2}$$

解得

$$\lambda = \mu = \sqrt{2}$$

因此 $v = \sqrt{2}(2,1,1)$.

小结 若向量 c 与向量 a,b 共面, 利用向量的加法, c 也可表示为 $c = \lambda a + \mu b$, 其中 λ, μ 为常数.

基础练习 12

1. 若向量 a,b 满足 $\mid a \times b \mid = 0$, 则必有_____; 若向量 a,b 满足 $a \cdot b = 0$, 则必有_____.

2. 设有点 $M(-1,2,3)$, 则它关于坐标面 xOy 的对称点为_____, 关于 x 轴的对称点为_____, 关于坐标原点的对称点为_____, 向量 $\overrightarrow{OM}$ 在 Oz 轴上的投影为_____.

3. 若 a,b 为非零向量, 要使下列各式:

   A. $\mid a+b \mid = \mid a \mid + \mid b \mid$ B. $a+b = \lambda(a-b)$

   C. $\mid a+b \mid = \mid a-b \mid$ D. $\mid a+b \mid = \mid a \mid - \mid b \mid$

   分别成立, 则 a,b 的关系分别为_____、_____、_____、_____.

4. 已知 $\mid a \mid = 3, \mid b \mid = 26, \mid a \times b \mid = 72$, 则 $a \cdot b =$ _____.

5. 设三个向量 a,b,c 满足关系 $a+b+c = 0$, 则 $a \times b =$ (   )

   A. $c \times b$ B. $b \times c$ C. $a \times c$ D. $b \times a$

6. 设向量 a,b 不共线, 问 λ 为何值时, 向量 $p = \lambda a + 5b$ 与 $q = 3a - b$ 共线?

7. 设 $a = (1,4,5)$，$b = (1,1,2)$，求 λ 的值，使得 $(a + \lambda b) \perp (a - \lambda b)$.

8. 若点 P 到 $P_1(0,1,-1)$ 的距离是到点 $P_2(1,1,0)$ 的距离的 3 倍，求点 P 满足的关系式.

9. 已知两点 $A(0,2\sqrt{3},-3\sqrt{6})$ 和 $B(\sqrt{3},\sqrt{3},-2\sqrt{6})$，计算向量 $\overrightarrow{AB}$ 的模、方向余弦、方向角及与 $\overrightarrow{AB}$ 同方向的单位向量.

10. 求向量 $a = (5, -2, 5)$ 在向量 $b = (1, -2, 2)$ 上的投影.

11. 设 $a = (2, -1, 1), b = (1, 2, -1)$,计算 $a \times b$ 及与 a、b 都垂直的单位向量.

12. 已知平行四边形的两邻边分别为 $a = (1, -3, 1), b = (2, -1, 3)$,求平行四边形的面积.

13. 试证:$A\left(0,1,-\dfrac{1}{2}\right),B(-3,1,1),C(-1,0,1),D(1,-1,1)$ 四点共面.

强化训练 12

1. 已知 $|a|=3,|b|=26,a\cdot b=30$,则 $|a\times b|=$ _____.

2. 设 $a=2e_1+3e_2,b=3e_1-e_2,|e_1|=2,|e_2|=1,e_1$ 与 e_2 的夹角为 $\dfrac{\pi}{3}$,

   则 $a\cdot b=$ _____.

3. 设向量 a,b,c 满足等式 $a\times(b-c)=0$,则必有　　　　　　　　　(　　)

   A. $a=0$　　　　　　　　　　　　B. $b=c$

   C. $a /\!/ b$ 且 $a /\!/ c$　　　　　　　　D. $a /\!/ (b-c)$

4. 若非零向量 a,b 满足关系式 $|a-b|=|a+b|$,则必有　　　　　　　(　　)

   A. $a-b=a+b$　　　　　　　　　B. $a=b$

   C. $a\times b=0$　　　　　　　　　D. $a\cdot b=0$

5. 设点 P 在 x 轴上,它到点 $P_1(0,\sqrt{2},3)$ 的距离为到点 $P_2(0,1,-1)$ 的距离的两倍,求点 P 的坐标.

6. 设 a,b,c 为单位向量,且满足 $a+b+c=0$,求 $a \cdot b+b \cdot c+c \cdot a$.

7. 已知 a,b 的模 $|a|=1$,$|b|=2$,$(\overset{\wedge}{a,b})=\dfrac{\pi}{3}$,求 $A=2a+b$ 与 $B=-a+3b$ 的夹角 θ.

8. 证明:a 与 $p=c \cdot (b \cdot a)-b \cdot (c \cdot a)$ 垂直.

9. 设向量 m, n, p 两两垂直,符合右手规则,且 $|m| = 4$, $|n| = 2$, $|p| = 3$,
   计算 $(m \times n) \cdot p$.

10. 已知点 $A(1,0,0)$, $B(0,2,1)$,试在 z 轴上求一点 C,使得 $\triangle ABC$ 的面积最
    小.

11. 设 $a = (2, -3, 1), b = (1, -2, 3), c = (2, 1, 2)$,向量 r 满足 $r \perp a, r \perp b$, $\mathrm{Prj}_c r = 14$,求 r.

12. 已知向量 $a = (-1, 3, 0), b = (3, 1, 0)$,向量 c 的模 $|c| \equiv r$(常数),求当 c 满足关系式 $a = b \times c$ 时,r 的最小值.

第 13 讲　　向量代数与空间解析几何(二)

—— 空间解析几何

13.1　内容提要与归纳

13.1.1　曲面与方程

1）曲面方程

曲面 Σ 上每一点的坐标都满足方程 $F(x,y,z)=0$,而不在曲面 Σ 上的每一点坐标都不满足方程 $F(x,y,z)=0$,则称方程 $F(x,y,z)=0$ 为曲面方程,称曲面 Σ 为 $F(x,y,z)=0$ 的图形.

2）球面方程

球心在 (a,b,c),半径为 R 的球面方程为 $(x-a)^2+(y-b)^2+(z-c)^2=R^2$.

3）旋转曲面方程

平面曲线 C 绕与其在同一平面上的直线 L 旋转一周所形成的曲面称为旋转曲面,曲线 C 称为旋转曲面的母线,直线 L 称为旋转曲面的轴. 如：

xOy 面上的曲线 $f(x,y)=0$ 绕 y 轴旋转一周所形成的旋转曲面方程为
$$f(\pm\sqrt{x^2+z^2},y)=0$$

yOz 面上的曲线 $g(y,z)=0$ 绕 z 轴旋转一周所形成的旋转曲面方程为
$$g(\pm\sqrt{x^2+y^2},z)=0$$

xOz 面上的曲线 $h(x,z)=0$ 绕 x 轴旋转一周所形成的旋转曲面方程为
$$h(x,\pm\sqrt{y^2+z^2})=0$$

4）柱面方程

直线 L 沿定曲线 C 平行移动所形成的曲面称为柱面,定曲线 C 称为柱面的准线,动直线 L 称为柱面的母线.

以 xOy 上的曲线 $F(x,y)=0$ 为准线,平行于 z 轴的直线为母线的柱面方程为
$$F(x,y)=0$$

以 yOz 面上的曲线 $G(y,z)=0$ 为准线,平行于 x 轴的直线为母线的柱面方程为

$$G(y,z) = 0$$

以 xOz 面上的曲线 $H(x,z) = 0$ 为准线,平行于 y 轴的直线为母线的柱面方程为

$$H(x,z) = 0$$

5) 二次曲面方程

在空间直角坐标系中,如果 $F(x,y,z) = 0$ 是二次方程,则它的图形称为二次曲面.下面给出几种常见的曲面方程(其中 $a > 0, b > 0, c > 0$).

(1) 椭球面方程:$\dfrac{x^2}{a^2} + \dfrac{y^2}{b^2} + \dfrac{z^2}{c^2} = 1$;特别地,球面方程:$x^2 + y^2 + z^2 = a^2$.

(2) 椭圆锥面方程:$\dfrac{x^2}{a^2} + \dfrac{y^2}{b^2} = z^2$;特别地,圆锥面方程:$x^2 + y^2 = z^2$.

(3) 单叶双曲面方程:$\dfrac{x^2}{a^2} + \dfrac{y^2}{b^2} - \dfrac{z^2}{c^2} = 1$.

(4) 双叶双曲面方程:$\dfrac{x^2}{a^2} - \dfrac{y^2}{b^2} - \dfrac{z^2}{c^2} = 1$.

(5) 椭圆抛物面方程:$\dfrac{x^2}{a^2} + \dfrac{y^2}{b^2} = z$;特别地,旋转抛物面方程:$x^2 + y^2 = z$.

(6) 双曲抛物面方程:$\dfrac{x^2}{a^2} - \dfrac{y^2}{b^2} = z$.

(7) 椭圆柱面方程:$\dfrac{x^2}{a^2} + \dfrac{y^2}{b^2} = 1$;特别地,圆柱面方程:$x^2 + y^2 = a^2$.

(8) 双曲柱面方程:$\dfrac{x^2}{a^2} - \dfrac{y^2}{b^2} = 1$.

13.1.2 空间曲线与方程

1) 空间曲线的一般方程

$$\begin{cases} F(x,y,z) = 0 \\ G(x,y,z) = 0 \end{cases}$$

2) 空间曲线的参数方程

$$\begin{cases} x = x(t) \\ y = y(t) \ (t \text{ 为参数}) \\ z = z(t) \end{cases}$$

3) 空间曲线在坐标面上的投影

设空间曲线 C 的方程为 $\begin{cases} F(x,y,z) = 0 \\ G(x,y,z) = 0 \end{cases}$,过曲线 C 上的每一点作 xOy 坐标面的垂线,这些垂线形成了一个母线平行于 z 轴的柱面,称为曲线 C 关于 xOy 坐标面

的投影柱面. 这个柱面与 xOy 坐标面的交线称为曲线 C 在 xOy 坐标面的投影曲线,

简称为投影. 如 $C:\begin{cases} F(x,y,z)=0 \\ G(x,y,z)=0 \end{cases}$ 在 xOy 面上的投影曲线方程为 $\begin{cases} H(x,y)=0 \\ z=0 \end{cases}$,

其中 $H(x,y)=0$ 是由 $\begin{cases} F(x,y,z)=0 \\ G(x,y,z)=0 \end{cases}$ 消去 z 而得到的投影柱面.

13.1.3　平面方程

1) 平面方程的各种形式(见表 13-1)

表 13-1

名称	方程	常数(参数)的几何意义	备注
点法式	$A(x-x_0)+B(y-y_0)+C(z-z_0)=0$	法向量 $\boldsymbol{n}=(A,B,C)$, (x_0,y_0,z_0) 是平面上的一点	A,B,C 不全为零
一般式	$Ax+By+Cz+D=0$	法向量 $\boldsymbol{n}=(A,B,C)$, $\dfrac{\lvert D \rvert}{\sqrt{A^2+B^2+C^2}}$ 是原点到平面的距离	A,B,C 不全为零
截距式	$\dfrac{x}{a}+\dfrac{y}{b}+\dfrac{z}{c}=1$	a,b,c 分别为平面在 x 轴, y 轴,z 轴上的截距	平面不过原点且不平行于坐标轴
三点式	$\begin{vmatrix} x-a_1 & y-a_2 & z-a_3 \\ b_1-a_1 & b_2-a_2 & b_3-a_3 \\ c_1-a_1 & c_2-a_2 & c_3-a_3 \end{vmatrix}=0$	(a_1,a_2,a_3), (b_1,b_2,b_3), (c_1,c_2,c_3) 为平面上的三点	三点不共线

2) 两个平面的位置关系

设两个平面 π_1 与 π_2 的方程分别为

$$\pi_1:A_1x+B_1y+C_1z+D_1=0$$
$$\pi_2:A_2x+B_2y+C_2z+D_2=0$$

则其法向量分别为 $\boldsymbol{n}_1=(A_1,B_1,C_1)$, $\boldsymbol{n}_2=(A_2,B_2,C_2)$, 有如下结论:

(1) $\pi_1 \perp \pi_2 \Leftrightarrow \boldsymbol{n}_1 \perp \boldsymbol{n}_2 \Leftrightarrow A_1A_2+B_1B_2+C_1C_2=0$.

(2) $\pi_1 /\!/ \pi_2 \Leftrightarrow \boldsymbol{n}_1 /\!/ \boldsymbol{n}_2 \Leftrightarrow \dfrac{A_1}{A_2}+\dfrac{B_1}{B_2}=\dfrac{C_1}{C_2}\neq\dfrac{D_1}{D_2}$.

(3) π_1 与 π_2 重合 $\Leftrightarrow \dfrac{A_1}{A_2}=\dfrac{B_1}{B_2}=\dfrac{C_1}{C_2}=\dfrac{D_1}{D_2}$.

3) 两个平面的夹角

平面 π_1 与 π_2 的夹角 θ,即两个平面法向量的夹角,其公式为

$$\cos\theta = \frac{\mid A_1 A_2 + B_1 B_2 + C_1 C_2 \mid}{\sqrt{A_1^2 + B_1^2 + C_1^2}\,\sqrt{A_2^2 + B_2^2 + C_2^2}} \quad \left(0 \leqslant \theta \leqslant \frac{\pi}{2}\right)$$

4) 点到平面的距离

点 $P_0(x_0, y_0, z_0)$ 到平面 $\pi : Ax + By + Cz + D = 0$ 的距离公式为

$$d = \frac{\mid Ax_0 + By_0 + Cz_0 + D \mid}{\sqrt{A^2 + B^2 + C^2}}$$

13.1.4 直线方程

1) 空间直线方程的各种形式(见表 13-2)

表 13-2

名称	方程	常数(参数)的几何意义	备注
一般式	$\begin{cases} A_1 x + B_1 y + C_1 z + D_1 = 0 \\ A_2 x + B_2 y + C_2 z + D_2 = 0 \end{cases}$	$(A_1, B_1, C_1) \times (A_2, B_2, C_2)$ 为直线的方向向量	把直线看作两平面的交线
对称式(标准式)	$\dfrac{x - x_0}{m} = \dfrac{y - y_0}{n} = \dfrac{z - z_0}{p}$	(x_0, y_0, z_0) 是直线上的点,$\boldsymbol{s} = (m, n, p)$ 是直线的方向向量	m, n, p 不全为零,$t \in \mathbf{R}$
参数式	$\begin{cases} x = x_0 + mt \\ y = y_0 + nt \ (t \text{ 为参数}) \\ z = z_0 + pt \end{cases}$		
两点式	$\dfrac{x - x_1}{x_2 - x_1} = \dfrac{y - y_1}{y_2 - y_1} = \dfrac{z - z_1}{z_2 - z_1}$	(x_1, y_1, z_2) 与 (x_2, y_2, z_2) 是直线上的两点	$x_2 - x_1, y_2 - y_1,$ $z_2 - z_1$ 不全为零

2) 两条直线的位置关系

设直线 L_1 与 L_2 的标准方程分别为

$$L_1 : \frac{x - x_1}{m_1} = \frac{y - y_1}{n_1} = \frac{z - z_1}{p_1}$$

$$L_2 : \frac{x - x_2}{m_2} = \frac{y - y_2}{n_2} = \frac{z - z_2}{p_2}$$

其方向向量分别为 $\boldsymbol{s}_1 = (m_1, n_1, p_1)$,$\boldsymbol{s}_2 = (m_2, n_2, p_2)$,则有如下结论:

(1) $L_1 \parallel L_2 \Leftrightarrow \boldsymbol{s}_1 \parallel \boldsymbol{s}_2 \Leftrightarrow \dfrac{m_1}{m_2} = \dfrac{n_1}{n_2} = \dfrac{p_1}{p_2}$.

(2) $L_1 \perp L_2 \Leftrightarrow \boldsymbol{s}_1 \perp \boldsymbol{s}_2 \Leftrightarrow m_1 m_2 + n_1 n_2 + p_1 p_2 = 0$.

(3) L_1 与 L_2 共面 $\Leftrightarrow \begin{vmatrix} x_2 - x_1 & y_2 - y_1 & z_2 - z_1 \\ m_1 & n_1 & p_1 \\ m_2 & n_2 & p_2 \end{vmatrix} = 0$.

13.1.5　直线与平面的位置关系

直线与它在平面上的投影线间的夹角 $\varphi\left(0\leqslant\varphi\leqslant\dfrac{\pi}{2}\right)$ 称为直线与平面的夹角.

设直线 L 和平面 π 的方程分别为

$$L:\frac{x-x_0}{m}=\frac{y-y_0}{n}=\frac{z-z_0}{p}$$

$$\pi:Ax+By+Cz+D=0$$

则 L 的方向向量为 $\boldsymbol{s}=(m,n,p)$,平面 π 的法向量为 $\boldsymbol{n}=(A,B,C)$,向量 $\boldsymbol{s}$ 与向量 $\boldsymbol{n}$ 间的夹角为 θ,于是

$$\varphi=\frac{\pi}{2}-\theta\left(\text{或}\ \varphi=\theta-\frac{\pi}{2}\right)$$

所以

$$\sin\varphi=\frac{|\boldsymbol{n}\cdot\boldsymbol{s}|}{|\boldsymbol{n}||\boldsymbol{s}|}=\frac{|Am+Bn+Cp|}{\sqrt{A^2+B^2+C^2}\cdot\sqrt{m^2+n^2+p^2}}$$

由此可知:

(1) L 在 π 内 $\Leftrightarrow\boldsymbol{s}\perp\boldsymbol{n}$(或 $mA+nB+pC=0$),且 $\exists M_0(x_0,y_0,z_0)$ 既在 L 上又在 π 内.

(2) $L\ /\!/\ \pi\Leftrightarrow\boldsymbol{s}\perp\boldsymbol{n}$(或 $mA+nB+pC=0$),且 $\exists M_0(x_0,y_0,z_0)$ 在 L 上而不在 π 内.

(3) $L\perp\pi\Leftrightarrow\boldsymbol{s}\ /\!/\ \boldsymbol{n}\Leftrightarrow\dfrac{m}{A}=\dfrac{n}{B}=\dfrac{p}{C}$.

13.2　典型例题分析

例 1　求与已知平面 $\pi:2x+y+2z+5=0$ 平行,且与三个坐标轴所构成的四面体的体积为 1 的平面的方程.

分析　首先根据平面平行的条件写出待定平面的一般式方程,然后转化为截距式方程,再利用平面与三坐标面所围立体的体积求出待定平面的待定系数,从而求得平面方程.

解　由于所求平面与已知平面平行,于是可设所求平面方程为

$$2x+y+2z+D=0$$

则截距式平面方程为

$$\frac{x}{-\dfrac{D}{2}} + \frac{y}{-D} + \frac{z}{-\dfrac{D}{2}} = 1$$

平面在三个坐标轴上的截距分别为

$$a = -\frac{D}{2}, b = -D, z = -\frac{D}{2}$$

依题意有

$$V = \frac{1}{6} \mid abc \mid = \frac{\mid D^3 \mid}{24} = 1$$

于是

$$D = \pm 2\sqrt[3]{3}$$

故所求平面方程为

$$2x + y + 2z \pm 2\sqrt[3]{3} = 0$$

> **小结**　本题主要涉及平面的截距式方程及其应用.

例 2　求两个平面 $\pi_1 : 3x - z + 12 = 0$ 和 $\pi_2 : 2x + 6y + 17 = 0$ 所构成的二面角的平分面的方程.

分析　根据二面角的平分角上的任一点(动点)到两个已知平面的距离相等,求出动点所满足的轨迹方程.

解　由于二面角的平分角上的任一点到两个已知平面的距离相等,设所求平面上任一点的坐标为 (x, y, z),则

$$\frac{\mid 3x - z + 12 \mid}{\sqrt{10}} = \frac{\mid 2x + 6y + 17 \mid}{\sqrt{40}}$$

化简得

$$4x - 6y - 2z + 7 = 0 \text{ 或 } 8x + 6y - 2z + 41 = 0$$

> **小结**　二面角的平分角上的任一点到两个平面的距离相等.

例 3　求通过直线 $\dfrac{x-1}{2} = \dfrac{y+2}{3} = \dfrac{z+3}{4}$ 且平行于直线 $\dfrac{x}{1} = \dfrac{y}{1} = \dfrac{z}{2}$ 的平面的方程.

分析　根据直线与平面平行的充要条件是直线的方向向量与平面的法向量垂直,可确定所求平面的法向量(即两直线的方向向量的向量积),然后利用点法式方程写出所求平面方程.

解法一　由题意可知,所求平面的法向量 $\boldsymbol{n}$ 同时垂直于两条直线的方向向量,即

$$n = (2,3,4) \times (1,1,2) = \begin{vmatrix} i & j & k \\ 2 & 3 & 4 \\ 1 & 1 & 2 \end{vmatrix} = (2,0,-1)$$

又平面过点 $(1,-2,-3)$,因此所求平面方程为 $2(x-1)-(z+3)=0$. 即

$$2x - z - 5 = 0$$

解法二　过直线 $\dfrac{x-1}{2} = \dfrac{y+2}{3} = \dfrac{z+3}{4}$ 的平面束方程为

$$3x - 2y - 7 + \lambda(4y - 3z - 1) = 0$$

即

$$3x + (4\lambda - 2)y - 3\lambda z - 7 - \lambda = 0$$

由于所求平面平行于直线 $\dfrac{x}{1} = \dfrac{y}{1} = \dfrac{z}{2}$,则

$$3 + (4\lambda - 2) - 6\lambda = 0$$

解得 $\lambda = \dfrac{1}{2}$,则所求平面方程为

$$3x - \frac{3}{2}z - 7 - \frac{1}{2} = 0$$

即

$$2x - z - 5 = 0$$

小结　运用平面束方程不但可求平面方程,也能求直线方程.

一般,通过直线 $L: \begin{cases} A_1 x + B_1 y + C_1 z + D_1 = 0 \\ A_2 x + B_2 y + C_2 z + D_2 = 0 \end{cases}$ 的平面束方程为

$$(A_1 x + B_1 y + C_1 z + D_1) + \lambda(A_2 x + B_2 y + C_2 z + D_2) = 0$$

其中 λ 为实数.

例 4　问直线 $L: \dfrac{x-1}{2} = \dfrac{y+3}{-1} = \dfrac{z+2}{5}$ 是否在平面 $\pi: 4x + 3y - z + 3 = 0$ 上?

分析　要判断直线是否在某平面上,一般可依据下列条件:

(1) 直线上一点在平面上,且直线平行于平面.

(2) 直线上两点在平面上.

(3) 将直线方程化为参数式方程,直线上任一点坐标满足平面方程.

解法一　将直线上的点 $M(1,-3,-2)$ 代入平面方程,得

$$4 + 3(-3) - (-2) + 3 = 0$$

故点 $M(1,-3,-2)$ 在平面上.

设直线的方向向量为 $s = (2,-1,5)$,平面的法向量为 $n = (4,3,-1)$,由于

$$s \cdot n = 8 - 3 - 5 = 0$$

故 $s \perp n$. 即直线平行于平面，所以直线在平面上.

解法二 除点 $M(1, -3, -2)$，在直线上再找一点.

化直线方程 $L: \dfrac{x-1}{2} = \dfrac{y+3}{-1} = \dfrac{z+2}{5}$ 为 $L: \dfrac{x-1}{3-2} = \dfrac{y+3}{-4+3} = \dfrac{z+2}{3+2}$，得直线

上另一点 $N(3, -4, 3)$，将点 N 代入平面方程，得

$$4 \cdot 3 + 3(-4) - 3 + 3 = 0$$

故点 $N(3, -4, 3)$ 也在平面上. 所以直线在平面上.

解法三 将直线方程化为参数式方程 $\begin{cases} x = 1 + 2t \\ y = -3 - t \\ z = -2 + 5t \end{cases}$，代入平面方程，则对任

一 t 均有

$$4(1 + 2t) + 3(-3 - t) - (-2 + 5t) + 3 = 0$$

所以直线在平面上.

例 5 直线 L 过点 $A(-2, 1, 3)$ 和点 $B(0, -1, 2)$，求点 $C(10, 5, 10)$ 到直线 L 的距离.

分析 本题涉及的知识点是点到直线的距离，一般常选用向量积的几何意义解决点线距离问题，向量积的模是以已知向量为邻边的平行四边形面积，利用面积求出的高即为点线距离.

解法一 因

$$\overrightarrow{AC} \times \overrightarrow{AB} = \begin{vmatrix} \boldsymbol{i} & \boldsymbol{j} & \boldsymbol{k} \\ 2 & -2 & 1 \\ 12 & 4 & 7 \end{vmatrix} = (-10, -26, 32)$$

故

$$|\overrightarrow{AC} \times \overrightarrow{AB}| = \sqrt{1\,800}$$

由向量积的几何意义，得点 C 到直线 L 的距离为

$$d = \frac{|\overrightarrow{AB} \times \overrightarrow{AC}|}{|\overrightarrow{AB}|} = \frac{\sqrt{1\,800}}{3} = 10\sqrt{2}$$

解法二 $\overrightarrow{AC} = (12, 4, 7)$，$\overrightarrow{AB} = (2, -2, -1)$，$|\overrightarrow{AC}| = \sqrt{209}$，$|\overrightarrow{AB}| = 3$，于是

$$(\overrightarrow{AC})_{\overrightarrow{AB}} = \frac{|\overrightarrow{AC} \times \overrightarrow{AB}|}{|\overrightarrow{AB}|} = \frac{12 \cdot 2 - 4 \cdot 2 - 7 \cdot 1}{3} = 3$$

故点 C 到直线 L 的距离为

$$d = \sqrt{|\overrightarrow{AB}|^2 - (\overrightarrow{AC})_{\overrightarrow{AB}}^2} = \sqrt{209 - 9} = 10\sqrt{2}$$

解法三　过 A,B 两点的直线 L 的方程为

$$\frac{x}{2} = \frac{y+1}{-2} = \frac{z-2}{-1} \tag{1}$$

过点 C 作平面垂直于直线 L,其方程为

$$2(x-10) - 2(y-5) - (z-10) = 0 \tag{2}$$

由式(1)、(2)解得线与面的交点:$x=0,y=-1,z=2$,则点 $(0,-1,2)$ 为点 C 到直线 L 的垂足. 所以点 C 到直线 L 的距离为

$$d = \sqrt{(10-0)^2 + (5+1)^2 + (10-2)^2} = 10\sqrt{2}$$

例 6　求两个平行平面 $\pi_1:2x-y-3z+2=0$ 与 $\pi_2:2x-y-3z-5=0$ 之间的距离.

分析　在平面 π_1 上取一点,利用点到平面的距离公式,求出该点到平面 π_2 的距离,即为所求距离.

解　在平面 π_1 上取一点 $P_0(-1,0,0)$,P_0 到 π_2 的距离即 π_1 与 π_2 之间的距离,将 $P_0(-1,0,0)$ 代入点到平面的距离公式,得

$$d = \frac{|2\times(-1) + (-1)\times 0 + (-3)\times 0 - 5|}{\sqrt{2^2 + (-1)^2 + (-3)^2}} = \frac{\sqrt{14}}{2}$$

小结　本题主要考查的是点到平面的距离,但在考试中经常以求两个平行平面的距离出现.

例 7　过点 $A(1,2,0)$ 作一直线,使其与 z 轴相交,且和平面 $\pi:4x+3y-2z=0$ 平行,求此直线的方程.

分析　本题可通过求直线所在的两个平面来求直线方程(一般式方程),也可以先求直线方程的方向向量(两向量的向量积),再写出直线的点向式方程.

解法一　设点 A 和 z 轴确定的平面为 π_1,则所求直线必在 π_1 内,π_1 的法向量为

$$\boldsymbol{n}_1 = \overrightarrow{OA} \times \boldsymbol{k}$$

即

$$\boldsymbol{n}_1 = \begin{vmatrix} \boldsymbol{i} & \boldsymbol{j} & \boldsymbol{k} \\ 1 & 2 & 0 \\ 0 & 0 & 1 \end{vmatrix} = 2\boldsymbol{i} - \boldsymbol{j}$$

故 π_1 的方程为:$2x - y = 0$.

又由题意可知,所求直线一定在过 A 点且与平面 π 平行的平面 π_2 内. 平面 π_2 的法向量就是 π 的法向量 $\boldsymbol{n} = (4,3,-2)$,故 π_2 的方程为:$4x+3y-2z-10=0$,因此所求直线方程为

$$\begin{cases} 2x - y = 0 \\ 4x + 3y - 2z - 10 = 0 \end{cases}$$

解法二　设所求直线方程的方向向量为 s，取 $s = n \times n_1$，而

$$n \times n_1 = \begin{vmatrix} i & j & k \\ 4 & 3 & -2 \\ 2 & -1 & 0 \end{vmatrix} = -2i - 4j - 10k = -2(i + 2j + 5k)$$

故所求直线方程为

$$\frac{x-1}{1} = \frac{y-2}{2} = \frac{z}{5}$$

例 8　直线 $\dfrac{x}{0} = \dfrac{y}{1} = \dfrac{z}{1}$ 绕 z 轴旋转一周，求旋转曲面的方程.

分析　运用 yOz 坐标面上的曲线 $\begin{cases} x = 0 \\ f(y, z) = 0 \end{cases}$ 绕 z 轴旋转产生的旋转曲面的方程为 $f(\pm\sqrt{x^2 + y^2}, z) = 0$.

解　将直线方程 $\dfrac{x}{0} = \dfrac{y}{1} = \dfrac{z}{1}$ 改写成 $\begin{cases} x = 0 \\ y = z \end{cases}$，此直线为在 yOz 平面上的直线 $y - z = 0$，在方程中把 y 换成 $\pm\sqrt{x^2 + y^2}$，得所求旋转曲面方程为 $\pm\sqrt{x^2 + y^2} = z$，即

$$x^2 + y^2 = z^2$$

这是一个顶点在坐标原点的圆锥面.

小结　$\dfrac{x}{0} = \dfrac{y}{1} = \dfrac{z}{1} \Leftrightarrow \begin{cases} x = 0 \\ y = z \end{cases}$

例 9　设准线方程为 $L_1 : \begin{cases} x + y - z = 1 \\ x - y + z = 0 \end{cases}$，母线平行于直线 $x = y = z$，求此柱面的方程.

分析　由于母线平行于 $x = y = z$，以此可得出母线的方向向量，再利用柱面特征求出柱面方程.

解　母线的方向向量为 $a = (1, 1, 1)$，直线 L_1 沿该方向移动形成一个平面. 该平面过直线 L_1 并且平行于 a. 先计算出直线 L_1 的方向向量为

$$n = (1, 1, -1) \times (1, -1, 1) = (0, -2, -2) = -2(0, 1, 1)$$

则所求平面的法向量可取作 $a \times n = (0, -1, 1)$. 又由于该平面过直线 L_1 上的点 $\left(\dfrac{1}{2}, \dfrac{1}{2}, 0\right)$，故该平面的方程为 $2y - 2z = 1$.

小结　准线为直线的柱面为平面.

例 10　求直线 $L: \dfrac{x-1}{1} = \dfrac{y}{1} = \dfrac{z-1}{-1}$ 在平面 $\pi: x-y+2z-1=0$ 上的投影直线 L_0 的方程,并求直线 L_0 绕 y 轴旋转一周所成曲面的方程.

分析　先求出通过直线 L 且与平面 π 垂直的平面 P(该平面为投影柱面),而直线 L 的投影直线 L_0 即为平面 P 与 π 的交线,再根据旋转前后点到旋转轴的距离不变的特征求出旋转曲面方程.

解　(1) 设通过直线 L 且与平面 π 垂直的平面为 P,则 P 的法向量为
$$\boldsymbol{n} = (1,1,-1) \times (1,-3,-2)$$
又由于 P 通过直线 L 上的点 $(1,0,1)$,因此 P 的方程为 $x-3y-2z=-1$.

L_0 为平面 π 与平面 P 的交线,可以表示为 $\begin{cases} x-y+2z=1 \\ x-3y-2z=-1 \end{cases}$.

(2) 将直线 L_0 的方程化为 $\begin{cases} x=2y \\ z=-\dfrac{1}{2}(y-1) \end{cases}$,根据 L_0 上的点与该点绕 y 轴旋转后的点到 y 轴的距离相等,得直线 L_0 绕 y 轴旋转一周所成曲面的方程为 $x^2+z^2 = 4y^2 + \dfrac{1}{4}(y-1)^2$,即
$$4x^2 - 17y^2 + 4z^2 + 2y - 1 = 0$$

小结　空间曲线 Γ 在平面 $\Pi: Ax+By+Cz+D=0$ 上的投影曲线的求法:
①　求出通过空间曲线 Γ 且垂直于平面 Π 的投影柱面 $\varphi(x,y,z)=0$;
②　得到投影曲线为 $\begin{cases} \varphi(x,y,z)=0 \\ Ax+By+Cz+D=0 \end{cases}$,再将投影曲线中的 x,z 转化为 y 的函数,根据旋转前后点到旋转轴的距离不变求得旋转曲面方程.

例 11　求曲面 $z=\sqrt{x^2+y^2}$ 与 $z=\sqrt{1-x^2}$ 所围成的立体在 xOy 坐标面上的投影区域.

分析　由空间曲线(本题中为两曲面的交线)的一般表达式,消去相应变量后,得到投影柱面及空间曲线在坐标面上的投影曲线,从而写出立体在坐标面上的投影区域.

解　两曲面方程联立成方程组 $\begin{cases} z=\sqrt{x^2+y^2} \\ z=\sqrt{1-x^2} \end{cases}$,消去 z 得投影柱面方程为
$$2x^2 + y^2 = 1$$

所以两曲面的交线在 xOy 面上的投影曲线为

$$\begin{cases} 2x^2 + y^2 = 1 \\ z = 0 \end{cases}$$

故立体在 xOy 面上的投影区域为椭圆域 $\{(x,y) \mid 2x^2 + y^2 \leqslant 1\}$.

例 12 设有直线 $L_1: \dfrac{x-1}{-1} = \dfrac{y}{2} = \dfrac{z+1}{1}$,$L_2: \dfrac{x+2}{0} = \dfrac{y-1}{1} = \dfrac{z-2}{-2}$,证明：$L_1,L_2$ 是异面直线,并求与 L_1,L_2 都平行且距离相等的平面.

分析 从已知两直线上分别取一个点并连线,设为 L,两直线异面即该连线 L 与已知的两直线不共面. 与异面直线都平行且到两直线距离相等的平面,其法向量与两直线的方向向量都垂直,且过 L 的中点.

解 在直线 L_1 上取一点 $A(1,0,-1)$,在直线 L_2 上取一点 $B(-2,1,2)$,则向量 $\overrightarrow{AB} = (-3,1,3)$,直线 L_1 与 L_2 的方向向量分别为 $\boldsymbol{n}_1 = (-1,2,1)$,$\boldsymbol{n}_2 = (0,1,-2)$. 由

$$(\overrightarrow{AB}, \boldsymbol{n}_1, \boldsymbol{n}_2) = \begin{vmatrix} -3 & 1 & 3 \\ -1 & 2 & 1 \\ 0 & 1 & -2 \end{vmatrix} = 10 \neq 0$$

故 $\overrightarrow{AB}$,$\boldsymbol{n}_1$,$\boldsymbol{n}_2$ 不共面,进而可知 L_1,L_2 异面.

再求与 L_1,L_2 都平行且距离相等的平面. 由于该平面与直线 L_1,L_2 都平行,故它的法向量 $\boldsymbol{n}$ 与 L_1,L_2 的方向向量 $\boldsymbol{n}_1,\boldsymbol{n}_2$ 都垂直,因此 $\boldsymbol{n}$ 可以取作 $\boldsymbol{n}_1 \times \boldsymbol{n}_2 = (-5, -2, -1)$. 又所求平面与直线 L_1,L_2 距离相等,因此它经过点 $A(1,0,-1)$ 和点 $B(-2,1,2)$ 的中点 $\left(-\dfrac{1}{2},\dfrac{1}{2},\dfrac{1}{2}\right)$. 从而所求平面方程为

$$5\left(x+\frac{1}{2}\right) + 2\left(y-\frac{1}{2}\right) + \left(z-\frac{1}{2}\right) = 0$$

化简得

$$5x + 2y + z = -1$$

小结 一般运用三向量混合积不为零说明三向量不共面,从而证明两直线异面.

基础练习 13

1. 过点 $M_0(x_0, y_0, z_0)$ 且与 yOz 坐标面平行的平面的方程为_____.

2. 过原点与点 $M_0(3,0,5)$ 的直线的标准方程为_____,参数方程为_____.

3. 方程 $\dfrac{x^2}{a^2}+\dfrac{y^2}{b^2}-\dfrac{z^2}{c^2}=1(a>0,b>0,c>0)$ 所表示的曲面是　　　　(　)

    A. 椭圆抛物面   B. 双叶双曲面

    C. 单叶双曲面   D. 椭球面

4. 求球面 $x^2+y^2+z^2=3$ 与旋转抛物面 $x^2+y^2=2z$ 的交线在 xOy 面上的投影曲线.

5. 求向量 $a=(5,-2,5)$ 在平面 $x-2y+2z-6=0$ 的法向量上的投影.

6. 已知平面过三个点 $P(1,2,-1)$、$Q(2,1,-3)$ 和 $R(5,2,4)$,求此平面方程.

7. 已知平面过点 $M_0(1,-1,1)$ 且通过 z 轴,求该平面的方程.

8. 已知两个平面的方程分别为 $x+y+2z+3=0$ 和 $x-2y-z+1=0$,求这两个平面的夹角.

9. 已知平面过点 $(1,-2,1)$,且与平面 $x-2y+z-3=0$ 和 $x+y-z+2=0$ 都垂直,求该平面的方程.

10. 求点 $(3,-1,4)$ 到平面 $x+2y-2z+1=0$ 的距离.

11. 求直线 $x-2=y-3=\dfrac{z-4}{2}$ 与平面 $2x-y+z-8=0$ 的夹角和交点.

12. 在直线方程 $\dfrac{x-5}{2}=\dfrac{y+1}{3-A}=\dfrac{z-2}{4+B}$ 中

(1) 如何选取 A 的值,才能使直线平行于 xOz 平面?

(2) 如何选取 A 和 B 的值,才能使直线同时平行于平面 $2x+3y-2z+1=0$ 和 $x-6y+2z-3=0$?

强化训练 13

1. 曲线 $\begin{cases} x = 0 \\ z = e^{-y^2} \end{cases}$ 绕 z 轴旋转一周所得之旋转曲面的方程为 _____.

2. 平面 π 与 $\pi_1 : x - 2y + z - 2 = 0$ 和 $\pi_2 : x - 2y + z - 6 = 0$ 的距离之比为 $1 : 3$,则平面 π 的方程为 （　　）

   A. $x - 2y + z = 0$

   B. $x - 2y + z - 3 = 0$

   C. $x - 2y + z = 0$ 或 $x - 2y + z - 3 = 0$

   D. $x - 2y + z - 4 = 0$

3. 求平行于平面 $6x + y + 6z + 5 = 0$ 且与三个坐标面所围成的四面体的体积为一个单位的平面的方程.

4. 设点 $A(-1, 0, 4)$,平面 $\pi : 3x - 4y + z + 10 = 0$,直线 $L : \dfrac{x+1}{1} = \dfrac{y-3}{1} = \dfrac{z}{2}$,求一条过点 A 与平面 π 平行且与直线 L 相交的直线的方程.

5. 求经过点 $(1,1,1)$ 且与两直线 $L_1: \dfrac{x}{1} = \dfrac{y}{2} = \dfrac{z}{3}$ 和 $L_2: \dfrac{x-1}{21} = \dfrac{y-2}{1} = \dfrac{z-3}{4}$ 相交的直线的方程.

6. 设点 $P(3,2,1)$,平面 $\pi: 2x - 2y + 3z = 1$,试在直线 $\begin{cases} x + 2y + z = 1 \\ x - y + 2z = 4 \end{cases}$ 上求一点 Q,使得线段 PQ 平行于平面 π.

7. 在平面 $\pi: x + 2y - z = 20$ 内作一直线 Γ,使直线 Γ 过另一直线 $L:$ $\begin{cases} x - 2y + 2z = 1 \\ 3x + y - 4z = 3 \end{cases}$ 与平面 π 的交点,且 Γ 与 L 垂直,求直线 Γ 的参数方程.

8. 一直线过点 $B(1,2,3)$ 且与向量 $c=(6,6,7)$ 平行,求点 $A(3,2,4)$ 到该直线的距离.

9. 求两直线 $l_1:\dfrac{x+1}{1}=\dfrac{y}{1}=\dfrac{z-1}{2}$ 与 $l_2:\dfrac{x}{1}=\dfrac{y+1}{3}=\dfrac{z-2}{4}$ 之间的最短距离.

10. 设 Γ: $\begin{cases} x^2 + y^2 + z^2 + 4x - 4y + 2z = 0 \\ 2x + y - 2z = k \end{cases}$,求

(1) k 为何值时 Γ 为一圆?

(2) 当 $k = 6$ 时,Γ 的圆心和半径.

11. 已知点 $P(1,0,-1)$ 与 $Q(3,1,2)$,试在平面 Π:$x - 2y + z = 12$ 上求一点 M,使得 $|PM| + |MQ|$ 最小.

第 12—13 讲阶段能力测试

阶段能力测试 A

一、填空题(每小题 **3** 分,共 **15** 分)

1. 若 $a \mathbin{/\mkern-5mu/} b, b = (3,4,1)$,且 a 在 x 轴上的投影为 -2,则 $a =$ _____.

2. 若 $|a| = 4$,$|b| = 3$,$|a+b| = \sqrt{31}$,则 $|a-b| =$ _____.

3. 当 $\lambda =$ _____ 时,直线 $\dfrac{x+2}{2} = \dfrac{y}{-3} = \dfrac{z-1}{4}$ 与直线 $\dfrac{x-3}{\lambda} = \dfrac{y-1}{4} = \dfrac{z-7}{2}$ 相交.

4. 点 $(1,1,1)$ 在平面 $x+y+z=0$ 上的投影点为_____.

5. 若两平面 $kx+y+z-k=0$ 与 $kx+y-2z=0$ 互相垂直,则 $k =$ _____.

二、选择题(每小题 **3** 分,共 **15** 分)

1. 设向量 Q 与三坐标轴的正向夹角依次为 α, β, γ,当 $\cos\beta = 0$ 时,有　　(　　)

    A. $Q \mathbin{/\mkern-5mu/} xOy$ 面　　　　　　　　　B. $Q \mathbin{/\mkern-5mu/} xOz$ 面

    C. $Q \mathbin{/\mkern-5mu/} yOz$ 面　　　　　　　　　D. $Q \mathbin{/\mkern-5mu/} xOz$ 面

2. 如果 $a \times c = b \times c$,且 $c \neq 0$,则　　　　　　　　　　　　　(　　)

    A. $a = b$　　　　B. $a \mathbin{/\mkern-5mu/} b$　　　　C. $(a-b) \mathbin{/\mkern-5mu/} c$　　D. $(a-b) \perp c$

3. 曲线 $\begin{cases} x^2 + 4y^2 - z^2 = 16 \\ 4x^2 + y^2 + z^2 = 4 \end{cases}$ 在 xOy 坐标面上投影的方程是　　(　　)

    A. $\begin{cases} x^2 + y^2 = 4 \\ z = 0 \end{cases}$　　　　　　　　B. $\begin{cases} 4x^2 + y^2 = 4 \\ z = 0 \end{cases}$

    C. $\begin{cases} x^2 + 4y^2 = 16 \\ z = 0 \end{cases}$　　　　　　　D. $x^2 + y^2 = 4$

4. 以曲线 $\begin{cases} f(y,z) = 0 \\ x = 0 \end{cases}$ 为母线,绕 Oz 轴旋转所成旋转曲面的方程是　　(　　)

    A. $f(\pm\sqrt{y^2+z^2}, x) = 0$　　　　　B. $f(\pm\sqrt{x^2+z^2}, y) = 0$

    C. $f(\pm\sqrt{x^2+y^2}, z) = 0$　　　　　D. $f(\pm\sqrt{x^2+y^2}, z) = 0$

5. 设有直线 $L:\begin{cases} x+3y+2z+1=0 \\ 2x-y-10z+3=0 \end{cases}$ 及平面 $\pi:4x-2y+z-2=0$,则直线 L

               (   )

  A. 平行于 π B. 在 π 上

  C. 与 π 斜交   D. 垂直于 π

三、计算下列各题(每小题 6 分,共 18 分)

1. 已知 $|\boldsymbol{a}|=|\boldsymbol{b}|=1,(\overset{\wedge}{\boldsymbol{a},\boldsymbol{b}})=\dfrac{\pi}{2},\boldsymbol{c}=2\boldsymbol{a}+\boldsymbol{b},\boldsymbol{d}=3\boldsymbol{a}-\boldsymbol{b}$,求 $(\overset{\wedge}{\boldsymbol{c},\boldsymbol{d}})$.

2. 求点 $M(3,-1,2)$ 到直线 $L:\begin{cases} x+y-z+1=0 \\ 2x-y+z-4=0 \end{cases}$ 的距离.

3. 设 $\boldsymbol{\alpha}$ 与 $\boldsymbol{\beta}$ 均为单位向量,其夹角为 $\dfrac{\pi}{6}$,求以 $\boldsymbol{\alpha}+2\boldsymbol{\beta}$ 和 $3\boldsymbol{\alpha}+\boldsymbol{\beta}$ 为邻边的平行四边形的面积.

四、（本题满分 10 分）求过点 $(-1,2,3)$，垂直于直线 $\dfrac{x}{4} = \dfrac{y}{5} = \dfrac{z}{6}$，且平行于平面 $7x + 8y + 9z + 10 = 0$ 的直线的方程.

五、（本题满分 10 分）设 $a = (1,0,0)$，$b = (0,1,-2)$，$c = (2,-2,1)$，试在 a,b 确定的平面内求一个模长为 3 的向量 q，使 $q \perp c$.

六、（本题满分 10 分）证明：直线 $L:\begin{cases} x + \dfrac{z}{3} = 0 \\ y = 2 \end{cases}$ 在曲面 $\Sigma: x^2 + \dfrac{y^2}{4} - \dfrac{z^2}{9} = 1$ 上.

七、(本题满分 10 分) 求直线 $\begin{cases} x+y-z-1=0 \\ x-y+z+1=0 \end{cases}$ 在平面 $x+2y-z+5=0$ 上的投影直线的方程.

八、(本题满分 12 分) 求过直线 $L: \begin{cases} x+5y+z=0 \\ x-z+4=0 \end{cases}$ 且与平面 $\pi: x-4y-8z+12=0$ 成 $\dfrac{\pi}{4}$ 角的平面的方程.

阶段能力测试 B

一、填空题(每小题 3 分,共 15 分)

1. 直线 $x - 1 = \dfrac{y+2}{2} = \dfrac{z-1}{\lambda}$ 垂直于平面 $3x + 6y + 3z + 25 = 0$,则 $\lambda = $ _____.

2. 设 $\boldsymbol{a} = (3,5,8)$,$\boldsymbol{b} = (2,-4,-7)$,$\boldsymbol{c} = (5,1,-4)$,则 $4\boldsymbol{a} + 3\boldsymbol{b} - \boldsymbol{c}$ 在 x 轴上的投影为_____.

3. 若 $|\boldsymbol{a}| = 2$,$|\boldsymbol{b}| = 1$,且两向量的夹角为 $\dfrac{\pi}{3}$,则 $|2\boldsymbol{a} - 3\boldsymbol{b}| = $ _____.

4. 球面 $x^2 + y^2 + z^2 = 9$ 与平面 $x + z = 1$ 的交线在 xOy 面上的投影曲线的方程为_____.

5. 已知 A,B,C,D 为空间的 4 个定点,AB 与 CD 的中点分别为 E 与 F,$|\overrightarrow{EF}| = a$($a$ 为正常数),P 为空间的任一点,则 $(\overrightarrow{PA} + \overrightarrow{PB}) \cdot (\overrightarrow{PC} + \overrightarrow{PD})$ 的最小值为_____.

二、选择题(每小题 3 分,共 15 分)

1. 下列平面方程中,方程所表示的平面过 y 轴的是 ( )
   A. $x + y + z = 1$ B. $x + y + z = 0$
   C. $x + z = 0$ D. $x + z = 1$

2. 若 $\boldsymbol{a} \cdot \boldsymbol{b} = \boldsymbol{a} \cdot \boldsymbol{c}$,则 ( )
   A. $\boldsymbol{a} = 0$ 或 $\boldsymbol{b} - \boldsymbol{c} = 0$ B. $\boldsymbol{a} \perp \boldsymbol{b}$ 且 $\boldsymbol{a} \perp \boldsymbol{c}$
   C. $\boldsymbol{b} = \boldsymbol{c}$ D. $\boldsymbol{a} \perp (\boldsymbol{b} - \boldsymbol{c})$

3. 已知直线 $L_1 : \dfrac{x-4}{2} = \dfrac{y+1}{3} = \dfrac{z+2}{5}$ 和 $L_2 : \dfrac{x+1}{-3} = \dfrac{y-1}{2} = \dfrac{z-3}{4}$,则它们是 ( )
   A. 两条相交直线
   B. 两条重合直线
   C. 两条平行但不重合的直线
   D. 两条异面的直线

4. 下列方程中表示圆锥曲面的是 ( )
   A. $x^2 + y^2 = 2z$ B. $x^2 + y^2 = z^2$
   C. $\dfrac{x^2}{a^2} + \dfrac{y^2}{b^2} + \dfrac{z^2}{c^2} = 1$ D. $\dfrac{x^2}{a^2} + \dfrac{y^2}{b^2} - \dfrac{z^2}{c^2} = 1$

5. 方程 $\dfrac{x^2}{a^2} + \dfrac{y^2}{b^2} = \dfrac{z}{c}(a > 0, b > 0, c \neq 0)$ 所表示的曲面为 （　　）

    A. 椭圆抛物面   B. 双叶双曲面

    C. 单叶双曲面   D. 椭球面

三、计算下列各题(每小题 6 分,共 18 分)

1. 设向量 $\boldsymbol{x}$ 与向量 $\boldsymbol{a} = (2, -1, 2)$ 共线,且 $\boldsymbol{x} \cdot \boldsymbol{a} = 18$,求向量 $\boldsymbol{x}$.

2. 设 $|\boldsymbol{a}| = 4, |\boldsymbol{b}| = 3, (\hat{\boldsymbol{a}, \boldsymbol{b}}) = \dfrac{\pi}{6}$,求以向量 $\boldsymbol{a} + 2\boldsymbol{b}, \boldsymbol{a} - 3\boldsymbol{b}$ 为边的平行四边形的面积.

3. 设 $\boldsymbol{a} + 3\boldsymbol{b}$ 与 $7\boldsymbol{a} - 5\boldsymbol{b}$ 垂直,$\boldsymbol{a} - 4\boldsymbol{b}$ 与 $7\boldsymbol{a} - 2\boldsymbol{b}$ 垂直,求 $\boldsymbol{a}$ 与 $\boldsymbol{b}$ 之间的夹角.

四、(本题满分 10 分) 求与直线 $\dfrac{x-1}{1} = \dfrac{y+2}{3} = \dfrac{z+5}{-2}$ 关于原点对称的直线的方程.

五、(本题满分 10 分) 求过点 $M(2,1,2)$ 且与直线 $\dfrac{x-2}{1} = \dfrac{y-3}{1} = \dfrac{z-4}{2}$ 垂直相交的直线的方程.

六、(本题满分 10 分) 试用向量证明不等式：

$$\sqrt{a_1^2 + a_2^2 + a_3^2} \cdot \sqrt{b_1^2 + b_2^2 + b_3^2} \geqslant |\, a_1 b_1 + a_2 b_2 + a_3 b_3 \,|$$

其中 $a_i, b_i (i = 1,2,3)$ 为实数,并指出等号成立的条件.

七、(本题满分 10 分) 设一平面垂直于平面 $z = 0$，并通过从点 $P(1, -1, 1)$ 到直线 $L: \begin{cases} y - z + 1 = 0 \\ x = 0 \end{cases}$ 的垂线，求此平面的方程.

八、(本题满分 12 分) (1) 证明：曲面 $\Sigma: \begin{cases} x = (b + a\cos\theta)\cos\varphi \\ y = a\sin\theta \\ z = (b + a\cos\theta)\sin\varphi \end{cases}$ $(0 \leqslant \theta, \varphi \leqslant 2\pi, 0 <$

$a < b)$ 为旋转曲面.

(2) 求旋转曲面 Σ 所围成立体的体积.

参 考 答 案

第 1 讲　函数、极限与连续(一)
—— 函数与极限

基础练习1

1. $0,1$.　2. D.　3. D.　4. D.　5. C.

6. 解:由不等式组 $\begin{cases} \dfrac{2+x}{2-x} > 0 \\ 2-x \neq 0 \end{cases}$,解得 $f(x)$ 的定义域为 $D_1 = \{x \mid \mid x \mid < 2\}$. 又由 $\left| \dfrac{2}{x} \right| < 2$,解得

$\mid x \mid > 1$,即 $D_2 = \{x \mid \mid x \mid > 1\}$. 故所求的定义域为 $D = D_1 \bigcap D_2 = \{x \mid 1 < \mid x \mid < 2\}$ 或 $D = (-2, -1) \bigcup (1, 2)$.

7. (1) 解:原式 $= \dfrac{1}{2} \lim\limits_{x \to 0} \dfrac{3\sin x + x^2 \cos \dfrac{1}{x}}{x} = \dfrac{1}{2} \lim\limits_{x \to 0} \left(\dfrac{3\sin x}{x} + x\cos \dfrac{1}{x} \right) = \dfrac{1}{2}(3 + 0) = \dfrac{3}{2}$.

(2) 解:原式 $= \lim\limits_{x \to 0} \dfrac{e^{x^2} - 1 + 1 - \cos x}{x^2} = \lim\limits_{x \to 0} \dfrac{e^{x^2} - 1}{x^2} + \lim\limits_{x \to 0} \dfrac{1 - \cos x}{x^2} = \lim\limits_{x \to 0} \dfrac{x^2}{x^2} + \lim\limits_{x \to 0} \dfrac{\dfrac{1}{2}x^2}{x^2} = 1 + \dfrac{1}{2} = \dfrac{3}{2}$.

(3) 解:原式 $= \lim\limits_{x \to 1} [1 + (1-x)]^{\frac{1}{1-x} \cdot (1-x)\tan\frac{\pi}{2}x} = e^{\lim\limits_{x \to 1} \frac{1-x}{\cos\frac{\pi}{2}x} \frac{\sin\frac{\pi}{2}x}{1}} = e^{\lim\limits_{x \to 1} \frac{1-x}{\sin(\frac{\pi}{2} - \frac{\pi}{2}x)} \frac{\sin\frac{\pi}{2}x}{1}} = e^{\lim\limits_{x \to 1} \frac{1-x}{(\frac{\pi}{2} - \frac{\pi}{2}x)} \frac{\sin\frac{\pi}{2}x}{1}} =$

$e^{\lim\limits_{x \to 1} \frac{2}{\pi} \frac{\sin\frac{\pi}{2}x}{1}} = e^{\frac{2}{\pi}}$.

(4) 解:原式 $= \lim\limits_{x \to \infty} x\left(\sqrt[5]{1 - \dfrac{2}{x} + \dfrac{1}{x^5}} - 1 \right) = \lim\limits_{x \to \infty} \left[x \cdot \dfrac{1}{5} \left(-\dfrac{2}{x} + \dfrac{1}{x^5} \right) \right] = \lim\limits_{x \to \infty} \left(-\dfrac{2}{5} + \dfrac{1}{5x^4} \right) = -\dfrac{2}{5}$.

8. 解: $\lim\limits_{x \to +\infty} \left(\sin\dfrac{1}{x} + \cos\dfrac{1}{x} \right)^x \xlongequal{\text{令 } t = \frac{1}{x}} \lim\limits_{t \to 0^+} (\sin t + \cos t)^{\frac{1}{t}}$

$= \lim\limits_{t \to 0^+} (1 + \sin t + \cos t - 1)^{\frac{1}{\sin t + \cos t - 1} \cdot \frac{\sin t + \cos t - 1}{t}} = e^{\lim\limits_{t \to 0} \frac{\sin t + \cos t - 1}{t}} = e^{\lim\limits_{t \to 0} \frac{\sin t}{t} - \lim\limits_{t \to 0} \frac{1 - \cos t}{t}} = e^{1-0} = e$.

(本题也可用 e 抬起法,请读者一试)

9. 解:因 $\lim\limits_{x \to 0} \sin x = 0$,则 $\lim\limits_{x \to 0}(e^x - a) = 0$,故 $a = 1$. 又 $\lim\limits_{x \to 0} \dfrac{\sin x}{e^x - 1}(\cos x - b) = \lim\limits_{x \to 0} \dfrac{x}{x}(\cos x - b) =$

$\lim\limits_{x \to 0}(\cos x - b) = 1 - b = 5$,故 $b = -4$. 因此有: $a = 1, b = -4$.

10. 解：设 $u_n = \left[\sum\limits_{k=1}^{n} \dfrac{1}{2(1+2+\cdots+k)}\right]^n$，则 $u_n = \left[\sum\limits_{k=1}^{n} \dfrac{1}{2(1+2+\cdots+k)}\right]^n = \left[\sum\limits_{k=1}^{n} \dfrac{1}{k(k+1)}\right]^n =$

$\left[\sum\limits_{k=1}^{n}\left(\dfrac{1}{k}-\dfrac{1}{k+1}\right)\right]^n = \left(1-\dfrac{1}{n+1}\right)^n$，$\lim\limits_{n\to\infty}\left[\sum\limits_{k=1}^{n} \dfrac{1}{2(1+2+\cdots+k)}\right]^n = \lim\limits_{n\to\infty}u_n = \lim\limits_{n\to\infty}\left(1-\dfrac{1}{n+1}\right)^n =$

$\lim\limits_{n\to\infty}\left(1-\dfrac{1}{n+1}\right)^{-(n+1)\cdot\frac{n}{-(n+1)}} = \mathrm{e}^{-1}$.

11. 解：令 $A = \mathrm{Max}\{a_i, i=1,2,\cdots,k\}$，则 $A \leqslant \sqrt[n]{\sum\limits_{i=1}^{k} a_i^n} \leqslant A\sqrt[n]{k}$，又 $\lim\limits_{n\to\infty}A\sqrt[n]{k} = A = \lim\limits_{n\to\infty}A$，故

$\lim\limits_{n\to\infty}\sqrt[n]{\sum\limits_{i=1}^{k} a_i^n} = A$.

12. 证明：由题设可知 $x_n > 0$，又 $x_{n+1} - x_n = \sqrt{1+x_n} - \sqrt{1+x_{n-1}} = \dfrac{x_n - x_{n-1}}{\sqrt{1+x_n} + \sqrt{1+x_{n-1}}}$，

故 $x_{n+1} - x_n$ 与 $x_n - x_{n-1}$ 同号，依次类推可知：$x_{n-1} - x_n$ 与 $x_2 - x_1$ 同号，而 $x_2 = \sqrt{1+x_1} =$

$\sqrt{2} > x_1$，所以 $x_{n+1} - x_n > 0 (n=0,1,2,\cdots)$. 因此，数列 $\{x_n\}$ 是单调增加的. 又 $x_1 = 1 < 2$，假设

$x_n < 2$，则 $x_{n+1} = \sqrt{1+x_n} < \sqrt{3} < 2$，由数学归纳法可知，恒有 $x_n < 2 (n=1,2,\cdots)$ 成立，即数

列 $\{x_n\}$ 单调增加且有上界，所以 $\lim\limits_{n\to\infty}x_n$ 存在. 设 $\lim\limits_{n\to\infty}x_n = A$，且 $A > 0$，对递推公式两边求极限，得

$A = \sqrt{1+A}$，解得 $A = \dfrac{1+\sqrt{5}}{2}$，所以 $\lim\limits_{n\to\infty}x_n = \dfrac{1+\sqrt{5}}{2}$.

强化训练 1

1. $\sqrt{\ln(1-x)}$.   2. $\dfrac{\sin x}{x}$.   3. -4.   4. A.   5. D.

6. 证明：(1) 由 $f(a+x) = f(a-x)$，令 $a+x = t$，则 $x = t-a$. 从而 $f(t) = f(2a-t)$，即
$f(x) = f(2a-x)$.

(2) 由 $f(-x) = -f(x)$ 及 $f(a+x) = f(a-x)$，反复运用上式，有 $f(4a+x) = f[a+(3a+x)] =$
$f[a-(3a+x)] = f(-2a-x) = -f(2a+x) = -f[a+(a+x)] = -f[a-(a+x)] =$
$-f(-x) = f(x)$，所以 $f(x)$ 是以 $4|a|$ 为周期的周期函数.

(3) 由题意及(1)有 $f(x) = f(2a-x)$，$f(x) = f(2b-x)$，则有 $f(2a-x) = f[2b-(2a-x)] =$
$f[2(b-a)+x] = f(x)$，从而 $f(x)$ 是以 $2(b-a)$ 为周期的周期函数.

7. (1) 解：原式 $= \lim\limits_{x\to1} \dfrac{\sqrt[3]{x-1}}{2\sqrt[3]{x^2-1}} = \lim\limits_{x\to1} \dfrac{\sqrt[3]{x-1}}{2\sqrt[3]{(x-1)(x+1)}} = \lim\limits_{x\to1} \dfrac{1}{2\sqrt[3]{x+1}} = \dfrac{1}{2\sqrt[3]{2}}$.

(2) 解：令 $t = \dfrac{1}{x}$，原式 $= \lim\limits_{t\to0^+} \dfrac{1}{t}(a^t - b^t) = \lim\limits_{t\to0^+} \dfrac{b^t}{t}\left[\left(\dfrac{a}{b}\right)^t - 1\right] = \lim\limits_{t\to0^+} \dfrac{b^t}{t}t\ln\dfrac{a}{b} = \ln\dfrac{a}{b}$.

8. (1) 解：原式 $= \lim\limits_{x\to\infty} \dfrac{\left(1+\dfrac{1}{x}\right)\left(1+\dfrac{1}{x^2}\right)\cdots\left(1+\dfrac{1}{x^n}\right)}{\left[n^n+\dfrac{1}{x^n}\right]^{\frac{n+1}{2}}} = \dfrac{1}{n^{\frac{n(n+1)}{2}}} = n^{\frac{n(n+1)}{2}}$.

(2) 解：$\lim\limits_{n\to\infty} \dfrac{1-\mathrm{e}^{-nx}}{1+\mathrm{e}^{-nx}} = \dfrac{\lim\limits_{n\to\infty}(1-\mathrm{e}^{-nx})}{\lim\limits_{n\to\infty}(1+\mathrm{e}^{-nx})}$. 当 $x > 0$ 时，因 $\lim\limits_{n\to\infty}\mathrm{e}^{-nx} = 0$，原式 $= \dfrac{\lim\limits_{n\to\infty}(1-\mathrm{e}^{-nx})}{\lim\limits_{n\to\infty}(1+\mathrm{e}^{-nx})} = 1$；当

$x=0$ 时，因为 $\lim\limits_{n\to\infty}\mathrm{e}^{-nx}=1$，故原式 $=\dfrac{\lim\limits_{n\to\infty}(1-\mathrm{e}^{-nx})}{\lim\limits_{n\to\infty}(1+\mathrm{e}^{-nx})}=0$；当 $x<0$ 时，因为 $\lim\limits_{n\to\infty}\mathrm{e}^{nx}=0$，故原式 $=$

$\dfrac{\lim\limits_{n\to\infty}(\mathrm{e}^{nx}-1)}{\lim\limits_{n\to\infty}(\mathrm{e}^{nx}+1)}=-1.$

9. 解：因为 $\dfrac{1}{x}-1<\left[\dfrac{1}{x}\right]\leqslant\dfrac{1}{x}(x\neq0)$，当 $x>0$ 时，$x\left(\dfrac{1}{x}-1\right)<x\left[\dfrac{1}{x}\right]\leqslant x\dfrac{1}{x}$，即 $1-x<$

$x\left[\dfrac{1}{x}\right]\leqslant1.$ 因为 $\lim\limits_{x\to0^+}(1-x)=1$，故由夹逼准则可知，$\lim\limits_{x\to0^+}x\left[\dfrac{1}{x}\right]=1.$ 当 $x<0$ 时，$x\left(\dfrac{1}{x}-1\right)>$

$x\left[\dfrac{1}{x}\right]\geqslant x\dfrac{1}{x}$，即 $1-x>x\left[\dfrac{1}{x}\right]\geqslant1.$ 因为 $\lim\limits_{x\to0^-}(1-x)=1$，故由夹逼准则可知，$\lim\limits_{x\to0^-}x\left[\dfrac{1}{x}\right]=$

$1.$ 所以 $\lim\limits_{x\to0}x\left[\dfrac{1}{x}\right]=1.$

10. 解：因为 $\lim\limits_{x\to0}(3^x-1)=0$，$\lim\limits_{x\to0}\dfrac{\ln\left[1+\dfrac{f(x)}{\sin2x}\right]}{3^x-1}=5$，故 $\lim\limits_{x\to0}\ln\left[1+\dfrac{f(x)}{\sin2x}\right]=0$，则 $\lim\limits_{x\to0}\dfrac{f(x)}{\sin2x}=0$，

所以 $5=\lim\limits_{x\to0}\dfrac{\ln\left[1+\dfrac{f(x)}{\sin2x}\right]}{3^x-1}=\lim\limits_{x\to0}\dfrac{\dfrac{f(x)}{\sin2x}}{x\ln3}=\lim\limits_{x\to0}\dfrac{f(x)}{2x^2\ln3}$，则 $\lim\limits_{x\to0}\dfrac{f(x)}{x^2}=10\ln3.$

11. 解：因为 $\sin\pi\sqrt{1+4n^2}=\sin(\pi\sqrt{1+4n^2}-2n\pi)=\sin\dfrac{\pi}{\sqrt{1+4n^2}+2n}$，故原式 $=\lim\limits_{n\to\infty}\Big(1+$

$\sin\dfrac{\pi}{\sqrt{1+4n^2}+2n}\Big)^n=\exp\left[\lim\limits_{n\to\infty}n\ln\Big(1+\sin\dfrac{\pi}{\sqrt{1+4n^2}+2n}\Big)\right]=\exp\left[\lim\limits_{n\to\infty}n\sin\dfrac{\pi}{\sqrt{1+4n^2}+2n}\right]=$

$\exp\left[\lim\limits_{n\to\infty}\dfrac{\pi n}{\sqrt{1+4n^2}+2n}\right]=\mathrm{e}^{\frac{\pi}{4}}.$

12. 证明：由题设可知，$0\leqslant x_n=\sin\dfrac{1}{2}(x_{n-1}+2)\leqslant1$，即数列 $\{x_n\}$ 是有界的. 又 $x_{n+1}-x_n=$

$\sin\dfrac{1}{2}(x_n+2)-\sin\dfrac{1}{2}(x_{n-1}+2)=2\cos\left(\dfrac{x_n+x_{n-1}}{4}+1\right)\sin\dfrac{x_n-x_{n-1}}{4}$，而 $0<x_n=\sin\dfrac{1}{2}(x_{n-1}+2)\leqslant$

$1,n=1,2,\cdots$，故 $0<\dfrac{x_{n+1}+x_n}{4}\leqslant\dfrac{1}{2}$，即 $0<\dfrac{x_n+x_{n-1}}{4}+1\leqslant\dfrac{\pi}{2}$，因而 $\cos\left(\dfrac{x_n+x_{n-1}}{4}+1\right)>0$，故

$x_{n+1}-x_n$ 与 x_n-x_{n-1} 同号. 依次类推可知 $x_{n+1}-x_n$ 与 x_1-x_0 同号，而 $x_1=\sin1$，故 $x_1-x_0>$

0，所以 $x_{n+1}-x_n>0(n=0,1,2,\cdots)$，因此数列 $\{x_n\}$ 是单调增加的. 故数列 $\{x_n\}$ 是单调有界的，

所以 $\lim\limits_{n\to\infty}x_n$ 存在.

第 2 讲　　函数、极限与连续（二）

——函数的连续性

基础练习 2

1. 9.　 2. $2,-4.$　 3. $x=0$,第一类跳跃型.　 4. C.

5. 解：当 $x \neq 4$ 时，$f(x)$ 为初等函数，连续，故只需考虑 $x = 4$ 时点的情况. 由 $f(4) = a + 1$，而

$$\lim_{x \to 4} f(x) = \lim_{x \to 4} \frac{2 - \sqrt{x}}{3 - \sqrt{2x+1}} = \lim_{x \to 4} \frac{4 - x}{2 + \sqrt{x}} \cdot \frac{3 + \sqrt{2x+1}}{9 - (2x+1)} = \frac{1}{2} \lim_{x \to 4} \frac{3 + \sqrt{2x+1}}{2 + \sqrt{x}} = \frac{3}{4}.$$ 故当 $a +$

$1 = \frac{3}{4}$，即 $a = -\frac{1}{4}$ 时，$f(x)$ 在 $x = 4$ 处连续.

6. 解：由 $\lim\limits_{x \to 0^-} \dfrac{\tan ax}{\sqrt{1 - \cos x}} = \lim\limits_{x \to 0^-} \dfrac{ax}{\dfrac{-x}{\sqrt{2}}} = -\sqrt{2}a = b$, $\lim\limits_{x \to 0^+} \dfrac{1}{x^2}[\ln x - \ln(x^3 + x)] = -\lim\limits_{x \to 0^+} \dfrac{\ln(x^2 + 1)}{x^2} =$

$-1 = b$，解得：$a = \dfrac{\sqrt{2}}{2}, b = -1$.

7. 证明：令 $F(x) = f(x) - x$，则 $F(x)$ 在 $[a, b]$ 上连续，又 $F(a) = f(a) - a > 0$，$F(b) = f(b) - b < 0$，由零点存在定理可知，至少存在一点 $\xi \in (a, b)$，使得 $F(\xi) = 0$，即 $f(\xi) = \xi$.

8. 证明：设 $\min(x_1, x_2, \cdots, x_n) = x_i$，$\mathrm{Max}(x_1, x_2, \cdots, x_n) = x_j$，因为 $f(x)$ 在闭区间 $[x_i, x_j]$ 上连续，所以存在最大值 M 与最小值 m，于是 $m \leqslant f(x_k) \leqslant M(k = 1, 2, \cdots, n)$，故 $m = (m^n)^{\frac{1}{n}} \leqslant [f(x_1)f(x_2)\cdots f(x_n)]^{\frac{1}{n}} \leqslant (M^n)^{\frac{1}{n}} = M$. 由介值定理可知，必存在点 $\xi \in [x_i, x_j] \subset (a, b)$，使得 $f(\xi) = [f(x_1)f(x_2)\cdots f(x_n)]^{\frac{1}{n}}$ 成立.

强化训练 2

1. $x = 0$，第一类跳跃型.　　2. $x = 1, x = 0$.　　3. D.

4. 解：$f(x)$ 无定义的点 $x_1 = -1, x_2 = 1$. 在 $x_1 = -1$ 处，$\lim\limits_{x \to 1^-} f(x) = \lim\limits_{x \to 1} \dfrac{1}{e^{\frac{x+1}{1-x}} - 1} = \infty$，故 $x_1 =$

-1 是第二类无穷型间断点；在 $x_2 = 1$ 处，$\lim\limits_{x \to 1^+} f(x) = \lim\limits_{x \to 1^+} \dfrac{1}{e^{\frac{x+1}{1-x}} - 1} = \dfrac{1}{0 - 1} = -1$，$\lim\limits_{x \to 1^-} f(x) =$

$\lim\limits_{x \to 1^-} \dfrac{1}{e^{\frac{x+1}{1-x}} - 1} = 0$，故 $x_2 = 1$ 为第一类跳跃型间断点.

5. 解：初等函数 $f(x)$ 在 $(-\infty, -1), (-1, 0), (0, 1), (1, +\infty)$ 内有定义，则连续，故 $f(x)$ 的间断点是 $x = -1, x = 0$ 和 $x = 1$.

$\lim\limits_{x \to 1} \dfrac{(x+1)\sin x}{|x|(x^2-1)} = \lim\limits_{x \to 1} \dfrac{(x+1)\sin x}{|x|(x+1)(x-1)} = \lim\limits_{x \to 1} \dfrac{\sin x}{|x|(x-1)} = \dfrac{1}{2}\sin 1$，故 $x = -1$ 是 $f(x)$

的第一类可去型间断点；$\lim\limits_{x \to 0^+} \dfrac{(x+1)\sin x}{|x|(x^2-1)} = \lim\limits_{x \to 0^+} \dfrac{(x+1)\sin x}{x(x+1)(x-1)} = \lim\limits_{x \to 0^+} \dfrac{1}{(x-1)} = -1$，

$\lim\limits_{x \to 0^-} \dfrac{(x+1)\sin x}{|x|(x^2-1)} = \lim\limits_{x \to 0^-} \dfrac{(x+1)\sin x}{-x(x+1)(x-1)} = \lim\limits_{x \to 0^-} \dfrac{-1}{(x-1)} = 1$，故 $x = 0$ 是 $f(x)$ 的第一类

跳跃型间断点；$\lim\limits_{x \to 1} \dfrac{(x+1)\sin x}{|x|(x^2-1)} = \lim\limits_{x \to 1} \dfrac{(x+1)\sin x}{x(x+1)(x-1)} = \lim\limits_{x \to 1} \dfrac{\sin x}{x(x-1)} = \infty$，故 $x = 1$ 是 $f(x)$

的第二类无穷型间断点.

6. 解：$f(x) = \lim\limits_{n \to \infty} \dfrac{x^{2n+1} + ax^2 + bx}{x^{2n} + 1} = \lim\limits_{n \to \infty} \dfrac{x \cdot x^{2n} + ax^2 + bx}{x^{2n} + 1} = \begin{cases} ax^2 + bx, & |x| < 1 \\ x, & |x| > 1 \\ \dfrac{a - b - 1}{2}, & x = -1 \\ \dfrac{a + b + 1}{2}, & x = 1 \end{cases}$,

$f(x)$ 在 $(-\infty,-1),(-1,1),(1,+\infty)$ 内是初等函数,所以连续. 由于 $f(1) = \lim\limits_{x \to 1^+} f(x) =$

$\lim\limits_{x \to 1^-} f(x), f(-1) = \lim\limits_{x \to -1^+} f(x) = \lim\limits_{x \to -1^-} f(x)$,则有 $\begin{cases} a+b=1 \\ a-b=-1 \end{cases}$,解得 $a=0, b=1$.

7. 证明:令 $F(x) = f(x) - f\left(x + \dfrac{1}{2}\right)$,则 $F(x)$ 在 $\left[0, \dfrac{1}{2}\right]$ 上连续,又因为 $F(0) = f(0) -$

$f\left(\dfrac{1}{2}\right), F\left(\dfrac{1}{2}\right) = f\left(\dfrac{1}{2}\right) - f(1) = f\left(\dfrac{1}{2}\right) - f(0)$,故 $F(0)F\left(\dfrac{1}{2}\right) < 0$,则至少存在一点 $\xi \in$

$\left[0, \dfrac{1}{2}\right] \subset [0,1)$,使得 $F(\xi) = 0$,即存在 $\xi \in [0,1)$,使得 $f(\xi) = f\left(\xi + \dfrac{1}{2}\right)$.

8. 证明:设 $\min(x_1, x_2, \cdots, x_n) = x_i$,$\max(x_1, x_2, \cdots, x_n) = x_j$,因为 $f(x)$ 在闭区间 $[x_i, x_j]$ 上连

续,所以存在最大值 M 与最小值 m,于是 $m \leqslant f(x_k) \leqslant M(k = 1, 2, \cdots, n)$,故 $m \leqslant \dfrac{1}{n}[f(x_1) +$

$f(x_2) + \cdots + f(x_n)] \leqslant M$. 由介值定理可知,必存在点 $\xi \in [x_i, x_j] \subset (a,b)$,使得 $f(\xi) =$

$\dfrac{1}{n}[f(x_1) + f(x_2) + \cdots + f(x_n)]$.

第 1—2 讲阶段能力测试

阶段能力测试 A

一、1. $\begin{cases} 0, & x=0 \\ \ln|x|, & x \neq 0 \end{cases}$. 2. $\left\{ x \mid -\dfrac{2}{3} \leqslant x < 0 \right\}$. 3. -2. 4. 2. 5. -1.

二、1. B. 2. C. 3. D. 4. B. 5. C.

三、证明:用 $\dfrac{1}{x}$ 代换原式中的 x,得 $2f\left(\dfrac{1}{x}\right) + f(x) = ax$,又 $4f(x) + 2f\left(\dfrac{1}{x}\right) = \dfrac{2a}{x}$,两式相减,

得 $f(x) = \dfrac{a}{3}\left(\dfrac{2}{x} - x\right)$. 由于 $f(-x) = \dfrac{a}{3}\left(\dfrac{2}{-x} + x\right) = -\dfrac{a}{3}\left(\dfrac{2}{x} - x\right) = -f(x)$,所以 $f(x)$ 是

奇函数.

四、1. 解:原式 $= \lim\limits_{n \to \infty} \dfrac{1 - (x^{2^n})^2}{1-x} = \dfrac{1}{1-x} (|x| < 1)$.

2. 解法一:$\lim\limits_{x \to 0} \dfrac{\cos x - \cos 3x}{x^2} = \lim\limits_{x \to 0} \dfrac{2\sin x \sin 2x}{x^2} = \lim\limits_{x \to 0} \dfrac{2x \cdot 2x}{x^2} = 4$.

解法二:原式 $= \lim\limits_{x \to 0} \dfrac{(\cos x - 1) - (\cos 3x - 1)}{x^2} = -\lim\limits_{x \to 0} \dfrac{1 - \cos x}{x^2} + \lim\limits_{x \to 0} \dfrac{1 - \cos 3x}{x^2} = -\lim\limits_{x \to 0} \dfrac{\dfrac{1}{2}x^2}{x^2} +$

$\lim\limits_{x \to 0} \dfrac{\dfrac{1}{2}(3x)^2}{x^2} = -\dfrac{1}{2} + \dfrac{9}{2} = 4$.

3. 解:对已知式两边取对数,得 $\lim\limits_{x \to 0} \dfrac{1}{\sin kx}\left(\dfrac{1 - \tan x}{1 + \tan x} - 1\right) = 1$,故有 $\lim\limits_{x \to 0} \dfrac{1}{kx} \cdot \dfrac{-2\tan x}{1 + \tan x} = -\dfrac{2}{k} = 1$,

因此 $k = -2$.

五、解：因为 $\lim\limits_{x\to\infty}\left(\dfrac{x+2a}{x-a}\right)^x=\lim\limits_{x\to0}\dfrac{\left(1+\dfrac{2a}{x}\right)^x}{\left(1-\dfrac{a}{x}\right)^x}=\dfrac{\mathrm{e}^{2a}}{\mathrm{e}^{-a}}=\mathrm{e}^{3a}$，$\lim\limits_{x\to0}\dfrac{\sin8x}{x}=8$，所以 $\mathrm{e}^{3a}=8\Rightarrow a=\ln2$.

六、证明：因为 $0\leqslant|x_{n+1}-2|=|\sqrt{6-x_n}-2|=\dfrac{|x_n-2|}{\sqrt{6-x_n}+2}\leqslant\dfrac{1}{2}|x_n-2|\leqslant\cdots\leqslant$

$\dfrac{1}{2^n}|x_1-2|=\dfrac{1}{2^{n-1}}$，由于 $\lim\limits_{n\to\infty}\dfrac{1}{2^{n-1}}=0$，由夹逼准则，得 $\lim\limits_{n\to\infty}|x_{n+1}-2|=0$，即 $\lim\limits_{n\to\infty}x_n=2$.

七、证明：$0<a_1=1<\dfrac{\pi}{2}$，$0<a_2=\sin1<1<\dfrac{\pi}{2}$，假设 $0<a_k<\dfrac{\pi}{2}$，则 $0<a_{k+1}=\sin a_k<$

a_k，所以对任何自然数有 $0<a_{n+1}<a_n<\dfrac{\pi}{2}$，即该数列单调下降且有下界，从而收敛. 设 $\lim\limits_{n\to\infty}a_n=$

a，由 $a_{k+1}=\sin a_k$，得 $a=\sin a$，$0\leqslant a<\dfrac{\pi}{2}$，当 $0<a$ 时，$a=\sin a<a$，矛盾，故 $a=0$.

八、解：由 $f(x)$ 的定义可知，$x\neq-2,0,2$，而 $f(x)$ 在 $(-\infty,-2)\bigcup(-2,0)\bigcup(0,2)$ 内连续，故

$f(x)$ 的间断点是 $x=-2,x=0,x=2$. 当 $x=-2$ 时，由于 $\lim\limits_{x\to-2}\dfrac{x(x+1)(x+2)}{|x|(x^2-4)}=$

$\lim\limits_{x\to-2}\dfrac{-(x+1)}{(x-2)}=-\dfrac{1}{4}$，故 $x=-2$ 是 $f(x)$ 的第一类可去型间断点；当 $x=0$ 时，由于

$\lim\limits_{x\to0^-}\dfrac{x(x+1)(x+2)}{|x|(x^2-4)}=\lim\limits_{x\to0^-}\dfrac{(x+1)}{-(x-2)}=\dfrac{1}{2}$，$\lim\limits_{x\to0^+}\dfrac{x(x+1)(x+2)}{|x|(x^2-4)}=\lim\limits_{x\to0^+}\dfrac{(x+1)}{(x-2)}=-\dfrac{1}{2}$，故

$x=0$ 是 $f(x)$ 的第一类跳跃型间断点；当 $x=2$ 时，由于 $\lim\limits_{x\to2}\dfrac{x(x+1)(x+2)}{|x|(x^2-4)}=\lim\limits_{x\to2}\dfrac{(x+1)}{(x-2)}=$

∞，故 $x=2$ 是 $f(x)$ 的第二类无穷型间断点.

九、证明：令 $F(x)=f(x)+x-1$，由题设可知，函数 $F(x)$ 在 $[0,1]$ 上连续，又 $F(0)=f(0)-$

$1=-1<0$，$F(1)=f(1)+1-1=1>0$，由零点存在定理可知，$\exists\xi\in(0,1)$，使得 $F(\xi)=0$，

即 $f(\xi)=1-\xi$.

阶段能力测试 B

一、1. $\dfrac{1}{4}$.　　2. 2.　　3. $-\dfrac{1}{2}$.　　4. 2.　　5. 0，第二类无穷型.

二、1. D.　2. D.　3. D.　4. C.　5. A.

三、1. 解：原式 $=\lim\limits_{x\to\frac{\pi}{2}}\dfrac{(\sqrt{1+\sin x}-1)}{(\sin x-1)}\cdot\dfrac{(\sqrt[3]{1+\sin x}-1)}{(\sin x-1)}\cdots\dfrac{(\sqrt[n]{1+\sin x}-1)}{(\sin x-1)}=$

$\lim\limits_{x\to\frac{\pi}{2}}\dfrac{\dfrac{1}{2}(\sin x-1)}{(\sin x-1)}\dfrac{\dfrac{1}{3}(\sin x-1)}{(\sin x-1)}\cdots\dfrac{\dfrac{1}{n}(\sin x-1)}{(\sin x-1)}=\dfrac{1}{2}\dfrac{1}{3}\cdots\dfrac{1}{n}=\dfrac{1}{n!}$.

2. 解：$1\leqslant\sqrt[n]{1+\dfrac{1}{2}+\dfrac{1}{3}\cdots+\dfrac{1}{n}}\leqslant\sqrt[n]{n}$，由于 $\lim\limits_{n\to\infty}\sqrt[n]{n}=1$，则原式 $=1$.

3. 解：原式 $=\lim\limits_{x\to0}\dfrac{1}{x^3}[\mathrm{e}^{x\ln\frac{2+\cos x}{3}}-1]=\lim\limits_{x\to0}\dfrac{x\ln\dfrac{2+\cos x}{3}}{x^3}=\lim\limits_{x\to0}\dfrac{\dfrac{2+\cos x}{3}-1}{x^2}=\lim\limits_{x\to0}\dfrac{\cos x-1}{3x^2}=-\dfrac{1}{6}$.

四、(1) 证明:因为 $0 < x_1 < \pi, x_{n+1} = \sin x_n (n = 1, 2, \cdots)$,故 $0 \leqslant x_n \leqslant 1 < \dfrac{\pi}{2} (n = 1, 2, \cdots)$,

则 $x_{n+1} = \sin x_n < x_n (n = 1, 2, \cdots)$,则 $\{x_n\}$ 单调有界,由单调有界准则可知,$\lim\limits_{n \to \infty} x_{n+1}$ 存在. 令 $\lim\limits_{n \to \infty} x_{n+1} = a$,对 $x_{n+1} = \sin x_n$ 两边求极限,得 $a = \sin a \left(0 \leqslant a < \dfrac{\pi}{2}\right)$,解得 $a = 0$.

(2) $\lim\limits_{n \to \infty} \left(\dfrac{x_{n+1}}{\tan x_n}\right)^{\frac{1}{x_n^2}} = \lim\limits_{n \to \infty} \left(\dfrac{\sin x_n}{\tan x_n}\right)^{\frac{1}{x_n^2}} = \lim\limits_{n \to \infty} \left(1 + \dfrac{\sin x_n - \tan x_n}{\tan x_n}\right)^{\frac{\tan x_n}{\sin x_n - \tan x_n} \cdot \frac{\sin x_n - \tan x_n}{\tan x_n} \cdot \frac{1}{x_n^2}} = e^{\lim\limits_{n \to \infty} \frac{\sin x_n - \tan x_n}{x_n^2}}$,由

于 $\lim\limits_{x \to 0} \dfrac{\sin x - \tan x}{x^3} = \lim\limits_{x \to 0} \dfrac{\tan x}{x} \lim\limits_{x \to 0} \dfrac{\cos x - 1}{x^2} = -\dfrac{1}{2}$,故 $\lim\limits_{n \to \infty} \dfrac{\sin x_n - \tan x_n}{x_n^3} = -\dfrac{1}{2}$,故 $\lim\limits_{n \to \infty} \left(\dfrac{x_{n+1}}{\tan x_n}\right)^{\frac{1}{x_n^2}} = e^{-\frac{1}{2}}$.

五、解:由题可知,$1 = \lim\limits_{x \to 0} \dfrac{1 - \cos x \cos 2x \cos 3x}{ax^n} = \lim\limits_{x \to 0} \dfrac{(1 - \cos x)}{ax^n} + \lim\limits_{x \to 0} \cos x \cdot \left[\lim\limits_{x \to 0} \dfrac{(1 - \cos 2x)}{ax^n} + \right.$

$\left. \lim\limits_{x \to 0} \cos 2x \cdot \lim\limits_{x \to 0} \dfrac{(1 - \cos 3x)}{ax^n}\right] = \dfrac{1}{2} \lim\limits_{x \to 0} \dfrac{x^2}{ax^n} + \left[\dfrac{1}{2} \lim\limits_{x \to 0} \dfrac{(2x)^2}{ax^n} + \dfrac{1}{2} \lim\limits_{x \to 0} \dfrac{(3x)^2}{ax^n}\right]$,故取 $n = 2$. 因此

有:$1 = \dfrac{1}{2} \lim\limits_{x \to 0} \dfrac{x^2}{ax^2} + \left[\dfrac{1}{2} \lim\limits_{x \to 0} \dfrac{(2x)^2}{ax^2} + \dfrac{1}{2} \lim\limits_{x \to 0} \dfrac{(3x)^2}{ax^2}\right] = \dfrac{1}{2a} + \left(\dfrac{4}{2a} + \dfrac{9}{2a}\right) = \dfrac{7}{a}$,故 $a = 7$. 所以

$a = 7, n = 2$.

六、解:由 $\cos x = 0$,得 $x = k\pi \pm \dfrac{\pi}{2} (k = 0, \pm 1, \pm 2, \cdots)$,由 $x(e^{\frac{1}{x}} - e) = 0$,得 $x = 0, x = 1$,

故 $x = k\pi \pm \dfrac{\pi}{2} (k = 0, \pm 1, \pm 2, \cdots)$ 与 $x = 0, x = 1$ 均为 $f(x)$ 的间断点,由 $\lim\limits_{x \to 0^+} \dfrac{(e^{\frac{1}{x}} + e) \tan x}{x(e^{\frac{1}{x}} - e)} = $

$\lim\limits_{x \to 0^+} \dfrac{(e^{\frac{1}{x}} + e) \tan x}{x(e^{\frac{1}{x}} - e)} = \lim\limits_{x \to 0^+} \dfrac{e^{\frac{1}{x}} + e}{e^{\frac{1}{x}} - e} \lim\limits_{x \to 0^+} \dfrac{\tan x}{x} = 1$,$\lim\limits_{x \to 0^-} \dfrac{(e^{\frac{1}{x}} + e) \tan x}{x(e^{\frac{1}{x}} - e)} = \lim\limits_{x \to 0^-} \dfrac{e^{\frac{1}{x}} + e}{e^{\frac{1}{x}} - e} \lim\limits_{x \to 0^-} \dfrac{\tan x}{x} = -1$,

故 $x = 0$ 为 $f(x)$ 的第一类跳跃型间断点;由 $\lim\limits_{x \to 1} \dfrac{(e^{\frac{1}{x}} + e) \tan x}{x(e^{\frac{1}{x}} - e)} = \infty$,故 $x = 1$ 为 $f(x)$ 的第二类

无穷型间断点;由 $x_1 = k\pi \pm \dfrac{\pi}{2} (k = 0, \pm 1, \pm 2, \cdots)$,$\lim\limits_{x \to x_1} \dfrac{(e^{\frac{1}{x}} + e) \tan x}{x(e^{\frac{1}{x}} - e)} = \infty$,故 $x = x_1 = k\pi \pm $

$\dfrac{\pi}{2} (k = 0, \pm 1, \pm 2, \cdots)$ 均为 $f(x)$ 的第二类无穷型间断点.

七、解:$f(x) = \lim\limits_{t \to x} \left(\dfrac{\sin t}{\sin x}\right)^{\frac{x}{\sin t - \sin x}} = \lim\limits_{t \to x} \left(1 + \dfrac{\sin t - \sin x}{\sin x}\right)^{\frac{\sin x}{\sin t - \sin x} \cdot \frac{x}{\sin x}} = e^{\frac{x}{\sin x}}$,由 $\sin x = 0, x = k\pi$

$(k = 0, \pm 2, \cdots, \pm n)$,$\lim\limits_{x \to 0} f(x) = \lim\limits_{x \to 0} e^{\frac{x}{\sin x}} = e$,故 $x = 0$ 是函数 $f(x)$ 的第一类可去型间断点;而

$\lim\limits_{x \to k\pi(k = \pm 1, \pm 2, \cdots)} f(x) = \lim\limits_{x \to k\pi(k = \pm 1, \pm 2, \cdots)} e^{\frac{x}{\sin x}}$ 的左、右极限中必有一个为 $+\infty$,故 $x = k\pi (k = \pm 1,$

$\pm 2, \cdots)$ 是 $f(x)$ 的第二类无穷型间断点.

八、证明:令 $f(x) = x^3 - 9x - 1$,因为 $f(-3) = -1 < 0, f(-2) = 9 > 0, f(0) = -1 < 0,$

$f(4) = 27 > 0$,又 $f(x)$ 在 $[-3, 4]$ 上连续,故 $f(x)$ 在区间 $(-3, -2), (-2, 0), (0, 4)$ 内至少各

存在一个零点,故方程 $x^3 - 9x - 1 = 0$ 至少有三个实根,又它是三次方程,最多有三个实根,故方

程 $x^3 - 9x - 1 = 0$ 恰有三个实根.

九、证明:设 $\min(x_1, x_2, \cdots, x_n) = x_i$,$\text{Max}(x_1, x_2, \cdots, x_n) = x_j$,因为 $f(x)$ 在闭区间 $[x_i, x_j]$ 上

连续,所以存在最大值 M 与最小值 m,于是 $m \leqslant f(x_k) \leqslant M (k = 1, 2, \cdots, n)$,故 $m = m\sum\limits_{k=1}^{n} t_k \leqslant$

$$\sum_{k=1}^{n} t_k f(x_k) \leqslant M \sum_{k=1}^{n} t_k = M.$$ 由介值定理可知,$\exists \xi \in [x_i, x_j] \subset (a,b)$,使得 $f(\xi) = \sum_{k=1}^{n} t_k f(x_k).$

第 3 讲 导数与微分(一)

——导数概念与导数计算

基础练习 3

1. $f'(a)$. 2. $f'(0)$. 3. -4. 4. 0. 5. B. 6. D.

7. 解:$\lim\limits_{t \to 1} \dfrac{f(1+2t)-f(1)}{\sin 3t} = \lim\limits_{t \to 1} \dfrac{f(1+2t)-f(1)}{2t} \dfrac{2t}{\sin 3t} = \dfrac{4}{3}.$

8. 解:$f(0) = a+b+2$,$f(0-0) = \lim\limits_{x \to 0^-}(\mathrm{e}^{ax}-1) = 0$,$f(0+0) = \lim\limits_{x \to 0^+}(b\sin x + b + a + 2) = a+b+$

2,当 $a+b+2 = 0$ 时,$f(x)$ 在 $x=0$ 处连续. $f'_-(0) = \lim\limits_{x \to 0^-} \dfrac{f(x)-f(0)}{x-0} = \lim\limits_{x \to 0^-} \dfrac{\mathrm{e}^{ax}-1-a-b-2}{x} = $

a,$f'_+(0) = \lim\limits_{x \to 0^+} \dfrac{f(x)-f(0)}{x-0} = \lim\limits_{x \to 0^+} \dfrac{b\sin x + b + a + 2 - a - b - 2}{x} = b$,当 $a=b$ 时,$f(x)$ 在

$x=0$ 处可导. 故当 $a = -1, b = -1$ 时,$f(x)$ 在 $x=0$ 处连续且可导.

9. (1) 解:因为 $y = \arctan \mathrm{e}^x - \dfrac{1}{2}[\ln \mathrm{e}^{2x} - \ln(\mathrm{e}^{2x}+1)]$,$y = \arctan \mathrm{e}^x - x + \dfrac{1}{2}\ln(\mathrm{e}^{2x}+1)$,所以

$y' = \dfrac{\mathrm{e}^x}{1+\mathrm{e}^{2x}} - x' + \dfrac{1}{2}[\ln(\mathrm{e}^{2x}+1)]' = \dfrac{\mathrm{e}^x}{1+\mathrm{e}^{2x}} - 1 + \dfrac{1}{2}\dfrac{2\mathrm{e}^{2x}}{\mathrm{e}^{2x}+1} = \dfrac{\mathrm{e}^x - 1}{\mathrm{e}^{2x}+1}.$

(2) 解:取对数,得 $\ln y = x \ln \dfrac{a}{b} + a(\ln b - \ln x) + b(\ln x - \ln a)$,等式两边再同时对 x 求导,得 $\dfrac{y'}{y} = $

$\ln \dfrac{a}{b} - \dfrac{a}{x} + \dfrac{b}{x}$,解得 $y' = y\left(\ln \dfrac{a}{b} + \dfrac{b-a}{x}\right) = \left(\dfrac{a}{b}\right)^x \left(\dfrac{b}{x}\right)^a \left(\dfrac{x}{a}\right)^b \left(\ln \dfrac{a}{b} + \dfrac{b-a}{x}\right).$

(3) 解:对方程两边求 x 的导数,得 $y^2 + 2xyy' + \mathrm{e}^y y' = -\sin(x+y^2) \cdot (1+2yy')$,

$\dfrac{\mathrm{d}y}{\mathrm{d}x} = -\dfrac{y^2 + \sin(x+y^2)}{2xy + \mathrm{e}^y + 2y\sin(x+y^2)}.$

10. 解:由 $f(x+1) = 2f(x)$,则 $f(1) = 2f(0)$,$f'(1) = \lim\limits_{x \to 1} \dfrac{f(x)-f(1)}{x-1} \xlongequal{x=t+1}$

$\lim\limits_{t \to 0} \dfrac{f(t+1)-f(1)}{t} = \lim\limits_{t \to 0} \dfrac{2f(t)-2f(0)}{t} = 2f'(0) = 1.$

11. 解:由 $f(x+4) = f(x)$,则 $f'(x+4) = f'(x)$,故 $f(1) = f(5)$,$f'(1) = f'(5)$. $f(x)$ 在

$(-\infty, +\infty)$ 内可导,则必连续,由 $\lim\limits_{x \to 0} \dfrac{f(1)-f(1-x)}{2x} = -1 \Rightarrow f'(1) = 2 \Rightarrow f'(5) = f'(1) = 2.$

12. 解:$\lim\limits_{x \to 0^+} f(x) = \lim\limits_{x \to 0^+} \dfrac{1-\cos x}{\sqrt{x}} = \lim\limits_{x \to 0^+} \dfrac{\dfrac{1}{2}x^2}{\sqrt{x}} = 0$,$\lim\limits_{x \to 0^-} f(x) = \lim\limits_{x \to 0^-} x^2 g(x) = 0$,故 $f(x)$ 在 $x =$

0 连续. $f'_+(0) = \lim\limits_{x \to 0^+} \dfrac{f(x)-f(0)}{x} = \lim\limits_{x \to 0^+} \dfrac{1-\cos x}{x\sqrt{x}} = \lim\limits_{x \to 0^+} \dfrac{\dfrac{1}{2}x^2}{x\sqrt{x}} = 0$,$f'_-(0) = \lim\limits_{x \to 0^-} \dfrac{f(x)-f(0)}{x} = $

$\lim\limits_{x\to0^-}xg(x)=0$，故 $f(x)$ 在 $x=0$ 可导.

强化训练 3

1. -2.　2. $x+y-\dfrac{1}{2}\ln2-\dfrac{\pi}{4}=0$.　3. $-\dfrac{\sin x+y\mathrm{e}^{xy}}{x\mathrm{e}^{xy}+2y}$.　4. B.　5. A.　6. C.

7. 解：$\lim\limits_{x\to0}\dfrac{f(1-\cos x)}{\tan^2 x}=\lim\limits_{x\to0}\dfrac{f(1-\cos x)-f(0)}{1-\cos x}\cdot\dfrac{1-\cos x}{\tan^2 x}=\lim\limits_{x\to0}\dfrac{f(1-\cos x)-f(0)}{1-\cos x}\cdot$

$\lim\limits_{x\to0}\dfrac{1-\cos x}{\tan^2 x}=f'(0)\lim\limits_{x\to0}\dfrac{\frac{1}{2}x^2}{x^2}=\dfrac{1}{2}$.

8. 证明：由条件得 $f(0)=-1$，$f'(x)=\lim\limits_{\Delta x\to0}\dfrac{f(x+\Delta x)-f(x)}{\Delta x}=\lim\limits_{\Delta x\to0}\dfrac{f(x)+f(\Delta x)+1-f(x)}{\Delta x}=$

$\lim\limits_{\Delta x\to0}\dfrac{f(\Delta x)-f(0)}{\Delta x}=f'(0)=1$.

9. 解：因为 $f''(0)$ 存在，所以 $f'(0)$ 存在，且 $f(x)$ 在 $x=0$ 连续，于是 $\lim\limits_{x\to0}f(x)=f(0)=0$，可得

$c=0$. 又因为 $f'(0)$ 存在，所以 $f'_-(0)=f'_+(0)$，而 $f'_-(0)=\lim\limits_{x\to0^-}\dfrac{ax^2-bx-0}{x}=b$，$f'_+(0)=$

$\lim\limits_{x\to0^+}\dfrac{\ln(1+x)-0}{x}=1$，所以 $b=1$. 因此 $f'(x)=\begin{cases}2ax+1, & x<0 \\ \dfrac{1}{1+x}, & x\geqslant0\end{cases}$，再由 $f''(0)$ 存在，可得

$f''_-(0)=f''_+(0)$，而 $f''_-(0)=\lim\limits_{x\to0^-}\dfrac{2ax+1-1}{x}=2a$，$f''_+(0)=\lim\limits_{x\to0^+}\dfrac{\frac{1}{1+x}-1}{x}=\lim\limits_{x\to0^+}\dfrac{-1}{1+x}=$

-1，从而 $2a=-1$，$a=-\dfrac{1}{2}$. 即当 $a=-\dfrac{1}{2}$，$b=1$，$c=0$ 时，$f''(0)$ 存在.

10. （1）解：$y'=f'[\arctan x+\varphi(\tan x)]\cdot\left[\dfrac{1}{1+x^2}+\sec^2 x\cdot\varphi'(\tan x)\right]$.

（2）解：$y=\mathrm{e}^{\tan x\ln x}+\mathrm{e}^{x^x\ln x}=\mathrm{e}^{\tan x\ln x}+\mathrm{e}^{\mathrm{e}^{x\ln x}\ln x}$，$y'=\mathrm{e}^{\tan x\ln x}\left(\sec^2 x\ln x+\dfrac{\tan x}{x}\right)+\mathrm{e}^{\mathrm{e}^{x\ln x}\ln x}\left[\mathrm{e}^{x\ln x}(\ln x+\right.$

$1)\ln x+\dfrac{\mathrm{e}^{x\ln x}}{x}\Big]=x^{\tan x}\left(\sec^2 x\ln x+\dfrac{\tan x}{x}\right)+x^{x^x}\cdot x^x\left[(\ln x+1)\ln x+\dfrac{1}{x}\right]$.

（3）解：$f(t)=\lim\limits_{x\to\infty}t\left(1+\dfrac{1}{x}\right)^{2tx}=t\lim\limits_{x\to\infty}\left(1+\dfrac{1}{x}\right)^{x\cdot2t}=t\mathrm{e}^{2t}$，则 $f'(t)=(2t+1)\mathrm{e}^{2t}$.

11. 解：对方程 $\mathrm{e}^y\sin t-y+1=0$ 两边对 t 的导数，得 $\mathrm{e}^y y'(t)\sin t+\mathrm{e}^y\cos t-y'(t)=0$，所以 $y'(t)=\dfrac{\mathrm{e}^y\cos t}{1-\mathrm{e}^y\sin t}$，从而 $\dfrac{\mathrm{d}y}{\mathrm{d}x}=\dfrac{y'(t)}{x'(t)}=\dfrac{\mathrm{e}^y\cos t}{(1-\mathrm{e}^y\sin t)(6t+2)}$.

12. 解：须求 $f(1)$，$f(6)$，$f'(1)$ 及 $f'(6)$. 由 $f(x)$ 是周期为 5 的连续函数，对 $f(1+\sin x)-3f(1-\sin x)=8x+\alpha(x)$ 两边求 $x\to0$ 的极限，得 $f(1)-3f(1)=0\Rightarrow f(1)=0$，$f(6)=f(6-5)=f(1)=0$. 由 $f(x+5)=f(x)$，则 $f'(x+5)=f'(x)$，$f'(1)=f'(6)$. 由已知等式可知

$\dfrac{f(1+\sin x)-3f(1-\sin x)}{x}=8+\dfrac{\alpha(x)}{x}$，对此式两边求 $x\to0$ 的极限，得 $\lim\limits_{x\to0}\dfrac{f(1+\sin x)-3f(1-\sin x)}{x}=$

$$\lim_{x\to0}\left[8+\frac{\alpha(x)}{x}\right]=8.\ \text{则}\ \lim_{x\to0}\frac{f(1+\sin x)-f(1)-3f(1-\sin x)+3f(1)}{x}=8,8=$$

$$\lim_{x\to0}\frac{f(1+\sin x)-f(1)}{x}-3\lim_{x\to0}\frac{f(1-\sin x)-f(1)}{x}=\lim_{x\to0}\frac{f(1+\sin x)-f(1)}{\sin x}\cdot\frac{\sin x}{x}+$$

$$3\lim_{x\to0}\frac{f(1-\sin x)-f(1)}{-\sin x}\cdot\frac{\sin x}{x}=f'(1)+3f'(1)=4f'(1)\Rightarrow f'(1)=2,\text{则}\ f'(6)=f'(1)=2.$$

故所求的切线方程为 $y=2(x-6)$,即 $y=2x-12$.

第 4 讲　导数与微分(二)

—— 高阶导数与微分

基础练习 4

1. $\dfrac{100!}{2}\left[(x-1)^{-101}-(x+1)^{-101}\right]$. 　2. $2^n\mathrm{e}^{2x+3}$. 　3. $\left[2xf'(x^2)+2f(x)f'(x)\right]\mathrm{d}x$. 　4. A.

5. 解:$\dfrac{\mathrm{d}y}{\mathrm{d}x}=\dfrac{y'(t)}{x'(t)}=\dfrac{\cos t}{1+\mathrm{e}^t},\dfrac{\mathrm{d}^2y}{\mathrm{d}x^2}=\dfrac{\left(\dfrac{\cos t}{1+\mathrm{e}^t}\right)'_t}{1+\mathrm{e}^t}=\dfrac{\dfrac{-\sin t(1+\mathrm{e}^t)-\mathrm{e}^t\cos t}{(1+\mathrm{e}^t)^2}}{1+\mathrm{e}^t}=\dfrac{-\sin t-\mathrm{e}^t\sin t-\mathrm{e}^t\cos t}{(1+\mathrm{e}^t)^3},$

$\dfrac{\mathrm{d}^2y}{\mathrm{d}x^2}\Big|_{t=0}=-\dfrac{1}{8}.$

6. 解:当 $x=0$ 时,$y=0$,原方程两边对 x 求导,得 $\mathrm{e}^x-\mathrm{e}^yy'-y-xy'=0$. 将 $x=0,y=0$ 代入上式,得 $y'\Big|_{x=0}=1$.上面的方程两边再对 x 求导,得 $\mathrm{e}^x-\mathrm{e}^y(y')^2-\mathrm{e}^yy''-2y'-xy''=0$,将 $x=0,y=0,y'\Big|_{x=0}=1$ 代入,得 $\dfrac{\mathrm{d}^2y}{\mathrm{d}x^2}\Big|_{x=0}=-2.$

7. 解:$y=\dfrac{x}{x^2-3x+2}=\dfrac{2}{x-2}-\dfrac{1}{x-1}$,则 $y^{(n)}(x)=\left(\dfrac{2}{x-2}\right)^{(n)}-\left(\dfrac{1}{x-1}\right)^{(n)}=\dfrac{2(-1)^nn!}{(x-2)^{n+1}}-\dfrac{(-1)^nn!}{(x-1)^{n+1}}=(-1)^nn!\left[\dfrac{2}{(x-2)^{n+1}}-\dfrac{1}{(x-1)^{n+1}}\right].$

8. 解:$y'=-4\cos2x\sin2x=-2\sin4x$,则 $y^{(99)}(0)=-2\cdot4^{99}\sin\left(4x+\dfrac{99\pi}{2}\right)\Big|_{x=0}=-2\cdot4^{99}\sin\dfrac{99\pi}{2}=2^{199}.$

9. 解:$\mathrm{d}y=\mathrm{e}^{\tan\frac{1}{x}}\left(-\dfrac{1}{x^2}\right)\left(\sec^2\dfrac{1}{x}\sin\dfrac{1}{x}+\cos\dfrac{1}{x}\right)\mathrm{d}x.$

强化训练 4

1. $2^{-100}100!$. 　2. $\varphi(0)\mathrm{d}x$. 　3. B. 　4. C.

5. 解:$\dfrac{\mathrm{d}y}{\mathrm{d}x}=\dfrac{\dfrac{\mathrm{d}y}{\mathrm{d}t}}{\dfrac{\mathrm{d}x}{\mathrm{d}t}}=\dfrac{a\sin t}{a(1-\cos t)}=\dfrac{\sin t}{1-\cos t},\dfrac{\mathrm{d}^2y}{\mathrm{d}x^2}=\dfrac{\mathrm{d}\left(\dfrac{\mathrm{d}y}{\mathrm{d}x}\right)}{\mathrm{d}t}\Big/\dfrac{\mathrm{d}x}{\mathrm{d}t}=\dfrac{\cos t(1-\cos t)-\sin^2t}{(1-\cos t)^2}\Big/$

$$\frac{1}{a(1-\cos t)} = -\frac{1}{a(1-\cos t)^2}.$$

6. 解：$\dfrac{\mathrm{d}y}{\mathrm{d}x} = f'(xe^{-x}) \cdot (xe^{-x})' = f'(xe^{-x})(e^{-x} - xe^{-x})$，$\dfrac{\mathrm{d}^2 y}{\mathrm{d}x^2} = f''(xe^{-x})(e^{-x} - xe^{-x})^2 + f'(xe^{-x}) \cdot$

$(-e^{-x} - e^{-x} + xe^{-x}) = e^{-2x}(1-x)^2 f''(xe^{-x}) + e^{-x}(x-2) f'(xe^{-x}).$

7. 解：原式化为 $y\sqrt{1-x^2} = \arcsin x$，求导并整理得 $y'(1-x^2) - xy - 1 = 0$，对上式求 n 阶导

数并整理得 $y^{(n+1)}(1-x^2) + ny^{(n)}(-2x) + \dfrac{1}{2}(n)(n-1)y^{(n-1)}(-2) - y^{(n)}x - ny^{(n-1)} \cdot 1 = 0$，令

$x = 0$ 并代入上式，得 $y^{(n+1)}(0) - (n)(n-1)y^{(n-1)}(0) - ny^{(n-1)}(0) = 0$. 即 $y^{(n+1)}(0) =$

$n^2 y^{(n-1)}(0)$，即 $y^{(n)}(0) = (n-1)^2 y^{(n-2)}(0)$，又 $y^{(0)}(0) = 0, y'(0) = 1$，故 $y^{(n)}(0) = (n-$

$1)^2 y^{(n-2)}(0) = \begin{cases} 0, & n \text{ 为偶数时} \\ [(n-1)(n-3)\cdots 2]^2, & n \geqslant 3 \text{ 的奇数时} \end{cases}$，且 $y'(0) = 1.$

8. 解法一：$\dfrac{\mathrm{d}y}{\mathrm{d}u} = \dfrac{\dfrac{\mathrm{d}y}{\mathrm{d}x}}{\dfrac{\mathrm{d}u}{\mathrm{d}x}} = \dfrac{(x+a)(x+\sin x)^2}{(1+\cos x)}.$

解法二：由 $\dfrac{\mathrm{d}y}{\mathrm{d}x} = \dfrac{\mathrm{d}y}{\mathrm{d}u} \cdot \dfrac{\mathrm{d}u}{\mathrm{d}x}$，则 $(x+a)(x+\sin x)^2 = \dfrac{\mathrm{d}y}{\mathrm{d}u} \cdot (1+\cos x)$，解得 $\dfrac{\mathrm{d}y}{\mathrm{d}u} = \dfrac{(x+a)(x+\sin x)^2}{(1+\cos x)}.$

第 3—4 讲阶段能力测试

阶段能力测试 A

一、1. $\dfrac{1}{2}$. 　2. $\dfrac{1}{3}$. 　3. $-\dfrac{1}{(1+x)^2}$. 　4. $2e^{2t}$. 　5. $[f'(x)e^{f(x)} + f(x)f'(x)e^{f(x)}]\mathrm{d}x.$

二、1. A. 　2. B. 　3. A. 　4. A. 　5. A.

三、1. 解：$y = \ln(x+2) - \dfrac{1}{2}\ln(x+1) + \cos 2x + x^{\frac{5}{6}}$，故 $\dfrac{\mathrm{d}y}{\mathrm{d}x} = \dfrac{1}{x+2} - \dfrac{1}{2(x+1)} - 2\sin 2x + \dfrac{5}{6}x^{-\frac{1}{6}} =$

$\dfrac{x}{2(x+1)(x+2)} - 2\sin 2x + \dfrac{5}{6}x^{-\frac{1}{6}}.$

2. 解：$\dfrac{\mathrm{d}y}{\mathrm{d}x} = e^{\arctan\sqrt{x}} \dfrac{1}{1+x}(\sqrt{x})' = \dfrac{e^{\arctan\sqrt{x}}}{2\sqrt{x}(1+x)}$，$\mathrm{d}y = \dfrac{e^{\arctan\sqrt{x}}}{2\sqrt{x}(1+x)}\mathrm{d}x.$

3. 解：将 $x = 0$ 代入原方程中，得 $\ln y = 1$，即 $y = e$，将原方程化为 $\sin(xy) - \ln(1+x) + \ln y =$

1，方程两边分别对 x 求导，得 $\cos(xy)(y+xy') - \dfrac{1}{x+1} + \dfrac{y'}{y} = 0$，将 $x = 0, y = e$ 代入上式，解

得 $\dfrac{\mathrm{d}y}{\mathrm{d}x}\Big|_{x=0} = e - e^2.$

四、解：$\dfrac{\mathrm{d}x}{\mathrm{d}t} = 2t + 2$，方程 $te^y = y$ 两边对 t 求导，得 $e^y + te^y \dfrac{\mathrm{d}y}{\mathrm{d}t} = \dfrac{\mathrm{d}y}{\mathrm{d}t}$，解得 $\dfrac{\mathrm{d}y}{\mathrm{d}t} = \dfrac{e^y}{1-te^y} = \dfrac{e^y}{1-y}$，

所以 $\dfrac{\mathrm{d}y}{\mathrm{d}x} = \dfrac{\dfrac{\mathrm{d}y}{\mathrm{d}t}}{\dfrac{\mathrm{d}x}{\mathrm{d}t}} = \dfrac{\dfrac{e^y}{1-y}}{2t+2} = \dfrac{e^y}{2(1+t)(1-y)}.$

五、解：$\dfrac{dy}{dx} = \dfrac{\dfrac{dy}{dt}}{\dfrac{dx}{dt}} = \dfrac{1/(1+t^2)}{1/t} = \dfrac{t}{1+t^2}$，$\dfrac{d^2y}{dx^2} = \dfrac{d}{dt}\left(\dfrac{dy}{dx}\right) \cdot \dfrac{1}{dx/dt} = \dfrac{(1+t^2) - t \cdot 2t}{(1+t^2)^2} \dfrac{1}{1/t} = \dfrac{t(1-t^2)}{(1+t^2)^2}.$

六、解：设切线方程为 $y = kx$，切点为 (x_0, y_0)，则 $y'\Big|_{x=x_0} = -\dfrac{4}{(x_0+5)^2} = k$，又 $\dfrac{x_0+9}{x_0+5} = kx_0$，

解得 $k = -1$，$k = -\dfrac{1}{25}$，所以切线方程为 $y = -x$，$y = -\dfrac{1}{25}x.$

七、解：$f'(x) = \ln(1+x) + \dfrac{x}{1+x} = \ln(1+x) + 1 - \dfrac{1}{1+x}$，$f''(x) = \dfrac{1}{1+x} + \dfrac{1}{(1+x)^2}$，故 $f^{(n)}(x) = $

$\left(\dfrac{1}{1+x}\right)^{(n-2)} + \left[\dfrac{1}{(1+x)^2}\right]^{(n-2)}$，$f^{(n)}(x) = \dfrac{(-1)^{n-2}(n-2)!}{(1+x)^{n-1}} + \dfrac{(-1)^n(n-1)!}{(1+x)^n}.$

八、解：$f(x)$ 在 $x = 0$ 处连续，则 $\lim\limits_{x \to 0^-} f(x) = \lim\limits_{x \to 0^-}(x^2 + 2x + b) = b$，$\lim\limits_{x \to 0^+} f(x) = 0$，所以 $b = 0$.

$f(x)$ 在 $x = 0$ 处可导，则 $f'_-(0) = \lim\limits_{x \to 0^-} \dfrac{f(x) - f(0)}{x} = 2$，$f'_+(0) = \lim\limits_{x \to 0^+} \dfrac{f(x) - f(0)}{x} = a$，所以 $a = 2$. 即 $a = 2$，$b = 0$.

九、解：由于 $g(x)$ 在 $x = 0$ 处可导，则 $g(x)$ 在 $x = 0$ 处连续，即 $\lim\limits_{x \to 0} g(x) = g(0) = 0$，所以

$\lim\limits_{x \to 0} f(x) = \lim\limits_{x \to 0} g(x) \arctan \dfrac{1}{x^2} = 0 = f(0)$，即 $f(x)$ 在 $x = 0$ 处连续. $f'(0) = \lim\limits_{x \to 0} \dfrac{f(x) - f(0)}{x} = $

$\lim\limits_{x \to 0} \dfrac{g(x)\arctan\dfrac{1}{x^2} - 0}{x} = \lim\limits_{x \to 0} \dfrac{g(x) - g(0)}{x} \arctan \dfrac{1}{x^2}$，$\lim\limits_{x \to 0} \dfrac{g(x) - g(0)}{x} = g'(0) = 0$，所以 $f'(0) = $

$\lim\limits_{x \to 0} \dfrac{g(x) - g(0)}{x} \arctan \dfrac{1}{x^2} = 0$，故 $f(x)$ 在 $x = 0$ 处可导.

阶段能力测试 B

一、1. 1.　　2. $x + y - \dfrac{\sqrt{3}}{4} + \dfrac{1}{4} = 0$.　　3. $a + b$.　　4. 0.　　5. $-\ln 2 - 1$.

二、1. D.　　2. B.　　3. A.　　4. B.　　5. D.

三、1. 解：$dy = \{3x^2 f'(x^3) + 3\cos x [f(\sin x)]^2 f'(\sin x)\} dx$.

2. 解：(1) $x > 0$，$y = x^\pi + \pi^x + x^x$，$f'(x) = \pi x^{\pi-1} + \pi^x \ln \pi + x^x(1 + \ln x)$.

(2) $x < 0$，$y = (-1)^\pi x^\pi + \pi^{-x} + (-x)^{(-x)}$，$f'(x) = (-1)^\pi \pi x^{\pi-1} - \pi^{-x} \ln \pi + (-x)^{(-x)}[-1 - \ln(-x)]$.

四、1. 解：$\dfrac{dy}{dx} = \dfrac{y'}{x'} = \dfrac{f'(t) + tf''(t) - f'(t)}{f''(t)} = t$，$\dfrac{d^2y}{dx^2} = \dfrac{\left(\dfrac{dy}{dx}\right)'}{x'} = \dfrac{1}{f''(t)}.$

2. 解：$y = f(x)$ 的反函数为 $x = f^{-1}(y)$，则 $\dfrac{dx}{dy} = \dfrac{1}{\dfrac{dy}{dx}}$，则 $\dfrac{d^2x}{dy^2} = \dfrac{d}{dx}\left(\dfrac{1}{\dfrac{dy}{dx}}\right) \cdot \dfrac{dx}{dy} = -\dfrac{\dfrac{d^2y}{dx^2}}{\left(\dfrac{dy}{dx}\right)^2} \cdot \dfrac{1}{\dfrac{dy}{dx}} = $

$$-\frac{\dfrac{\mathrm{d}^2 y}{\mathrm{d}x^2}}{\left(\dfrac{\mathrm{d}y}{\mathrm{d}x}\right)^3}.$$

五、解：$f(x) = \lim\limits_{n \to \infty} \sqrt[n]{1+|x|^{3n}} = \begin{cases} |x|^3, & |x| > 1 \\ 1, & |x| \leqslant 1 \end{cases} = \begin{cases} x^3, & x > 1 \\ 1, & |x| \leqslant 1, \text{ 故 } f'(x) = \\ -x^3, & x < -1 \end{cases}$

$\begin{cases} x^3, & x > 1 \\ 1, & |x| \leqslant 1, \text{则 } f(x) \text{ 恰有两个不可导点 } x = \pm 1. \\ -x^3 & x < -1 \end{cases}$

六、解：由于 $f(a) = 0$，所以 $f'(a) = \lim\limits_{x \to a} \dfrac{f(x) - f(a)}{x - a} = \lim\limits_{x \to a} \dfrac{(x-a)\varphi(x)}{x-a} = \lim\limits_{x \to a}\varphi(x) = \varphi(a).$

由条件知，函数 $f(x)$ 在点 a 的邻域内可导，而且 $f'(x) = \varphi(x) + (x-a)\varphi'(x)$，则 $f''(a) =$

$\lim\limits_{x \to a} \dfrac{f'(x) - f'(a)}{x - a} = \lim\limits_{x \to a} \dfrac{\varphi(x) - (x-a)\varphi'(x) - \varphi(a)}{x - a} = \lim\limits_{x \to a}\left[\dfrac{\varphi(x) - \varphi(a)}{x - a} + \varphi'(x)\right] = 2\varphi'(a).$

七、解：将 $x = 0$ 代入原方程中，得 $y = 1$，再对该方程两边求导，得 $y' - \mathrm{e}^{y-1} - x\mathrm{e}^{y-1}y' = 0$，将 $x = 0, y = 1$ 代入上面的方程中，解得 $y'(0) = 1$，再对上面的导数方程两边求 x 的导数，得 $y'' - \mathrm{e}^{y-1}y' - [\mathrm{e}^{y-1}y' + x\mathrm{e}^{y-1}(y')^2 + x\mathrm{e}^{y-1}y''] = 0$，将 $x = 0, y = 1, y'(0) = 1$ 代入上面的方程中，解得 $y''(0) = 2$. 又 $\dfrac{\mathrm{d}z}{\mathrm{d}x} = f'(\ln y - \sin x)\left(\dfrac{y'}{y} - \cos x\right), \dfrac{\mathrm{d}^2 z}{\mathrm{d}x^2} = f''(\ln y - \sin x)\left(\dfrac{y'}{y} - \cos x\right)^2 + f'(\ln y - \sin x)\left[\dfrac{y'y - (y')^2}{y^2} + \sin x\right]$，将 $x = 0, y = 1, y'(0) = 1, y''(0) = 2$ 代入上面两式中，解得 $\dfrac{\mathrm{d}z}{\mathrm{d}x}\bigg|_{x=0} = 0, \dfrac{\mathrm{d}^2 z}{\mathrm{d}x^2}\bigg|_{x=0} = f'(0)(2-1) = 1.$

八、解：(1) 由于 $\lim\limits_{x \to 0} f(x) = \lim\limits_{x \to 0} x^n \sin\dfrac{1}{x} = f(0) = 0$，则 $n \geqslant 1$，即当 $n \geqslant 1$ 时，$f(x)$ 在 $x = 0$ 处连续.

(2) 由于 $f'(0) = \lim\limits_{x \to 0} \dfrac{f(x) - f(0)}{x - 0} = \lim\limits_{x \to 0} \dfrac{x^n \sin\dfrac{1}{x}}{x} = \lim\limits_{x \to 0} x^{n-1} \sin\dfrac{1}{x}$ 存在，则 $n - 1 > 0$，即仅当 $n > 1$ 时，$f(x)$ 在 $x = 0$ 处可导，且 $f'(0) = 0$.

(3) 当 $x \neq 0$ 时，$f'(x) = nx^{n-1} \sin\dfrac{1}{x} - x^{n-2} \cos\dfrac{1}{x}$. 由于 $\lim\limits_{x \to 0} f'(x) = \lim\limits_{x \to 0} nx^{n-1} \sin\dfrac{1}{x} - x^{n-2} \cos\dfrac{1}{x} = f'(0) = 0$，则 $n - 2 > 0$，即当 $n > 2$ 时，$f'(x)$ 在 $x = 0$ 处连续.

九、证明：$n = 1$ 时，有 $\dfrac{\mathrm{d}}{\mathrm{d}x}(\mathrm{e}^{\frac{1}{x}}) = -\mathrm{e}^{\frac{1}{x}}\dfrac{1}{x^2}$，结论成立. 假设当自然数 $n \leqslant k$ 时，结论都成立，即当 $n \leqslant k$ 时，恒有 $\dfrac{\mathrm{d}^n}{\mathrm{d}x^n}(x^{n-1}\mathrm{e}^{\frac{1}{x}}) = \mathrm{e}^{\frac{1}{x}}\dfrac{(-1)^n}{x^{n+1}}$. 当 $n = k+1$ 时，$\dfrac{\mathrm{d}^{k+1}}{\mathrm{d}x^{k+1}}(x^k\mathrm{e}^{\frac{1}{x}}) = \dfrac{\mathrm{d}^k}{\mathrm{d}x^k}[(x^k\mathrm{e}^{\frac{1}{x}})'] =$

$\dfrac{\mathrm{d}^k}{\mathrm{d}x^k}\left(kx^{k-1}\mathrm{e}^{\frac{1}{x}} - \dfrac{x^k}{x^2}\mathrm{e}^{\frac{1}{x}}\right) = \dfrac{\mathrm{d}^k}{\mathrm{d}x^k}(kx^{k-1}\mathrm{e}^{\frac{1}{x}} - x^{k-2}\mathrm{e}^{\frac{1}{x}}) = k\dfrac{\mathrm{d}^k}{\mathrm{d}x^k}(x^{k-1}\mathrm{e}^{\frac{1}{x}}) - \dfrac{\mathrm{d}}{\mathrm{d}x}\left[\dfrac{\mathrm{d}^{k-1}}{\mathrm{d}x^{k-1}}(x^{k-2}\mathrm{e}^{\frac{1}{x}})\right] =$

$k\mathrm{e}^{\frac{1}{x}}\dfrac{(-1)^k}{x^{k+1}} - \dfrac{\mathrm{d}}{\mathrm{d}x}\left[\mathrm{e}^{\frac{1}{x}}\dfrac{(-1)^{k-1}}{x^k}\right] = k\mathrm{e}^{\frac{1}{x}}\dfrac{(-1)^k}{x^{k+1}} - (-1)^{k-1}\left[-\mathrm{e}^{\frac{1}{x}}\dfrac{1}{x^{k+2}} - k\mathrm{e}^{\frac{1}{x}}\dfrac{1}{x^{k+1}}\right] = k\mathrm{e}^{\frac{1}{x}}\dfrac{(-1)^k}{x^{k+1}} -$

$$\left[e^{\frac{1}{x}}\frac{(-1)^k}{x^{k+2}}+ke^{\frac{1}{x}}\frac{(-1)^k}{x^{k+1}}\right]=e^{\frac{1}{x}}\frac{(-1)^{k+1}}{x^{k+2}}.$$ 由数学归纳法可知,对任意的 n,结论恒成立.

第5讲　微分中值定理与导数的应用(一)

——微分中值定理及洛必达法则

基础练习5

1. 证明:① $f(1^+)=f(1^-)=f(1),f(x)$ 在 $[0,2]$ 上连续;② $f'(x)=\begin{cases}-x, & 0\leqslant x\leqslant 1 \\ -\dfrac{1}{x^2}, & x>1\end{cases}$,

$f(x)$ 在区间 $(0,2)$ 内可导;③ 由拉格朗日中值定理可知,$f'(\xi)=-\dfrac{1}{2}$;当 $\xi\in(0,1]$ 时,$\xi=\dfrac{1}{2}$;

当 $\xi\in(1,2)$ 时,$\xi=\sqrt{2}$.

2. 证明:令 $f(x)=ax^4+bx^3+cx^2-(a+b+c)x$,则 $f(x)$ 在区间 $[0,1]$ 上可导,在 $(0,1)$ 内连续,且 $f(0)=f(1)=0$,由罗尔定理可知,至少 $\exists\xi\in(0,1)$,使 $f'(\xi)=0$,命题得证.

3. 证明:令 $F(x)=a_1\sin x+\dfrac{a_2}{2}\sin2x+\cdots+\dfrac{a_n}{n}\sin nx,F'(x)=f(x).F(x)$ 在 $[0,\pi]$ 上连续,在 $(0,\pi)$ 内可导,$F(0)=F(\pi)=0$. 由罗尔定理可知,命题得证.

4. 证明:令 $F(x)=\dfrac{f(x)}{x^2+1}$,则 $F(x)$ 在 $[0,1]$ 上连续,在 $(0,1)$ 内可导,且 $F(0)=F(1)$. 由罗尔定理可知,$\exists\xi\in(0,1)$,使 $F'(\xi)=\dfrac{(x^2+1)f'(x)-2xf(x)}{(x^2+1)^2}\bigg|_{x=\xi}=0$,命题得证.

5. 证明:(1) $f(x)$ 和 $g(x)=\ln x$ 在 $[a,b]$ 上连续,在 (a,b) 内可导,且 $g'(x)\neq0$,由柯西中值定理可知,$\exists\xi\in(a,b)$,使得 $\dfrac{f(b)-f(a)}{\ln b-\ln a}=\dfrac{f'(\xi)}{\dfrac{1}{\xi}}$,命题得证.

(2) $f(x)$ 和 $g(x)=x^2$ 在 $[a,b]$ 上连续,在 (a,b) 内可导,且 $g'(x)\neq0$,由柯西中值定理可知,$\exists\xi\in(a,b)$,使得 $\dfrac{f(a)-f(b)}{b^2-a^2}=\dfrac{f'(\xi)}{2\xi}$,命题得证.

6. 证明:设 $f(t)=\ln t,t\in[1,1+x]$,由拉格朗日中值定理可知,$\ln(1+x)=\dfrac{x}{\xi},1<\xi<1+x$,则 $0<\dfrac{1}{1+x}<\dfrac{1}{\xi}<1$. 当 $x>0$ 时,$\dfrac{x}{1+x}<\ln(1+x)=\dfrac{x}{\xi}<x$,命题得证.

7. (1) 解:原式 $=\dfrac{1}{4}\lim\limits_{x\to0}\dfrac{x^2}{\ln(1+x)-x}=\dfrac{1}{4}\lim\limits_{x\to0}\dfrac{2x}{\dfrac{1}{1+x}-1}=\dfrac{1}{2}\lim\limits_{x\to0}-(1+x)=-\dfrac{1}{2}.$

(2) 解:原式 $=\lim\limits_{x\to1^-}\ln(1+x-1)\ln(1-x)=\lim\limits_{x\to1^-}(x-1)\ln(1-x)\xlongequal{令\,t=1-x}-\lim\limits_{t\to0^+}t\ln t=-\lim\limits_{t\to0^+}\dfrac{\ln t}{\dfrac{1}{t}}=$

$$-\lim_{t\to0^+}\frac{\frac{1}{t}}{-\frac{1}{t^2}}=\lim_{t\to0^+}t=0.$$

（3）解：原式 $=\lim_{x\to\infty}x\left(\sqrt[3]{1+\frac{8}{x}}-\sqrt[3]{1+\frac{1}{x}}\right)\xlongequal{\diamondsuit\ t=\frac{1}{x}}\lim_{t\to0}\frac{\sqrt[3]{1+8t}-\sqrt[3]{1+t}}{t}=\lim_{t\to0}\left[\frac{8}{3}(1+\right.$

$\left.8t)^{-\frac{2}{3}}-\frac{1}{3}(1+t)^{-\frac{2}{3}}\right]=\frac{7}{3}.$

（4）解：$\lim_{x\to0}\frac{\ln\cos x}{\ln(1+x^2)}=\lim_{x\to0}\frac{\ln(1+\cos x-1)}{\ln(1+x^2)}=\lim_{x\to0}\frac{\cos x-1}{x^2}=\lim_{x\to0}\frac{-\frac{1}{2}x^2}{x^2}=-\frac{1}{2}$，原式 $=$

$\lim_{x\to0}e^{\frac{\ln\cos x}{\ln(1+x^2)}}=e^{\lim_{x\to0}\frac{\ln\cos x}{\ln(1+x^2)}}=e^{-\frac{1}{2}}=\frac{1}{\sqrt{e}}.$

8. 证明：由麦克劳林公式可知，$\ln(1+x)=x-\frac{x^2}{2}+o(x^2)$，则极限 $\lim_{x\to0}\frac{\ln(1-2x)+2xf(x)}{x^2}=$

$2\lim_{x\to0}\frac{f(x)-1}{x}-2=0,\lim_{x\to0}\frac{f(x)-1}{x}=1,f(x)$ 在 $x=0$ 处可导，且 $f'(0)=1.$

9. 证明：$\lim_{x\to0}\frac{f(x)}{x}=1,\lim_{x\to0}f(x)=0=f(0),\lim_{x\to0}\frac{f(x)}{x}=\lim_{x\to0}\frac{f(x)-f(0)}{x}=1=f'(0).$ 将 $f(x)$

在 $x=0$ 处展开，得 $f(x)=f(0)+f'(0)x+\frac{f''(\xi)}{2!}x^2=x+\frac{f''(\xi)}{2!}x^2\geqslant x.$

10. 证明：函数 $f(x)$ 在 $[1,2]$ 上连续，则 $f(x)$ 在 $[1,2]$ 上存在最小值 m 和最大值 M，于是 $m\leqslant$

$\frac{f(1)+2f(2)}{3}\leqslant M.$ 由介值定理可知，$\exists c\in[1,2]$，使得 $f(c)=\frac{f(1)+2f(2)}{3}=f(0)$；由罗尔

定理可知，存在 $\xi\in(0,c)\subset(0,2)$，使得 $f'(\xi)=0.$

强化训练 5

1. 解：（1）令 $F(x)=xf(x)$，则 $F'(x)=xf'(x)+f(x)\equiv0$，从而 $F(x)\equiv C.$ 又 $F(1)=$

$f(1)=1$，则 $C=1,F(2)=2f(2)=1,f(2)=\frac{1}{2}.$

（2）令 $G(x)=\frac{f(x)}{x}$，则 $G'(x)=\frac{xf'(x)-f(x)}{x^2}\equiv0,G(x)\equiv C.$ 又 $G(1)=f(1)=1$，则 $C=$

$1,G(2)=\frac{f(2)}{2}=1,f(2)=2.$

2. 证明：令 $F(x)=f(x)-g(x)$，则 $F(a)=F(b)=0.$ 由题设可知，若 $\exists x_1,x_2\in(a,b)$，使得

$f(x_1)=\max_{x\in[a,b]}f(x)=g(x_2)=\max_{x\in[a,b]}g(x)$，则 $F(x_1)\geqslant0,F(x_2)\leqslant0.$ ① 若 $F(x_1)=0$，取 $\eta=$

x_1 即可；② 若 $F(x_2)=0$，取 $\eta=x_2$ 即可；③ 若 $F(x_1)>0,F(x_2)<0$，则由连续函数介值定理

可知，存在 $\eta\in(x_1,x_2)$，使得 $F(\eta)=0$；对 $F(x)$ 在区间 $[a,\eta],[\eta,b]$ 上分别应用罗尔定理，得

$\exists\xi_1\in(a,\eta),\xi_2\in(\eta,b)$，使得 $F'(\xi_1)=F'(\xi_2)=0$；再由罗尔定理可知，$\exists\xi\in(\xi_1,\xi_2)\subset(a,b)$，

使得 $F''(\xi)=f''(\xi)-g''(\xi)=0$，命题得证.

3. 证明：（1）令 $\varphi(x)=f(x)-x,\varphi(0)=0,\varphi\left(\frac{1}{2}\right)=\frac{1}{2},\varphi(1)=-1,\varphi\left(\frac{1}{2}\right)\varphi(1)<0$，由零点

定理可知,存在 $\eta \in \left(\dfrac{1}{2}, 1\right)$,使得 $\varphi(\eta) = 0$,即 $f(\eta) = \eta$.

(2) 令 $h(x) = e^{-\lambda x}[f(x) - x]$,则 $h(0) = h(\eta) = 0$,由罗尔定理可知,存在 $\xi \in (0, \eta)$,使得 $h'(\xi) = 0$,而 $h'(x) = e^{-\lambda x}\{[f'(x) - 1] - \lambda[f(x) - x]\}$ 且 $e^{-\lambda x} \neq 0$,命题得证.

4. 证明:令 $h(x) = e^x$,$h'(x) = e^x \neq 0 (a < x < b)$,由柯西中值定理可知,存在 $\eta \in (a, b)$,使得 $\dfrac{f(b) - f(a)}{e^b - e^a} = \dfrac{f'(\eta)}{e^\eta}$,$\dfrac{f(b) - f(a)}{b - a} = \dfrac{e^b - e^a}{b - a} \cdot \dfrac{f'(\eta)}{e^\eta}$,再由拉格朗日中值定理,命题得证.

5. 证明:令 $F(x) = \dfrac{f(x)}{x}$,$G(x) = \dfrac{1}{x}$,$x \in (a, b)$,由柯西中值定理可知,存在一点 $\xi \in (a, b)$,使得 $\dfrac{\dfrac{f(b)}{b} - \dfrac{f(a)}{a}}{\dfrac{1}{b} - \dfrac{1}{a}} = \dfrac{F(b) - F(a)}{G(b) - G(a)} = \dfrac{F'(\xi)}{G'(\xi)} = f(\xi) - \xi f'(\xi)$,命题得证.

6. 证明:设 $f(x) = \ln x$,$x \in [a, b]$,由拉格朗日中值定理可知,$\dfrac{\ln b - \ln a}{b - a} = f'(\xi) = \dfrac{1}{\xi}$,其中 $0 < a < \xi < b$,由基本不等式,有 $\dfrac{1}{a} > \dfrac{1}{\xi} > \dfrac{1}{b} > \dfrac{2a}{a^2 + b^2}$,命题得证.

7. (1) 解:原式 $= \lim\limits_{x \to 0} e \cdot \dfrac{e^{\frac{1}{x}\ln(1+x) - 1} - 1}{x} = e \lim\limits_{x \to 0} \dfrac{\ln(1+x) - x}{x^2} = e \lim\limits_{x \to \infty} \dfrac{\dfrac{1}{1+x} - 1}{2x} = -\dfrac{e}{2}$.

(2) 解:原式 $= \lim\limits_{x \to 0} \dfrac{(e^{x^2 - 2 + 2\cos x} - 1)e^{2 - 2\cos x}}{x^4} = \lim\limits_{x \to 0} \dfrac{e^{x^2 - 2 + 2\cos x} - 1}{x^4} = \lim\limits_{x \to 0} \dfrac{x^2 - 2 + 2\cos x}{x^4} = \lim\limits_{x \to 0} \dfrac{2x - 2\sin x}{4x^3} = \lim\limits_{x \to 0} \dfrac{1 - \cos x}{6x^2} = \dfrac{1}{12}$.

(3) 解:原式 $= \lim\limits_{x \to +\infty} \dfrac{mx^{m-1}}{a^x \ln a} = \lim\limits_{x \to +\infty} \dfrac{m(m-1)x^{m-2}}{a^x \ln^2 a} = \cdots\cdots = \lim\limits_{x \to +\infty} \dfrac{m!}{a^x \ln^m a} = 0$.

(4) 解:原式 $= e^{\lim\limits_{x \to +\infty} \frac{\ln(e^x - 1)}{\ln x}}$,因为 $\lim\limits_{x \to +\infty} \dfrac{\ln x}{x} = 0$,由洛必达法则,$\lim\limits_{x \to +\infty} \dfrac{\ln(e^x - 1)}{\ln x} = \lim\limits_{x \to +\infty} \dfrac{\dfrac{x e^x}{e^x - 1}}{\ln x} \cdot \dfrac{1 - \ln x}{x^2} = \lim\limits_{x \to +\infty} \dfrac{x e^x}{\ln x} \cdot \dfrac{1 - \ln x}{x^2} = \lim\limits_{x \to +\infty} e^{\frac{\ln x}{x}} \cdot \dfrac{1 - \ln x}{\ln x} = -1$,则原式 $= \dfrac{1}{e}$.

8. 证法一:由题设,将 $f(x)$ 在 $x = b$ 处展开成泰勒公式,得 $f(x) = \dfrac{f^{(n)}(\xi)}{n!}(x - b)^n$,其中 $a < \xi < b$. 取 $x = a$,得 $0 = f(a) = \dfrac{f^{(n)}(\xi)}{n!}(a - b)^n$,命题得证.

证法二:由罗尔定理可知,存在点 $\xi_1 \in (a, b)$,使得 $f'(\xi_1) = f'(b) = 0$;存在点 $\xi_2 \in (\xi_1, b)$,使得 $f''(\xi_2) = f''(b) = 0$;如此下去,$f^{(n-1)}(x)$ 在 $[\xi_{n-1}, b]$ 上满足罗尔定理,命题得证.

9. 证明:将 $f(x)$ 在 $x = \dfrac{1}{2}$ 处展开成泰勒公式,分别将 $x = 0$,$x = 1$ 代入,得 $f(x) = f\left(\dfrac{1}{2}\right) + \dfrac{1}{2!}f'\left(\dfrac{1}{2}\right)\left(x - \dfrac{1}{2}\right)^2 + \dfrac{1}{3!}f'''(\eta)\left(x - \dfrac{1}{2}\right)^3$,$\eta$ 介于 x 与 $\dfrac{1}{2}$ 之间;$f(0) = f\left(\dfrac{1}{2}\right) + \dfrac{1}{8}f'\left(\dfrac{1}{2}\right) - \dfrac{1}{48}f'''(\xi_1)$,$0 < \xi_1 < \dfrac{1}{2}$;$f(1) = f\left(\dfrac{1}{2}\right) + \dfrac{1}{8}f'\left(\dfrac{1}{2}\right) + \dfrac{1}{48}f'''(\xi_2)$,$\dfrac{1}{2} < \xi_2 < 1$. 两式相减,得 $1 = \dfrac{1}{48}[f'''(\xi_2) + f'''(\xi_1)]$,$1 = \dfrac{1}{48}|f'''(\xi_2) + f'''(\xi_1)| \leqslant \dfrac{1}{48}(|f'''(\xi_2)| + |f'''(\xi_1)|)$. 设 $|f'''(\xi)| = $

$\max\{\,|\,f'''(\xi_1)\,|\,,\,|\,f'''(\xi_2)\,|\,\}$，则 $1\leqslant\dfrac{|\,f'''(\xi)\,|}{24}$，命题得证.

10. 解：将 $f(x)$ 在 $x=c$ 处展开，得 $f(x)=f(c)+f'(c)(x-c)+\dfrac{f''(\xi)}{2!}(x-c)^2$，其中 ξ 介于 c

与 x 之间. 分别取 $x=0,x=1$，得 $f(0)=f(c)-cf'(c)+\dfrac{f''(\xi_0)}{2!}c^2$，$\xi_0\in(0,c)$；$f(1)=f(c)+$

$f'(c)(1-c)+\dfrac{f''(\xi_1)}{2!}(1-c)^2$，$\xi_1\in(c,1)$. 两式相减，得 $f(1)-f(0)=f'(c)+\dfrac{1}{2!}[f''(\xi_1)(1-$

$c)^2-f''(\xi_0)c^2]$，则 $f'(c)=f(1)-f(0)-\dfrac{1}{2!}[f''(\xi_1)(1-c)^2-f''(\xi_0)c^2]$. 故 $|\,f'(c)\,|\leqslant$

$|\,f(1)\,|+|\,f(0)\,|+\dfrac{1}{2!}\,|\,f''(\xi_1)\,|\,(1-c)^2+\dfrac{1}{2!}\,|\,f''(\xi_0)\,|\,c^2\leqslant 2a+\dfrac{1}{2}b[(1-c)^2+c^2]<2a+$

$\dfrac{b}{2}(1-c+c)^2=2a+\dfrac{b}{2}$.

第6讲　微分中值定理与导数的应用（二）

—— 导数的应用

基础练习6

1. 解：定义域为 $(-\infty,+\infty)$，令 $f'(x)=0$，得驻点 $x=\dfrac{2}{5}$；$x=0$ 时，$f'(x)$ 不存在. 列表如下：

x	$(-\infty,0)$	0	$\left(0,\dfrac{2}{5}\right)$	$\dfrac{2}{5}$	$\left(\dfrac{2}{5},+\infty\right)$
$f'(x)$	$+$	不存在	$-$	0	$+$
$f(x)$	↗	极大值 0	↘	极小值 $-\dfrac{3}{25}\sqrt[3]{20}$	↗

由上表可知，函数 $f(x)$ 在 $(-\infty,0)$，$\left(\dfrac{2}{5},+\infty\right)$ 内单调增加；在 $\left(0,\dfrac{2}{5}\right)$ 内单调减少；在 $x=0$ 处

有极大值 0；在 $x=\dfrac{2}{5}$ 处有极小值 $-\dfrac{3}{25}\sqrt[3]{20}$.

2. 解：令 $f'(x)=x(x-1)^2(5x-2)=0$，得 $x=0,\dfrac{2}{5},1$；$f(x)$ 在 $(-\infty,0)$，$\left(\dfrac{2}{5},+\infty\right)$ 内单调

增加；在 $\left(0,\dfrac{2}{5}\right)$ 内单调减少；极大值为 $f(0)=0$；极小值为 $f\left(\dfrac{2}{5}\right)=-\dfrac{2^2\cdot 3^3}{5^5}$.

3. 解：(1) $y'=-\dfrac{2}{x^3}$，曲线在横坐标为 x_0 的点处的切线方程为 $y-\dfrac{1}{x_0^2}=-\dfrac{2}{x_0^3}(x-x_0)$.

(2) 切线在坐标轴上的截距为 $a=\dfrac{3}{2}x_0$，$b=\dfrac{3}{x_0^2}$；线段长度 $L=\sqrt{a^2+b^2}=\sqrt{\dfrac{9}{4}x_0^2+\dfrac{9}{x_0^4}}$，令

$\dfrac{\mathrm{d}L^2}{\mathrm{d}x_0}=\dfrac{9}{2}x_0-\dfrac{36}{x_0^5}=0$，得驻点 $x_0=\pm\sqrt{2}$，又 $\dfrac{\mathrm{d}^2L^2}{\mathrm{d}x_0^2}\Big|_{x_0=\pm\sqrt{2}}=\dfrac{9}{2}+\dfrac{180}{x_0^6}\Big|_{x_0=\pm\sqrt{2}}>0$，则 L^2 在 $x_0=$

$\pm\sqrt{2}$ 处 取得极小值,最小值 $L_{\min}=\dfrac{3}{2}\sqrt{3}$.

4. 解:定义域为 $(-\infty,+\infty)$,令 $f''(x)=0$,得 $x=-\dfrac{1}{2}$.列表如下:

x	$\left(-\infty,-\dfrac{1}{2}\right)$	$-\dfrac{1}{2}$	$\left(-\dfrac{1}{2},+\infty\right)$
$f''(x)$	$-$	0	$+$
$f(x)$	凸 ⌒	$\dfrac{5}{2}$	凹 ⌣

由上表可知,$f(x)$ 在 $\left(-\infty,-\dfrac{1}{2}\right)$ 内是凸的,在 $\left(-\dfrac{1}{2},+\infty\right)$ 内是凹的,$\left(-\dfrac{1}{2},\dfrac{5}{2}\right)$ 为拐点.

5. 证明:令 $f(x)=x^2-(1+x)\ln^2(1+x)$,则 $f'(x)=2x-\ln^2(1+x)-2\ln(1+x)$.$x>0$ 时,

$f''(x)=2\dfrac{x-\ln(1+x)}{1+x}>0$,$f'(x)$ 单调递增,$f'(x)>f'(0)=0$,则 $f(x)$ 单调递增,$f(x)>f(0)=0$,命题得证.

6. 解:① $\lim\limits_{x\to\infty}f(x)=\infty$,无水平渐近线;② $\lim\limits_{x\to0^+}f(x)=-\infty$,$x=0$ 为铅直渐近线;$\lim\limits_{x\to2}f(x)=\infty$,

$x=2$ 为铅直渐近线;③ 由 $\lim\limits_{x\to\infty}\dfrac{f(x)}{x}=\lim\limits_{x\to\infty}\dfrac{x^2+1}{x^2-2x}e^{\frac{1}{x}}=1$,有 $\lim\limits_{x\to\infty}[f(x)-x]=\lim\limits_{x\to\infty}\left(\dfrac{x^2+1}{x-2}e^{\frac{1}{x}}-\right.$

$\left.x\right)=\lim\limits_{x\to\infty}\left[\dfrac{x^2+1}{x-2}(e^{\frac{1}{x}}-1)+\dfrac{x^2+1}{x-2}-x\right]=\lim\limits_{x\to\infty}\dfrac{x^2+1}{x^2-2x}\cdot\dfrac{e^{\frac{1}{x}}-1}{\dfrac{1}{x}}+\lim\limits_{x\to\infty}\dfrac{1+2x}{x-2}=1+2=3$,则

$y=x+3$ 为斜渐近线.综上,曲线 $y=\dfrac{x^2+1}{x-2}e^{\frac{1}{x}}$ 有三条渐近线:$x=0$,$x=2$ 及 $y=x+3$.

7. 解:令 $f(x)=x^3-27x+C$,$x\in(-\infty,+\infty)$,$f'(x)=3x^2-27=3(x+3)(x-3)$;令

$f'(x)=0$,解得 $x_1=-3$,$x_2=3$.列表如下:

x	$-\infty$	$(-\infty,-3)$	-3	$(-3,3)$	3	$(3,+\infty)$	$+\infty$
$f'(x)$		$+$	0	$-$	0	$+$	
$f(x)$	$-\infty$	↗	$C+54$	↘	$C-54$	↗	$+\infty$

由上表可知,① 当 $C+54<0$ 或 $C-54>0$,即 $C<-54$ 或 $C>54$ 时,方程仅有一个根;② 当 $C+54=0$ 或 $C-54=0$,即 $C=\pm54$ 时,方程有两个不同的根;③ 当 $C+54>0$ 且 $C-54<0$,即 $-54<C<54$ 时,方程有三个不同的根.

8. 证明:$F'(x)=\dfrac{f'(x)(x-a)-[f(x)-f(a)]}{(x-a)^2}$,令 $h(x)=f'(x)(x-a)-[f(x)-f(a)]$,当 $x>a$ 时,$h'(x)=f''(x)(x-a)>0$,则 $h(x)>h(a)=0$,$F'(x)>0$,命题得证.

9. 证明:$x=0$ 为驻点,又 $\lim\limits_{x\to0}\dfrac{f''(x)}{|x|}=1>0$,由局部保号性可知,存在 $\delta>0$,当 $x\in(-\delta,\delta)$ 时,

有 $\dfrac{f''(x)}{|x|}>0$,$f''(x)>0$,则 $f'(x)$ 在区间 $(-\delta,\delta)$ 内单调递增;当 $x\in(-\delta,0)$ 时,$f'(x)<$

$f'(0) = 0$；当 $x \in (0, \delta)$ 时，$f'(x) > f'(0) = 0$；$f(0)$ 是 $f(x)$ 的极小值.

10. 解：$\dfrac{dy}{dx} = \dfrac{\sin t}{1 - \cos t}$，$\dfrac{d^2 y}{dx^2} = -\dfrac{1}{a(1 - \cos t)^2}$，则 $t = \dfrac{\pi}{2}$ 处曲率 $K = \dfrac{|y''|}{(1 + y'^2)^{\frac{3}{2}}} = \dfrac{1}{2\sqrt{2}a}$.

11. 解：$|\eta| = 1$，则 $\eta = \dfrac{p}{Q} \cdot \dfrac{dQ}{dp} = -1$，$\dfrac{p}{160 - 2p} \cdot (-2) = -1$，$p = 40$.

12. 解：(1) 收益函数 $R(x) = xP = 10xe^{-\frac{x}{2}}$，$0 \leqslant x \leqslant 6$；边际收益 $R'(x) = 5(2 - x)e^{-\frac{x}{2}}$.

(2) 由 $R'(x) = 5(2 - x)e^{-\frac{x}{2}} = 0$，得 $x = 2$. $R''(x) = \dfrac{5}{2}(x - 4)e^{-\frac{x}{2}}$，

$R''(2) = -\dfrac{5}{e} < 0$，则当 $x = 2$ 时，收益最大，最大收益为 $R(2) =$

$\dfrac{20}{e}$，相应的价格为 $\dfrac{10}{e}$.

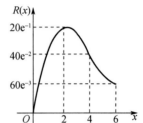

(3) 列表如下：

x	$[0, 2)$	2	$(2, 4)$	4	$(4, 6)$
$R'(x)$	$+$	0	$-$	$-$	$-$
$R''(x)$	$-$	$-$	$-$	0	$+$
$R(x)$	增、凸	极大值 $\dfrac{20}{e}$	减、凸	拐点 $\left(4, \dfrac{40}{e^2}\right)$	减、凹

根据表格绘制图形，如上所示.

强化训练 6

1. 证明：令 $F(x) = \dfrac{f(x)}{x}$，$x > 0$，则 $F'(x) = \dfrac{xf'(x) - f(x)}{x^2} = \dfrac{xf'(x) - [f(x) - f(0)]}{x^2}$. 由拉

格朗日中值定理可知，$\exists \xi \in (0, x)$，使得 $f(x) - f(0) = f'(\xi)x$，于是 $F'(x) = \dfrac{f'(x) - f'(\xi)}{x}$.

由 $f'(x)$ 单调增加，得 $f'(x) \geqslant f'(\xi)$，则 $F'(x) \geqslant 0$，命题得证.

2. 解：对方程两边关于 x 求导，得 $3x^2 + 3y^2y' - 3 + 3y' = 0$，令 $y' = 0$，得 $x_1 = -1$，$x_2 = 1$，代入原方程，得 $y_1 = 0$，$y_2 = 1$. 方程两边关于 x 再求导，得 $6x + 6yy'^2 + 3y^2y'' + 3y'' = 0$. 由 $y''(-1) = 2 > 0$，得 $x_1 = -1$ 为极小值点，极小值为 $y_1 = 0$；由 $y''(1) = -1 < 0$，得 $x_2 = 1$ 为极大值点，极大值为 $y_2 = 1$.

3. 解：(1) 若 $x = a$ 为极值点，则 $f'(a) = 0$，在等式中取 $x = a$，得 $(a - 1)f''(a) = 1 - e^{1-a}$；当

$a \neq 1$ 时，有 $f''(a) = \dfrac{1 - e^{1-a}}{a - 1} > 0$，则 $x = a$ 为 $f(x)$ 的极小值点.

(2) 由等式得 $f''(x) - 2f'(x) = \dfrac{1 - e^{1-x}}{1 - x}$，$\lim\limits_{x \to 1} f''(x) - 2\lim\limits_{x \to 1} f'(x) = \lim\limits_{x \to 1} \dfrac{1 - e^{1-x}}{x - 1} = 1$. 由 $f'(1) = 0$，得 $f''(1) = 1 > 0$，则 $x = 1$ 为 $f(x)$ 的极小值点.

4. 解：$\dfrac{dy}{dx} = \dfrac{t}{2(t + 1)^2}$，令 $\dfrac{d^2 y}{dx^2} = \dfrac{1 - t}{4(1 + t)^4} = 0$，得 $t = 1$. $-1 < t < 1$ 时，$\dfrac{d^2 y}{dx^2} > 0$，凹；$t > 1$ 时，

$\dfrac{d^2 y}{dx^2} < 0$，凸；$t = 1$ 对应拐点. 即当 $-1 < x < 3$ 时，曲线是凹的；当 $x > 3$ 时，曲线是凸的；$(3, 1 -$

ln2) 为拐点.

5. 解法一:令 $f(x)=(x+a)(\ln x-\ln a)-2(x-a)$,则 $f'(x)=(\ln x-\ln a)+\dfrac{x+a}{x}-2,f''(x)=$

$\dfrac{1}{x}-\dfrac{a}{x^2}=\dfrac{x-a}{x^2}>0,f'(x)$ 单调递增. 当 $x\in[a,b]$ 时,$f'(x)>f'(a)=0,f(x)$ 单调递增,则

$f(b)>f(a)=0$,命题得证.

解法二:令 $f(x)=(x+1)\ln x-2(x-1),x\geqslant 1$,则 $f'(x)=\dfrac{1}{x}+\ln x-1,f''(x)=\dfrac{1}{x}\left(1-\dfrac{1}{x}\right)$.

当 $x>1$ 时,$f''(x)>0$,则 $f'(x)$ 单调递增,$f'(x)>f'(1)=0,f(x)$ 在 $[1,+\infty]$ 上单调递增,

$f(x)>f(1)=0$,即 $(x+1)\ln x>2(x-1)$,取 $x=\dfrac{b}{a}$,命题得证.

6. 解:① $\lim\limits_{x\to\infty}y=0,y=0$ 为水平渐近线;② $\lim\limits_{x\to 0}y=\infty,x=0$ 为铅直渐近线;③ $\lim\limits_{x\to+\infty}\dfrac{y}{x}=$

$\lim\limits_{x\to+\infty}\dfrac{\dfrac{1}{x}+\ln(1+e^x)}{x}=\lim\limits_{x\to+\infty}\left[\dfrac{1}{x^2}+\dfrac{\ln(1+e^x)}{x}\right]=\lim\limits_{x\to+\infty}\dfrac{e^x}{1+e^x}=1;\lim\limits_{x\to+\infty}(y-x)=\lim\limits_{x\to+\infty}\left[\dfrac{1}{x}+\right.$

$\left.\ln(1+e^x)-x\right]=\lim\limits_{x\to+\infty}\dfrac{1}{x}+\lim\limits_{x\to+\infty}[\ln(1+e^x)-x]=\lim\limits_{x\to+\infty}[\ln(1+e^x)-\ln e^x]=\lim\limits_{x\to+\infty}\ln(e^{-x}+1)=$

0,则 $y=x$ 为斜渐近线. 综上,曲线 $y=\dfrac{1}{x}+\ln(1+e^x)$ 共有 3 条渐近线:$x=0,y=0$ 及 $y=x$.

7. 解:令 $f(x)=k\arctan x-x$,则 $f(x)$ 在 $(-\infty,+\infty)$ 内为奇函数,$f(0)=0$. 考察 $f(x)$ 在 $(0,+\infty)$ 内的零点个数,令 $f'(x)=\dfrac{k-1-x^2}{1+x^2}=0$. ① 当 $k>1$ 时,得驻点 $x=\sqrt{k-1}$,列表如下:

x	$(0,\sqrt{k-1})$	$\sqrt{k-1}$	$(\sqrt{k-1},+\infty)$
y'	$+$	0	$-$
y	↗	唯一极大值 $f(\sqrt{k-1})>f(0)=0$	↘

由上表可知,$f(x)$ 在 $(0,+\infty)$ 内只有唯一极大值,即最大值 $M=f(\sqrt{k-1})>f(0)=0$,又 $\lim\limits_{x\to+\infty}f(x)=\lim\limits_{x\to+\infty}(k\arctan x-x)=-\infty$,则 $f(x)$ 在 $(0,+\infty)$ 内仅有一个零点,从而方程 $k\arctan x-x=0$ 有且仅有三个实根,分别位于区间 $(-\infty,0)$、$(0,+\infty)$ 及 $x=0$;② 当 $k\leqslant 1$ 时,$f'(x)<0,f(x)$ 在 $(0,+\infty)$ 内严格单调减少,从而 $f(x)<f(0)=0$,即 $f(x)$ 在 $(0,+\infty)$ 内无零点,方程 $k\arctan x-x=0$ 有且仅有一个实根 $x=0$.

8. 证明:令 $g(x)=f'(x)-2f(x)$,则 $g'(x)-3g(x)\geqslant 0$;令 $F(x)=e^{-3x}g(x)$,则 $F'(x)\geqslant 0$,$F(x)$ 单调增加;当 $x\geqslant 0$ 时,$F(x)\geqslant F(0)=-2$,则有 $e^{-2x}[f'(x)-2f(x)]\geqslant -2e^x$;令 $G(x)=e^{-2x}f(x)+2e^x$,则 $G'(x)\geqslant 0,G(x)$ 单调增加,$G(x)\geqslant G(0)$,整理得证.

9. 解:如右图,设总站 M 的位置在点 x 处,即求单程之和 $S(x)=2|x|+3|x-10|+5|x-20|+4|x-30|$

的最小值. $S(x)$ 在 $x=0,x=10,x=20,x=30$ 处不可导,比较得最小值为 $S(20)=110$,即总站应建在 C 处.

10. 解：$\lim\limits_{x\to 0}\dfrac{f(x)}{1-\cos x}=\lim\limits_{x\to 0}\dfrac{f'(x)}{\sin x}=\lim\limits_{x\to 0}\dfrac{f'(x)}{x}=2$，则 $f(0)=f'(0)=0$，$f''(0)=\lim\limits_{x\to 0}\dfrac{f'(x)}{x}=$

0，$(0,f(0))$ 处曲率 $K=2$.

11. 解：(1) $E_d=-\dfrac{P}{Q}\cdot\dfrac{\mathrm{d}Q}{\mathrm{d}P}=\dfrac{P}{20-P}$.

(2) $R=PQ$，求导，得 $\dfrac{\mathrm{d}R}{\mathrm{d}P}=Q+P\dfrac{\mathrm{d}Q}{\mathrm{d}P}=Q-5P$，又 $Q(1-E_d)=Q-5P$，$\dfrac{\mathrm{d}R}{\mathrm{d}P}Q=(1-E_d)$. 若价

格降低，收益增加，则 $\dfrac{\mathrm{d}R}{\mathrm{d}P}<0$，$1-E_d<0$，解得 $P>10$，又 $0\leqslant P\leqslant 20$，故当 $10<P<20$ 时，价

格降低反而使收益增加.

12. 解：由连续复利的计算公式可知，这批酒窖藏 t 年末售出的总收入 $R=A(t)\mathrm{e}^{rt}=R_0\mathrm{e}^{\frac{2}{5}\sqrt{t}}$，则现

值为 $A(t)=R\mathrm{e}^{-rt}=R_0\mathrm{e}^{\frac{2}{5}\sqrt{t}-rt}$. 令 $\dfrac{\mathrm{d}A}{\mathrm{d}t}=R_0\mathrm{e}^{\frac{2}{5}\sqrt{t}-rt}\left(\dfrac{1}{5\sqrt{t}}-r\right)=0$，得唯一驻点 $t_0=\dfrac{1}{25r^2}$，又 $\dfrac{\mathrm{d}^2A}{\mathrm{d}t^2}\bigg|_{t_0}$

$=-12.5R_0r^3\mathrm{e}^{\frac{1}{25r}}<0$，则 $t_0=\dfrac{1}{25r^2}$ 为唯一极大值点，即最大值点，当窖藏 $t=\dfrac{1}{25r^2}$ 年售出，总收

入的现值最大；当 $r=0.06$ 时，$t=\dfrac{100}{9}\approx 11$（年）.

第5—6讲阶段能力测试

阶段能力测试 A

一、1. 2. 　2. $-\dfrac{1}{\ln 2}$. 　3. $\left(-\dfrac{\sqrt{2}}{2},\dfrac{\sqrt{2}}{2}\right)$. 　4. $y=4x-3$. 　5. $(-1,0)$.

二、1. C. 　2. C. 　3. C. 　4. C. 　5. D.

三、1. 解：原式 $=2\lim\limits_{x\to 0}\dfrac{\tan x-x}{x^3}=2\lim\limits_{x\to 0}\dfrac{\sec^2 x-1}{3x^2}=\dfrac{2}{3}\lim\limits_{x\to 0}\dfrac{\tan^2 x}{x^2}=\dfrac{2}{3}$.

2. 解：原式 $=\lim\limits_{x\to 1^-}\dfrac{\ln x-(x-1)}{(x-1)\ln[1+(x-1)]}=\lim\limits_{x\to 1^-}\dfrac{\ln x-(x-1)}{(x-1)^2}=\lim\limits_{x\to 1^-}\dfrac{\dfrac{1}{x}-1}{2(x-1)}=-\dfrac{1}{2}$.

四、解：由麦克劳林公式，$\ln(1+x)=x-\dfrac{1}{2}x^2+o(x^2)$，则原式 $=2\lim\limits_{x\to 0}\dfrac{2x-2x^2+o(x^2)+xf(x)}{x^2}=$

$2\lim\limits_{x\to 0}\left[\dfrac{2+f(x)}{x}-2\right]=2$，$\lim\limits_{x\to 0}\dfrac{f(x)+2}{x}=3$.

五、证明：令 $f(x)=\arctan x-\dfrac{1}{2}\arccos\dfrac{2x}{1+x^2}$，则当 $x>1$ 时，$f'(x)=0$，$f(x)\equiv C_0$，取 $x=1$，

得 $C_0=\dfrac{\pi}{4}$，命题得证.

六、证明：设 $f(x)=4\arctan x-x+\dfrac{4\pi}{3}-\sqrt{3}$，令 $f'(x)=\dfrac{4}{1+x^2}-1=0$，得 $x_{1,2}=\pm\sqrt{3}$. $f(x)$

在 $(-\infty,-\sqrt{3}]$，$[\sqrt{3},+\infty)$ 上单调减少，在 $[-\sqrt{3},\sqrt{3}]$ 上单调增加. $f(-\sqrt{3})=0$，$f(\sqrt{3})>0$，

$\lim\limits_{x\to+\infty}f(x)=-\infty$，则 $f(x)$ 仅有两根，一个是 $-\sqrt{3}$，另一个位于 $(\sqrt{3},+\infty)$ 内.

七、证明：由题设可知，$f''(x_0)=\dfrac{1-e^{-x_0}}{x_0}$，则 $x_0>0$ 时，$f''(x_0)>0$；$x_0<0$ 时，$f''(x_0)>0$. 即 $\forall x_0\neq0$，有 $f''(x_0)>0$，则 $f(x_0)$ 是 $f(x)$ 的极小值.

八、证明：① 由拉格朗日中值定理可知，$\exists\,\eta_1\in(0,1)$，$f(1)-f(0)=f'(\eta_1)=3>0$；$\exists\,\eta_2\in\left(1,\dfrac{\pi}{2}\right)$，$f\left(\dfrac{\pi}{2}\right)-f(1)=f'(\eta_2)=-2<0$. 由零点定理可知，$\exists\,c\in(\eta_1,\eta_2)$，使 $f'(c)=0$；② 令 $F(x)=f'(x)\sin x$，则 $F(x)$ 在 $[0,c]$ 上连续，在 $(0,c)$ 内可导，$F(0)=F(c)=0$，由罗尔定理可知，$\exists\,\xi\in(0,c)\subset\left(0,\dfrac{\pi}{2}\right)$，使 $F'(\xi)=0$，由于 $\cos\xi\neq0$，命题得证.

阶段能力测试 B

一、1. $(0,1)$.　2. $-(n+1),-\dfrac{1}{e^{n+1}}$.　3. $\dfrac{1}{\sqrt{2}\sigma}$.　4. $\dfrac{1}{4}$.　5. $8\,000$.

二、1. C.　2. D.　3. D.　4. B.　5. D.

三、1. 解：原式 $=\lim\limits_{x\to0}\dfrac{e^{\sin x}(e^{x-\sin x}-1)}{x^3(1+x)}=\lim\limits_{x\to0}\dfrac{x-\sin x}{x^3}=\lim\limits_{x\to0}\dfrac{1-\cos x}{3x^2}=\dfrac{1}{6}$.

2. 解：原式 $=e^{\lim\limits_{x\to0}\frac{\ln(\cot x)}{\ln x}}=e^{\lim\limits_{x\to0}\frac{\frac{1}{\cot x}(-\csc^2 x)}{\frac{1}{x}}}=e^{\lim\limits_{x\to0}\frac{-x}{\sin x\cos x}}=e^{-1}$.

四、解：$f(x)$ 的麦克劳林展开式为 $f(x)=-x+x^2-\dfrac{1}{2}x^3+\dfrac{1}{4}x^4+o(x^4)$，而 $\ln(1+x)=x-\dfrac{x^2}{2}+\dfrac{x^3}{3}+o(x^3)$，则原式 $=\lim\limits_{x\to0}\dfrac{-\frac{1}{12}x^4+o(x^4)}{x^4}=-\dfrac{1}{12}$.

五、解：① 令 $y'=\dfrac{x^2+x}{1+x^2}e^{\frac{\pi}{2}+\arctan x}=0$，得 $x=-1$ 及 $x=0$. 当 $x<-1$ 时，$y'>0$；当 $-1<x<0$ 时，$y'<0$；当 $x>0$ 时，$y'>0$，则函数 $y=(x-1)e^{\frac{\pi}{2}+\arctan x}$ 的单调增加区间为 $(-\infty,-1)$、$(0,+\infty)$，单调减少区间为 $[-1,0]$；极大值 $y(-1)=-2e^{\frac{\pi}{4}}$，极小值 $y(0)=-e^{\frac{\pi}{2}}$；② $\lim\limits_{x\to\infty}y=\infty$，无水平渐近线，$y=(x-1)e^{\frac{\pi}{2}+\arctan x}$ 连续，无铅直渐近线. 由 $\lim\limits_{x\to-\infty}\dfrac{y}{x}=1$，$\lim\limits_{x\to-\infty}(y-x)=-2$，得 $y=x-2$ 为斜渐近线；由 $\lim\limits_{x\to+\infty}\dfrac{y}{x}=e^{\pi}$，$\lim\limits_{x\to+\infty}(y-e^{\pi}x)=-2e^{\pi}$，得 $y=e^{\pi}x-2e^{\pi}$ 也是斜渐近线.

六、证明：令 $f(x)=(1+x)\ln(1+x)-\sqrt{1-x^2}\arcsin x$，$0<x<1$，当 $0<x<1$ 时，由 $f'(x)=\ln(1+x)+\dfrac{x}{\sqrt{1-x^2}}\arcsin x>0$，得 $f(x)$ 单调递增，$f(x)>f(0)=0$，命题得证.

七、解：令 $f(x)=kx+\dfrac{1}{x^2}-1$，$x>0$，则 $f'(x)=k-\dfrac{2}{x^3}$. ① 当 $k\leqslant0$ 时，$f'(x)<0$，$f(x)$ 在 $(0,+\infty)$ 内严格单调减少，又 $f(0^+)=+\infty$，$\lim\limits_{x\to+\infty}f(x)<0$，$f(x)$ 在 $(0,+\infty)$ 内有且仅有一个零点，即方程 $kx+\dfrac{1}{x^2}=1$ 在 $(0,+\infty)$ 内有且仅有一个根；② 当 $k>0$ 时，令 $f'(x)=0$，得 $x=\sqrt[3]{\dfrac{2}{k}}$；

$f''(x) = \dfrac{6}{x^4} > 0, x = \sqrt[3]{\dfrac{2}{k}}$ 为 $f(x)$ 的最小值点；当最小值 $f\left(\sqrt[3]{\dfrac{2}{k}}\right) = 0$，即 $k = \dfrac{2\sqrt{3}}{9}$ 时，方程

$kx + \dfrac{1}{x^2} = 1$ 在 $(0, +\infty)$ 内有且仅有一个根. 综上，当 $k = \dfrac{2\sqrt{3}}{9}$ 或 $k \leqslant 0$ 时，方程 $kx + \dfrac{1}{x^2} = 1$ 在

$(0, +\infty)$ 内有且仅有一个根.

八、证明：(1) $f(x)$ 为奇函数，则 $f(0) = 0$，令 $F(x) = f(x) - x$，则 $F(0) = F(1) = 0$，由罗尔定理可知，存在 $\xi \in (0, 1)$，使得 $F'(\xi) = f'(\xi) - 1 = 0$，即 $f'(\xi) = 1$.

(2) $f'(x)$ 为偶函数，$f'(-\xi) = f'(\xi) = 1$，令 $G(x) = e^x[f'(x) - 1]$，则 $G(\xi) = G(-\xi) = 0$，由罗尔定理可知，$\exists \eta \in (-\xi, \xi) \subset (-1, 1)$，使得 $G'(\eta) = 0$，而 $e^\eta \neq 0$，则有 $f''(\eta) + f'(\eta) = 1$.

第 7 讲　不定积分（一）

—— 换元积分法与分部积分法

基础练习 7

1. (1) 解：原式 $= \displaystyle\int (x^{\frac{3}{4}} - x^{-\frac{5}{4}})\mathrm{d}x = \dfrac{4}{7}x^{\frac{7}{4}} + 4x^{-\frac{1}{4}} + C.$

(2) 解：原式 $= \displaystyle\int \dfrac{1 - (1 - x^2)}{\sqrt{1-x^2}}\mathrm{d}x = \int \dfrac{\mathrm{d}x}{\sqrt{1-x^2}} - \int \sqrt{1-x^2}\,\mathrm{d}x = \dfrac{1}{2}\arcsin x - \dfrac{x}{2}\sqrt{1-x^2} + C.$

(3) 解法一：原式 $= \displaystyle\int \dfrac{1 + e^x - e^x\,\mathrm{d}x}{1 + e^x} = x - \int \dfrac{\mathrm{d}(1 + e^x)}{1 + e^x} = x - \ln(1 + e^x) + C.$

解法二：原式 $= \displaystyle\int \dfrac{e^{-x}\,\mathrm{d}x}{e^{-x} + 1} = -\int \dfrac{\mathrm{d}(e^{-x} + 1)}{e^{-x} + 1} = -\ln(e^{-x} + 1) + C.$

(4) 解：原式 $= \displaystyle\int \left(\dfrac{1}{x} - \dfrac{x^3}{1 + x^4}\right)\mathrm{d}x = \ln|x| - \dfrac{1}{4}\ln(1 + x^4) + C.$

2. (1) 解：原式 $= \displaystyle\int \dfrac{\mathrm{d}(\ln x)}{\ln^2 x} = -\dfrac{1}{\ln x} + C.$

(2) 解：原式 $= -\displaystyle\int \dfrac{\mathrm{d}(\cos x)}{(\sqrt{2})^2 + \cos^2 x} = -\dfrac{1}{\sqrt{2}}\arctan\dfrac{\cos x}{\sqrt{2}} + C.$

(3) 解：原式 $= \displaystyle\int \sin^4 x(1 - \sin^2 x)\mathrm{d}(\sin x) = \dfrac{1}{5}\sin^5 x - \dfrac{1}{7}\sin^7 x + C.$

(4) 解：原式 $= \displaystyle\int \dfrac{1 + \dfrac{1}{x^2}}{x^2 + \dfrac{1}{x^2}}\mathrm{d}x = \int \dfrac{1}{2 + \left(x - \dfrac{1}{x}\right)^2}\mathrm{d}\left(x - \dfrac{1}{x}\right) = \dfrac{1}{\sqrt{2}}\arctan\dfrac{1}{\sqrt{2}}\left(x - \dfrac{1}{x}\right) + C.$

3. (1) 解：令 $x = \sin t, t \in \left(-\dfrac{\pi}{2}, \dfrac{\pi}{2}\right)$，则原式 $= \displaystyle\int \dfrac{\cos t}{1 + \cos t}\mathrm{d}t = \int \left(1 - \dfrac{1}{1 + \cos t}\right)\mathrm{d}t = t -$

$\displaystyle\int \sec^2 \dfrac{t}{2}\mathrm{d}\left(\dfrac{t}{2}\right) = t - \tan\dfrac{t}{2} + C = t - \dfrac{1 - \cos t}{\sin t} + C = \arcsin x - \dfrac{1}{x} + \dfrac{\sqrt{1-x^2}}{x} + C.$

(2) 解：令 $x = \tan t, t \in \left(-\dfrac{\pi}{2}, \dfrac{\pi}{2}\right)$，原式 $= \displaystyle\int \dfrac{\mathrm{d}t}{\sec t} = \int \cos t\,\mathrm{d}t = \sin t + C = \dfrac{x}{\sqrt{x^2+1}} + C.$

（3）解：令 $x = 2\sec t, t \in \left(0, \dfrac{\pi}{2}\right)$，原式 $= \dfrac{1}{4}\int \cos t\,dt = \dfrac{1}{4}\sin t + C = \dfrac{\sqrt{x^2-4}}{4x} + C.$

（4）解：原式 $= 2\int \arctan\sqrt{x}\,d(\sqrt{x}) \xlongequal{\sqrt{x}=t} 2\int \arctan t\,dt = 2t\arctan t - 2\int \dfrac{t}{1+t^2}\,dt = 2t\arctan t -$

$\ln(1+t^2) + C = 2\sqrt{x}\arctan\sqrt{x} - \ln(1+x) + C.$

4.（1）解：原式 $= -\int \dfrac{x\,d(\cos x)}{\cos^3 x} = \dfrac{1}{2}\int x\,d\left(\dfrac{1}{\cos^2 x}\right) = \dfrac{x}{2\cos^2 x} - \dfrac{1}{2}\int \sec^2 x\,dx = \dfrac{x}{2\cos^2 x} - \dfrac{1}{2}\tan x + C.$

（2）解：原式 $= -\dfrac{1}{2}\int \ln(1+x^2)\,d\left(\dfrac{1}{x^2}\right) = -\dfrac{1}{2x^2}\ln(1+x^2) + \dfrac{1}{2}\int \dfrac{1}{x^2}\,d\ln(1+x^2) = -\dfrac{1}{2x^2}\ln(1+x^2) +$

$\int\left(\dfrac{1}{x} - \dfrac{x}{1+x^2}\right)dx = -\dfrac{1}{2x^2}\ln(1+x^2) + \ln|x| - \dfrac{1}{2}\ln(1+x^2) + C.$

（3）解：原式 $= -\int \ln\sin x\,d(\cot x) = -\cot x\ln\sin x + \int \cot^2 x\,dx = -\cot x\ln\sin x + \int(\csc^2 x - 1)\,dx =$

$-\cot x\ln\sin x - \cot x - x + C.$

（4）解：原式 $= 2\int e^{\sin x}\sin x\cos x\,dx = 2\int e^{\sin x}\sin x\,d\sin x = 2\int \sin x\,d e^{\sin x} = 2\left(\sin x e^{\sin x} - \int e^{\sin x}\,d\sin x\right) =$

$2\sin x e^{\sin x} - 2e^{\sin x} + C.$

5. 解：令 $e^x + 1 = t$，则 $e^x = t - 1, f'(t) = (t-1)^3 + 2$，积分得 $f(t) = \int[(t-1)^3 + 2]\,dt =$

$\dfrac{1}{4}(t-1)^4 + 2t + C$，即 $f(x) = \dfrac{1}{4}(x-1)^4 + 2x + C$；又 $f(1) = 0$，得 $C = -2$，则 $f(x) = \dfrac{1}{4}(x-$

$1)^4 + 2x - 2.$

6. 解：由题设可知，$\int f(x)\,dx = \dfrac{\sin x}{x} + C$，则 $f(x) = \left(\dfrac{\sin x}{x}\right)' = \dfrac{x\cos x - \sin x}{x^2}$，于是 $\int xf'(x)\,dx =$

$\int x\,df(x) = xf(x) - \int f(x)\,dx = \cos x - \dfrac{2}{x}\sin x + C.$

7. 解：由 $f(x^2 - 1) = \ln\dfrac{x^2}{x^2-2}$，得 $f(x) = \ln\dfrac{x+1}{x-1}$；又 $f[\varphi(x)] = \ln\dfrac{\varphi(x)+1}{\varphi(x)-1} = \ln x$，则 $\varphi(x) =$

$\dfrac{x+1}{x-1}$，$\int \varphi(x)\,dx = \int \dfrac{x+1}{x-1}\,dx = \int\left(1 + \dfrac{2}{x-1}\right)dx = x + 2\ln|x-1| + C.$

8. 解：当 $x \leqslant 0$ 时，$F(x) = \int \sin 2x\,dx = -\dfrac{1}{2}\cos 2x + C_1$；当 $x > 0$ 时，$F(x) = \int \ln(2x+1)\,dx =$

$x\ln(2x+1) - x + \dfrac{1}{2}\ln(2x+1) + C_2.$ 由 $\lim\limits_{x\to 0^-} F(x) = \lim\limits_{x\to 0^+} F(x)$，取 $C_1 = C$，可得 $C_2 = C - \dfrac{1}{2}$，

则 $\int f(x)\,dx = \begin{cases} -\dfrac{1}{2}\cos 2x + C, & x \leqslant 0 \\ x\ln(2x+1) - x + \dfrac{1}{2}\ln(2x+1) - \dfrac{1}{2} + C, & x > 0 \end{cases}.$

9. 证明：$I_n = \int \sec^{n-2}x\,d\tan x = \sec^{n-2}x\tan x - (n-2)\int \sec^{n-2}x\tan^2 x\,dx = \sec^{n-2}x\tan x - (n-2)(I_n -$

$I_{n-2})$，移项整理得证.

10. 解：令 $u = \sin^2 x$，则 $\sin x = \pm\sqrt{u}, x = \pm\arcsin\sqrt{u}, f(x) = \dfrac{\arcsin\sqrt{x}}{\sqrt{x}}$，于是 $\int \dfrac{\sqrt{x}}{\sqrt{1-x}}f(x)\,dx =$

$$\int \frac{\arcsin \sqrt{x}}{\sqrt{1-x}} \mathrm{d}x = -2\int \arcsin \sqrt{x}\, \mathrm{d}(\sqrt{1-x}) = -2\sqrt{1-x}\arcsin \sqrt{x} + 2\sqrt{x} + C.$$

强化训练 7

1. (1) 解:原式 $= \dfrac{1}{2}\int \dfrac{(x^2+1)-1}{\sqrt{x^2+1}}\mathrm{d}(x^2+1) = \dfrac{1}{3}(x^2+1)^{\frac{3}{2}} - \sqrt{x^2+1} + C.$

(2) 解:原式 $= \dfrac{1}{2}\int \dfrac{(2x+1)-5}{x^2+x+1}\mathrm{d}x = \dfrac{1}{2}\int \dfrac{\mathrm{d}(x^2+x+1)}{x^2+x+1} - \dfrac{5}{2}\int \dfrac{\mathrm{d}\left(x+\dfrac{1}{2}\right)}{\left(\dfrac{\sqrt{3}}{2}\right)^2 + \left(x+\dfrac{1}{2}\right)^2} = \dfrac{1}{2}\ln(x^2+$

$x+1) - \dfrac{5}{\sqrt{3}}\arctan \dfrac{2x+1}{\sqrt{3}} + C.$

(3) 解:原式 $= \int \dfrac{\cos^2 x - 1 + 1}{1+\cos x}\mathrm{d}x = \int \left(\cos x - 1 + \dfrac{1}{1+\cos x}\right)\mathrm{d}x = \sin x - x + \int \dfrac{1-\cos x}{\sin^2 x}\mathrm{d}x =$

$\sin x - x - \cot x + \csc x + C.$

(4) 解:原式 $= \int \dfrac{1}{2\cos^2 \dfrac{x}{2} + \sin^2 \dfrac{x}{2}}\mathrm{d}x = \int \dfrac{\sec^2 \dfrac{x}{2}}{2+\tan^2 \dfrac{x}{2}}\mathrm{d}x = 2\int \dfrac{1}{2+\tan^2 \dfrac{x}{2}}\mathrm{d}\left(\tan \dfrac{x}{2}\right) =$

$\sqrt{2}\arctan\left(\dfrac{1}{\sqrt{2}}\tan \dfrac{x}{2}\right) + C.$

2. (1) 解:原式 $= 2\int \dfrac{\cos \sqrt{x} - 1}{\sin^2 \sqrt{x}}\mathrm{d}(\sqrt{x}) = 2\int \dfrac{\mathrm{d}(\sin \sqrt{x})}{\sin^2 \sqrt{x}} - 2\int \csc^2 \sqrt{x}\,\mathrm{d}(\sqrt{x}) = -\dfrac{2}{\sin \sqrt{x}} + 2\cot \sqrt{x} + C.$

(2) 解:原式 $= 2\int \dfrac{\arcsin \sqrt{x}}{\sqrt{1-(\sqrt{x})^2}}\mathrm{d}(\sqrt{x}) = 2\int \arcsin \sqrt{x}\,\mathrm{d}(\arcsin \sqrt{x}) = \arcsin^2 \sqrt{x} + C.$

(3) 解:原式 $= \int \sin^{\frac{1}{3}} x\cos^2 x\cos x\mathrm{d}x = \int \sin^{\frac{1}{3}} x(1-\sin^2 x)\mathrm{d}\sin x \xrightarrow{\text{令 } \sin x = t} \int (t^{\frac{1}{3}} - t^{\frac{7}{3}})\mathrm{d}t = \dfrac{3}{4}t^{\frac{4}{3}} -$

$\dfrac{3}{10}t^{\frac{10}{3}} + C = \dfrac{3}{4}\sin^{\frac{4}{3}} x - \dfrac{3}{10}\sin^{\frac{10}{3}} x + C.$

(4) 解:原式 $= \int \dfrac{(x+1)e^x}{xe^x(1+xe^x)}\mathrm{d}x = \int \left(\dfrac{1}{xe^x} - \dfrac{1}{1+xe^x}\right)\mathrm{d}(xe^x) = \ln\left|\dfrac{xe^x}{1+xe^x}\right| + C.$

3. (1) 解:原式 $= \int \dfrac{(x^2-4)+4}{\sqrt{4-x^2}}\mathrm{d}x = -\int \sqrt{4-x^2}\,\mathrm{d}x + 4\int \dfrac{1}{\sqrt{4-x^2}}\mathrm{d}x \xrightarrow{\text{令 } x = 2\sin t} -4\int \cos^2 t\mathrm{d}t +$

$4\arcsin \dfrac{x}{2} = -2\int (1+\cos 2t)\mathrm{d}t + 4\arcsin \dfrac{x}{2} = -2t - \sin 2t + 4\arcsin \dfrac{x}{2} + C = 2\arcsin \dfrac{x}{2} -$

$\dfrac{x}{2}\sqrt{4-x^2} + C.$

(2) 解:令 $x = \sec t, t \in \left(0, \dfrac{\pi}{2}\right)$,则原式 $= \int \dfrac{\tan^2 t}{\sec t}\mathrm{d}t = \int \sec t\mathrm{d}t - \int \cos t\mathrm{d}t = \ln|\sec t + \tan t| -$

$\sin t + C = \ln|x + \sqrt{x^2-1}| - \dfrac{\sqrt{x^2-1}}{x} + C.$

(3) 解：原式 $= \int \dfrac{\mathrm{d}\left(x+\dfrac{1}{2}\right)}{\sqrt{\left(x+\dfrac{1}{2}\right)^2+\left(\dfrac{\sqrt{3}}{2}\right)^2}}$ $\left(\diamond\ x+\dfrac{1}{2}=\dfrac{\sqrt{3}}{2}\tan t,\text{则}\ \sec t=\dfrac{2}{\sqrt{3}}\sqrt{x^2+x+1}\right)=$

$\int \sec t\,\mathrm{d}t = \ln|\sec t+\tan t|+C_1 = \ln\left|\left(x+\dfrac{1}{2}\right)+\sqrt{x^2+x+1}\right|+C.$

(4) 解：令 $t=\dfrac{1}{x}$，则原式 $=\int \dfrac{-\dfrac{1}{t^2}}{\dfrac{1}{t^4}\left(1+\dfrac{1}{t^2}\right)}\mathrm{d}t = -\int \dfrac{t^4}{t^2+1}\mathrm{d}t = -\int\left(t^2-1+\dfrac{1}{t^2+1}\right)\mathrm{d}t = -\dfrac{t^3}{3}+$

$t-\arctan t+C = -\dfrac{1}{3x^3}+\dfrac{1}{x}-\arctan\dfrac{1}{x}+C.$

4. (1) 解：令 $t=\mathrm{e}^x$，则 $x=\ln t,\mathrm{d}x=\dfrac{1}{t}\mathrm{d}t$，由分部积分公式，原式 $=\int \dfrac{\arctan t}{t^2}\mathrm{d}t =$

$-\int \arctan t\,\mathrm{d}\left(\dfrac{1}{t}\right) = -\dfrac{\arctan t}{t}+\int\left(\dfrac{1}{t}-\dfrac{t}{1+t^2}\right)\mathrm{d}t = -\dfrac{\arctan t}{t}+\ln t-\dfrac{1}{2}\ln(1+t^2)+C =$

$-\dfrac{\arctan\mathrm{e}^x}{\mathrm{e}^x}+\dfrac{1}{2}\ln\dfrac{\mathrm{e}^{2x}}{1+\mathrm{e}^{2x}}+C.$

(2) 原式 $=-\int x\mathrm{d}\left(\dfrac{1}{\sin x}\right) = -\dfrac{x}{\sin x}+\int \csc x\,\mathrm{d}x = -\dfrac{x}{\sin x}+\ln|\csc x-\cot x|+C.$

(3) 原式 $=2\int \ln x\mathrm{d}(\sqrt{x-2}) = 2\sqrt{x-2}\ln x-2\int \dfrac{\sqrt{x-2}}{x}\mathrm{d}x$，令 $\sqrt{x-2}=t$，则 $\int \dfrac{\sqrt{x-2}}{x}\mathrm{d}x =$

$2\int \dfrac{t^2}{2+t^2}\mathrm{d}t = 2\int\left(1-\dfrac{2}{2+t^2}\right)\mathrm{d}t = 2t-\dfrac{4}{\sqrt{2}}\arctan\dfrac{t}{\sqrt{2}}+C = 2\sqrt{x-2}-2\sqrt{2}\arctan\sqrt{\dfrac{x-2}{2}}+C;$

$\int \dfrac{\ln x}{\sqrt{x-2}}\mathrm{d}x = 2\sqrt{x-2}\ln x-4\sqrt{x-2}+4\sqrt{2}\arctan\sqrt{\dfrac{x-2}{2}}+C.$

(4) 令 $t=\sqrt{x}$，则 $x=t^2$，由分部积分公式，原式 $=\int \ln(1+t)\mathrm{d}(t^2) = t^2\ln(1+t)-\int \dfrac{t^2}{t+1}\mathrm{d}t =$

$t^2\ln(1+t)-\dfrac{t^2}{2}+t-\ln|t+1|+C = (x-1)\ln(1+\sqrt{x})-\dfrac{x}{2}+\sqrt{x}+C.$

5. 解：求导，得 $f(x)=-\dfrac{3}{2}-\dfrac{1}{2}\cos 2x,\int f(x)\mathrm{d}x = -\dfrac{3}{2}x-\dfrac{1}{4}\sin x+C.$

6. 解：令 $t=\ln x$，则 $x=\mathrm{e}^t,f(t)=\dfrac{\ln(1+\mathrm{e}^t)}{\mathrm{e}^t}$，于是 $\int f(x)\mathrm{d}x = \int \dfrac{\ln(1+\mathrm{e}^x)}{\mathrm{e}^x}\mathrm{d}x = -\int \ln(1+$

$\mathrm{e}^x)\mathrm{d}(\mathrm{e}^{-x}) = -\mathrm{e}^{-x}\ln(1+\mathrm{e}^x)+\int \dfrac{\mathrm{e}^{-x}}{\mathrm{e}^{-x}+1}\mathrm{d}x = -\mathrm{e}^{-x}\ln(1+\mathrm{e}^x)-\int \dfrac{\mathrm{d}(\mathrm{e}^{-x}+1)}{\mathrm{e}^{-x}+1}\mathrm{d}x = -\mathrm{e}^{-x}\ln(1+\mathrm{e}^x)-$

$\ln(1+\mathrm{e}^{-x})+C.$

7. 解：令 $x=f(t)$，则 $\int f^{-1}(x)\mathrm{d}x = \int f^{-1}[f(t)]\mathrm{d}f(t) = \int t\mathrm{d}f(t) = tf(t)-\int f(t)\mathrm{d}t = tf(t)-$

$F(t)+C = xf^{-1}(x)-F[f^{-1}(x)]+C.$

8. 解：由 $f(\ln x)=\begin{cases}1, & x<1\\ x, & x\geqslant 1\end{cases}$，得 $f(x)=\begin{cases}1, & x<0\\ \mathrm{e}^x, & x\geqslant 0\end{cases}$，则 $\int f(x)\mathrm{d}x = \begin{cases}x+C_1, & x<0\\ \mathrm{e}^x+C_2, & x\geqslant 0\end{cases};$

由原函数的连续性,得 $C_1 = 1 + C_2$,取 $C_2 = C$,则 $\int f(x)\mathrm{d}x = \begin{cases} x + C + 1, & x < 0 \\ \mathrm{e}^x + C, & x \geqslant 0 \end{cases}$.

9. 解: $f(x) = \begin{cases} -x, & x < -1 \\ 1, & -1 \leqslant x \leqslant 1 \\ x, & x > 1 \end{cases}$,$\int f(x)\mathrm{d}x = \begin{cases} -\dfrac{1}{2}x^2 + C_1, & x < -1 \\ x + C_2, & -1 \leqslant x \leqslant 1 \\ \dfrac{1}{2}x^2 + C_3, & x > 1 \end{cases}$,由原函数的连

续性,取 $C_2 = C$,得 $\begin{cases} C_1 = -\dfrac{1}{2} + C \\ C_3 = \dfrac{1}{2} + C \end{cases}$,$\int f(x)\mathrm{d}x = \begin{cases} -\dfrac{1}{2}x^2 - \dfrac{1}{2} + C, & x < -1 \\ x + C, & -1 \leqslant x \leqslant 1 \\ \dfrac{1}{2}x^2 + \dfrac{1}{2} + C, & x > 1 \end{cases}$.

10. 解:由题设,$F'(x) = f(x)$,$F'(x)f(x) = \dfrac{\arctan\sqrt{x}}{\sqrt{x}(1+x)}$,两边积分,得 $\dfrac{1}{2}F^2(x) = \int F'(x)F(x)\mathrm{d}x = $

$\displaystyle\int \dfrac{\arctan\sqrt{x}}{\sqrt{x}(x+1)}\mathrm{d}x = 2\int \dfrac{\arctan\sqrt{x}}{(x+1)}\mathrm{d}(\sqrt{x}) = (\arctan\sqrt{x})^2 + C$;由 $F(1) = \dfrac{\sqrt{2}}{4}\pi > 0$,得 $C = 0$,则

$F(x) = \sqrt{2}\arctan\sqrt{x}$,$f(x) = \dfrac{\sqrt{2}}{2\sqrt{x}(1+x)}$.

第8讲 　不定积分(二)

——简单有理函数的积分

基础练习8

1. 解:$\dfrac{x^4}{x^4 + 5x^2 + 4} = 1 - \dfrac{5x^2 + 4}{(x^2+1)(x^2+4)}$,令 $\dfrac{5x^2 + 4}{(x^2+1)(x^2+4)} = \dfrac{Ax+B}{x^2+1} + \dfrac{Cx+D}{x^2+4}$,解得

$A = C = 0$,$B = -\dfrac{1}{3}$,$D = \dfrac{16}{3}$,则 $\dfrac{x^4}{x^4 + 5x^2 + 4} = 1 + \dfrac{1}{3}\dfrac{1}{x^2+1} - \dfrac{16}{3}\dfrac{1}{x^2+4}$,故原式 $=$

$\displaystyle\int\left(1 + \dfrac{1}{3}\dfrac{1}{x^2+1} - \dfrac{16}{3}\dfrac{1}{x^2+4}\right)\mathrm{d}x = x + \dfrac{1}{3}\arctan x - \dfrac{8}{3}\arctan\dfrac{x}{2} + C$.

2. 解:令 $\dfrac{1}{x^2(1-x)} = \dfrac{A}{x} + \dfrac{B}{x^2} + \dfrac{C}{1-x}$,解得 $A = B = C = 1$,则原式 $= \displaystyle\int\left(\dfrac{1}{x} + \dfrac{1}{x^2} + \dfrac{1}{1-x}\right)\mathrm{d}x =$

$\ln|x| - \dfrac{1}{x} - \ln|1-x| + C = \ln\left|\dfrac{x}{1-x}\right| - \dfrac{1}{x} + C$.

3. 解:令 $\dfrac{3x-2}{x^2+x-2} = \dfrac{3x-2}{(x-1)(x+2)} = \dfrac{A}{x-1} + \dfrac{B}{x+2}$,解得 $A = \dfrac{1}{3}$,$B = \dfrac{8}{3}$,则原式 $=$

$\dfrac{1}{3}\ln|x-1| + \dfrac{8}{3}\ln|x+2| + C$.

4. 解:令 $\dfrac{3 + 3x - x^2}{(2x+1)(1+x^2)} = \dfrac{A}{2x+1} + \dfrac{Bx+C}{1+x^2}$,解得 $A = 1$,$B = -1$,$C = 2$,则原式 $= \displaystyle\int \dfrac{\mathrm{d}x}{2x+1} -$

$$\int \frac{x-2}{1+x^2}dx = \frac{1}{2}\ln|2x+1| - \frac{1}{2}\ln(1+x^2) + 2\arctan x + C.$$

5. 解：原式 $= \int \frac{x^9-8}{x(x^9+8)}dx = \int \frac{x^9-8}{x^9(x^9+8)} \cdot x^8 dx = \frac{1}{9}\int \frac{x^9-8}{x^9(x^9+8)}dx^9 \xrightarrow{\;令\,u=x^9\;}$

$\frac{1}{9}\int \frac{2u-(u+8)}{u(u+8)}du = \frac{1}{9}\left(\int \frac{2}{u+8}du - \int \frac{1}{u}du\right) = \frac{2}{9}\ln|u+8| - \frac{1}{9}\ln|u| + C = \frac{2}{9}\ln|x^9+$

$8| - \ln|x| + C.$

6. 解：令 $\tan \frac{x}{2} = t$，则 $\cos x = \frac{1-t^2}{1+t^2}$，$x = 2\arctan t$，$dx = \frac{2dt}{1+t^2}$，故原式 $= \int \frac{1}{4+5 \cdot \frac{1-t^2}{1+t^2}} \cdot \frac{2dt}{1+t^2} =$

$-2\int \frac{dt}{(t-3)(t+3)} = -\frac{1}{3}\left(\int \frac{dt}{t-3} - \int \frac{dt}{t+3}\right) = -\frac{1}{3}\ln\left|\frac{t-3}{t+3}\right| + C = -\frac{1}{3}\ln\left|\frac{\tan\frac{x}{2}-3}{\tan\frac{x}{2}+3}\right| + C.$

7. 解：由 $3\sin x + 4\cos x = A(2\sin x + \cos x) + B(2\sin x + \cos x)'$，得 $A = 2, B = 1$，则原式 $=$

$\int \frac{2(2\sin x + \cos x) + (2\sin x + \cos x)'}{2\sin x + \cos x}dx = 2x + \ln|2\sin x + \cos x| + C.$

8. 解：原式 $= \int \frac{\sin^2 x + \cos^2 x}{\sin^3 x \cos x}dx = \int \frac{1}{\sin x \cos x}dx + \int \frac{\cos x}{\sin^3 x}dx = \int \frac{1}{\sin 2x}d(2x) + \int \frac{d\sin x}{\sin^3 x} =$

$\ln|\csc 2x - \cot 2x| - \frac{1}{2\sin^2 x} + C.$

9. 解：令 $t = \sqrt[6]{x}$，则 $x = t^6$，$dx = 6t^5 dt$，故原式 $= \int \frac{6t^7}{t^6(t^3+t^2)}dt = \int \frac{6}{t(t+1)}dx =$

$6\int \left(\frac{1}{t} - \frac{1}{t+1}\right)dx = 6\ln\left|\frac{t}{t+1}\right| + C = 6\ln\left|\frac{\sqrt[6]{x}}{\sqrt[6]{x}+1}\right| + C = \ln x - 6\ln(\sqrt[6]{x}+1) + C.$

10. 解：原式 $= \int \frac{1}{(x^2-1)}\sqrt[3]{\frac{x+1}{x-1}}dx$，令 $t = \sqrt[3]{\frac{x+1}{x-1}}$，$x = 1 + \frac{2}{t^3-1}$，$dx = -\frac{6t^2}{(t^3-1)^2}dt$，

$x-1 = \frac{2}{t^3-1}$，$x+1 = \frac{2t^3}{t^3-1}$，则原式 $= -\frac{3}{2}\int dt = -\frac{3}{2}t + C = -\frac{3}{2}\sqrt[3]{\frac{x+1}{x-1}} + C.$

强化训练 8

1. 解：由长除法，得 $\frac{x^5+x^4-2x^3-x+3}{x^2-x+2} = x^3 + 2x^2 - 2x - 6 - 3\frac{x-5}{x^2-x+2} = x^3 + 2x^2 - 2x - $

$6 - \frac{3}{2}\frac{(2x-1)-9}{x^2-x+2}$，则原式 $= \int \left(x^3 + 2x^2 - 2x - 6 - \frac{3}{2}\frac{2x-1}{x^2-x+2} + \frac{27}{2}\frac{1}{x^2-x+2}\right)dx =$

$\frac{1}{4}x^4 + \frac{2}{3}x^3 - x^2 - 6x - \frac{3}{2}\ln(x^2-x+2) + \frac{27}{\sqrt{7}}\arctan \frac{2x-1}{\sqrt{7}} + C.$

2. 解：令 $\frac{x^3+4x^2+x}{(x+2)^2(x^2+x+1)} = \frac{A}{x+2} + \frac{B}{(x+2)^2} + \frac{Cx+D}{x^2+x+1}$，解得 $A = 1, B = 2, C = 0$，

$D = -1$，则 $\frac{x^3+4x^2+x}{(x+2)^2(x^2+x+1)} = \frac{1}{x+2} + \frac{2}{(x+2)^2} - \frac{1}{x^2+x+1}$，故原式 $= \int\left[\frac{1}{x+2} + \right.$

$$\frac{2}{(x+2)^2} - \frac{1}{x^2+x+1}\Big]dx = \ln|x+2| - \frac{2}{x+2} - \int \frac{d\left(x+\frac{1}{2}\right)}{\left(\frac{\sqrt{3}}{2}\right)^2 + \left(x+\frac{1}{2}\right)^2} = \ln|x+2| - \frac{2}{x+2} -$$

$$\frac{2}{\sqrt{3}}\arctan\frac{2x+1}{\sqrt{3}} + C.$$

3. 解：原式 $= \frac{1}{5}\int \frac{x^{10}}{(x^5+1)^4}d(x^5) \xrightarrow{\text{令} x^5 = t} \frac{1}{5}\int \frac{t^2}{(t+1)^4}dt = \frac{1}{5}\int \frac{(t+1)^2 - 2(t+1) + 1}{(t+1)^4}dt =$

$\frac{1}{5}\left[-\frac{1}{t+1} + \frac{1}{(t+1)^2} - \frac{1}{3(t+1)^3}\right] + C = -\frac{1}{5(x^5+1)} + \frac{1}{5(x^5+1)^2} - \frac{1}{15(x^5+1)^3} + C.$

4. 解：原式 $= \int \frac{1-x^8+x^8}{x^8(1+x^2)}dx = \int \frac{(1+x^4)(1-x^2)}{x^8}dx + \int \frac{1}{1+x^2}dx = \int \frac{1-x^2+x^4-x^6}{x^8}dx +$

$\arctan x = -\frac{1}{7x^7} + \frac{1}{5x^5} - \frac{1}{3x^3} + \frac{1}{x} + \arctan x + C.$

5. 解：令 $x = \tan t$，则 $dx = \sec^2 t\,dt$，故原式 $= \int \frac{1}{\tan^2 t\sec^2 t}dt = \int \frac{\sec^2 t - \tan^2 t}{\tan^2 t\sec^2 t}dt = \int (\cot^2 t -$

$\cos^2 t)dt = \int(\csc^2 t - 1)dt - \int \frac{1+\cos 2t}{2}dt = -\cot t - \frac{3}{2}t - \frac{1}{4}\sin 2t + C = -\frac{1}{x} - \frac{3}{2}\arctan t -$

$\frac{x}{2(1+x^2)} + C.$

6. 解法一：令 $1-x^2 = t$，则 $dt = -2x\,dx$，故原式 $= \int \frac{x^6}{(1-x^2)^5}x\,dx = -\frac{1}{2}\int \frac{(1-t)^3}{t^5}dt = \frac{1}{8t^4} -$

$\frac{1}{2t^3} + \frac{3}{4t^2} - \frac{1}{2t} + C = \frac{1}{8(1-x^2)^4} - \frac{1}{2(1-x^2)^3} + \frac{3}{4(1-x^2)^2} - \frac{1}{2(1-x^2)} + C.$

解法二：令 $x = \sin t$，则 $dx = \cos t\,dt$，故原式 $= \int \frac{\sin^7 t}{\cos^5 t}dt = \int \tan^7 t\sec^2 t\,dt = \int \tan^7 t\,d\tan t = \frac{1}{8}\tan^8 t + C =$

$\frac{x^8}{8(1-x^2)^4} + C.$

7. 解法一：设 $\sin x = A(\sin x - \cos x) + B(\sin x - \cos x)'$，解得 $A = \frac{1}{2}, B = \frac{1}{2}$，则原式 $=$

$\frac{1}{2}\int \frac{(\sin x - \cos x) + (\sin x - \cos x)'}{\sin x - \cos x}dx = \frac{x}{2} + \frac{1}{2}\ln|\sin x - \cos x| + C.$

解法二：原式 $= \frac{1}{\sqrt{2}}\int \frac{\sin\left[\left(x-\frac{\pi}{4}\right)+\frac{\pi}{4}\right]}{\sin\left(x-\frac{\pi}{4}\right)}dx = \frac{1}{2}\int \frac{\sin\left(x-\frac{\pi}{4}\right)+\cos\left(x-\frac{\pi}{4}\right)}{\sin\left(x-\frac{\pi}{4}\right)}dx = \frac{x}{2} +$

$\frac{1}{2}\ln\left|\sin\left(x-\frac{\pi}{4}\right)\right| + C.$

8. 解：原式 $= \int \frac{1}{1+\sin^2 x}dx + \int \frac{\sin x}{1+\sin^2 x}dx + \int \frac{\cos x}{1+\sin^2 x}dx = \int \frac{\sec^2 x}{\sec^2 x + \tan^2 x}dx +$

$\int \frac{1}{\cos^2 x - 2}d(\cos x) + \int \frac{1}{1+\sin^2 x}d(\sin x) = \int \frac{1}{1+2\tan^2 x}d(\tan x) + \frac{1}{2\sqrt{2}}\ln\frac{\sqrt{2}-\cos x}{\sqrt{2}+\cos x} + \arctan\sin x =$

$\frac{1}{\sqrt{2}}\arctan(\sqrt{2}\tan x) + \frac{1}{2\sqrt{2}}\ln\frac{\sqrt{2}-\cos x}{\sqrt{2}+\cos x} + \arctan\sin x + C.$

9. 解法一：令 $\sqrt{\dfrac{1+x}{x-1}}=t$，则 $x=\dfrac{t^2+1}{t^2-1}$，$\mathrm{d}x=-\dfrac{4t}{(t^2-1)^2}\mathrm{d}t$，故原式 $=-4\displaystyle\int\dfrac{t^2}{(t^2-1)(t^2+1)}\mathrm{d}t=$

$-2\displaystyle\int\dfrac{(t^2-1)+(t^2+1)}{(t^2-1)(t^2+1)}\mathrm{d}t=-2\left(\displaystyle\int\dfrac{1}{t^2+1}\mathrm{d}t+\displaystyle\int\dfrac{1}{t^2-1}\mathrm{d}t\right)=-2\mathrm{arctan}t+\displaystyle\int\dfrac{1}{t+1}\mathrm{d}t-\displaystyle\int\dfrac{1}{t-1}\mathrm{d}t=$

$-2\mathrm{arctan}t+\ln\left|\dfrac{t+1}{t-1}\right|+C=-2\mathrm{arctan}\sqrt{\dfrac{1+x}{x-1}}+\ln|x+\sqrt{x^2-1}|+C.$

解法二：原式 $=\displaystyle\int\dfrac{1}{x}\ \dfrac{x+1}{\sqrt{x^2-1}}\mathrm{d}x=\displaystyle\int\dfrac{\mathrm{d}x}{\sqrt{x^2-1}}+\displaystyle\int\dfrac{\mathrm{d}x}{x^2\sqrt{1-\dfrac{1}{x^2}}}\xlongequal{\text{令 }x=\sec t}\displaystyle\int\sec t\,\mathrm{d}t-$

$\displaystyle\int\dfrac{1}{\sqrt{1-\dfrac{1}{x^2}}}\mathrm{d}\left(\dfrac{1}{x}\right)=\ln|\sec t+\tan t|-\arcsin\dfrac{1}{x}+C=\ln|x+\sqrt{x^2-1}|-\arcsin\dfrac{1}{x}+C.$

10. 解：原式 $=\displaystyle\int\dfrac{\sqrt{1+x}+\sqrt{1-x}-\sqrt{2}}{2\sqrt{1-x^2}}\mathrm{d}x=\displaystyle\int\dfrac{1}{2}\ \dfrac{1}{\sqrt{1-x}}\mathrm{d}x+\dfrac{1}{2}\displaystyle\int\dfrac{\mathrm{d}x}{\sqrt{1+x}}-\dfrac{\sqrt{2}}{2}\displaystyle\int\dfrac{1}{\sqrt{1-x^2}}\mathrm{d}x=$

$-\displaystyle\int\dfrac{\mathrm{d}(1-x)}{2\sqrt{1-x}}+\displaystyle\int\dfrac{\mathrm{d}(1+x)}{2\sqrt{1+x}}-\dfrac{\sqrt{2}}{2}\displaystyle\int\dfrac{1}{\sqrt{1-x^2}}\mathrm{d}x=\sqrt{1+x}-\sqrt{1-x}-\dfrac{\sqrt{2}}{2}\arcsin x+C.$

第 7—8 讲阶段能力测试

阶段能力测试 A

一、1. $-\dfrac{1}{x^2}$.　2. $f'(x)$.　3. $\dfrac{2}{3}(1+\ln x)^{\frac{3}{2}}+C$.　4. $\dfrac{1}{2}\cos(2x-1)+C$.　5. $-2x^2\mathrm{e}^{-x^2}-\mathrm{e}^{-x^2}+C$.

二、1. C.　2. B.　3. A.　4. D.　5. D.

三、1. 解：原式 $=2\displaystyle\int(\sec^2\sqrt{x}-1)\mathrm{d}(\sqrt{x})=2(\tan\sqrt{x}-\sqrt{x})+C.$

2. 解：原式 $=-\displaystyle\int\ln^2 x\mathrm{d}\left(\dfrac{1}{x}\right)=-\dfrac{\ln^2 x}{x}+2\displaystyle\int\dfrac{\ln x}{x^2}\mathrm{d}x=-\dfrac{\ln^2 x}{x}-2\displaystyle\int\ln x\mathrm{d}\left(\dfrac{1}{x}\right)=-\dfrac{\ln^2 x}{x}-\dfrac{2\ln x}{x}+$

$2\displaystyle\int\dfrac{\mathrm{d}x}{x^2}=-\dfrac{\ln^2 x}{x}-\dfrac{2\ln x}{x}-\dfrac{2}{x}+C.$

3. 解：原式 $=\displaystyle\int\dfrac{1+x^2-1}{1+x^2}\arctan x\mathrm{d}x=\displaystyle\int\arctan x\mathrm{d}x-\displaystyle\int\arctan x\mathrm{d}(\arctan x)=x\arctan x-$

$\displaystyle\int\dfrac{x}{1+x^2}\mathrm{d}x-\dfrac{1}{2}\arctan^2 x=x\arctan x-\dfrac{1}{2}\ln(1+x^2)-\dfrac{1}{2}\arctan^2 x+C.$

4. 解：原式 $=\displaystyle\int x\mathrm{d}\left(-\dfrac{1}{\mathrm{e}^x+1}\right)=-\dfrac{x}{\mathrm{e}^x+1}+\displaystyle\int\dfrac{1+\mathrm{e}^x-\mathrm{e}^x}{\mathrm{e}^x+1}\mathrm{d}x=-\dfrac{x}{\mathrm{e}^x+1}+x-\ln(\mathrm{e}^x+1)+C=$

$\dfrac{x\mathrm{e}^x}{\mathrm{e}^x+1}-\ln(\mathrm{e}^x+1)+C.$

四、解：由 $12\sin x+\cos x=A(5\sin x-2\cos x)+B(5\sin x-2\cos x)'$，得 $A=2,B=1$，则原式 $=$

$\displaystyle\int\dfrac{2(5\sin x-2\cos x)+(5\sin x-2\cos x)'}{5\sin x-2\cos x}\mathrm{d}x=2x+\ln|5\sin x-2\cos x|+C.$

五、解：令 $t = \cos^2 x$，则 $f'(t) = 1 - t$，积分得 $f(t) = \int (1-t)\mathrm{d}t = t - \dfrac{1}{2}t^2 + C$；由 $f(0) = 0$，

得 $C = 0$，$f(t) = t - \dfrac{1}{2}t^2$，即 $f(x) = x - \dfrac{1}{2}x^2$.

六、解：$\displaystyle\int f(x)\mathrm{d}x = \begin{cases} \dfrac{1}{3}x^3 + C_1, & 0 \leqslant x \leqslant 1 \\[2mm] 2x - \dfrac{1}{2}x^2 + C_2, & 1 < x \leqslant 2 \end{cases}$，由原函数的连续性，得 $C_1 = \dfrac{7}{6} + C_2$，取

$C_2 = C$，则 $\displaystyle\int f(x)\mathrm{d}x = \begin{cases} \dfrac{1}{3}x^3 + \dfrac{7}{6} + C, & 0 \leqslant x \leqslant 1 \\[2mm] 2x - \dfrac{1}{2}x^2 + C, & 1 < x \leqslant 2 \end{cases}$.

七、解：求导得 $f'(\mathrm{e}^x) = -\dfrac{1}{(1+\mathrm{e}^x)^2}$，则 $\displaystyle\int \mathrm{e}^{2x} f'(\mathrm{e}^x)\mathrm{d}x = -\int \dfrac{\mathrm{e}^{2x}}{(1+\mathrm{e}^x)^2}\mathrm{d}x = -\int \dfrac{\mathrm{e}^x}{(1+\mathrm{e}^x)^2}\mathrm{d}\mathrm{e}^x$

$\xrightarrow{\diamondsuit u = \mathrm{e}^x} -\displaystyle\int \dfrac{u}{(1+u)^2}\mathrm{d}u = \int \dfrac{1}{(1+u)^2}\mathrm{d}u - \int \dfrac{1}{1+u}\mathrm{d}u = -\dfrac{1}{1+u} - \ln|1+u| + C = -\dfrac{1}{1+\mathrm{e}^x} -$

$\ln(1+\mathrm{e}^x) + C.$

八、解：① 由题设，$f'(x) = ax^2 - 3x - 6$，$f'(-1) = 0$，则 $a = 3$，积分并由 $f(-1) = \dfrac{11}{2}$ 得

$f(x) = x^3 - \dfrac{3}{2}x^2 - 6x + 2$；② 令 $f'(x) = 3(x-2)(x+1) = 0$，得驻点 $x = -1, x = 2$，又

$f''(x) = 6x - 3$，$f''(2) = 9 > 0$，则 $f(x)$ 的极小值为 $f(2) = -8$.

阶段能力测试 B

一、1. $\tan\left(x + \dfrac{1}{x}\right) - x - \dfrac{1}{x} + C.$ 2. $\dfrac{1}{2}\ln^2 x.$ 3. $\dfrac{x}{\sqrt{1+x^2}} - \ln(x + \sqrt{1+x^2}) + C.$

4. $\dfrac{1}{2}x^2 + \dfrac{1}{4}x^4 + C.$ 5. $\arcsin^2 \sqrt{x} + C.$

二、1. D.   2. C.   3. B.   4. B.   5. D.

三、1. 解：原式 $= \displaystyle\int \dfrac{\ln(\tan x)}{\tan x}\sec^2 x\,\mathrm{d}x = \int \dfrac{\ln(\tan x)}{\tan x}\mathrm{d}\tan x = \int \ln(\tan x)\mathrm{d}\ln(\tan x) = \dfrac{1}{2}\ln^2(\tan x) + C.$

2. 解：原式 $= -\displaystyle\int [1 + \ln(1-x)]\mathrm{d}\left(\dfrac{1}{x}\right) = -\dfrac{1 + \ln(1-x)}{x} + \int \dfrac{1}{x(x-1)}\mathrm{d}x = -\dfrac{1 + \ln(1-x)}{x} +$

$\displaystyle\int \left(\dfrac{1}{x-1} - \dfrac{1}{x}\right)\mathrm{d}x = -\dfrac{1 + \ln(1-x)}{x} + \ln\left|\dfrac{x-1}{x}\right| + C.$

3. 解：原式 $= 2\displaystyle\int (\arcsin \sqrt{x} + \ln x)\mathrm{d}\sqrt{x} = 2\sqrt{x}(\arcsin \sqrt{x} + \ln x) - \int \left(\dfrac{1}{\sqrt{1-x}} + \dfrac{2}{\sqrt{x}}\right)\mathrm{d}x =$

$2\sqrt{x}(\arcsin \sqrt{x} + \ln x) + 2\sqrt{1-x} - 4\sqrt{x} + C.$

4. 解：原式 $= \displaystyle\int x\mathrm{e}^{\sin x}\cos x\,\mathrm{d}x - \int \mathrm{e}^{\sin x}\tan x\sec x\,\mathrm{d}x = \int x\mathrm{d}\mathrm{e}^{\sin x} - \int \mathrm{e}^{\sin x}\mathrm{d}\sec x = x\mathrm{e}^{\sin x} - \int \mathrm{e}^{\sin x}\mathrm{d}x -$

$\sec x\mathrm{e}^{\sin x} + \displaystyle\int \mathrm{e}^{\sin x}\mathrm{d}x = (x - \sec x)\mathrm{e}^{\sin x} + C.$

四、证明：$I_n = \int \tan^{n-2}x(\sec^2 x - 1)\mathrm{d}x = \int \tan^{n-2}x\sec^2 x\mathrm{d}x - \int \tan^{n-2}x\mathrm{d}x = \int \tan^{n-2}x\mathrm{d}\tan x - I_{n-2} =$

$\dfrac{1}{n-1}\tan^{n-1}x - I_{n-2}$.

五、解：$f(x) = \lim\limits_{t \to x}\left(1 + \dfrac{x-t}{t-1}\right)^{\frac{t-1}{x-t}\cdot\frac{1}{x-1}} = \mathrm{e}^{\frac{1}{x-1}}$，则原式 $= -\int \mathrm{e}^{\frac{1}{x-1}}\mathrm{d}\left(\dfrac{1}{x-1}\right) = -\mathrm{e}^{\frac{1}{x-1}} + C$.

六、解：令 $t = \ln x$，则 $f'(t) = \begin{cases} 1, & t \leqslant 0 \\ \mathrm{e}^t, & t > 0 \end{cases}$，积分得 $f(t) = \begin{cases} t + C_1, & t \leqslant 0 \\ \mathrm{e}^t + C_2, & t > 0 \end{cases}$；由原函数的连续

性，有 $C_1 = 1 + C_2$；取 $C_2 = C$，得 $f(t) = \begin{cases} t + 1 + C, & t \leqslant 0 \\ \mathrm{e}^t, & t > 0 \end{cases}$，$f(\ln x) = \begin{cases} \ln x + 1 + C, & x \leqslant 1 \\ x + C, & x > 1 \end{cases}$.

七、解：原式 $= \displaystyle\int \dfrac{\mathrm{d}x}{2\sin x(\cos x + 1)} = \int \dfrac{\sin x\mathrm{d}x}{2\sin^2 x(\cos x + 1)} \xrightarrow{\text{令 } u = \cos x} -\dfrac{1}{2}\int \dfrac{1}{(1-u)(1+u)^2}\mathrm{d}u =$

$-\dfrac{1}{8}\displaystyle\int\left(\dfrac{1}{1-u} + \dfrac{1}{1+u} + \dfrac{2}{(1+u)^2}\right)\mathrm{d}u = \dfrac{1}{8}\ln\left|\dfrac{1-u}{1+u}\right| + \dfrac{1}{4(1+u)} + C = \dfrac{1}{8}\ln\left|\dfrac{1-\cos x}{1+\cos x}\right| +$

$\dfrac{1}{4(1+\cos x)} + C = \dfrac{1}{4}\ln\left|\tan\dfrac{x}{2}\right| + \dfrac{1}{8}\sec^2\dfrac{x}{2} + C$.

八、解：$F'(x) = f(x)$，代入 $f(x) = \dfrac{xF(x)}{1+x^2}$，得 $F'(x) = \dfrac{xF(x)}{1+x^2}$。① 若 $F(x) \neq 0$，则 $\dfrac{F'(x)}{F(x)} =$

$\dfrac{x}{1+x^2}$，$\displaystyle\int \dfrac{F'(x)}{F(x)}\mathrm{d}x = \int \dfrac{x}{1+x^2}\mathrm{d}x$，$\ln|F(x)| = \dfrac{1}{2}\ln(1+x^2) + C_1$，$F(x) = C\sqrt{1+x^2}$，其中 $C =$

$\pm\mathrm{e}^{C_1} \neq 0$，$f(x) = F'(x) = \dfrac{Cx}{\sqrt{1+x^2}}$；② 若 $F(x) = 0$，则 $f(x) = F'(x) = 0$。综上，$f(x) =$

$\dfrac{Cx}{\sqrt{1+x^2}}$，C 为任意常数.

第 9 讲　定积分（一）

——定积分的基本概念与微积分基本公式

基础练习 9

1. (1) $b - a - 1$.　(2) 0.　(3) $\dfrac{1}{3}$.　(4) $[\mathrm{e}^2, +\infty)$.　(5) a.　(6) $y = x$.

2. (1) D.　(2) B.　(3) B.

3. (1) 解：原式 $= \lim\limits_{n\to\infty}\dfrac{1}{n}\left[\dfrac{1}{\left(1+\frac{1}{n}\right)^2} + \dfrac{1}{\left(1+\frac{2}{n}\right)^2} + \dfrac{1}{\left(1+\frac{3}{n}\right)^2} + \cdots + \dfrac{1}{\left(1+\frac{n}{n}\right)^2}\right] =$

$\displaystyle\int_0^1 \dfrac{1}{(1+x)^2}\mathrm{d}x = \dfrac{1}{2}$.

(2) 解：当 $0 \leqslant x \leqslant 1$ 时，有 $0 \leqslant \dfrac{x^n}{\sqrt{1+x^2}} \leqslant x^n$，所以 $0 \leqslant \displaystyle\int_0^1 \dfrac{x^n}{\sqrt{1+x^2}}\mathrm{d}x \leqslant \int_0^1 x^n\mathrm{d}x$，又 $\displaystyle\int_0^1 x^n\mathrm{d}x =$

$\dfrac{1}{n+1} \to 0(n \to \infty)$，故 $\lim\limits_{n\to\infty}\displaystyle\int_0^1 \dfrac{x^n}{\sqrt{1+x^2}}\mathrm{d}x = 0$.

(3) 解：原式 $= \lim\limits_{x\to 0}\dfrac{\frac{\sin x}{x}-1}{3x^2} = \lim\limits_{x\to 0}\dfrac{\sin x - x}{3x^3} = \lim\limits_{x\to 0}\dfrac{\cos x - 1}{9x^2} = \lim\limits_{x\to 0}\dfrac{-\frac{1}{2}x^2}{9x^2} = -\dfrac{1}{18}$.

4. 解：$f(x) = 3-|x-1| = \begin{cases} 2+x, & x < 1 \\ 4-x, & x \geqslant 1 \end{cases}$，所以 $\displaystyle\int_{-2}^2 f(x)\mathrm{d}x = \int_{-2}^1 (2+x)\mathrm{d}x + \int_1^2 (4-x)\mathrm{d}x = $

$\left[2x + \dfrac{1}{2}x^2\right]_{-2}^1 + \left[4x - \dfrac{1}{2}x^2\right]_1^2 = 7$.

5. 解：方程两边同时对 x 求导，得 $\dfrac{\ln y}{y} \cdot y' + \dfrac{\sin x}{x} = 0$，解得 $y' = -\dfrac{y\sin x}{x\ln y}$.

6. 证明：在 $\left[\dfrac{\pi}{4}, \dfrac{\pi}{2}\right]$ 上，$\dfrac{\sin x}{\frac{\pi}{2}} \leqslant \dfrac{\sin x}{x} \leqslant \dfrac{1}{x}$，所以 $\displaystyle\int_{\frac{\pi}{4}}^{\frac{\pi}{2}} \dfrac{\sin x}{\frac{\pi}{2}}\mathrm{d}x \leqslant \int_{\frac{\pi}{4}}^{\frac{\pi}{2}} \dfrac{\sin x}{x}\mathrm{d}x \leqslant \int_{\frac{\pi}{4}}^{\frac{\pi}{2}} \dfrac{1}{x}\mathrm{d}x$，计算两端

的定积分可得 $\dfrac{\sqrt{2}}{\pi} \leqslant \displaystyle\int_{\frac{\pi}{4}}^{\frac{\pi}{2}} \dfrac{\sin x}{x}\mathrm{d}x \leqslant \ln 2$.

7. 解：当 $0 \leqslant x < 1$ 时，$\varPhi(x) = \displaystyle\int_0^x (t+1)\mathrm{d}t = \dfrac{1}{2}x^2 + x$；当 $1 \leqslant x \leqslant 2$ 时，$\varPhi(x) = \displaystyle\int_0^1 (t+1)\mathrm{d}t + $

$\displaystyle\int_1^x \dfrac{1}{2}t^2\mathrm{d}t = \dfrac{3}{2} + \dfrac{1}{6}(x^3-1)$，所以 $\varPhi(x) = \begin{cases} \dfrac{1}{2}x^2 + x, & 0 \leqslant x < 1 \\ \dfrac{3}{2} + \dfrac{1}{6}(x^3-1), & 1 \leqslant x \leqslant 2 \end{cases}$. 显然 $\lim\limits_{x\to 1^+}\varPhi(x) = $

$\lim\limits_{x\to 1^-}\varPhi(x) = \dfrac{3}{2}$，故 $\varPhi(x)$ 在 $[0,2]$ 上连续. 由导数定义计算可得 $\varPhi'_-(1) = 1, \varPhi'_+(1) = \dfrac{1}{2}$，从而

$\varPhi(x)$ 在 $x=1$ 处不可导，在 $[0,1) \bigcup (1,2]$ 上可导.

强化训练 9

1. (1) $\sin^2\displaystyle\int_0^x f(u)\mathrm{d}u$.　(2) 2.　(3) 0.　(4) $\dfrac{1}{12}$.　(5) -2.

2. (1) C.　(2) D.　(3) D.

3. 解：$\displaystyle\int_0^1 f(x)\mathrm{d}x = \int_0^t x\mathrm{d}x + \int_t^1 t \cdot \dfrac{1-x}{1-t}\mathrm{d}x = \dfrac{x^2}{2}\Big|_0^t + \dfrac{t}{1-t} \cdot (1-t) - \dfrac{t}{1-t} \cdot \dfrac{x^2}{2}\Big|_t^1 = \dfrac{t}{2}$.

4. 证明：首先注意 $\lim\limits_{x\to 0^+}\varphi(x) = \lim\limits_{x\to 0^+}\dfrac{xf(x)}{f(x)} = 0$，故规定 $\varphi(0) = 0$，则 $\varphi(x)$ 是 $x \geqslant 0$ 上的连续函数.

又 $\varphi'(x) = \dfrac{xf(x)\displaystyle\int_0^x f(t)\mathrm{d}t - f(x)\int_0^x tf(t)\mathrm{d}t}{\left[\displaystyle\int_0^x f(t)\mathrm{d}t\right]^2} = \dfrac{f(x)\displaystyle\int_0^x (x-t)f(t)\mathrm{d}t}{\left[\displaystyle\int_0^x f(t)\mathrm{d}t\right]^2} > 0(x>0)$，所以 $x \geqslant 0$

时，函数 $\varphi(x) = \dfrac{\displaystyle\int_0^x tf(t)\mathrm{d}t}{\displaystyle\int_0^x f(t)\mathrm{d}t}$ 单调增加.

5. 解：原式 $= \lim\limits_{x\to 0}\dfrac{2xf(x^2)}{2f(x)\displaystyle\int_0^x f(t)\mathrm{d}t} = \lim\limits_{x\to 0}\dfrac{x}{f(x)-f(0)} \cdot \dfrac{f(x^2)}{\displaystyle\int_0^x f(t)\mathrm{d}t} = \lim\limits_{x\to 0}\dfrac{f(x^2)}{\displaystyle\int_0^x f(t)\mathrm{d}t} = \lim\limits_{x\to 0}\dfrac{2xf'(x^2)}{f(x)} = $

$2f'(0) = 2.$

6. 证明:不妨设 $g(x) > 0$,因为 $f(x)$ 在 $[a,b]$ 上连续,所以 $f(x)$ 在 $[a,b]$ 上有最大值 M 和最小值 m,则 $mg(x) \leqslant f(x)g(x) \leqslant Mg(x)$,由不等式性质可得 $m\int_a^b g(x)\mathrm{d}x \leqslant \int_a^b f(x)g(x)\mathrm{d}x \leqslant$

$M\int_a^b g(x)\mathrm{d}x$,即 $m \leqslant \dfrac{\int_a^b f(x)g(x)\mathrm{d}x}{\int_a^b g(x)\mathrm{d}x} \leqslant M$,根据介值定理可知,至少存在一点 $\xi \in [a,b]$,使得

$f(\xi) = \dfrac{\int_a^b f(x)g(x)\mathrm{d}x}{\int_a^b g(x)\mathrm{d}x}$,即 $\int_a^b f(x)g(x)\mathrm{d}x = f(\xi)\int_a^b g(x)\mathrm{d}x.$

7. 证明:令 $\varphi(x) = \int_0^x f(t)\mathrm{d}t - x\int_0^1 f(t)\mathrm{d}t$,则 $\varphi'(x) = f(x) - \int_0^1 f(t)\mathrm{d}t$,又 $\int_0^1 f(t)\mathrm{d}t = f(\xi), \xi \in$ $[0,1]$,从而 $\varphi'(\xi) = 0$. 由条件可知 $f(x)$ 在 $[0,1]$ 上单调减少,所以 $x \geqslant \xi$ 时 $f(x) \leqslant f(\xi)$, $\varphi'(x) \leqslant 0; x \leqslant \xi$ 时 $f(x) \geqslant f(\xi), \varphi'(x) \geqslant 0$. 故 $\varphi(x)$ 在 $[0,\xi]$ 上单调递增,在 $[\xi,1]$ 上单调递减, 所以 $\varphi(x) \geqslant \min\{f(0), f(1)\} = 0$,命题得证.

8. 证明:(1) 由条件可知 $0 \leqslant g(x) \leqslant 1, \int_a^x g(t)\mathrm{d}t \geqslant 0$ 显然成立,又 $\int_a^x g(t)\mathrm{d}t = g(\xi) \cdot (x-a) \leqslant$

$x-a$,所以 $0 \leqslant \int_a^x g(t)\mathrm{d}t \leqslant x-a.$

(2) 设 $F(p) = \int_a^p f(x)g(x)\mathrm{d}x - \int_a^{a+\int_a^p g(t)\mathrm{d}t} f(x)\mathrm{d}x$,显然 $F(a) = 0$,下面证明 $F(p)$ 在 $[a,b]$ 上单调递增. $F'(p) = f(p)g(p) - f[a+\int_a^p g(t)\mathrm{d}t] \cdot g(p)(*)$,由 (1) 可知 $a+\int_a^p g(t)\mathrm{d}t \leqslant p$,而 $f(x)$ 单调递增,故式 $(*)$ 为:$F'(p) = f(p)g(p) - f[a+\int_a^p g(t)\mathrm{d}t] \cdot g(p) \geqslant f(p)g(p) - f(p) \cdot$

$g(p) = 0$,即 $F'(p) \geqslant 0$,故 $F(b) \geqslant F(a) = 0$,故不等式 $\int_a^{a+\int_a^b g(t)\mathrm{d}t} f(x)\mathrm{d}x \leqslant \int_a^b f(x)g(x)\mathrm{d}x$ 成立.

第 10 讲 定积分(二)

——定积分的计算以及反常积分的概念与计算

基础练习 10

1. (1) ln2. (2) $\dfrac{16}{3}$. (3) 1. (4) 2. (5) $p > 1$.

2. D.

3. (1) 解:令 $\mathrm{e}^x - 1 = t^2$,即 $x = \ln(1+t^2)$,则原式 $= \int_0^1 t \cdot \dfrac{2t}{1+t^2}\mathrm{d}x = 2\int_0^1 \left(1 - \dfrac{1}{1+t^2}\right)\mathrm{d}x =$

$2\left(1 - \dfrac{\pi}{4}\right).$

(2) 解:原式 $= \sum_{k=1}^{100} \int_{(k-1)\pi}^{k\pi} \sqrt{1-\cos2x}\,\mathrm{d}x = 100\int_{0}^{\pi} \sqrt{1-\cos2x}\,\mathrm{d}x = 100\int_{0}^{\pi} \sqrt{2}\sin x\,\mathrm{d}x = 200\sqrt{2}.$

(3) 解:原式 $= x\cos(\ln x)\Big|_{1}^{e} + \int_{1}^{e}\sin(\ln x)\,\mathrm{d}x = e\cos1 - 1 + \left[x\sin(\ln x)\Big|_{1}^{e} - \int_{1}^{e}\cos(\ln x)\,\mathrm{d}x\right]$,移

项后求得:$\int_{1}^{e}\cos(\ln x)\,\mathrm{d}x = \dfrac{e\cos1 - 1 + e\sin1}{2}.$

4. (1) 解:令 $x = \dfrac{\pi}{4} - t$,则 $\int_{0}^{\frac{\pi}{4}} \dfrac{x}{\cos\left(\frac{\pi}{4}-x\right)\cos x}\,\mathrm{d}x = \int_{0}^{\frac{\pi}{4}} \dfrac{\left(\frac{\pi}{4}-t\right)}{\cos\left(\frac{\pi}{4}-t\right)\cos t}\,\mathrm{d}t$,所以 $I =$

$\dfrac{\pi}{8}\int_{0}^{\frac{\pi}{4}} \dfrac{1}{\cos\left(\frac{\pi}{4}-t\right)\cos t}\,\mathrm{d}t = \dfrac{\sqrt{2}}{8}\pi\int_{0}^{\frac{\pi}{4}} \dfrac{1}{(\sin t + \cos t)\cos t}\,\mathrm{d}t = \dfrac{\sqrt{2}}{8}\pi\int_{0}^{\frac{\pi}{4}} \dfrac{1}{1+\tan t}\,\mathrm{d}(\tan t) = \dfrac{\sqrt{2}}{8}\pi\ln2.$

(2) 解:$\int_{0}^{\frac{\pi}{2}} \dfrac{x+\sin x}{1+\cos x}\,\mathrm{d}x = \int_{0}^{\frac{\pi}{2}} \dfrac{x}{1+\cos x}\,\mathrm{d}x + \int_{0}^{\frac{\pi}{2}} \dfrac{\sin x}{1+\cos x}\,\mathrm{d}x = \int_{0}^{\frac{\pi}{2}} \dfrac{x}{2\cos^2\frac{x}{2}}\,\mathrm{d}x + \int_{0}^{\frac{\pi}{2}} \dfrac{\sin x}{1+\cos x}\,\mathrm{d}x =$

$\int_{0}^{\frac{\pi}{2}} x\,\mathrm{d}\tan\dfrac{x}{2} - \int_{0}^{\frac{\pi}{2}} \dfrac{\mathrm{d}(1+\cos x)}{1+\cos x} = \left[x\tan\dfrac{x}{2}\right]_{0}^{\frac{\pi}{2}} - \int_{0}^{\frac{\pi}{2}}\tan\dfrac{x}{2}\,\mathrm{d}x - \left[\ln(1+\cos x)\right]_{0}^{\frac{\pi}{2}} = \dfrac{\pi}{2} -$

$2\int_{0}^{\frac{\pi}{2}}\tan\dfrac{x}{2}\,\mathrm{d}\left(\dfrac{x}{2}\right) + \ln2 = \dfrac{\pi}{2} + 2\left[\ln\cos\dfrac{x}{2}\right]_{0}^{\frac{\pi}{2}} + \ln2 = \dfrac{\pi}{2}.$

(3) 解:对于被积函数中出现根式 $\sqrt{6x-x^2}$,先考虑配方,再进行适当的换元.$\int_{0}^{6} x^2\sqrt{6x-x^2}\,\mathrm{d}x =$

$\int_{0}^{6} x^2\sqrt{3^2-(x-3)^2}\,\mathrm{d}x$,令 $x = 3 + 3\sin t$,则 $\int_{0}^{6} x^2\sqrt{6x-x^2}\,\mathrm{d}x = \int_{-\frac{\pi}{2}}^{\frac{\pi}{2}} (3+3\sin t)^2 \cdot 3\,|\cos t|\,\cdot$

$3\cos t\,\mathrm{d}t = 81\int_{-\frac{\pi}{2}}^{\frac{\pi}{2}} (1+2\sin t + \sin^2 t)\cdot\cos^2 t\,\mathrm{d}t = \dfrac{405}{8}\pi.$

5. 解:由条件可得 $f(x) = \left(\dfrac{\ln x}{x}\right)' = \dfrac{1-\ln x}{x^2}$,则原式 $= \int_{1}^{e} x\,\mathrm{d}f(x) = xf(x)\Big|_{1}^{e} - \int_{1}^{e} f(x)\,\mathrm{d}x =$

$ef(e) - f(1) - \dfrac{\ln x}{x}\Big|_{1}^{e} = -1 - \dfrac{1}{e}.$

6. 解:设 $k = \int_{0}^{1} f^2(x)\,\mathrm{d}x$,在 $f(x) = 3x - \sqrt{1-x^2}\int_{0}^{1} f^2(x)\,\mathrm{d}x$ 两边同时平方,得 $f^2(x) = (3x -$

$k\sqrt{1-x^2})^2$,对此式两边同时取积分,得 $k = \int_{0}^{1} (3x - k\sqrt{1-x^2})^2\,\mathrm{d}x$,即 $k = \int_{0}^{1} 9x^2\,\mathrm{d}x -$

$\int_{0}^{1} 6kx\sqrt{1-x^2}\,\mathrm{d}x + k^2\int_{0}^{1}(1-x^2)\,\mathrm{d}x$,解得 $k = 3$ 或 $k = \dfrac{3}{2}$,故 $f(x) = 3x - 3\sqrt{1-x^2}$ 或 $3x -$

$\dfrac{3}{2}\sqrt{1-x^2}.$

7. 解:$\int_{0}^{2\pi} f(x-\pi)\,\mathrm{d}x = \int_{0}^{2\pi} f(x-\pi)\,\mathrm{d}(x-\pi) = \int_{-\pi}^{\pi} f(x)\,\mathrm{d}x = \int_{-\pi}^{0} \dfrac{\sin x}{1+\cos^2 x}\,\mathrm{d}x + \int_{0}^{\pi} x\sin^2 x\,\mathrm{d}x =$

$-\arctan(\cos x)\Big|_{-\pi}^{0} + \dfrac{\pi}{2}\int_{0}^{\pi}\sin^2 x\,\mathrm{d}x = -\dfrac{\pi}{2} + \dfrac{\pi}{2}\int_{0}^{\pi} \dfrac{1-\cos2x}{2}\,\mathrm{d}x = -\dfrac{\pi}{2} + \dfrac{\pi^2}{4}.$

8. (1) 证明:$\int_{-a}^{a} f(x)g(x)\,\mathrm{d}x = \int_{-a}^{0} f(x)g(x)\,\mathrm{d}x + \int_{0}^{a} f(x)g(x)\,\mathrm{d}x$,$\int_{-a}^{0} f(x)g(x)\,\mathrm{d}x \xlongequal{\;令\;x=-t\;}$

$-\int_{a}^{0}f(-t)g(-t)\mathrm{d}t=\int_{0}^{a}f(-x)g(x)\mathrm{d}x$，于是 $\int_{-a}^{a}f(x)g(x)\mathrm{d}x=\int_{0}^{a}f(-x)g(x)\mathrm{d}x+\int_{0}^{a}f(x)g(x)\mathrm{d}x=$

$\int_{0}^{a}[f(-x)+f(x)]g(x)\mathrm{d}x=A\int_{0}^{a}g(x)\mathrm{d}x.$

(2) 解：令 $f(x)=\arctan\mathrm{e}^{x}$，$g(x)=|\sin x|$，$a=\dfrac{\pi}{2}$，则 $f(x)$，$g(x)$ 在 $\left[-\dfrac{\pi}{2},\dfrac{\pi}{2}\right]$ 上连续，$g(x)$

为偶函数，又 $(\arctan\mathrm{e}^{x}+\arctan\mathrm{e}^{-x})'=0$，所以 $\arctan\mathrm{e}^{x}+\arctan\mathrm{e}^{-x}=A.$ 令 $x=0$，得 $2\arctan 1=$

A，故 $A=\dfrac{\pi}{2}$，即 $f(x)+f(-x)=\dfrac{\pi}{2}.$ 于是有 $\int_{-\frac{\pi}{2}}^{\frac{\pi}{2}}|\sin x|\arctan\mathrm{e}^{x}\mathrm{d}x=\dfrac{\pi}{2}\int_{0}^{\frac{\pi}{2}}|\sin x|\mathrm{d}x=\dfrac{\pi}{2}.$

9. 解：$\int_{0}^{+\infty}\dfrac{\sin^{2}x}{x^{2}}\mathrm{d}x=-\int_{0}^{+\infty}\sin^{2}x\mathrm{d}\left(\dfrac{1}{x}\right)=-\dfrac{\sin^{2}x}{x}\Big|_{0}^{+\infty}+\int_{0}^{+\infty}\dfrac{2\sin x\cos x}{x}\mathrm{d}x=\int_{0}^{+\infty}\dfrac{\sin 2x}{x}\mathrm{d}x$

$\xLeftrightarrow{\diamondsuit 2x=t}\int_{0}^{+\infty}\dfrac{\sin t}{t}\mathrm{d}t=\dfrac{\pi}{2}.$

强化训练 10

1. (1) $-\dfrac{\pi}{2}\ln 2.$ (2) $\dfrac{1}{2}\ln 2.$ (3) 1. (4) 3.

2. (1) A. (2) C. (3) B.

3. (1) 解：原式 $=-\int_{\frac{1}{e}}^{1}\ln x\mathrm{d}x+\int_{1}^{e}\ln x\mathrm{d}x=-[x\ln x-x]_{\frac{1}{e}}^{1}+[x\ln x-x]_{1}^{e}=2-\dfrac{2}{e}.$

(2) 解：令 $\mathrm{e}^{-x}=\sin t$，则 $x=-\ln\sin t$，$\mathrm{d}x=-\dfrac{\cos t}{\sin t}\mathrm{d}t$，且当 $x=0$ 时 $t=\dfrac{\pi}{2}$，当 $x=\ln 2$ 时 $t=\dfrac{\pi}{6}$，

于是原式 $=\int_{\frac{\pi}{2}}^{\frac{\pi}{6}}\cos t\left(-\dfrac{\cos t}{\sin t}\right)\mathrm{d}t=\int_{\frac{\pi}{6}}^{\frac{\pi}{2}}\dfrac{1-\sin^{2}t}{\sin t}\mathrm{d}t=\int_{\frac{\pi}{6}}^{\frac{\pi}{2}}\csc t\mathrm{d}t-\int_{\frac{\pi}{6}}^{\frac{\pi}{2}}\sin t\mathrm{d}t=\ln(2+\sqrt{3})-\dfrac{\sqrt{3}}{2}.$

(3) 解：原式 $=\int_{0}^{\pi}x|\cos x|\sin x\mathrm{d}x=\dfrac{1}{2}\int_{0}^{\frac{\pi}{2}}x\sin 2x\mathrm{d}x-\dfrac{1}{2}\int_{\frac{\pi}{2}}^{\pi}x\sin 2x\mathrm{d}x=\dfrac{\pi}{2}.$

(4) 解：$\int_{0}^{n\pi}x|\sin x|\mathrm{d}x=\sum_{k=0}^{n-1}\int_{k\pi}^{(k+1)\pi}x|\sin x|\mathrm{d}x$，又 $\int_{k\pi}^{(k+1)\pi}x|\sin x|\mathrm{d}x=\int_{0}^{\pi}(k\pi+t)\sin t\mathrm{d}t$

$\xLeftrightarrow{\diamondsuit x=k\pi+t}k\pi\int_{0}^{\pi}\sin t\mathrm{d}t+\int_{0}^{\pi}t\sin t\mathrm{d}t=(2k+1)\pi$，所以原式 $=\sum_{k=0}^{n-1}(2k+1)\pi=n^{2}\pi.$

4. 解：令 $x^{2}-t^{2}=u$，则 $-2t\mathrm{d}t=\mathrm{d}u$，当 $t=0$ 时，$u=x^{2}$；当 $t=x$ 时，$u=0.$ $\dfrac{\mathrm{d}}{\mathrm{d}x}\int_{0}^{x}tf(x^{2}-t^{2})\mathrm{d}t=$

$\dfrac{1}{2}\dfrac{\mathrm{d}}{\mathrm{d}x}\left[\int_{0}^{x^{2}}f(u)\mathrm{d}u\right]=xf(x^{2})$，则由洛必达法则可得，原式 $=\lim_{x\to 0}\dfrac{xf(x^{2})}{-2xf(x^{2})}=-\dfrac{1}{2}.$

5. 解：由 $\Delta y=\dfrac{1-x}{\sqrt{2x-x^{2}}}\Delta x+o(\Delta x)$ 可知，$\dfrac{\mathrm{d}y}{\mathrm{d}x}=\dfrac{1-x}{\sqrt{2x-x^{2}}}$，于是 $y(x)=\int\dfrac{1-x}{\sqrt{2x-x^{2}}}\mathrm{d}x=$

$\int\dfrac{1}{2\sqrt{2x-x^{2}}}\mathrm{d}(2x-x^{2})=\sqrt{2x-x^{2}}+C$，又由 $y(1)=1$ 得 $C=0$，故 $y=\sqrt{2x-x^{2}}$，从而

$\int_{0}^{1}y(x)\mathrm{d}x=\int_{0}^{1}\sqrt{2x-x^{2}}\mathrm{d}x=\int_{0}^{1}\sqrt{1-(x-1)^{2}}\mathrm{d}(x-1)=\int_{-1}^{0}\sqrt{1-t^{2}}\mathrm{d}t=\dfrac{\pi}{4}.$

6. 解：由 $\int_{0}^{x}tf(2x-t)\mathrm{d}t\xLeftrightarrow{\diamondsuit 2x-t=u}-\int_{2x}^{x}(2x-u)f(u)\mathrm{d}u=\int_{x}^{2x}(2x-u)f(u)\mathrm{d}u=2x\int_{x}^{2x}f(u)\mathrm{d}u-$

$\int_x^{2x} uf(u)\mathrm{d}u$，得 $2x\int_x^{2x} f(u)\mathrm{d}u - \int_x^{2x} uf(u)\mathrm{d}u = \dfrac{1}{2}\arctan x^2$，等式两边对 x 求导，得 $2\int_x^{2x} f(u)\mathrm{d}u +$

$2x[2f(2x)-f(x)] - 4xf(2x) + xf(x) = \dfrac{x}{1+x^4}$，整理得 $2\int_x^{2x} f(u)\mathrm{d}u - xf(x) = \dfrac{x}{1+x^4}$. 取

$x=1$，得 $2\int_1^2 f(u)\mathrm{d}u - f(1) = \dfrac{1}{2}$，故 $\int_1^2 f(x)\mathrm{d}x = \dfrac{3}{4}$.

7. 证明：令 $\varphi(\lambda) = \int_a^b [f(x)+\lambda g(x)]^2 \mathrm{d}x$，因为 $\varphi(\lambda) = \lambda^2 \int_a^b g^2(x)\mathrm{d}x + 2\lambda \int_a^b f(x)g(x)\mathrm{d}x +$

$\int_a^b f^2(x)\mathrm{d}x \geqslant 0$，又上式为关于 λ 的一元二次函数，故 $\Delta \leqslant 0$，所以 $\left[2\int_a^b f(x)g(x)\mathrm{d}x\right]^2 -$

$4\int_a^b g^2(x)\mathrm{d}x \int_a^b f^2(x)\mathrm{d}x \leqslant 0$，即柯西不等式成立.

8. 解：当 $k \neq 1$ 时，$\int_2^{+\infty} \dfrac{\mathrm{d}x}{x(\ln x)^k} = \int_2^{+\infty} \dfrac{\mathrm{d}\ln x}{(\ln x)^k} = \left[\dfrac{1}{1-k}\dfrac{1}{(\ln x)^{k-1}}\right]_2^{+\infty} = \begin{cases} \dfrac{1}{(k-1)(\ln 2)^{k-1}}, & k>1 \\ +\infty, & k<1 \end{cases}$.

当 $k=1$ 时，$\int_2^{+\infty} \dfrac{\mathrm{d}x}{x(\ln x)^k} = [\ln(\ln x)]_2^{+\infty} = +\infty$. 故当 $k \leqslant 1$ 时，广义积分发散；当 $k>1$ 时，广义积分收敛，

收敛时广义积分的值为 $I(k) = \dfrac{1}{(k-1)(\ln 2)^{k-1}}(k>1)$. 则 $I'(k) = \dfrac{-(\ln 2)^{k-1}-(k-1)(\ln 2)^{k-1}\ln\ln 2}{(k-1)^2(\ln 2)^{2k-2}} =$

$-\dfrac{1+(k-1)\ln\ln 2}{(k-1)^2(\ln 2)^{k-1}}$. 令 $I'(k)=0$，得唯一的驻点 $k = 1 - \dfrac{1}{\ln\ln 2}$. 当 $k < 1 - \dfrac{1}{\ln\ln 2}$ 时，$I'(k)<0$；

当 $k > 1 - \dfrac{1}{\ln\ln 2}$ 时，$I'(k)>0$，所以当 $k = 1 - \dfrac{1}{\ln\ln 2}$ 时，$I_{\min}\left(1 - \dfrac{1}{\ln\ln 2}\right) = -\dfrac{\ln\ln 2}{(\ln 2)^{-\frac{1}{\ln\ln 2}}}$.

第 9—10 讲阶段能力测试

阶段能力测试 A

一、1. 0.   2. $x-1$.   3. $\dfrac{1}{2}(2\ln 2 - 1)$.   4. $\dfrac{a}{2}$.   5. 4.

二、1. A.   2. C.   3. C.   4. B.   5. A.

三、1. 解：原式 $= \int_{-\frac{\pi}{2}}^{\frac{\pi}{2}} \dfrac{\cos x \mathrm{d}x}{2+\sin x} = \int_{-\frac{\pi}{2}}^{\frac{\pi}{2}} \dfrac{1}{2+\sin x}\mathrm{d}(2+\sin x) = \ln(2+\sin x)\Big|_{-\frac{\pi}{2}}^{\frac{\pi}{2}} = \ln 3$.

2. 解：原式 $= \int_0^{\frac{\pi}{2}} \dfrac{\sin x - \cos x}{(\sin x + \cos x)^2}\mathrm{d}x = -\int_0^{\frac{\pi}{2}} \dfrac{\mathrm{d}(\sin x + \cos x)}{(\sin x + \cos x)^2} = \dfrac{1}{\sin x + \cos x}\Big|_0^{\frac{\pi}{2}} = 0$.

3. 解：原式 $= \int_0^{\pi} f(x)\mathrm{d}\sin x = f(x)\cdot\sin x\Big|_0^{\pi} - \int_0^{\pi}\sin x f'(x)\mathrm{d}x = -\int_0^{\pi}\sin x f'(x)\mathrm{d}x = -\int_0^{\pi}\sin x \cdot$

$\mathrm{e}^{\cos x}\mathrm{d}x = \mathrm{e}^{-1} - \mathrm{e}$.

四、解：$\int_0^x f(t)g(x-t)\mathrm{d}t = -\int_x^0 f(x-u)g(u)\mathrm{d}u \xrightarrow{\text{令}x-t=u} \int_0^x f(x-u)g(u)\mathrm{d}u$.

① $0 \leqslant x \leqslant \dfrac{\pi}{2}$ 时，$\int_0^x f(t)g(x-t)\mathrm{d}t = \int_0^x (x-u)\sin u\,\mathrm{d}u = x - \sin x$；② $x > \dfrac{\pi}{2}$ 时，$\int_0^x f(t)g(x-$

$t)\mathrm{d}t = \int_0^{\frac{\pi}{2}}(x-u)\sin u\,\mathrm{d}u = x-1$，于是 $\int_0^x f(t)g(x-t)\mathrm{d}t = \begin{cases} x-\sin x, & 0 \leqslant x \leqslant \dfrac{\pi}{2} \\ x-1, & x > \dfrac{\pi}{2} \end{cases}$.

五、解：因为 $f(x)$ 为偶函数，所以只要研究 $f(x)$ 在 $[0,+\infty)$ 内的最大值与最小值即可. 又 $f'(x) = 2x(2-x^2)\mathrm{e}^{-x^2}$，令 $f'(x)=0$，解得 $f(x)$ 在 $(0,+\infty)$ 内的唯一驻点 $x=\sqrt{2}$. 当 $x\in(0,\sqrt{2})$ 时，$f'(x)>0$；当 $x\in(\sqrt{2},+\infty)$ 时，$f'(x)<0$，由驻点的唯一性可知，$x=\pm\sqrt{2}$ 为 $f(x)$ 的最大值点，最大值 $f(\sqrt{2})=f(-\sqrt{2})=1+\dfrac{1}{\mathrm{e}^2}$，又 $\lim\limits_{x\to\infty}f(x)=\int_0^{+\infty}(2-t)\mathrm{e}^{-t}\mathrm{d}t=1$ 及 $f(0)=0$，所以最小值为 0.

六、解：$\int_0^1 xf''(x)\mathrm{d}x = \dfrac{1}{2}\int_0^1 xf''(2x)\mathrm{d}(2x) = \dfrac{1}{2}\int_0^1 x\mathrm{d}f'(2x) = \dfrac{1}{2}xf'(2x)\Big|_0^1 - \dfrac{1}{2}\int_0^1 f'(2x)\mathrm{d}x = \dfrac{5}{2} - \dfrac{1}{4}f(2x)\Big|_0^1 = \dfrac{5}{2} - \dfrac{1}{4}(3-1) = 2.$

七、证明：令 $x=a+b-t$，则 $\int_a^b f(a+b-x)\mathrm{d}x = -\int_b^a f(t)\mathrm{d}t = \int_a^b f(t)\mathrm{d}t$，所以结论成立.

八、证明：令 $\varphi(x)=\int_a^x f(t)\mathrm{d}t\int_b^x g(t)\mathrm{d}t$，显然 $\varphi(x)$ 在 $[a,b]$ 上连续、可导，又 $\varphi(a)=\varphi(b)=0$，由罗尔定理可知，$\exists\xi\in(a,b)$，使得 $\varphi'(\xi)=0$，又 $\varphi'(x)=f(x)\int_b^x g(t)\mathrm{d}t + g(x)\int_a^x f(t)\mathrm{d}t$，即 $f(\xi)\int_\xi^b g(x)\mathrm{d}x = g(\xi)\int_a^\xi f(x)\mathrm{d}x.$

九、证明：由题设可得 $f(k+1)\leqslant\int_k^{k+1}f(x)\mathrm{d}x\leqslant f(k)(k=1,2,\cdots)$，因此 $a_n=\sum\limits_{k=1}^n f(k) - \int_1^n f(x)\mathrm{d}x = \sum\limits_{k=1}^n f(k) - \sum\limits_{k=1}^{n-1}\int_k^{k+1}f(x)\mathrm{d}x = \sum\limits_{k=1}^{n-1}\left[f(k)-\int_k^{k+1}f(x)\mathrm{d}x\right]+f(n)\geqslant 0$，即数列 $\{a_n\}$ 有下界. 又 $a_{n+1}-a_n=f(n+1)-\int_n^{n+1}f(x)\mathrm{d}x\leqslant 0$，即数列 $\{a_n\}$ 单调减少，故 $\lim\limits_{n\to\infty}a_n$ 存在.

阶段能力测试 B

一、1. $\dfrac{\sqrt{3}}{2}+\dfrac{\pi}{3}$. 2. $\pi,2\pi$. 3. $\dfrac{\pi}{4}$. 4. 0. 5. 发散.

二、1. B. 2. C. 3. B. 4. C. 5. B.

三、1. **解**：原式 $=\int_0^{\frac{\pi}{4}}x(\sec^2 x-1)\mathrm{d}x = \int_0^{\frac{\pi}{4}}x\sec^2 x\,\mathrm{d}x - \int_0^{\frac{\pi}{4}}x\,\mathrm{d}x = \int_0^{\frac{\pi}{4}}x\mathrm{d}(\tan x) - \dfrac{\pi^2}{32} = x\tan x\Big|_0^{\frac{\pi}{4}} - \int_0^{\frac{\pi}{4}}\tan x\,\mathrm{d}x - \dfrac{\pi^2}{32} = \dfrac{\pi}{4} + \ln\dfrac{\sqrt{2}}{2} - \dfrac{\pi^2}{32}.$

2. **解**：原式 $=\pi\int_0^{\frac{\pi}{2}}\sin^9 x\,\mathrm{d}x = \pi\cdot\dfrac{8}{9}\cdot\dfrac{6}{7}\cdot\dfrac{4}{5}\cdot\dfrac{2}{3}\cdot 1 = \dfrac{128\pi}{315}.$

3. **解**：原式 $=\int_0^{\frac{\pi}{2}}\dfrac{1}{1+\sin^2 x}\mathrm{d}x + \int_{\frac{\pi}{2}}^{\pi}\dfrac{1}{1+\sin^2 x}\mathrm{d}x = 2\int_0^{\frac{\pi}{2}}\dfrac{1}{1+\sin^2 x}\mathrm{d}x = 2\int_0^{\frac{\pi}{2}}\dfrac{\dfrac{1}{\cos^2 x}}{\dfrac{1}{\cos^2 x}+\tan^2 x}\mathrm{d}x =$

$2\displaystyle\int_0^{\frac{\pi}{2}} \frac{1}{1+2\tan^2 x} \mathrm{d}\tan x = \frac{\pi}{\sqrt{2}}.$

4. 解：原式 $=\displaystyle\int_{\frac{1}{2}}^2 \mathrm{e}^{x+\frac{1}{x}} \mathrm{d}x + \int_{\frac{1}{2}}^2 x\left(1-\frac{1}{x^2}\right)\mathrm{e}^{x+\frac{1}{x}} \mathrm{d}x = \int_{\frac{1}{2}}^2 \mathrm{e}^{x+\frac{1}{x}} \mathrm{d}x + \int_{\frac{1}{2}}^2 x\mathrm{d}\mathrm{e}^{x+\frac{1}{x}} = \int_{\frac{1}{2}}^2 \mathrm{e}^{x+\frac{1}{x}} \mathrm{d}x +$

$x\mathrm{e}^{x+\frac{1}{x}} \Big|_{\frac{1}{2}}^2 - \displaystyle\int_{\frac{1}{2}}^2 \mathrm{e}^{x+\frac{1}{x}} \mathrm{d}x = \frac{3}{2}\mathrm{e}^{\frac{5}{2}}.$

四、解：设 $k=\displaystyle\int_{-\pi}^{\pi} f(x)\sin x \mathrm{d}x$，在等式 $f(x)=\dfrac{x}{1+\cos^2 x}+\displaystyle\int_{-\pi}^{\pi} f(x)\sin x \mathrm{d}x$ 两边同乘以 $\sin x$，然后在

$[-\pi,\pi]$ 上积分，得 $k=\displaystyle\int_{-\pi}^{\pi} \frac{x\sin x}{1+\cos^2 x} \mathrm{d}x + \int_{-\pi}^{\pi} k\sin x \mathrm{d}x = \int_{-\pi}^{\pi} \frac{x\sin x}{1+\cos^2 x} \mathrm{d}x = 2 \cdot \frac{\pi}{2}\int_0^{\pi} \frac{\sin x}{1+\cos^2 x} \mathrm{d}x =$

$-\pi\displaystyle\int_0^{\pi} \frac{1}{1+\cos^2 x} \mathrm{d}\cos x = \frac{\pi^2}{2}$，所以 $f(x)=\dfrac{x}{1+\cos^2 x}+\dfrac{\pi^2}{2}.$

五、解：$\displaystyle\int_0^1 f(x)\mathrm{d}x = xf(x)\Big|_0^1 - \int_0^1 xf'(x)\mathrm{d}x = f(1)-\int_0^1 \left[f(x)+\sqrt{2x-x^2}\right]\mathrm{d}x = 4-\int_0^1 f(x)\mathrm{d}x +$

$\displaystyle\int_0^1 \sqrt{1-(1-x)^2} \mathrm{d}(1-x) = 4-\int_0^1 f(x)\mathrm{d}x - \int_0^1 \sqrt{1-t^2} \mathrm{d}t = 4-\int_0^1 f(x)\mathrm{d}x - \frac{\pi}{4}$，解得 $\displaystyle\int_0^1 f(x)\mathrm{d}x =$

$2-\dfrac{\pi}{8}.$

六、解：由条件可得 $f(x)=\left(\dfrac{\sin x}{x}\right)' = \dfrac{x\cos x - \sin x}{x^2}$，则 $\displaystyle\int_{\frac{\pi}{2}}^{\pi} xf'(x)\mathrm{d}x = \int_{\frac{\pi}{2}}^{\pi} x\mathrm{d}f(x) = xf(x)\Big|_{\frac{\pi}{2}}^{\pi} -$

$\displaystyle\int_{\frac{\pi}{2}}^{\pi} f(x)\mathrm{d}x = -1+\frac{2}{\pi} - \left(\frac{\sin x}{x}\right)\Big|_{\frac{\pi}{2}}^{\pi} = \frac{4}{\pi}-1.$

七、证明：令 $\varphi(x)=x^2 f(x)$，因为 $f(1)=2\displaystyle\int_0^{\frac{1}{2}} x^2 f(x)\mathrm{d}x = 2 \cdot \frac{1}{2}\xi^2 f(\xi)=\xi^2 f(\xi)=\varphi(\xi), \xi\in$

$\left[0,\dfrac{1}{2}\right]$，所以 $\varphi(1)=f(1)=\varphi(\xi)$，又 $\varphi(x)$ 在 $[0,1]$ 上连续、可导，由罗尔定理可知，$\exists\, \eta\in(\xi,1)\subset$

$(0,1)$，使得 $\varphi'(\eta)=0$，即存在 $\eta\in(0,1)$，使得 $2f(\eta)+\eta f'(\eta)=0.$

八、证明：因为 $\displaystyle\int_0^1 [f'(x)-1]^2 \mathrm{d}x \geqslant 0$，而 $\displaystyle\int_0^1 [f'(x)-1]^2 \mathrm{d}x = \int_0^1 [f'(x)]^2 \mathrm{d}x - 2\int_0^1 f'(x)\mathrm{d}x +$

$\displaystyle\int_0^1 \mathrm{d}x$，所以 $\displaystyle\int_0^1 [f'(x)]^2 \mathrm{d}x \geqslant 2\int_0^1 f'(x)\mathrm{d}x - \int_0^1 \mathrm{d}x = 2[f(1)-f(0)]-1$，又 $f(1)-f(0)=1$，故

$\displaystyle\int_0^1 [f'(x)]^2 \mathrm{d}x \geqslant 1.$

第 11 讲　　定积分的应用

基础练习 11

1. C.　2. B.

3. 解：由图可知所求面积分为三部分：① 圆内，心脏线内部分 A_1；② 圆内，心脏线外部分 A_2；

③ 圆外，心脏线内部分 A_3. $A_1 = 2\displaystyle\int_{\frac{\pi}{2}}^{\pi} \frac{1}{2}\rho^2(\varphi)\mathrm{d}\varphi + \frac{\pi}{2}a^2 = a^2\int_{\frac{\pi}{2}}^{\pi} (1+\cos\varphi)^2 \mathrm{d}\varphi + \frac{\pi}{2}a^2 = a^2\left(\frac{5}{4}\pi - \right.$

$2)$, $A_2 = \pi a^2 - A_1 = a^2\left(2 - \dfrac{\pi}{4}\right)$, $A_3 = 2\displaystyle\int_0^{\frac{\pi}{2}} \dfrac{1}{2}[a^2(1+\cos\varphi)^2 - a^2]\mathrm{d}\varphi = a^2\displaystyle\int_0^{\frac{\pi}{2}}(2\cos\varphi + \cos^2\varphi)\mathrm{d}\varphi =$

$a^2\left(2 + \dfrac{\pi}{4}\right)$.

4. 解:由 $\begin{cases} y = x^2 \\ y = x^3 - 2x \end{cases}$ 得两曲线的交点为 $(-1,1)$, $(0,0)$, $(2,4)$. 易知 $x \in [-1,0]$ 时, $x^3 - 2x \geqslant x^2$;

$x \in [0,2]$ 时, $x^3 - 2x \leqslant x^2$. 所以,所求面积 $A = \displaystyle\int_{-1}^0 (x^3 - 2x - x^2)\mathrm{d}x + \displaystyle\int_0^2 (x^2 - x^3 + 2x)\mathrm{d}x = \dfrac{37}{12}$.

5. 解:(1) 分别对 $y = a\sqrt{x}$ 和 $y = \ln\sqrt{x}$ 求导,得 $y' = \dfrac{a}{2\sqrt{x}}$ 和 $y' = \dfrac{1}{2x}$,由于两曲线在点 (x_0, y_0)

处有公共切线,所以 $\dfrac{a}{2\sqrt{x_0}} = \dfrac{1}{2x_0}$,得 $x_0 = \dfrac{1}{a^2}$. 将 $x_0 = \dfrac{1}{a^2}$ 代入曲线,有 $a\sqrt{\dfrac{1}{a^2}} = \dfrac{1}{2}\ln\dfrac{1}{a^2}$,得 $a =$

$\dfrac{1}{e}$. 进而得 $x_0 = \dfrac{1}{a^2} = e^2$, $y_0 = a\sqrt{x_0} = 1$,所以切点为 $(e^2, 1)$.

(2) 两曲线与 x 轴围成的平面图形的面积为 $A = \displaystyle\int_0^1 (e^{2y} - e^2 y^2)\mathrm{d}y = \dfrac{1}{6}e^2 - \dfrac{1}{2}$.

(3) 旋转体的体积为 $V = \displaystyle\int_0^{e^2} \pi\left(\dfrac{\sqrt{x}}{e}\right)^2 \mathrm{d}x - \displaystyle\int_1^{e^2} \pi(\ln\sqrt{x})^2 \mathrm{d}x = \dfrac{\pi}{2e^2}[x^2]_0^{e^2} - \dfrac{\pi}{4}\displaystyle\int_1^{e^2} \ln^2 x\,\mathrm{d}x = \dfrac{\pi}{2}$.

6. 解:由公式得 $s = \displaystyle\int_{\sqrt{3}}^{\sqrt{8}} \sqrt{1 + [(\ln x)']^2}\,\mathrm{d}x = \displaystyle\int_{\sqrt{3}}^{\sqrt{8}} \sqrt{\dfrac{x^2+1}{x^2}}\,\mathrm{d}x = \dfrac{1}{2}\displaystyle\int_{\sqrt{3}}^{\sqrt{8}} \dfrac{\sqrt{x^2+1}}{x^2}\,\mathrm{d}(x^2) \xlongequal{\text{令}\sqrt{x^2+1}=t}$

$\dfrac{1}{2}\displaystyle\int_2^3 \dfrac{t}{t^2-1} \cdot 2t\,\mathrm{d}t = \displaystyle\int_2^3 \dfrac{t^2-1+1}{t^2-1}\,\mathrm{d}t = \displaystyle\int_2^3 \left(1 + \dfrac{1}{t^2-1}\right)\mathrm{d}t = \left[t + \dfrac{1}{2}\ln\left|\dfrac{t-1}{t+1}\right|\right]_2^3 = 1 + \dfrac{1}{2}\ln\dfrac{3}{2}$.

7. 解:取 y 为积分变量(注:若取 x 为积分变量,求 y' 比较麻烦),则 $x'(y) = \dfrac{y}{p}$,故所求曲线弧长

为 $s = \displaystyle\int_0^y \sqrt{1 + [x'(y)]^2}\,\mathrm{d}y = \displaystyle\int_0^y \sqrt{1 + \dfrac{y^2}{p^2}}\,\mathrm{d}y = \dfrac{1}{p}\displaystyle\int_0^y \sqrt{p^2+y^2}\,\mathrm{d}y = \dfrac{1}{p}\left[\dfrac{y}{2}\sqrt{p^2+y^2} + \dfrac{p^2}{2}\ln(y + \right.$

$\left. \sqrt{p^2+y^2})\right]_0^y = \dfrac{y}{2p}\sqrt{p^2+y^2} + \dfrac{p}{2}\ln\dfrac{y + \sqrt{p^2+y^2}}{p}$.

8. 解:平均值 $y = \dfrac{\displaystyle\int_1^e \ln x\,\mathrm{d}x}{e-1} = \dfrac{1}{e-1}[x\ln x - x]_1^e = \dfrac{1}{e-1}$.

9. 解:如右图,先计算功的微元,得 $\mathrm{d}W = (H-y)\mathrm{d}G = (H-$

$y)\pi\left(y - \dfrac{y}{4}\right)\mathrm{d}y \cdot \gamma = \dfrac{3}{4}\pi\gamma y(H-y)\mathrm{d}y$,故把水全部抽出,外力

做功为 $W = \displaystyle\int_0^{\frac{H}{2}} \dfrac{3}{4}\pi\gamma y(H-y)\mathrm{d}y = \dfrac{1}{16}\pi\gamma H^3$.

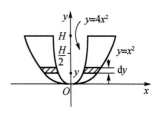

10. 解:建立如右图所示的坐标系. 取 x 为积分变量, $x \in [3,9]$,结合图形

求得边 AB 的方程为 $y = \dfrac{2}{3}(x-3)$. 对于 $[3,9]$ 上的任一小区间 $[x, x+$

$\mathrm{d}x]$,图中对应阴影部分的面积近似为 $2y \cdot \mathrm{d}x = 2 \cdot \dfrac{2}{3}(x-3)\mathrm{d}x$,所以该

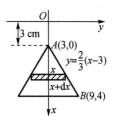

窄条所受压力元素为 $dP = 9.8 \cdot 10^{-3} \cdot \dfrac{4}{3}(x-3)x\,dx$，于是三角形薄片侧面所受压力为 $P = 9.8 \cdot 10^{-3} \cdot \int_3^9 \dfrac{4}{3}(x-3)x\,dx = 9.8 \cdot 10^{-3} \cdot \left[\dfrac{4}{9}x^3 - 2x^2\right]\Big|_3^9 \approx 1.65\ \text{N}.$

11. 解：(1) $C(x) = \int_0^x C'(t)\,dt + C(0) = 200 + \int_0^x (0.04t+2)\,dt = 200 + 0.02x^2 + 2x.$

(2) $L(x) = 18x - (200 + 0.02x^2 + 2x)$，由一元函数极值第二充分条件求得 $L(400) = 3\,000$ 为极大值，也即为最大利润.

强化训练 11

1. $2\rho m G.$

2. 解：由 $\begin{cases} y = \dfrac{1}{2}x^2 \\ x^2 + y^2 = 8 \end{cases}$ 解得交点为 $\begin{cases} x = 2 \\ y = 2 \end{cases}$，$\begin{cases} x = -2 \\ y = 2 \end{cases}$，又 $L = 2L_1$，则 $L = 2\int_0^2 \sqrt{1+y'^2}\,dx = 2\int_0^2 \sqrt{1+x^2}\,dx = 2\sqrt{5} + \ln(2+\sqrt{5}).$

3. 解：所给图形是无界的，所求旋转体的体积为无穷区间上的反常积分，则 $V = \pi\int_{-\infty}^0 y^2\,dx = \pi\int_{-\infty}^0 e^{2x}\,dx = \dfrac{\pi}{2}.$

4. 解：$V_x = \pi\int_0^a y^2\,dx = \pi\int_0^a x^{\frac{2}{3}}\,dx = \dfrac{3}{5}a^{\frac{5}{3}}\pi$，$V_y = 2\pi\int_0^a xf(x)\,dx = 2\pi\int_0^a x^{\frac{4}{3}}\,dx = \dfrac{6}{7}a^{\frac{7}{3}}\pi$，因为 $10V_x = V_y$，解得 $a = 7\sqrt{7}.$

5. 解：因为曲线过原点，故 $c = 0$，又曲线过点 $(1,2)$，所以 $a+b = 2, b = 2-a$. 因为 $a < 0$，所以 $b > 0$，抛物线与 x 轴的两个交点为 0 和 $-\dfrac{b}{a}$，所以 $S(a) = \int_0^{-\frac{b}{a}} (ax^2+bx)\,dx = \dfrac{b^3}{6a^2} = \dfrac{(2-a)^3}{6a^2}$，令 $S'(a) = 0$，得 $a = -4$，从而得 $b = 6$. 故 $a = -4, b = 6, c = 0$ 时抛物线与 x 轴所围图形的面积最小.

6. 解：由玻意耳-马略特定律可知，$PV = k = 10 \cdot (\pi \cdot 10^2 \cdot 80) = 80\,000\pi$. 当底面积不变而高减少 $x(\text{cm})$ 时，设压强为 $p(x)(\text{N/cm}^2)$，则有 $p(x) \cdot \pi \cdot 10^2 \cdot (80-x) = 80\,000\pi$. 所以 $p(x) = \dfrac{800}{80-x}$，功元素 $dW = \pi \cdot 10^2 \cdot p(x) \cdot dx$，故 $W = \int_0^{40} \pi \cdot 10^2 \cdot \dfrac{800}{80-x}\,dx = 8 \times 10^4\pi\int_0^{40} \dfrac{dx}{80-x} = 8 \times 10^4\pi[-\ln(80-x)]_0^{40} = 800\pi\ln 2(\text{J}).$

7. 解：建立 x 轴如右图所示. 设抓斗提升至离井底 x m 处时所需作用力为 $f(x)$，此时漏掉污泥 $\dfrac{x}{3} \cdot 20$，剩下污泥 $2\,000 - \dfrac{x}{2} \cdot 20$，缆绳重 $50(30-x)$，则 $f(x) = 2\,000 - \dfrac{20}{3}x + 50(30-x) + 400 = 3\,900 - \dfrac{170}{3}x$，所以需做的功为 $W = \int_0^{30} f(x)\,dx = \int_0^{30} \left(3\,900 - \dfrac{170}{3}x\right)\,dx = 91\,500(\text{J}).$

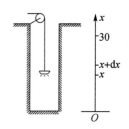

第 11 讲阶段能力测试

阶段能力测试 A

一、1. $\dfrac{4}{3}\sqrt{2}-\dfrac{2}{3}$.   2. 1.   3. $\dfrac{\pi}{7}$.   4. $\displaystyle\int_a^b \rho(x)A(x)\mathrm{d}x$.   5. $\dfrac{37}{12}$.

二、1. B.   2. A.   3. A.   4. A.   5. A.

三、解：由 $\begin{cases} y^2=2x \\ x^2+y^2=8 \end{cases}$ 解得两曲线的交点为 $(2,2)$，$(2,-2)$，则 $S_{\text{小}}=2\Big(\displaystyle\int_0^2 \sqrt{2x}\,\mathrm{d}x+$

$\displaystyle\int_2^{2\sqrt{2}} \sqrt{8-x^2}\,\mathrm{d}x\Big)=2\Big(\pi+\dfrac{2}{3}\Big),S_{\text{大}}=\pi r^2-S_{\text{小}}=8\pi-2\Big(\pi+\dfrac{2}{3}\Big)=2\Big(3\pi-\dfrac{2}{3}\Big).$

四、解：以 x 为积分变量，$V=\displaystyle\int_1^2 2\pi x\mathrm{e}^x\,\mathrm{d}x=2\pi[(x-1)\mathrm{e}^x]_1^2=2\pi\mathrm{e}^2.$

五、解：$V=\pi\displaystyle\int_0^{2\pi a} y^2\,\mathrm{d}x=\int_0^{2\pi} a^2(1-\cos t)^2\,\mathrm{d}[a(t-\sin t)]=\pi a^3\int_0^{2\pi}(1-\cos t)^3\,\mathrm{d}t=\pi a^3\int_0^{2\pi}(1-3\cos t+$

$3\cos^2 t-\cos^3 t)\mathrm{d}t=5\pi^2 a^3.$

六、解：关键是求出截面面积，为此需求出截面椭圆的轴长 $2a_y,2b_y$.

由 $\triangle LMN \backsim \triangle LPQ$ 得 $\dfrac{y}{h}=\dfrac{A-a_y}{A-a}$，所以 $a_y=A-\dfrac{A-a}{h}y$，同理

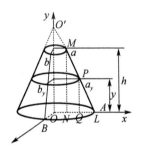

$b_y=B-\dfrac{B-b}{h}y.$ 故截面椭圆的面积为 $A(y)=\pi\Big(A-\dfrac{A-a}{h}y\Big)\cdot$

$\Big(B-\dfrac{B-b}{h}y\Big)$，所求截锥体的体积为 $V=\displaystyle\int_0^h \pi\Big(A-\dfrac{A-a}{h}y\Big)\cdot$

$\Big(B-\dfrac{B-b}{h}y\Big)\mathrm{d}y=\dfrac{1}{6}\pi h[2(ab+AB)+aB+Ab].$

七、解：$s=\displaystyle\int_{\frac{3}{4}}^{\frac{4}{3}} \sqrt{r^2(\theta)+[r'(\theta)]^2}\,\mathrm{d}\theta=\int_{\frac{3}{4}}^{\frac{4}{3}} \sqrt{\dfrac{1}{\theta^2}+\Big(-\dfrac{1}{\theta^2}\Big)^2}\,\mathrm{d}\theta=\int_{\frac{3}{4}}^{\frac{4}{3}} \dfrac{\sqrt{\theta^2+1}}{\theta^2}\,\mathrm{d}\theta=-\int_{\frac{3}{4}}^{\frac{4}{3}} \sqrt{\theta^2+1}\cdot$

$\mathrm{d}\Big(\dfrac{1}{\theta}\Big)=\Big[-\sqrt{\theta^2+1}\cdot\dfrac{1}{\theta}\Big]_{\frac{3}{4}}^{\frac{4}{3}}+\displaystyle\int_{\frac{3}{4}}^{\frac{4}{3}} \dfrac{\mathrm{d}\theta}{\sqrt{\theta^2+1}}=\dfrac{5}{12}[\ln(\theta+\sqrt{\theta^2+1})]_{\frac{3}{4}}^{\frac{4}{3}}=\dfrac{5}{12}+\ln\dfrac{3}{2}.$

八、解：由对称性可知，双纽线所围面积 A 等于在第一象限部分面积的 4 倍，则 $A=4\displaystyle\int_0^{\frac{\pi}{4}} \dfrac{1}{2}\rho^2\,\mathrm{d}\theta=$

$4\displaystyle\int_0^{\frac{\pi}{4}} \dfrac{1}{2}a^2\cos 2\theta\,\mathrm{d}\theta=a^2.$ 侧面积为由第一象限的弧段旋转所得侧面积的 2 倍，则 $S=2\cdot 2\pi\displaystyle\int_0^{\frac{\pi}{4}} \rho\cdot$

$\sin\theta\sqrt{\rho^2+(\rho')^2}\,\mathrm{d}\theta=4\pi\displaystyle\int_0^{\frac{\pi}{4}} a\sqrt{\cos 2\theta}\sin\theta\sqrt{a^2\cos 2\theta+\dfrac{a^2\sin^2 2\theta}{\cos 2\theta}}\,\mathrm{d}\theta=4\pi\int_0^{\frac{\pi}{4}} a^2\sin\theta\,\mathrm{d}\theta=2\pi a^2(2-\sqrt{2}).$

九、解：建立坐标系如右图所示，在 l 上取一微小区间 $[y, y+\mathrm{d}y]$，把它近似当作一个质点，先求它对质点的引力，即引力元素，为 $\mathrm{d}F = G \cdot \dfrac{m \cdot \rho \mathrm{d}y}{a^2+y^2}$，其中 G 为引力常数．因为 $\mathrm{d}F_x = \mathrm{d}F \cdot \cos\alpha = -\dfrac{a}{r}\mathrm{d}F$，$\mathrm{d}F_y = \mathrm{d}F \cdot \sin\alpha = \dfrac{y}{r}\mathrm{d}F$，所以 $F_x = -\displaystyle\int_0^l \dfrac{a}{r}\dfrac{Gm\rho \mathrm{d}y}{a^2+y^2} = -aGm\rho \int_0^l \dfrac{\mathrm{d}y}{(a^2+y^2)^{\frac{3}{2}}}$．

令 $y = a\tan t$，则 $F_x = -\dfrac{Gm\rho}{a}\displaystyle\int_0^{\arctan\frac{l}{a}} \cos t\,\mathrm{d}t = -\dfrac{Gm\rho l}{a\sqrt{a^2+l^2}}$，$F_y = \displaystyle\int_0^l \dfrac{y}{r}\dfrac{Gm\rho \mathrm{d}y}{a^2+y^2} = Gm\rho \int_0^l \dfrac{y\mathrm{d}y}{(a^2+y^2)^{\frac{3}{2}}} = \dfrac{1}{2}Gm\rho \int_0^l (a^2+y^2)^{\frac{3}{2}}\mathrm{d}(a^2+y^2) = \dfrac{1}{2}Gm\rho[-2(a^2+y^2)^{-\frac{1}{2}}]_0^l = Gm\rho\left(\dfrac{1}{a} - \dfrac{1}{\sqrt{a^2+l^2}}\right)$.

阶段能力测试 B

一、1. $\dfrac{e}{2} - 1$.　2. $y = 2x - 1$.　3. $\dfrac{1}{12}(\sqrt{3}+1)\pi$.　4. $\dfrac{1}{e^a} - \dfrac{1}{e^b}$.　5. $\dfrac{3}{8}\sqrt{\pi}$.

二、1. B.　2. B.　3. D.　4. A.　5. D.

三、解：建立如右图所示的坐标系． $A = \displaystyle\int_0^e |\ln x|\,\mathrm{d}x = \int_0^1 -\ln x\,\mathrm{d}x + \int_1^e \ln x\,\mathrm{d}x = \int_1^e \ln x\,\mathrm{d}x - \int_0^1 \ln x\,\mathrm{d}x$，而 $\displaystyle\int \ln x\,\mathrm{d}x = x\ln x - x + C$，所以 $\displaystyle\int_1^e \ln x\,\mathrm{d}x = [x\ln x - x]_1^e = 1$.（注：式中第二项积分是 $x = 0$ 为无穷间断点的广义积分．）$-\displaystyle\int_0^1 \ln x\,\mathrm{d}x = -\lim_{\varepsilon \to 0^+}[x\ln x - x]_\varepsilon^1 = 1 + \lim_{\varepsilon \to 0^+}(\varepsilon\ln\varepsilon - \varepsilon) = 1$，所以 $A = \displaystyle\int_1^e \ln x\,\mathrm{d}x - \int_0^1 \ln x\,\mathrm{d}x = 2$.

四、解：解出 y 或 x 再代入体积公式计算是可以的，但不如采用参数方程简单．

（1）$A = 4\displaystyle\int_0^a y\,\mathrm{d}x = 4\int_{\frac{\pi}{2}}^0 a\sin^3 t\,3a\cos^2 t(-\sin t)\,\mathrm{d}t = 12a^2\int_0^{\frac{\pi}{2}}\sin^4 t(1-\sin^2 t)\,\mathrm{d}t = 12a^2\left(\dfrac{3!!}{4!!}\cdot\dfrac{\pi}{2} - \dfrac{5!!}{6!!}\cdot\dfrac{\pi}{2}\right) = \dfrac{3}{8}\pi a^2$.

（2）星形线的参数方程为 $x = a\cos^3 t, y = a\sin^3 t$，由图形的对称性可知，所求体积为 $V = 2\cdot\pi\displaystyle\int_0^a y^2\,\mathrm{d}x = 2\pi\int_{\frac{\pi}{2}}^0 a^2\sin^6 t\,3a\cos^2 t(-\sin t)\,\mathrm{d}t = 6\pi a^3\int_0^{\frac{\pi}{2}}\sin^7 t(1-\sin^2 t)\,\mathrm{d}t = 6\pi a^3\left(\dfrac{6!!}{7!!} - \dfrac{8!!}{9!!}\right) = \dfrac{32}{105}\pi a^3$.

五、解：当平面图形不是绕坐标轴，而是绕平行于坐标轴的某直线旋转时，可平移坐标轴使其与该直线重合，然后用公式，也可直接用元素法．下面使用微元法求解．

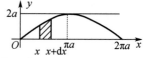

建立如右图所示的坐标系．以 x 为积分变量，取 $[x, x+\mathrm{d}x]$ 上的体积元素为 $\mathrm{d}V = \pi(2a)^2\mathrm{d}x -$

$\pi(2a-y)^2\mathrm{d}x = \pi\left[(2a)^2-(2a-y)^2\right]\mathrm{d}x$，由图形的对称性可知，$V = 2\int_0^{\pi a}\pi\left[(2a)^2-(2a-y)^2\right]\mathrm{d}x =$

$8\pi^2a^3 - 2\pi\int_0^\pi a^2(1+\cos t)^2\cdot a(1-\cos t)\mathrm{d}t = 8\pi^2a^3 - 2\pi a^3\int_0^\pi(1+\cos t)\sin t\mathrm{d}t = 8\pi^2a^3 -$

$2\pi a^3\left(\int_0^\pi\dfrac{1-\cos 2t}{2}\mathrm{d}t + \int_0^\pi\sin^2 t\mathrm{d}\sin t\right) = 8\pi^2a^3 - 2\pi a^3\left\{\left[\dfrac{t}{2}-\dfrac{\sin 2t}{4}\right]_0^\pi + \left[\dfrac{\sin^3 t}{3}\right]_0^\pi\right\} = 8\pi^2a^3 -$

$2\pi a^3\cdot\dfrac{\pi}{2} = 7\pi^2a^3.$

六、解：此题将 r 作为自变量，由 $\theta = \dfrac{1}{2}\left(r+\dfrac{1}{r}\right)$ 得 $r^2-2r\theta+1=0$，两边对 θ 求导得 $2rr' -$

$2\theta r'-2r=0$，即 $r' = \dfrac{r}{r-\theta}$，从而得 $\sqrt{r^2+r'^2} = \sqrt{r^2+\left(\dfrac{r}{r-\theta}\right)^2} = \dfrac{r\theta}{r-\theta} = \dfrac{r^3+r}{r^2-1}$. 再对 $\theta =$

$\dfrac{1}{2}\left(r+\dfrac{1}{r}\right)$ 两边微分得 $\mathrm{d}\theta = \dfrac{1}{2}\left(1-\dfrac{1}{r^2}\right)\mathrm{d}r$，则所求弧长为 $s = \int_1^{\frac{5}{3}}\sqrt{r^2(\theta)+\left[r'(\theta)\right]^2}\mathrm{d}\theta =$

$\dfrac{1}{2}\int_1^3\dfrac{r^3+r}{r^2-1}\cdot\dfrac{r^2-1}{r^2}\mathrm{d}r = \dfrac{1}{2}\int_1^3\left(r+\dfrac{1}{r}\right)\mathrm{d}r = \dfrac{1}{2}\left[\dfrac{1}{2}r^2+\ln r\right]_1^3 = 2+\dfrac{1}{2}\ln 3.$

七、解：因抛物线过原点 $(0,0)$，所以 $c=0$①. 由题设知 $\int_0^1(ax^2+bx+c)\mathrm{d}x = \dfrac{4}{9}$，即 $\dfrac{a}{3}+\dfrac{b}{2} =$

$\dfrac{4}{9}$，所以 $a = \dfrac{8-9b}{6}$②. 又 $V = \pi\int_0^1(ax^2+bx)^2\mathrm{d}x = \pi\int_0^1(a^2x^4+2abx^3+b^2x^2)\mathrm{d}x =$

$\pi\left(\dfrac{1}{5}a^2+\dfrac{1}{2}ab+\dfrac{1}{3}b^2\right)$，将式 ② 代入可得，$V = \pi\left[\dfrac{1}{5}\left(\dfrac{8-9b}{6}\right)^2 + \dfrac{1}{2}\left(\dfrac{8-9b}{6}\right)b + \dfrac{1}{3}b^2\right] =$

$\dfrac{\pi}{180}(64-24b+6b^2)$. 令 $V_b'=0$，得 $b=2$③. 由式 ①、②、③ 得 $a = -\dfrac{5}{3}$，$b=2$，$c=0$.

八、解：建立如右图所示的坐标系. 根据图形可求得锥体母线 AB 的方程

为 $y = -\dfrac{x}{2}+4$，水深 x 的变化区间为 $[2,8]$. 设想水被一层一层地抽出

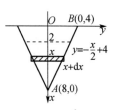

去，由于水的密度为 $9.8\ \mathrm{kN/m^3}$，与 $[x,x+\mathrm{d}x]$ 相对应的薄层水所受的重

力近似为 $9.8\pi\cdot y^2\mathrm{d}x = 9.8\pi\cdot\left(4-\dfrac{x}{2}\right)^2\mathrm{d}x$，将该薄层水抽出，克服重力

所做的功约为 $\mathrm{d}W = 9.8\pi\cdot x\cdot\left(4-\dfrac{x}{2}\right)^2\mathrm{d}x$，于是 $W = \int_2^8 9.8\pi\cdot x\cdot\left(4-\dfrac{x}{2}\right)^2\mathrm{d}x =$

$9.8\pi\int_2^8\left(16x-4x^2+\dfrac{x^3}{4}\right)\mathrm{d}x = 9.8\pi\left(8x^2-\dfrac{4}{3}x^3+\dfrac{x^4}{16}\right)\Big|_2^8 = 9.8\pi\cdot 63\pi \approx 1\ 939\ \mathrm{kJ}.$

九、解：建立坐标轴如右图所示，设第二次又击入 $h\ \mathrm{cm}(h$ 为待定系数).

由于木板对铁钉的阻力 $F = ky(k$ 为阻力系数，y 为铁钉进入木板的深

度)，故功元素 $\mathrm{d}W = F\mathrm{d}y = ky\mathrm{d}y.$ 击第一次时，铁锤所做的功为 $W_1 =$

$\int_0^1 ky\mathrm{d}y = \left[\dfrac{k}{2}y^2\right]_0^1 = \dfrac{k}{2}$，锤击第二次时所做的功为 $W_2 = \int_1^{1+h}ky\mathrm{d}y =$

$\dfrac{k}{2}\left[(1+h)^2-1\right] = \dfrac{k}{2}(h^2+2h)$，由于 $W_1 = W_2$，所以 $\dfrac{k}{2} = \dfrac{k}{2}(h^2+2h)$，则 $h^2+2h-1=0$，

舍去负根，得 $h = \sqrt{2}-1(\mathrm{cm}).$

第12讲 向量代数与空间解析几何(一)

—— 向量代数

基础练习 12

1. $a /\!/ b, a \perp b$.   2. $(-1,2,-3),(-1,-2,-3),(1,-2,-3),3$.   3. a,b 方向相同, $a /\!/ b$, $a \perp b, a, b$ 方向相反且 $|a| \geqslant |b|$.   4. ± 30.   5. B.   6. $\lambda = -15$.

7. 解：由 $(a+\lambda b) \cdot (a-\lambda b) = 0$ 得 $(1-\lambda^2) + (16-\lambda^2) + (25-4\lambda^2) = 0$, 即 $\lambda = \pm\sqrt{7}$.

8. 解：设动点 $P(x,y,z)$, 则由题意得 $\sqrt{x^2+(y-1)^2+(z+1)^2} = 3\sqrt{(x-1)^2+(y-1)^2+z^2}$, 化简, 得 $8(x^2+y^2+z^2) - 18x - 16y - 2z + 7 = 0$.

9. 解：$|\overrightarrow{AB}| = \sqrt{\sqrt{3}^2+(-\sqrt{3})^2+\sqrt{6}^2} = 2\sqrt{3}$; $\cos\alpha = \dfrac{1}{2}$, $\cos\beta = -\dfrac{1}{2}$, $\cos\gamma = \dfrac{\sqrt{2}}{2}$; $\alpha = \dfrac{\pi}{3}$, $\beta = \dfrac{2\pi}{3}$, $\gamma = \dfrac{\pi}{4}$; $\overrightarrow{AB}$ 同方向的单位向量为 $a^0 = \left(\dfrac{1}{2}, -\dfrac{1}{2}, \dfrac{\sqrt{2}}{2}\right)$.

10. 解：$\mathrm{Prj}_b a = \dfrac{a \cdot b}{|b|} = \dfrac{5+4+10}{\sqrt{1+4+4}} = \dfrac{19}{3}$.

11. 解：$a \times b = -i + 3j + 5k$, $\pm\dfrac{c}{|c|} = \pm\dfrac{1}{\sqrt{35}}(-1,3,5)$.

12. 解：$S = |a \times b| = \sqrt{(-8)^2+(-1)^2+5^2} = 3\sqrt{10}$.

13. 证明：$(\overrightarrow{AB} \times \overrightarrow{AC}) \cdot \overrightarrow{AD} = \begin{vmatrix} -3 & 0 & \frac{3}{2} \\ -1 & -1 & \frac{3}{2} \\ 1 & -2 & \frac{3}{2} \end{vmatrix} = 0$, 因此, A、B、C、D 四点共面.

强化训练 12

1. 72.   2. 28.   3. D.   4. D.

5. 解：由题意设 P 点的坐标为 $(x,0,0)$, 且有 $|PP_1| = 2|PP_2|$, 从而得 $\sqrt{x^2+11} = 2\sqrt{x^2+2}$, 解此方程, 得 $x = \pm 1$. 故所求点的坐标为 $(1,0,0)$ 和 $(-1,0,0)$.

6. 解：由 $(a+b+c)^2 = 0$ 得 $a^2+b^2+c^2+2a\cdot b+2a\cdot c+2b\cdot c = 0$, 又 $|a| = |b| = |c| = 1$, 所以 $a\cdot b + b\cdot c + c\cdot a = \dfrac{-1}{2}(|a|^2+|b|^2+|c|^2) = \dfrac{-3}{2}$.

7. 解：由 $A \cdot B = 16$, $A \cdot A = 12$, $B \cdot B = 31$, $\cos\theta = \dfrac{16}{\sqrt{12}\sqrt{31}}$, 得 $\theta = \arccos\dfrac{16}{\sqrt{12}\sqrt{31}} = \arccos\dfrac{8}{\sqrt{93}}$.

8. 证明：$a \cdot p = a \cdot [c\cdot(b\cdot a) - b\cdot(c\cdot a)] = 0$.

9. 解：$|m \times n| = 8$, 依题意可知 $m \times n$ 与 p 同向, 故 $(m \times n) \cdot p = |m \times n| \cdot |p| \cos 0 = 24$.

10. 解: $s = \dfrac{1}{2}\sqrt{4z^2+(z-1)^2+4}$, $\dfrac{\mathrm{d}s}{\mathrm{d}z} = \dfrac{1}{4} \cdot \dfrac{8z+2(z-1)}{\sqrt{4z^2+(z-1)^2+4}} = 0$, 故所求点为 $\left(0,0,\dfrac{1}{5}\right)$.

11. 解: 设 $\boldsymbol{r} = (r_x, r_y, r_z)$, 因为 $\boldsymbol{r} \perp \boldsymbol{a}$, 所以 $2r_x - 3r_y + r_z = 0$①; 因为 $\boldsymbol{r} \perp \boldsymbol{b}$, 所以 $r_x - 2r_y + 3r_z = 0$②; 又 $\mathrm{Prj}_c\boldsymbol{r} = 14$, 所以 $\dfrac{\boldsymbol{r} \cdot \boldsymbol{c}}{|\boldsymbol{c}|} = 14$, 即 $2r_x + r_y + 2r_z = 42$③. 由式 ①、②、③ 得 $r_x = 14$, $r_y = 10$, $r_z = 2$, 所以 $\boldsymbol{r} = (14, 10, 2)$.

12. 解: 设 $\boldsymbol{c} = (x, y, z)$, 则由 $\boldsymbol{a} = \boldsymbol{b} \times \boldsymbol{c} = (z, -3z, 3y-x)$, 得 $z = -1$, $x = 3y$. 于是, $\boldsymbol{c} = (3y, y, -1)$, $r = |\boldsymbol{c}| = \sqrt{1+10y^2}$. 由此可知 r 的最小值为 $1(y = 0)$, 此时 $\boldsymbol{c} = (0, 0, -1)$.

第 13 讲　向量代数与空间解析几何(二)

——空间解析几何

基础练习 13

1. $x = x_0$.　2. $\dfrac{x}{3} = \dfrac{y}{0} = \dfrac{z}{5}$, $\begin{cases} x = 3t \\ y = 0 \\ z = 5t \end{cases}$.　3. C.

4. 解: 将 $z = \dfrac{1}{2}(x^2+y^2)$ 代入球面方程, 得 $x^2+y^2+\dfrac{1}{4}(x^2+y^2)^2 = 3$, 整理得 $(x^2+y^2+6)(x^2+y^2-2) = 0$. 因此, 得投影柱面方程为 $x^2+y^2 = 2$. 从而, 所求投影曲线方程为 $\begin{cases} x^2+y^2 = 2 \\ z = 0 \end{cases}$, 它是 xOy 平面上的圆.

5. 解: $\mathrm{Prj}_n\boldsymbol{a} = \dfrac{\boldsymbol{a} \cdot \boldsymbol{n}}{|\boldsymbol{n}|} = \pm\dfrac{19}{3}$.

6. 解: 所求平面的法向量为 $\boldsymbol{n}$, 取 $\boldsymbol{n} = \overrightarrow{PQ} \times \overrightarrow{PR} = \begin{vmatrix} \boldsymbol{i} & \boldsymbol{j} & \boldsymbol{k} \\ 1 & -1 & -2 \\ 4 & 0 & -3 \end{vmatrix} = 3\boldsymbol{i}-5\boldsymbol{j}+4\boldsymbol{k}$. 于是所求平面的方程为 $3(x-1)-5(y-2)+4(z+1) = 0$, 即 $3x-5y+4z+11 = 0$.

7. 解: 由题意可设所求平面的方程为 $Ax + By = 0$, 又平面通过点 $M_0(1, -1, 1)$, 所以有 $A - B = 0$, 即 $A = B$. 将其代入所设方程并除以 $B(B \neq 0)$, 即得所求的平面方程为 $x + y = 0$.

8. 解: $\cos\theta = \dfrac{|1\times1+1\times(-2)+2\times(-1)|}{\sqrt{1^2+1^2+2^2}\sqrt{1^2+(-2)^2+(-1)^2}} = \dfrac{1}{2}$, 从而所求的夹角为 $\theta = \dfrac{\pi}{3}$.

9. 解: 所求平面的法向量 $\boldsymbol{n}$ 同时垂直于两已知平面的法向量 $\boldsymbol{n_1} = (1, -2, 1)$ 和 $\boldsymbol{n_2} = (1, 1, -1)$, 取 $\boldsymbol{n} = \boldsymbol{n_1} \times \boldsymbol{n_2} = \begin{vmatrix} \boldsymbol{i} & \boldsymbol{j} & \boldsymbol{k} \\ 1 & -2 & 1 \\ 1 & 1 & -1 \end{vmatrix} = \boldsymbol{i}+2\boldsymbol{j}+3\boldsymbol{k}$, 于是得所求平面方程为 $(x-1)+2(y+2)+$

$3(z-1)=0$,即 $x+2y+3z=0$.

10. 解:由点到平面的距离公式,有 $d=\dfrac{|1\times3+2\times(-1)-2\times4+1|}{\sqrt{1^2+2^2+(-2)^2}}=\dfrac{6}{3}=2$.

11. 解:直线的方向向量为 $s=(1,1,2)$,平面的法向量为 $n=(2,-1,1)$,有 $\sin\varphi=$

$\dfrac{|2\cdot1+(-1)\cdot1+1\cdot2|}{\sqrt{2^2+(-1)^2+1^2}\,\sqrt{1^2+1^2+2^2}}=\dfrac{1}{2}$,因此所求直线与平面的夹角为 $\varphi=\dfrac{\pi}{6}$. 化已知直线方

程为参数方程 $\begin{cases}x=2+t\\y=3+t\\z=4+2t\end{cases}$,代入已知平面方程得 $2(2+t)-(3+t)+4+2t-8=0$,解得 $t=1$,

所以直线与平面的交点为 $(3,4,6)$.

12. 解:(1) 直线的方向向量为 $s=(2,3-A,4+B)$,要使直线平行于 xOz 平面,必须有 $(2,3-A,4+B)\cdot(0,1,0)=0\Rightarrow A=3$.

(2) 两平面的法向量为 $n_1=(2,3,-2),n_2=(1,-6,2)$. 要使直线同时平行于两平面,必须有 $s\perp n_1,s\perp n_2$,即 $s\cdot n_1=0,s\cdot n_2=0$,故 $(2,3-A,4+B)\cdot(2,3,-2)=0,(2,3-A,4+B)\cdot(1,-6,2)=0$,解得 $A=B=1$.

强化训练 13

1. $z=\mathrm{e}^{-(x^2+y^2)}$.   2. C.

3. 解:设平面方程为 $\dfrac{x}{a}+\dfrac{y}{b}+\dfrac{z}{c}=1$,由题意得 $\dfrac{1}{3}\cdot\dfrac{1}{2}abc=1$. 又所求平面与已知平面平行,

得 $\dfrac{1/a}{6}=\dfrac{1/b}{1}=\dfrac{1/c}{6}$,从而有 $a=1,b=6,c=1$,故所求方程为 $6x+y+6z=6$.

4. 解:过 $A(-1,0,4)$ 且与平面 $\pi:3x-4y+z+10=0$ 平行的平面的方程为 $\pi_1:3x-4y+z-1=0$. 直线 L 与 π_1 的交点为 $M_0(15,19,32)$,故所求直线为 $\dfrac{x+1}{16}=\dfrac{y}{19}=\dfrac{z-4}{28}$.

5. 解:设所求直线为 $L:\dfrac{x-1}{m}=\dfrac{y-1}{n}=\dfrac{z-1}{p}$,因为 L 与 L_1 共面,L 与 L_2 共面,所以

$\begin{vmatrix}1&1&1\\1&2&3\\m&n&p\end{vmatrix}=m-2n+p=0,\begin{vmatrix}0&1&2\\2&1&4\\m&n&p\end{vmatrix}=2m+4n-2p=0$,解得 $m=0,p=2n$. 因此,L 的

方程为 $\dfrac{x-1}{0}=\dfrac{y-1}{1}=\dfrac{z-1}{2}$.

6. 解:通过点 $P(3,2,1)$ 与平面 $2x-2y+3z=1$ 平行的平面为 $\pi':2x-2y+3z=5$. 设点 Q 的坐标为 (x_0,y_0,z_0),其中 $x_0=3+5t,y_0=-1-t,z_0=-3t$,代入平面 π' 的方程得 $t=-1$,于是点 Q 的坐标为 $(-2,0,3)$.

7. 解:直线 L 的方向向量为 $s=(1,-2,2)\times(3,1,-4)=(6,10,7)$,且直线 L 上有一点 $(1,0,0)$,所以直线 L 的参数方程为 $x=1+6t,y=10t,z=7t$,代入平面方程解得 $t=1$,从而得直线与平面的交点为 $(7,10,7)$. 又平面 π 的法向量为 $n=(1,2,-1)$,故所求直线 Γ 的方向向量为

$s_1 = s \times n = (6,10,7) \times (1,2,-1) = -(24,-13,-2)$，于是所求直线 Γ 的参数方程

为 $\begin{cases} x = 7 + 24t \\ y = 10 - 13t. \\ z = 7 - 2t \end{cases}$

8. 解：距离为 $d = \dfrac{|\overrightarrow{BA} \times \boldsymbol{c}|}{|\boldsymbol{c}|} = \dfrac{2\sqrt{61}}{11}$.

9. 解：令 $\dfrac{x+1}{1} = \dfrac{y}{1} = \dfrac{z-1}{2} = t, \dfrac{x}{1} = \dfrac{y+1}{3} = \dfrac{z-2}{4} = s$，则得两直线的参数方程分别为 $l_1 : x =$ $-1+t, y = t, z = 1+2t; l_2 : x = s, y = -1+3s, z = 2+4s$. 所以两直线上任意两点之间的距离为 $d = \sqrt{(-1+t-s)^2 + (t+1-3s)^2 + (1+2t-2-4s)^2} = \sqrt{6t^2 - 24ts + 26s^2 - 4t + 4s + 3} = \sqrt{6\left(t - 2s - \dfrac{1}{3}\right)^2 + 2(s-1)^2 + \dfrac{1}{3}}$. 显然，当 $s = 1, t = \dfrac{7}{3}$ 时 d 最小，即 l_1 与 l_2 之间的最短距离为 $\dfrac{\sqrt{3}}{3}$.

10. 解：(1) 球心为 $(-2,2,-1)$，半径为 3，球心到平面 $2x + y - 2z = k$ 的距离为 $d = \dfrac{1}{3}|k|$. 由 $\dfrac{1}{3}|k| < 3$，得 k 的取值范围是 $(-9,9)$.

(2) 当 $k = 6$ 时，上述 $d = 2$，所以圆 Γ 的半径 $r = \sqrt{3^2 - 2^2} = \sqrt{5}$，过球心与已知平面 $2x + y -$ $2z = 6$ 垂直的直线为 $\begin{cases} x = -2 - 2t \\ y = 2 + t \\ z = -1 - 2t \end{cases}$，代入平面方程解得 $t = \dfrac{2}{3}$，故所求圆的圆心为 $\left(-\dfrac{2}{3}, \dfrac{8}{3}, -\dfrac{7}{3}\right)$，半径 $r = \sqrt{5}$.

11. 解：设 $f(x,y,z) = x - 2y + z$，由于 $f(1,0,-1) = 0 < 12, f(3,1,2) = 3 < 12$，所以点 P, Q 在平面 Π 的同侧. 从 P 作直线 l 垂直于平面 Π，l 的方程为 $x = 1 + \lambda, y = -2\lambda, z = -1 + \lambda$，代入平面 Π 的方程解得 $\lambda = 2$. 因此直线 l 与平面 Π 的交点为 $P_0(3,-4,1)$，所以 P 关于平面 Π 的对称点为 $P_1(5,-8,3)$. 连接 $P_1 Q$，其方程为 $x = 3 + 2t, y = 1 - 9t, z = 2 + t$，代入平面 Π 的方程解得 $t = \dfrac{3}{7}$，于是所求点的坐标为 $M\left(\dfrac{27}{7}, -\dfrac{20}{7}, \dfrac{17}{7}\right)$.

第 12—13 讲阶段能力测试

阶段能力测试 A

一、1. $\left(-2, -\dfrac{8}{3}, -\dfrac{2}{3}\right)$. 2. $\sqrt{19}$. 3. 3. 4. $(0,0,0)$. 5. ± 1.

二、1. B. 2. C. 3. A. 4. C. 5. D.

三、1. 解：$\cos(\overset{\wedge}{c,d}) = \dfrac{c \cdot d}{|c||d|} = \dfrac{\sqrt{2}}{2} \Rightarrow (\overset{\wedge}{c,d}) = \dfrac{\pi}{4}$.

2. 解：$Q(1,-2,0)$ 为直线 L 上的点，所求距离 $d = \dfrac{|\overrightarrow{QM} \times s|}{|s|} = \dfrac{9}{\sqrt{2}}$.

3. 解：$S = |(\alpha + 2\beta) \times (3\alpha + \beta)| = |\alpha \times \beta + 6\beta \times \alpha| = |-5\alpha \times \beta| = 5|\alpha \times \beta| = \dfrac{5}{2}$.

四、解：所求直线的方向向量可取作 $(4,5,6) \times (7,8,9) = (-3,6,-3) = 3(-1,2,-1)$. 又由于该直线过点 $(-1,2,3)$，因此其方程为 $\dfrac{x+1}{-1} = \dfrac{y-2}{2} = \dfrac{z-3}{-1}$.

五、解：设 $q = (x,y,z)$，由题意得 $\begin{cases} |q| = 3 \\ q \perp c \\ q \perp a \times b \end{cases} \Rightarrow \begin{cases} x^2 + y^2 + z^2 = 9 \\ 2x - 2y + z = 0 \\ 2y + z = 0 \end{cases} \Rightarrow q = \pm(2,1,-2)$.

六、证明：直线 L 上的任一点的坐标 $(-t,2,3)$ 均满足曲面 Σ 的方程.

七、解：设过直线 $\begin{cases} x+y-z-1 = 0 \\ x-y+z+1 = 0 \end{cases}$ 的平面束的方程为 $\lambda(x+y-z-1) + \mu(x-y+z+1) = 0$，即 $(\lambda+\mu)x + (\lambda-\mu)y + (\mu-\lambda)z + (\mu-\lambda) = 0$，其中 λ,μ 为待定的常数. 又平面与平面 $x + 2y - z + 5 = 0$ 垂直，从而有 $(\lambda+\mu) + 2(\lambda-\mu) - (\mu-\lambda) = 4\lambda - 2\mu = 0$. 于是 $\mu = 2\lambda$，故平面方程为 $3x - y + z + 1 = 0$，所求投影直线的方程为 $\begin{cases} x+2y-z+5 = 0 \\ 3x-y+z+1 = 0 \end{cases}$.

八、解：设过直线 L 的平面束的方程为 $\mu(x+5y+z) + \lambda(x-z+4) = 0$，其法向量为 $\boldsymbol{n}$. 已知平面 π 的法向量为 $\boldsymbol{n}_1$，由题意有 $\cos\dfrac{\pi}{4} = \dfrac{|\boldsymbol{n} \cdot \boldsymbol{n}_1|}{|\boldsymbol{n}||\boldsymbol{n}_1|}$，得 $\mu = 0$ 或 $\mu = -\dfrac{4}{3}\lambda$，从而得所求平面方程为 $x - z + 4 = 0$ 或 $x + 20y + 7z - 12 = 0$.

阶段能力测试 B

一、1. 1.　　2. 13.　　3. $\sqrt{19}$.　　4. $\begin{cases} 2x^2 - 2x + y^2 = 8 \\ z = 0 \end{cases}$.　　5. $-a^2$.

二、1. C.　　2. D.　　3. D.　　4. B.　　5. A.

三、1. 解：由于向量 $\boldsymbol{x}$ 与向量 $\boldsymbol{a} = (2,-1,2)$ 共线，可以表示为 $\lambda\boldsymbol{a} = (2\lambda,-\lambda,2\lambda)$，则 $\boldsymbol{x} \cdot \boldsymbol{a} = 4\lambda + \lambda + 4\lambda = 9\lambda = 18$，解得 $\lambda = 2$. 故 $\boldsymbol{x} = (4,-2,4)$.

2. 解：$S = |(\boldsymbol{a} + 2\boldsymbol{b}) \times (\boldsymbol{a} - 3\boldsymbol{b})| = 30$.

3. 解：由题意得 $\begin{cases} (\boldsymbol{a}+3\boldsymbol{b}) \cdot (7\boldsymbol{a}-5\boldsymbol{b}) = 0 \\ (\boldsymbol{a}-4\boldsymbol{b}) \cdot (7\boldsymbol{a}-2\boldsymbol{b}) = 0 \end{cases} \Rightarrow \cos(\overset{\wedge}{a,b}) = \dfrac{\boldsymbol{a} \cdot \boldsymbol{b}}{|\boldsymbol{a}| \cdot |\boldsymbol{b}|} = \dfrac{|\boldsymbol{a}|}{2|\boldsymbol{b}|} = \dfrac{1}{2}$，从而得 $(\overset{\wedge}{a,b}) = \dfrac{\pi}{3}$.

四、解：已知直线上一点 $P(1,-2,-5)$，则显然点 $P(1,-2,-5)$ 关于原点的对称点为 $P_1(-1,2,5)$，又已知直线与关于原点对称的直线平行，故所求直线方程为 $\dfrac{x+1}{1} = \dfrac{y-2}{3} = \dfrac{z-5}{-2}$.

五、解：先作一过点 M 且与已知直线垂直的平面 π：$(x-2) + (y-1) + 2(z-2) = 0$，再求已知直线与该平面的交点 N,令 $\dfrac{x-2}{1}=\dfrac{y-3}{1}=\dfrac{z-4}{2}=t$,得 $\begin{cases} x=t+2 \\ y=t+3 \\ z=2t+4 \end{cases}$,代入平面方程得 $t=-1$,

故交点 $N(1,2,2)$.取所求直线的方向向量为 $\overrightarrow{MN}=(-1,1,0)$,故所求方程为 $\dfrac{x-2}{-1}=\dfrac{y-1}{1}=$

$\dfrac{z-2}{0}$,即 $\begin{cases} \dfrac{x-2}{-1}=\dfrac{y-1}{1} \\ z-2=0 \end{cases}$.

六、证明:设 $\boldsymbol{a}=(a_1,a_2,a_3)$ 与 $\boldsymbol{b}=(b_1,b_2,b_3)$,由 $\dfrac{|\boldsymbol{a}\cdot\boldsymbol{b}|}{|\boldsymbol{a}|\cdot|\boldsymbol{b}|}=|\cos(\overset{\wedge}{\boldsymbol{a},\boldsymbol{b}})|\leqslant 1$,得 $|\boldsymbol{a}|\cdot|\boldsymbol{b}|\geqslant$

$|\boldsymbol{a}\cdot\boldsymbol{b}|$,即 $\sqrt{a_1^2+a_2^2+a_3^2}\cdot\sqrt{b_1^2+b_2^2+b_3^2}\geqslant|a_1b_1+a_2b_2+a_3b_3|$.当且仅当 $\dfrac{a_1}{b_1}=\dfrac{a_2}{b_2}=\dfrac{a_3}{b_3}$ 时,

等号成立.

七、解:直线 L 的方向向量为 $\boldsymbol{s}=(0,1,1)$,与垂线的交点设为点 $Q(0,t-1,t)$,则由 $\overrightarrow{PQ}\cdot\boldsymbol{s}=0$ 得

$t=\dfrac{1}{2}$,从而 $Q\left(0,-\dfrac{1}{2},\dfrac{1}{2}\right)$.由所求平面垂直于平面 $z=0$,又过点 $P(1,-1,1)$ 和

$Q\left(0,-\dfrac{1}{2},\dfrac{1}{2}\right)$,从而得所求平面方程为 $x+2y+1=0$.

八、解:(1) 消去 θ,φ 得 $(\sqrt{x^2+z^2}-b)^2+y^2=a^2$,它是曲线 $\Gamma:\begin{cases}(x-b)^2+y^2=a^2 \\ z=0\end{cases}$ 绕 y 轴旋

转一周生成的旋转曲面.

(2) $V=2\pi\displaystyle\int_0^a\left[(b+\sqrt{a^2-y^2})^2-(b-\sqrt{a^2-y^2})^2\right]\mathrm{d}y=8\pi b\displaystyle\int_0^a\sqrt{a^2-y^2}\,\mathrm{d}y=2\pi^2a^2b$.